一个规划工作者之路

——马武定教授城市规划论文集

（1980~2016 年）

马武定 著

U0195018

中国建筑工业出版社

图书在版编目（CIP）数据

一个规划工作者之路——马武定教授城市规划论文集
（1980~2016 年）/马武定著 . —北京：中国建筑工业出版
社，2017.9

ISBN 978-7-112-20984-2

Ⅰ.①一… Ⅱ.①马… Ⅲ.①城市规划-中国-文集
Ⅳ.①TU984.2-53

中国版本图书馆 CIP 数据核字（2017）第 166038 号

本书是马武定教授从事城市规划 40 余年以来有关城市和城市规划的论文集。全
书内容涵盖了 1980—1989 年、1990—1999 年、2000—2009 年、2010—2014 年共四个
时期约 80 篇文章，涉及城市规划、城市设计与城市管理的方方面面。

本书可供广大城市规划师、城市规划管理者、高等院校城市规划专业师生学习
参考。

责任编辑：吴宇江　孙书妍
责任校对：李美娜　张　颖

一个规划工作者之路——马武定教授城市规划论文集（1980~2016 年）
马武定　著

*

中国建筑工业出版社出版、发行（北京海淀三里河路 9 号）
各地新华书店、建筑书店经销
唐山龙达图文制作有限公司制版
北京建筑工业印刷厂印刷

*

开本：880×1230 毫米　1/16　印张：20¼　字数：605 千字
2017 年 11 月第一版　2017 年 11 月第一次印刷
定价：**78.00** 元
ISBN 978-7-112-20984-2
（30589）

前言

　　我于本科毕业数年后的 1973 年，才回归城市规划领域的工作，而真正接触该领域的研究，则是在 1978 年回母校同济大学攻读城市规划硕士研究生开始的。自 1980 年后我陆续地在专业杂志及报刊上发表拙见，至今也积累了约 80 余篇文字。在这 40 余年的专业生涯中，既做过城市规划设计，当过教师，也当过城市规划官员，可算是一个三者身份兼而有之的杂家。这本论文集所记录的本人的探索和思考，也正反映了该领域问题之"杂"。几十年的工作和思考，我对城市及城市规划的理解也在与时俱进中不断加深。

　　城市是人类生存的生活世界的集合体，是人的生活方式的一种显现。因为人的生存是一种可能性的存在，是一种始终面对可能性而筹划自身的开放的存在者，因此人有多种可能性，究竟哪一种可能会变成现实，完全取决于他的存在方式——生活方式。因此，城市也是人的一种存在方式，是此在的存在方式的一种显现。

　　人的生存是一种动态的过程，人的生存可以表现为各种可能性的生活方式，作为人的生活方式显现的城市也就具有各种可能性。因此，城市的发展是一种动态的开放的展开过程。

　　城市空间作为城市中人们的生存和进行各类生产、生活活动的载体，其发展变化取决于人类各类生活和社会活动的需求，取决于人们如何开发、建设和利用各类构成城市环境的资源的技术方法与手段以及价值观念的发展变化。

　　城市的发展遵循的是历史规律而不是自然规律，它是一种趋势规律，它既受客观因果规律的制约，但在更大的程度上取决于人的价值取向的选择作用。动物的"生态智慧"在于"服从大自然的规律"，改造自身以适应环境，并把这种适应性遗传给其后代"适者生存"；而人类的"生态智慧"在于改造环境、创造人工环境以适应自身不断发展的需求、提高生存和生活质量，并传承于后代"适于生存"，这就是人类的"理性"。但是人类的理性发展至今又出现了"自反性"的后果，促使人类进行反思而走向更高的理性，即与自然和谐共生的"生态智慧理性"：自为＋自律。这就是现代城市规划的发展史。

　　城市规划是一种社会批判性质的意识形态，它的基础是理性主义、理想主义、科学主义和人文主义，它的核心应该是人的生存和生活环境问题（包括自然、社会、经济制度和文化）——生活方式与生存环境的矛盾关系。城市规划的目的与作用，是既要改革和完善人的生存环境，又要改革和完善人的生活方式，既以改善生存环境来适应生活方式发展的需要，又以变革生活方式来达到保护生存环境的可持续。以往的城市规划的发展思想重点在于前者，而今后的城市规划思想发展的重点应移向后者，即探索人类生存环境的可持续发展与生活方式的可持续发展。

　　城市的发展是一个动态的延绵的发展过程，对城市的认识和规划、建设也是一个漫长的延绵。城市规划的含义与概念是一个敞开的"延异"，它具有不确定性和开放性，它是随着时代的变迁而发展变化的，在每个不同的时期它有不同的范畴、范式和意义，又是有自己时代的特点和重心以及核心的内容。城市规划并不是一门"正常的科学"，它应当属于"非正常科学"，它不可能建立起为千秋万代而普适的科学理论体系，它只是为它们自身的时代而作的社会批判的努力。它应当是提倡对话，保持开放性，反映大众意愿和进行社会教化，达到社会和谐发展的手段。城市规划应当像其在历史上一直扮演的"社会批判"的作用那样，继续发挥和表达其对这个世界、这个时代和人类生存与生活的关系的关心与理解。

在当代的中国，城市规划作为政府、相关领导、规划师与企业、开发商及市民进行社会交往对话的一种语言，它要遵循的是交往行为模式的有效性要求。它是一种以语言为媒介，以理解为取向，是使行为者得到合作的行为，它不仅是一个解释过程或理解过程，还是一个互动的、反思的、质疑的和互补的过程。

我在2014年的中国城市规划学会年会上曾提出过"规划界"的概念：规划界是城市规划得以存在的社会环境和体制环境，它决定了城市规划的生产、立法（制度化）、释述（解读）、执行、实施、修改等整个过程的运转。规划界包括：规划理论、思想、知识，规划技术与方法，规划体制，规划制度、法律、规范、技术规定，规划市场主体（政府、开发商、企事业单位、市民等），规划审批主体（市领导、专家、人大、政府部门等），职业规划师、规划场竞争者、协作者，建设部门，新闻媒体、中介、评论、市民、互联网，各种"潜规则"及意识形态、价值观等等。

城市规划是个大概念，既是一个学科，也是一项事业、一个职业，还是一个政府职能，它涉及的面相当广泛，参与者无数；城市规划从立项、设计、审批直至实施和管理是一个涉及许多部门和各种领域及各色人等的系统工程。每个在城市里生存、生活和从事各种活动的人都需要空间和场所，因此每个人都与城市规划密切相关，每个人也都有权参与城市规划，他们实际上也在或是显性或是隐性地参与其中。城市规划就是这么一个各种利益者在上面博弈的"规划场"，是一个对话协调平台的制度设计与机制。

本书记录了我对城市和城市规划有关问题的认识轨迹，论文集所收录的文章只是在浩瀚的学术海洋里的一滴水，希望能在奔腾向前的学术探索浪潮中提供其滴水之力。

该文集起初是于2015年我即将步入"随心"之年和从教35周年之际，厦门大学城乡规划设计研究院和城市规划系的同事们送给我的一份纪念之物。后经我曾担任过设计机构总规划师的海南雅克城市规划设计有限公司的鼎力相助，经重新增删编辑后得以正式出版。谨此特向厦门大学城乡规划设计院的郑灵飞院长及为此论文集付出辛勤劳动的同事们致以衷心的感谢，向雅克设计公司的董事长、总经理侯百镇博士以及为此文集正式出版而细心编辑的编审们致以诚挚的谢意！

马武定

2017年4月19日于厦门

目录

1980~1989 年

杭州湖滨地区规划设想
——兼谈风景游览城市规划中的几个问题

随着我国旅游事业的发展，风景游览城市、风景区的规划、建设工作已引起各方面的重视。去年秋天，杭州市规划局为湖滨地区规划设计征集方案，我们应邀作了一个初步方案，有一些粗浅的设想与体会，现提出来以求对风景游览城市的规划进行探讨。

一、用地的现状与规划布置

湖滨地区位于西湖风景区和旧城区之间，具体位置在延安路以西，青春路以南，解放路以北，处于杭州市的中心地段。南北长850m，东西平均宽约280m，用地共约20hm²（图1、表1）。现状有旅馆、招待所6处（主要分布在湖滨路），商业公共建筑（主要分布在延安路、群英路、工人路一带）、文化娱乐场所（主要有西湖电影院、胜利电影院、东城剧场等），以及12000名居民。根据杭州市总体规划的意图，该地区将布置包括各种商业、文娱活动场所、艺术展览等内容较齐全的市级旅游设施。同时还计划在本区内增建1000床位的旅游旅馆（图2）。根据在该地区中适当保留质量较好的建筑之外，规划布局可少受现状限制的条件，我们在规划方案中将该区分为四大部分：①南部，保留现"群英旅社"新楼并加以扩建成为招待所，新建一个社会旅馆，是个主要服务于国内旅客的旅馆区，辅以成片绿地，建筑密度较低，作为旧城区进入湖滨的序幕。同时，在这一部分保留了"西湖电影院"，并以其为中心建设一座游乐场，可作为文化游憩中心。②整个中部辟建步行商业区，是联系南、北部分的纽带，构成整个地区的高潮。③西北部以原"华侨饭店"及其扩建的700床位新楼为主，与目前正拟建的600床旅游旅馆可连成一片，并添建相应的商业、娱乐设施，主要为国外的旅游者服务。④东北部是个可容5000人左右的居住街坊。这4部分用地既有各自明

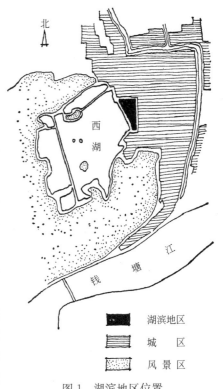

图1　湖滨地区位置

确的功能，又相互联系，以林荫绿带贯通其间，使步行人流可在绿带中通向各个地段，人、车分流，车流在整个地区周围，且设置了相应的停车场地（图3）。

二、为旅游事业服务，为广大市民利用

杭州是驰名中外的风景游览城市，将接待越来越多的国内、外游客。但秀丽明媚的湖光山色却紧邻着一片历史悠久、面目陈旧的城区，因此，将"美丽的西湖、破旧的城市"改造成为"美丽的西湖、整洁的城市"已是刻不容缓的任务。发展风景游览城市中的旅游事业必须充分考虑城市的原有基础，要以城市作为依托。搞好旧城改造，旅游事业也会得到相应的发展。杭州湖滨地区介于风景区与旧城区之间，认真抓好这个地区的改建可以带动风景区和旧城区的建设。因此，对于湖滨地区，我们既作为一级旅游设施的地区来规划，又作为广大杭州市民生活的旧城区改建来设计。

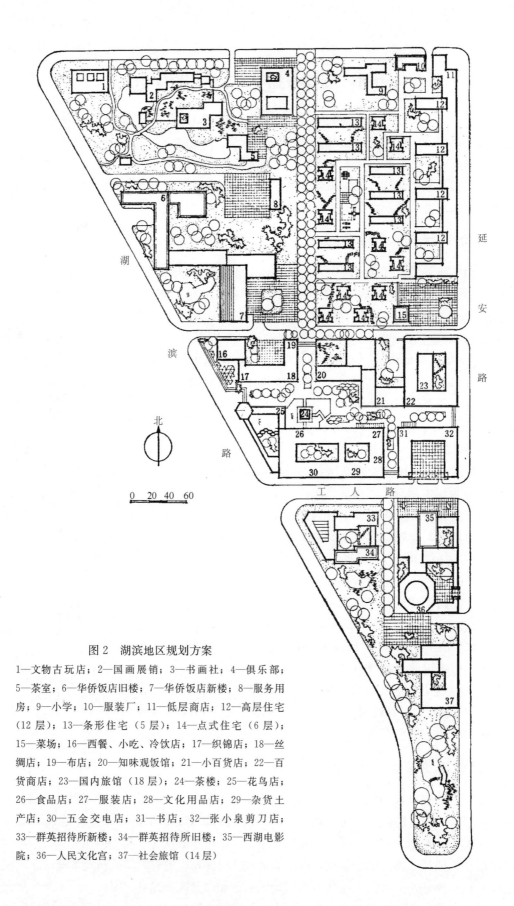

图 2　湖滨地区规划方案

1—文物古玩店；2—国画展销；3—书画社；4—俱乐部；
5—茶室；6—华侨饭店旧楼；7—华侨饭店新楼；8—服务用
房；9—小学；10—服装厂；11—低层商店；12—高层住宅
（12 层）；13—条形住宅（5 层）；14—点式住宅（6 层）；
15—菜场；16—西餐、小吃、冷饮店；17—织锦店；18—丝
绸店；19—布店；20—知味观饭馆；21—小百货店；22—百
货商店；23—国内旅馆（18 层）；24—茶楼；25—花鸟店；
26—食品店；27—服装店；28—文化用品店；29—杂货土
产店；30—五金交电店；31—书店；32—张小泉剪刀店；
33—群英招待所新楼；34—群英招待所旧楼；35—西湖电影
院；36—人民文化宫；37—社会旅馆（14 层）

自然风景是社会主义的宝贵资源，应该为广大人民所有。现在，人们对工厂、机关以及新建的旅游宾馆设施侵占风景区的问题意见很多。我们在规划设计时注意到这方面的问题，在接待国外旅客的同时考虑国内旅客和当地居民的合理要求，避免形成新的禁区。我们对湖滨现状中破旧的建筑进行有步骤的拆建，在规划中慎重安排为旅游服务的新项目，同时还就地安排了居住 5000 人左右的街坊。方案中商业、文化等公共建筑设施恰位于国外、国内和当地居民三者之中心，便于共同使用。这样，随着湖滨地区旅游设施的社会化，这个地区将成为国际友人与我国人民友好交往的活动场所和当地居民生活中不可缺少的公共场地。这既增添了对外旅游活动的社会生活气息，又推动了旧城改造，提高了当地居民的生活水平，使居民直接分享到发展旅游带来的效益。

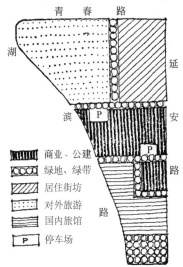

图 3 规划结构示意

从经济上分析，规划方案中布置了 45000m² 居住建筑，将有 5000 名左右的居民可充分利用就近的公共建筑设施。若每居民最低需要 0.5m² 建筑面积的商业、文化设施，则仅此一项就可节约投资 25 万元。而且这部分居民可以就近工作，也可减轻城市交通负担。湖滨地区面山临水，交通方便，商业繁华，广大居民对这样的居住地段是欢迎的。

三、组织多功能的商业、文化、游憩中心

结合面向湖光山色的良好地理位置，如何组织一个既能为国外游客服务，又能为本地居民享用，并且保持我国传统的商场特色的商业、文化、游憩中心呢？目前的延安路、解放路已形成了既是城市主要交通干道，又是繁华商业街道的现状。由于道路功能混杂，密集的人流在道路两侧的商店间来回穿越，和道路中间的直行车流发生矛盾。如果仅有拓宽道路的办法试图解决这个问题将是事倍功半的。如果道路功能不明确，两侧商店密布，即使拓宽马路，行人在道路中间行走的时间反而更长，人流、车流之间的矛盾也更尖锐（图4）。所以我们摒弃了那种"商业一条街"的做法，而吸取了我国传统的商场特点，如苏州的"观前、北局"，上海的"老城隍庙"，南京的原"夫子庙"那样，有选择地将各类商店、饭馆、小吃店环绕着一个设有水池、绿化小品、座椅、售货棚的步行广场布置，向西湖一面开敞，可将优

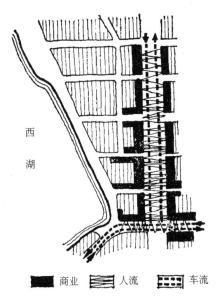

| ▇ 商业 | ▨ 人流 | ▤ 车流 |

图 4 现状商业街道的交通分析

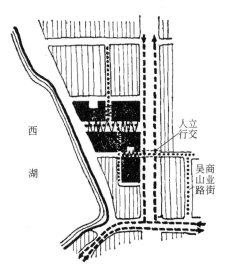

| ▨ 人流 | ▬ 步行道 | ┅ 车流 |

图 5 商业广场与步行街结合布置的交通分析

美风景引入广场，旧城区也得到美化。为保证游客在这个广场内安全、便利地游憩、购物，又在四周分别设立了机动车、自行车停车场，除工人路、群英路作为商店进货、消防通车等用之外，中央部分是不准车辆进入的步行区。为了满足游客的"吃、玩、带"的需要，我们结合原"西湖电影院"和"东坡剧场"的保留，改建，设置内容丰富的游乐场；结合"知味观"等饭店、小吃店的迁建，设置了中西各色面点、饭馆；结合"张小泉剪刀店"、"王星记扇店"、"都锦生织锦"等名牌老店的重建，设置了各种特色商店。

考虑到湖滨地区东部"吴山路"的老步行商业街连同手工业作坊，将会逐步改造，形成另一个游览服务中心，规划方案中设有地下人行道或过街天桥把二者连接起来（图 5）。

以多功能的商业、文化、游憩步行广场取代使用上影响交通、形式上枯燥乏味的"商业一条街"，一方面能将大量人流吸引进步行广场，减少延安路上的人流穿越，改善了城市交通，另一方面又能形成既有新时代的社会生活气息，又保持了我国民族传统的为国内外游客、居民喜闻乐见的繁华景象。

四、建筑布局与周围环境的协调

与环境协调是任何一个风景城市、风景区规划建设中都要提出的首要问题。关键在于如何协调？新建的建筑物在风景画面中不但应该十分和谐，而且还可互相衬托，成功的建筑不仅不破坏风景，还可以"点景"、"添景"，这是一种积极的"协调"。如果仅满足于"保持风景的原貌"，不敢有所作为，似为消极的"协调"。

方案中，我们试图从开阔平静的湖面，到大片绿化的林带，再进入低层为主的沿湖滨建筑，到沿延安路两侧布置的适量的高层建筑，形成一个连续的、由低渐高的、有纵深感的城市轮廓线。这样，就涉及湖滨地区布置高层建筑的问题。由于整个杭州用地十分紧张，现有居住水平约每人 4m^2，且有危房 110 万 m^2 急待改建，城区绿地每人仅 0.67m^2（连动、植物园计算在内平均为每人 1.68m^2），湖滨绿带狭窄，湖滨路现有的大部分建筑都超出红线，建筑密度高达 65% 以上，根本谈不上扩大绿化用地的可能。要改建旧区、建设新区必然会迁出部分工厂、居民，需要大量征用土地。这就在征用农地、安排劳动力、市政设施等问题上增加许多困难。在旧城改建中尽量利用现有土地，安置较多的居民，适当降低建筑密度以增加绿地，这就不可避免地要适当建些高层建筑。

再从湖滨地区的景观分析，自断桥到平湖秋月看湖滨地区，沿湖岸是一条很平缓的水平线。而环湖四顾，则西湖的南、北、西三面都怀抱于群山之中，峰叠峦重，层次分明，轮廓丰富，令人神往。对比之下，目前湖滨地区的湖岸线便显得过于单调。现有的 5 层华侨饭店及 6 层工艺美术服务部均隐没在高达十余米的绿带之中，使湖滨缺乏纵深的空间感。游客们傍晚由三潭印月乘舟返回市区与西湖夕照之灿烂景色相比，感受更加强烈。

基于上述分析，我们在方案中，在延安路西侧布置了几幢十几层的高层建筑，企图打破沿湖岸的水平线，使湖滨沿岸形象有变化、有起伏、有节奏。形成丰富多变的层次，生动活泼的城市轮廓线，起到给西湖"添景""点景"的作用。

在湖滨地区建造高层，会不会压抑了西湖？这确是一个需要慎重考虑的问题。西湖面积5.6km^2，宝石山高 30 余米，保俶塔高 35m，这是规划设计应该注意到的数据。但是，还应该考虑整个市区与环境的呼应，应具体分析各个建筑的景点透视效果。方案中的几幢高层距保俶塔有 2km 之遥，与能看到湖滨全貌的最近视点断桥相距 1200m 以上，中间隔着一片开阔湖面，一条沿湖绿带，有相当的空间深度，使其体量适宜、造型挺拔，空间布置手法上不遮挡视线，不致会有体量过大压抑西湖之感。

现代的建筑设计已不再局限于建筑本身，而应结合考虑整个城市环境面貌的连续景观。一幢建筑不是孤立存在的，它必须与周围建筑对话，必须寻求与周围环境（建筑与自然）的协调。湖滨地区既为风景区与市区之间的过渡地带，则其建筑布局与形式应力求反映它与这二者均相协调的特色。对于湖滨地区能否建高层：我们认为关键是要进行科学的具体的分析研究。结合近期建筑投资的可能，大量建造高层也是不相宜的。

每个风景游览城市的名胜古迹、旅游景点都应该严加保护，有的需划出一定的保护范围，有的则整个村庄或山林都作为保护地区。但严格保护风景点、风景区的原貌，并不等于也不可能是整个城市的面貌都因循守旧、回复到古代生活中去。城市规划必须反映出城市逐步实施现代化的进程，也应考虑到当地居民向往新的生活环境的迫切要求。随着科学技术水平的提高，生产的发展，社会生活水平的提高，城市的面貌也必定会变化，这是历史发展的规律。我们规划工作者应尽量把握这个规律，自觉遵循这个规律。

在风光绮丽的西子湖畔，如何规划这一片为旅游服务的湖滨地区，一方面使湖光山色引入市区作为借景，另一方面使一幅现代化的生气勃勃的城市风貌在泛舟湖上东望城区时又能作为秀丽湖山的背景，这就要求在湖滨区的规划中，做到既要功能区划分明，又要在体量造型上做到高低起伏、错落有致。我们这一规划设计仅仅是一个粗略的初步设想，不妥之处尚希提出宝贵的意见。

湖滨地区规划方案技术经济指标　　　　　　　　　　　　　　表1

总用地	20.2hm²	建筑总面积	144,740m²
总建筑占地面积	4.92hm²	总建筑密度	24.36%

（本文与唐玉恩、汪统成、张庭伟共同完成，指导教师：吴景祥、陶松龄）
——本文原载于《建筑师》1980年第4期

我国城市道路交通的特征

近年来，城市交通问题已为更多人所关注。城市交通状况的好坏，不仅影响着城市的生命力，居民工作效率和生活方式，而且是人们衡量城市现代化程度的一个标准，也是人们决定对城市本身取舍的重要前提之一。

随着全球性的城市化过程的进展，一个世界性的交通危机席卷着各国的城市。正在建设四个现代化的我国各城市，对此也不能幸免。如何合理地解决我国城市交通所出现的问题，已成为当前城市建设工作中的一个迫切而重要的任务。只有首先了解我国城市道路交通的现状及其特征，才能为合理解决我国城市交通问题提出切实的办法。

前些时期笔者曾到一些城市作了若干调查，下面就所得资料对我国城市道路交通的现状特征作一个初步的分析。

一、我国城市交通问题的严重性

（一）交通量的急剧增长

机动车的使用和发展在我国是比较晚的。1902年在上海出现了从国外进口的第一批汽车。直到新中国成立前夕，全国公路通车里程只有75000km，汽车约5万辆。新中国成立后，我国的城市交通状况起了很大变化，城市的机动车和自行车数量有了很大增长。1976年我国机动车数约106万辆，居世界第33位。但在1971年以前我国车辆数的增长一直也还是比较缓慢的，只是近十年来的各种车辆的急剧增长，使旧的城市道路愈来愈不能适应日益增长的交通量，并随之出现了一系列的问题，城市的道路交通问题才在国内逐渐被引起注意和重视。

如1971年以来，北京、上海、天津、广州、沈阳、西安、旅大（现为大连市）、南京等大城市年平均机动车增长率都在15%以上，致使道路交通流量有很大增长。

机动车的增长不仅在大城市发展迅速，在不少中、小城市也相当迅速。如株州、宁波、铜陵、桂林、佛山、肇庆等地目前都已达到40~60人/辆车。新中国成立初期，佛山市只有几辆汽车，一直到1958年全市也只有57辆汽车，但到1978年已增至3800辆，20年增长66倍。

新中国成立以来我国自行车数量的增长也是相当快的。不少城市的自行车拥有量已达到2~4人一辆，平均每户有一辆自行车，有些城市已达到每户2辆。

表1为我国一些城市机动车和自行车的统计情况。

从表中可以看出我国城市自行车的拥有量为机动车数的数十倍。广东新会县的自行车数已为机动车的230多倍。自行车的年增长率一般也已达到10%以上。新中国成立初期，佛山市自行车只有50辆，现已达到12万辆，增长2400倍，平均每公顷道路用地已达2466辆自行车！

我国一些城市机动车和自行车数统计 表1

城市	城市区人口（万）	道路用地面积（hm²）	机动车			自行车			统计年度
			机动车总数（辆）	辆/万人	辆/hm²道路面积	自行车总数（万辆）	辆/万人	自行车机动车	
上海	573.0	1170	7.41万	129	63	171.0	2984	23.1	1978
北京	395.0	3300	8.13万	206	25	240.0	6076	29.5	1978

续表

城市	城市区人口（万）	道路用地面积（hm²）	机动车			自行车			统计年度
			机动车总数（辆）	辆/万人	辆/hm²道路面积	自行车总数（万辆）	辆/万人	自行车机动车	
天津	295.6	752	5.06万	171	67	168.0	5683	33.2	1979
沈阳	222.0	1500	2.9万	131	19	73.9	3329	25.5	1978
广州	173.0	348	5.03万	291	144	94.0	5435	18.7	1978
重庆	145.0	301	2.1万	145	70	2.0		0.95	1979
旅大	135.0	671	1.43万	106	21	24.5	1815	17.2	1979
西安	140.0	872	2.96万	212	34	56.0	3999	18.9	1979
南京	114.0	435	2.62万	264	61	31.5	2761	17.3	1978
兰州	81.5	391	2.17万	266	55	40.0	4908	18.5	1977
杭州	75.8	218	8880	117	41	30.0	3959	33.8	1978
无锡	47.9	89	5702	119	64	19.2	4008	33.7	1978
苏州	44.0	94	3335	76	35	11.0	2500	33.0	1978
合肥	43.8	170	7400	169	44	12.0	2742	16.2	1976
本溪	42.3	226	3200	76	14	7.0	1655	21.9	1972
锦州	39.4	285	5299	134	19	17.4	4414	32.8	1979
常州	34.5	48	3592	104	76	8.1	2348	22.5	1978
芜湖	32.7	204	2168	66	11	3.2	979	14.8	1978
丹东	30.5	120	2954	97	25	9.5	3115	32.2	1976
宁波	25.8	75	3981	154	53	9.4	3651	23.7	1978
桂林	25.2	118	7225	287	61	9.7	3849	13.4	1978
株州	25.0	100	4000	160	40				1977
辽阳	27.7	167	3300	119	20	3.0	2888	24.2	1979
佛山	18.9	49	3800	201	78	12.0	6349	31.6	1978
铜陵	15.87	73	3000	189	41				1978
肇庆	9.3	34	1411	153	42	4.1	4400	28.8	1976
新会	6.9	23	150	22	6.5	3.5	5073	233.3	1979
永川	6.0	7.5	1600	267	213	0.6	1000	3.8	1979

随着我国城市机动车和自行车数量的增长，城市道路交通流量也急剧增长起来（表2）。

一些大城市的道路交叉口和路段的高峰小时机动车流量统计　　　　　　　　表2

城市	统计年月	交叉口			路段	
		机动车流量超过1000辆/h 个数	机动车流量超过2000辆/h 个数	最高流量（辆/h）	机动车流量超过1000辆/h 个数	最高流量（辆/h）
上海	1977年10月	21	1	2032	22	1539
北京	1977年8月	56	1	2109		
北京	1978年8月	75	8	2684		
天津	1979年				16	1800
沈阳	1977年	5	1	2130		
旅大	1980年4月				4	
南京	1978年	6	1	2210	3	
重庆	历史最高	3		1362		

1979年，上海市主要道路机动车平均流量为1965年的2.5倍，非机动车流量为1965年的2.9倍。

兰州市西津东路高峰时间的机动车密度 1973 年为每小时 1750 辆，1974 年为每小时 2200 辆，1975 年为每小时 3200 辆，1976 年已达每小时 3800 辆，全天流量达 3 万辆。

我国大城市道路交通量的情况已经到了十分可观的状况，而中小城市交通量的发展也不容忽视。

佛山市汾江桥（车行道宽 9m）机动车高峰小时流量达 700 辆，自行车达 8.000 辆/h。常州市煤矿医院交叉口高峰小时机动车流量也达 640 辆/h，自行车达 6000 辆/h。四川永川县城内的成渝公路交叉口机动车交通量已达 9000 辆/昼夜。

随着机动车和自行车数量的迅速增长，各种令人为难的交通问题正在逐步出现。

（二）交通阻塞严重，车速降低

交通阻塞现象在我国不少城市中已累累出现，城市内的交通速度普遍降低，机动车的速度一般只有十几公里至二十几公里。

天津市公共交通车辆平时的平均时速为 12km，到高峰时有些路段的时速只有 5km。广州市公共汽车行驶的时速也已从 1965 年的 17km/h，降至现在的 13km/h。南京市从鼓楼到盐仓桥一带，车辆滞留经常长达 700m。天津市解放南路与大沽路交叉口红灯时间曾长达半小时，高峰小时车辆滞留竟达 1km 左右。

（三）交通事故率上升

1971 年以后我国的交通事故率明显上升（表 3、图 1）。近年来全国平均每万辆机动车的年事故死亡率为 35 人（美国为 1.6 人，英国 4.2 人，东京 1.5 人，伦敦 2.8 人）。目前我国因交通事故而死亡的人数之多占世界第二位，而按车辆平均的死亡人数（即相对值）占世界第一位。❶ 1979 年，全国机动车肇事达 117848 次，死亡 21856 人，受伤 80855 人，经济损失达 5374.2 万元。

一些城市交通事故统计　　　　　　　　　　　　　　　　　　　　表 3

城市	交 通 事 故			造 成 死 亡			统计年度	备 注
	事故数（次）	（次/万人）	（次/万辆车）	死亡人数（人）	（人/万人）	（人/万辆车）		
上海	5783	10.1	780	312	0.54	42.1	1979	不包括由非机动车负责任的事故数
北京				568	1.35	67	1979	
天津	8105	27.4	1602	294	0.99	58.1	1979	
广州	756	4.4	150	66	0.38	13.1	1979	
重庆				96	0.66	45.7	1979	
西安				230	1.64	77.63	1979	
旅大	556	4.1	390	66	0.49	46.2	1979	
南京	618	5.4	340	88	0.77	48.4	1978	
兰州	776	9.5	358	117	1.44	53.9	1979	
杭州	616	8.1	694	65	0.86	73.2	1978	
苏州	163	3.7	489	13	0.30	39.0	1978	
本溪	330	7.8	1031	37	0.87	115.6	1972	
常州	152	4.4	423	18	0.52	50.1	1978	
丹东	186	6.1	629	12	0.39	40.6	1679	（仅为 1～9 月统计数）
佛山	262	15.4	1903	10	0.59	72.6	1975	
肇庆	14	1.5	99	1	0.11	7.1	1976	
新会	20	2.9	1333	1.5	0.14	66.67	1979	

---

❶ 段里仁，郝树文．交通工程学的现状及发展趋势［J］．交通工程，1980（1-2）。

1979 年，兰州市由于车祸所造成的直接损失为 25 万元，唐山市 1974～1978 年车祸的直接损失为 25.8 万元，重庆市区 1972～1979 年因重大事故造成的直接损失为 66.7 万元，杭州市 1976 年的车祸损失为 22 万元，常州市 1973～1978 年平均车祸损失的直接费用为 7 万元/年，城市人口仅 15 万人的海口市 1977 年交通事故的经济损失也达 4.68 万元。

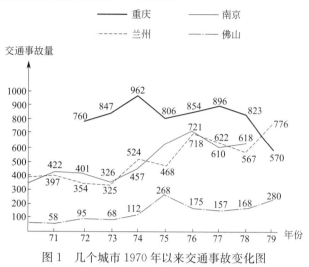

图 1　几个城市 1970 年以来交通事故变化图

（四）污染日趋突出

由于机动车交通的增长，车辆的废气及噪声污染也日趋突出。

车辆所排出的废气污染由于目前我国城市机动车数还不多，因此没引起足够的重视，但已十分严重了。例如重庆市每年排放各种废气 1130 亿 m³，其中各种车船尾气达 37 亿 m³，占 3.3％。据北京市 1979 年 3 月的测定，在 72 个测点的 182 个一氧化碳日平均浓度的测定值中有 181 个超过标准。超过标准 3 倍的测点几乎都在交通干道上，超过标准 5 倍的测点全部位于交通道口上。❶

虽然我国城市的汽车数和车流量还低于国外的水平，但交通的噪声级已比国外大城市的噪声要高，已开始引起普遍的注意。

1977 年北京群众反映环境污染问题对噪声的控告占 40％，1978 年占 41％。上海市 1976 年人民群众控告"环境污染"的来信中，噪声污染占第二位，而 1977 年已上升为第一位。

我国城市交通中所出现的各种问题正在日趋严重，如不吸取国外城市交通发展过程中的经验教训，认真研究和分析我国的具体国情对这些问题给以切实的解决，那么就谈不上我国城市环境的高质量，谈不上我国城市活动的高效率，也就谈不上城市的现代化。

二、我国城市道路交通问题的产生原因及交通特征

造成我国城市交通诸问题的原因是多方面的。其中既有城市交通发展的固有规律所引起的带普遍性的情况，即与世界上其他国家相类似的是由现代化的进程对城市交通所要求的高速度、高质量与城市有限用地之间的时间与空间的矛盾，以及道路的通行能力与不断增长的交通量之间不相适应的矛盾所引起的，也有我国所特有的有关方针、政策及城市建设和交通特点等一些原因。

（一）城市建设与经济发展状况

1. 缺乏合理的城市规划

30 年来，我国的城市面貌发生了很大的变化。不少城市特别是一些中小城市的建设和发展都很快，城市人口和城市建设用地有很大幅度的增长。但大部分城市由于缺合理的区域规划和城市规划而

---

❶ 北京市环保监测站. 前三门交通噪声对该地区高层住宅居民影响的调查报告［R］。

造成自由盲目发展的状况。城市用地布局与道路系统的不合理，这是交通恶化、问题复杂的主要原因。

2. 道路建设的传统老概念和错误规划思想的影响

新中国成立以来，我国不少城市受"一条街"规划思想的影响很大。城市道路不是按性质按功能来分类，道路的建设也不与道路两旁的土地使用情况结合起来，而是因袭马车时代的街道老概念，从所谓的"体现城市面貌"出发，凡是新建道路沿街两旁和道路交叉口一律都要摆上高楼住宅和商店。这种道路建设只讲形式不管性质和功能的情况也是造成我国城市交通混乱、问题严重的重要原因。可惜这种错误的做法至今还在不少城市继续着。例如江西省某市的总体规划还明确规定："主要街道上的临街建筑1980年以前四层以上，面积不少于1500m²，1980年后五层以上，面积不少于2000m²，力求结构合理、造型大方美观，形成清洁、朴素、壮观的街景。""各条干道，都要逐步安排临街建筑、形成街景。"广东省某市的总体规划也规定："主要道路的交叉路口，住宅建筑物要雄伟、有气魄，可达6～8层。"辽宁省某市的总体规划也明确规定："根据市容整洁美观的要求，城市于道两侧应尽量布置高层建筑。"这种只要房子又高又大，不管什么性质的建筑都可以往主要交通干道和交叉路口上摆的规划思想，怎么能不把我们城市的道路性质搞乱，不把交通搞混杂呢！

目前，我国大部分城市的道路规划也没有与土地使用规划很好地结合起来。比较流行的做法一般都是把城市道路分为干道、次干道及居住区道路（或支路）三级，然后按三级来确定道路红线宽度和道路断面形式，而不管其道路的功能性质和交通流量的大小。这种陈旧的不科学的道路分类方法已完全不符合现代城市交通的要求了。如果我们的有关领导和规划工作者不改变这种错误的规划思想和方法，不提高城市规划的科学性和合理性，那么这种在错误的规划思想和方法指导下做出来的城市规划非但不能改善城市道路交通的困境，而且还会对城市的合理建设危害匪浅。

3. 道路用地紧张，原有城市道路与急剧增长的交通量不相适应

我国目前还是一个人口众多、经济落后的发展中国家，新中国成立前机动车数量极少，旧社会给我们的城市建设留下来的底子薄，城市破烂，造成了我国城市中道路用地紧张，原有的城市道路与急剧增长的交通量不相适应的普遍现象。

4. 经济政策不合理，市政建设欠缺过多

落后的旧社会给我们的城市造成了道路用地紧张的先天不足，但新中国成立以来的城市建设长期不予应有的重视，道路交通设施建设欠缺过多，使城市道路状况改善缓慢，越来越不能适应日益发展的城市交通量，这也是交通问题日趋严重的重要因素。

以几个大城市为例。上海市1979年底机动车和自行车拥有量分别为1965年的4.87倍和3.1倍，1979年主要道路机动车平均流量为1965年的2.5倍，非机动车为2.9倍，但全市车行道面积20世纪60年代时为867.5万m²，目前为898万m²，增加仅3.5%（表4）。

我国一些城市道路用地情况统计　　　　　　　　　　　　表4

城市	城市区人口（万）	建成区面积（km²）	主要道路总长（km）	道路用地面积（hm²）	道路面积率（%）	道路网密度（km/km²）	平均道路面积指标（m²/人）	统计年度
上海	573	141	1051	1170	8.3	7.45	2.04	1978
北京	395	300	2078	3300	11	6.93	8.35	1978
天津	295.6	148	735	752	5.07	4.95	2.54	1979
沈阳	222	144	539	1500	9.1	3.3	6.76	1978
广州	173	54	391	348	6.4	2.36	2.07	1976
重庆	145	73	249	301	4.12	3.41	2.07	1979

续表

城市	城市区人口（万）	建成区面积（km²）	主要道路总长（km）	道路用地面积（hm²）	道路面积率（%）	道路网密度（km/km²）	平均道路面积指标（m²/人）	统计年度
西安	140	129	319	872	6.76	2.47	6.23	1979
旅大	135	81	657	671	8.26	8.09	4.97	1979
南京	114	116	197	435	3.7	1.3	3.8	1978
兰州	81.5	91	272	391	4.28	3.12	4.8	1977
杭州	75.8	49	145	218	4.44	2.97	2.87	1978
无锡	47.9	34.6	75	89	2.58	2.18	1.86	1978
苏州	44	28.4	357	94	3.32	12.56	2.15	1978
合肥	43.8	49.4	250	170	3.44	5.06	3.88	1976
本溪	42.3	43	128	226	5.26	2.98	5.34	1972
锦州	39.4	35.2	190	285	8.10	5.4	7.23	1979
常州	34.5	24.4	77	48	1.95	0.93	2.95	1978
芜湖	32.7	24.3	139	204	8.40	5.72	6.24	1978
丹东	30.5	24.9	139	120	4.83	5.59	3.93	1976
辽阳	2.3	21.7	169	167	7.70	7.79	7.77	1977
宁波	25.8	18.3	44	75	4.09	2.41	2.90	1978
桂林	25.2	26		118.3	4.7		4.9	1978
株州	25	29	100	100	3.45	3.45	4	1977
佛山	18.9	9.8	35	49	4.98	3.56	2.57	1978
安庆	17.9	14.6	43	79	5.40	2.97	4.41	1978
淮北	16.82	16.3	12.5	162	9.96	0.77	9.63	1978
铜陵	15.9	13.9	44	73	5.22	3.15	4.57	1978
银州镇	11.3	14.3	63	47	3.29	4.40	4.19	1975
肇庆	9.3	5.6	28	34	5.98	5	3.64	1976
新会	6.9	4.6	17	23	4.98	3.73	4.13	1979
江津	5.2	3.0	14.5	15	5.09	4.89	2.91	1978
永川	4.4	4.2	5.9	7.5	1.81	1.42	1.71	1975
彰武	2.87	4.7		32	6.82		11.15	1978

　　天津市目前的机动车和自行车数分别为新中国成立初的 19 倍和 15 倍，公交客运量为解放初的 8.7 倍，而道路面积仅为新中国成立初的 2.7 倍，在现有 1003 条道路中，宽 10 米以上的道路仅 93 条。

　　南京市 30 年来工业产值增长 151 倍，机动车辆增长 41 倍，自行车增长 14.8 倍，公交客运量增长 39 倍，地方专业货运量增长 10.4 倍，但城市道路长度仅增 1.6 倍，道路面积仅增 1.14 倍，城市道路密度相对从 1.24km/km² 降至 1.22km/km²，道路面积率从 3.33% 降至 2.69%。

　　兰州市近十年来机动车和自行车数分别增长 3 倍和 1 倍，而道路总长度仅增加 1.8%。

　　从城市建设的投资来看，上海市解放以来城市建设投资占全市基建总投资的比重逐渐下降：第一个五年计划时期为 11%，"二五"和"三五"时期为 8%，"四五"时期为 5%。

　　大城市如此，中小城市亦如此。

　　株州市到 1974 年为止，国家对株州的基建总投资按市区人口计算平均每人约 5000 元，其中用于城建的费用为 130 元/人，仅占 2.6%。

辽阳市各个时期用于城市建设的投资占基建总投资的百分比分别为：1949~1952 年为 2.40%，"一五"时期为 1.37%，"二五"时期为 3.22%，1962~1965 年 7.17%；"三五"时期 3.71%，"四五"时期 2.43%，1976 年 3.6%。

肇庆市 1963~1976 年用于公用及市政建设的投资仅占基建总投资的 7.66%。

广东新会二十多年城镇建设投资仅为各项事业总投资的 2.08%，平均每居民的投资不到 46 元。

城市的各种车辆数和交通量在急剧地增长，而城市的道路建设却进展甚微，使它们之间的矛盾越益激化。

5. 交通管理不严、道路使用不当，路面被任意侵占情况严重

道路用地紧张是客观方面的原因，假如能合理使用则有些问题是可以不那么严重的。由于对道路的不合理使用和交通管理不严，再加上城市严重缺乏停车场地，道路被占情况严重，以致使道路通行能力大大降低。

6. 原有城市公共建筑分布不合理，新区建设生产与生活比例失调，造成许多不必要的交通量

我国的大部分城市是在原有的基础上发展起来的，各项大型公共建筑和服务设施大多集中在旧市区中心。新中国成立以来，不少城市虽有很大发展，新建不少新工业区和居住区，但在"先生产、后生活"的左的口号影响下，使许多城市的新区建设生产与生活的比例严重失调，生活服务设施长期配套不齐全，新区的居民"进城"购物和进行文娱活动的现象相当普遍。不少地方的职工虽在新区工作，但不愿（或不能）在新区落户居住，只得挤在老市区，每天上下班长距离往返，给城市交通造成了很大的压力。

如上海市 66 个工人新村，其人口占全市市区总人口的 15.3%，而现有的商业服务网点仅占市区网点的 5%，市区平均 430 个居民有一个网点，新村平均 1.120 个居民才有一个网点。❶

南京市中央门外新区有 71 个工厂，职工 7 万人，但由于生活设施不配套，有 50% 的职工仍居住在老城区，使中央门每天上下车人数达 10 万人次，早上高峰时间达 4 万多人次。大量的人流、车流形成繁忙的交通，高峰时车辆往往要停候半小时以上。

兰州市大型商业与公共服务设施集中于城关区的情况也十分典型。铁路新村有 5 万多居民，竟没有一个饭馆（表 5）。

兰州市区大型公共建筑分布表 表 5

	大型百货商店	影剧院	体育场	公园
城关区	5	11	4	3
七里河区	1	5	1	9
安宁区	0	1	0	0
西固区	1	5	1	0
盐场地区	0	0	0	0
合计	7	22	6	3

公共建筑的分布不合理造成了节假日人流、车流的过分集中和对流。一般中小城市商业网点和大型服务设施集中于市中心的现象则更为普遍。

7. 城市用地紧张，建筑密集，道路拆迁改善困难

由于我国人多地少，城市用地普遍比较紧张（表 6）。

城市用地的紧张造成了我国城市的建筑高度密集。

上海市区 140km² 内有 8400 多万平方米的建筑面积，建筑容积率达 60%，黄浦、南市、闸北等

---

❶ 张绍梁. 提高居住区公共建筑定额指标科学性的探讨 [J]. 城市规划汇刊，1980（3）。

区有些街坊建筑密度甚至高达 90%（表 6）。

我国一些城市用地与国外一些大城市市区用地情况对照　　表 6

城市	城市区人口（万）	建成区面积（km²）	平均每居民城市用地（m²/人）	统计年度	城市	城市区人口（万）	市区面积（km²）	平均每居民城市用地（m²/人）	统计年度
上海	573	141	24.6	1976	桂林	25.2	26	103.2	1979
北京	395	300	75.9	1978	株洲	25	29	116	1976
天津	296	148	50.2	1978	佛山	18.9	9.8	51.7	1978
哈尔滨	218	139	63.8	1978	安庆	17.9	14.6	81.7	1978
沈阳	222	144	64.9	1978	淮北	16.8	16.3	96.7	1979
武汉	209	160	76	1977	铜陵	15.9	13.9	87.5	1978
广州	173	54	31.2	1978	肇庆	9.3	5.6	60.8	1978
重庆	145	73	50.3	1978					
西安	140	129	82.1	1977	纽约	900	850	94.4	1978
旅大	135	81	60.2	1976	东京	827	581	70.2	1978
南京	114	116	101.7	1978	莫斯科	780	878	112.4	1977
长春	109	121	111	1978	大伦敦	742	1580	211.5	1976
兰州	81.5	91	112	1979	开罗	422	212	50.2	1967
杭州	75.8	49	64.7	1972	柏林	328	883	269.2	1961
无锡	47.9	35	72.3	1976	横滨	275	426	154.9	1979
苏州	44	28.4	64.5	1978	巴黎	270	105	38.8	1976
合肥	43.8	49.4	112.9	1978	大阪	263	209	79.3	1978
本溪	42.3	43	101.6	1978	罗马	248	1507	607.6	1966
锦州	39.4	35.2	89.2	1977	汉堡	171	747	436.7	1975
常州	34.5	24.4	70.7	1978	马尼拉	158	38	24	1970
芜湖	32.8	24.3	74.4	1978	哥本哈根	82	118	143.9	1969
丹东	30.5	24.9	81.5	1979	华盛顿	72	180	250	1977
辽阳	27.3	21.7	79.5	1979	平壤	40	100	250	1976
宁波	25.8	18.3	70.8	1979	波恩	30	141	470	1969

注：此表国外城市的资料来源于：上海市城市规划建设管理局．上海城市规划汇报提纲［R］．1980。

据重庆市对市中心解放碑地区的典型调查，青年路街坊的建筑密度高达 75.5%。

芜湖市旧城区一般建筑密度为 40% 左右，最高达 67%。

安庆市平均居住密度为 48%。

锦州市的建筑密度最大为 49%，个别地段达 76%。

佛山市居住区的平均建筑密度高达 76.9%，典型调查的住宅建筑密度最高的（创新四街）竟达 88%。

我国城市旧市区中的道路大部分标准较低，不少城市旧市区可以通行机动车的道路很少，一般可以通机动车的道路也较狭窄，小街小巷多，存在不少瓶颈、蜂腰地段，交通无法流畅。

天津市由于受过去租界分割的影响，道路布局极不合理，各自为政互不衔接，造成市区道路东西不通、南北不畅的局面。

兰州市内纵贯全市东西向的主要道路只有一条，而且有些路段路面狭窄（车行道 9m，人行道也仅 3m），再加上沿街商业集中、居民稠密而造成交通不畅，不能起到为联系城市各个分区提供快速交通的主干道作用。

苏州市区虽然道路网较密，但小街小巷居多，主要道路的车行道一般只有 7～9m，人行道最宽也只有 2.5m，有些路段甚至没有人行道。旧城区除一条南北向干道人民路外没有第二条直通道路。

杭州市区道路也普遍狭窄，道路宽度在 10m 以下的占 85%。

山城重庆道路坡度大，弯道半径小，市中区道路最大坡度达 9%，平曲线半径最小仅 23m，有些路段人行道仅 0.5m。

城市用地的拥挤和建筑的密集，给旧市区的道路改建工作带来困难，常遇到大量的建筑拆迁问题。因此，一般不应作大规模的新辟、拓宽和取直道路，而应该首先对这些道路进行合理的功能分类和交通分流，使之合理有组织地使用，以改变目前道路交通混乱、拥挤的状况。而在旧市区外围则可以新辟交通干道为城市各分区间提供较快速度的交通联系。

8. 城市建设无"法"和执"法"不严，不断设置新的障碍

我国的城市规划学科就其科学性来说尚有待于深化，而规划工作及其成果也缺少应有的权威性。有些城市即使有较好的规划方案，由于没有法律上的保障，也是长期难以实现。一些违章建筑及其他不合理的建设，由于无"法"（或执"法"不严）而得不到及时的制止，以至为城市规划和道路网规划的合理实现设置新的障碍。

也有不少城市对道路红线宽度的确定，不是建立在对道路交通的现状及发展进行调查研究的基础上结合具体的现状情况作出因地制宜的设计，这样的"红线规划"由于缺乏科学依据和脱离实际，也就不可能具有权威性而往往容易被随意改动，使道路建设出现混乱的情况。

（二）交通特点

发达国家解决大城市交通问题的成功经验是值得借鉴的，但不同于我国的城市交通情况，各有自身的特征。因此不能照抄照搬国外的一切方法和措施，而必须把握我国城市交通中的特殊性，探求适合我国国情的解决方法。

1. 机动车中货运汽车多，客车少，客运交通中公共客运交通多、小轿车少

截至1977年，世界拥有各种汽车33640万辆，其中小客车26600万辆，约占全部汽车总数的79%；载重汽车7040万辆，占汽车总数的21%。[1] 1975年，国外几个国家载货汽车占车辆总数的比例为：美国19.7%，日本40.2%，联邦德国20.1%，法国13%，英国11.3%，意大利7.4%。[2]

我国几个城市各类机动车比例统计　　　　　　　　　　表7

城市	机动车总数	货车		客车		其他车		客车中小轿车数	小轿车占机动车的百分比（%）	统计年度
		数量	%	数量	%	数量	%			
北京	81308	35494	43.65	21687	26.67	24127	29.67	16385	20.15	1978
上海	74100	44361	59.87					5154	9.07	1978
天津	50.605	25587	50.56	4839	9.56	20179	39.88	2355	4.65	1979
南京	26680	10523	39.44	4129	15.48	12028	45.08	2401	9.0	1978
重庆	20901	10064	48.15	3568	17.07	7269	34.78	2043	9.77	1979
旅大	14273	7473	52.36	2045	14.32	4755	33.32	1240	8.69	1979
佛山	1377	462	33.55	167	12.13	748	54.32	84	6.1	1975
肇庆	913	498	54.55	171	18.73	244	26.72	64	7	1974

*注：其他车包括三轮车、消防车、起重车、油罐车、救护车、工程车、拖拉机、机器脚踏车等。

我国城市中机动车的组成与这些国家的情况相反，大部分为货运汽车，客车很少。从表7中可以看出，目前我国城市的机动车大部分为货运汽车及其他车辆，占74%～90%，客车只占10%～26%。城市中货运的交通量约占机动车总交通量的70%左右。

我国的小轿车数量与国外相比是相当少的除北京以外，小轿车占机动车的比率一般在10%以下。城市客运交通中的绝大部分是由公共汽车和电车承担的，小轿车的问题在我国还不突出。

2. 拥有大量的自行车与其他非机动车

30年来我国城市的公共交通运输能力虽然有了很大发展，但目前城市公共交通运输的能力还跟不上客运量的增长，远远不能满足城市居民工作出行和生活出行的交通要求。

我国大城市和特大城市公共交通车辆一般占机动车总数的2%～5%，车辆保有率为4～6辆/万

---

❶ 国外工业现代化概况 [M]. 北京：生活·读书·新知三联书店，1979。
❷ 世界汽车货运简况 [J]. 国外汽车运输，1980（1）。

人；中小城市公交车辆一般仅占机动车总数的4%以下，车辆保有率为1～4辆/万人（表8）。

我国一些城市公共交通情况统计　　　　　　表8

城市	公共交通车辆数(辆)	辆/万人	占机动车的百分比(%)	客运线路(条)	营业里程(km)	年客运量(万人次)	每人每年平均乘用次数	统计年度
上海	2952	5.15	3.98	185		250000	436.3	1978
北京	2600	6.58	3.20		1402	170000	430.4	1978
天津	1359	4.60	2.69	98	1714	69966	236.7	1979
广州	1013	5.86	2.01	38	3062	74311	429.5	1970
重庆	726	5.01	3.46	93	2889	44175	304.7	1979
西安	431	3.08	1.45		1000			
旅大	533	3.95	3.73	20		56575	419.1	1979
南京	523	4.59	1.96			44126	387.1	1978
兰州	333	4.09	1.54	16	215	147400	1808.6	1977
杭州	465	6.14	5.24	28	408			1978
无锡	152	3.17	2.67	14	187	10896	247.6	1978
苏州	148	3.36	4.44	11		10896	247.6	1978
合肥	134	3.06	1.81	13	104			1976
本溪	135	3.19	4.22	14	84	5220	123.4	1972
常州	112	3.25	3.12	10	89	8075	234.1	1972
芜湖	82	2.51	3.78	8	139			1978
丹东	82	2.69	2.78	16	274	2940	96.4	1976
辽阳	74	3.44		6	65	1627	75.7	1977
宁波	114	4.41	2.86	12	121	4831	187.0	1978
桂林	80	3.17	1.11	20				1978
株州	50	2.00	1.25			1187	47.5	1977
佛山	32	1.69	0.84					1978
安庆	38	2.13		5	87.6	132	7.4	1978
淮北	36	2.14			304	270	16.1	1978

从每万城市居民所拥有的公共交通车辆的数量来看，我国城市也低于国外的水平（表9）。

国外一些城市公共汽车、电车客运情况统计　　　　　　表9

城市	人口(万)	公共汽车、电车数量(辆)	占机动车的百分比(%)	辆/万人	年客运量(万人次)	每人每年平均乘用次数
巴黎	930	5045	0.17	5.42	46500	50
大伦敦	739	6900	0.32	9.34	148000	200
东京都	1169	17043	0.61	14.58	262157	224
纽约	800	4877	0.25	6.10	82125	103
加尔各答	830	4245		5.11		
布达佩斯	208.1	3067		14.74	115700	556
伯尔尼	20.4	226		11.08		
华盛顿	248	1825		7.36	16425	66
巴尔的摩	158	1081		6.84	9490	60
费城	402	1964		4.89		

　　而且国外的公共交通本身所占的客运比重比较小，并且在公共交通所担负的客运量中，很大一部分是由火车和地铁承担的。如巴黎公共交通的客运量占总客运量的34%（私人小汽车占54%，二轮车占12%）而在公共交通的客运量中，地铁又占70%，公共汽车仅占30%，这样公共汽车所担负的客运量仅为客运总量的10.2%。东京都的公共汽车占客运总量的16.9%（铁路、地铁占59%，私人汽车占18.5%）。在公共交通占客运比重较大的伦敦，公共汽车和电车的客运量也仅占30%左右。

　　我国除少数几个大城市有数量很少的出租汽车以及北京、天津二市有地下铁道担负部分客运外，公共汽车和电车担负着主要的客运任务。但由于我国城市中公共交通的车辆较少，服务水平和服务质量都还较低，乘车拥挤、交通时间长，换乘不方便，这就促使了自行车数量的骤增，成为我国城市居民日常的主要交通工具。

天津市全市职工超过百万人，但由于公交路线网布局不合理，不少道路上重线过多，造成疏密不均，乘车不便，因此乘公交车辆上下班的职工仅占14.76％，促使了该市自行车交通的畸形发展，平均每公顷道路用地有自行车2234辆，即每辆自行车仅有道路用地面积4.48m²。就是说，一旦自行车倾城而出，即使道路上没有一辆机动车，自行车也只能处于静止状态而无法行驶！

由于大量的职工骑自行车上下班，使城市交通中自行车的交通量十分突出，特别是上下班高峰时自行车与汽车、行人争道的情况十分严重。

表10为几个城市主要交叉口高峰小时自行车流量的统计情况。天津市的解放南路、大沽路交叉口甚至达到过5.8万辆/h的峰值。

主要交叉高峰小时自行车流量情况统计　　　　　　　表10

城市	超过1万辆(个)	超过2万辆(个)	超过3万辆(个)	最大流量(辆/h)	统计年度
天津	58	9	3	36250	1979
北京	28	1			1977
唐山	8				
沈阳	2	1		20300	1977
广州		2		21000	1977
南京	3				

不少中小城市交叉口和路段的自行车高峰小时流量也已超过2000辆/h，最高的佛山市汾江桥交叉口和福贤路交叉口已达8000辆/h。

我国的自行车交通不仅量大而且交通距离也相当长。如北京的典型调查，骑自行车上班的单程出行距离平均为4.55km，出行10km以远的有16％。[1] 上海市的典型调查平均骑车距离为5km左右，最大骑车距离达16km。[2]

骤增的自行车交通量猛烈地冲击着城市交通安全。特别是由于交通混行，使交通事故的肇事率相当惊人，其中很大部分的交通事故是由自行车引起的。

上海市1980年7～8月，自行车交通事故749起，死亡40人，重伤260人，轻伤442人，车辆损失3490元，由骑车者的责任所引起的事故占70％。唐山市有关自行车的交通事故占总数的75％，其中自行车与汽车相撞的重大事故占总数的60％。杭州市自行车与汽车相撞占总事故的40％。兰州市1979年主要责任在自行车一方的交通事故占全市交通事故的21％，其中自行车与机动车争道的交通事故占79.8％。常州市的自行车肇事率达70％之多。佛山市的交通事故中，由自行车引起的也占51.7％。四川永川县城1979年有自行车6000辆，由自行车引起的交通事故就达300多起，肇事率高达1起/20辆车。

自行车的停车问题已成为我国城市中迫切需要解决的事情。由于缺乏停车场地，不少城市交通管理部门批准的停车场利用分车带和人行道停车，把行人赶到了车行道上，使行人安全受到威胁。有些则停在车行道上，使本来用地就十分紧张的道路显得更加拥挤，交通更为混乱。无组织的违章停车就更成问题了。

除了有大量的自行车外，我国城市中尚还有其他非机动车混行，使城市交通的情况更趋复杂。

---

[1] 北京市规划局交通处. 北京市职工上下班交通情况典型调查 [J]. 城市规划，1979 (2)。

[2] 徐循初等. 职工工作出行方式和分布调查初探 [J]. 城市规划汇刊，1980 (8)

上海目前还有六七万辆人力货运拖车。广州市也有其他非机动车4万多辆。南京市1978年有各种三轮货车、板车、兽力车等非机动车近8万辆。苏州市目前也尚有手推车1万辆。肇庆市1975年解放北路的高峰小时人力车通过量达201辆。佛山市汾江桥脚1975年6月28日6：45～7：45的人力车等非机动车流量也达287辆。宁波市灵桥其他非机动车的昼夜流量为5286辆，超过机动车的流量。北方城市中的架子车、兽力车在市内混行的现象则更为普通。

3. 步行者多

人流交通量在我国城市中是相当大的。上海市南京路西藏路交叉口行人流量高峰小时超过4万人次。天津市，1975年和1976年高峰小时行人流量超过2万人次以上的地点有6处，最高的地点达67723人次（西青道西站前，1979年为56441人次/h），1979年西青道四十中学前的高峰小时人流也达48054人次。南京市高峰小时行人流量超过1万人次的交叉口有5个，其中新街口广场和中央门交叉口超过2万人次。宁波市灵桥每昼夜人流量达7.3万人次。佛山市朝阳路银行门口1975年6月28日的高峰小时通过人流也达9120人次。江津县城解放路人流量也达6万人次/昼夜。

我国城市中步行流量很大，但人行道普遍狭窄，致使不少地方行人不得不在车行道上行走。有些城市在交叉口处虽装有铁栏杆，但行人也往往越栏行走。

4. 车种混行，道路通过能力极低

各种车辆不分客货、快慢、机动与人力、兽力在车行道上混合行驶是我国城市交通普遍的状况，然而也就是最大的弊病。如上海市1979年7月14日观察，中山北路共和新路交叉口机动车高峰小时内，通过机动车2198辆，自行车1539辆，人力劳动车等300多辆；非机动车高峰小时内通过自行车6712辆，机动车538辆，人力劳动车等151辆。本来就十分繁忙的交叉口再加上车种混行，就使交通混乱不堪。虽然大部分城市道路都已划上快慢分车线，但执"法"不严，情况无多大改善。如沈阳市的调查，在混行的车道上，高峰时间占用机动车道的自行车大约占自行车通过量的10%～15%左右。[1] 各种车辆互相争道，超车情况严重，行人在车行道上行走和来回穿梭的现象也习以为常，致使一些城市已开始在车行道上试行铁栏杆划分机动与非机动车流的办法，情况稍有改善。

由于车种混合行驶，使我国城市道路的通行能力大为降低，因此交通阻塞、车速降低、交通事故率上升的现象十分严重。

5. 流量和流向的不均衡性

我国的城市交通在时间上有较大的集中性。如北京市高峰小时自行车的流量相当其他时间的4.4倍。

一般来说，一天最大的客运量是在早上上班前一小时。这时客运量虽大，但流向较单纯，有较强的规律性，持续时间也较短。因为在早上上班时人们都是以最短行程或最少交通时间作为出行路线的选择标准的。而下午下班时的客运情况却较复杂，时间延续也较长。

据重庆市的调查分析，早上7:00～8:00高峰小时的公交客运量占全日客运量的11.45%，7:00～9:00的运量占22.45%，而下午16:00～19:00占22.83%。

据广州市的调查分析，早上7:00～8:00高峰小时的客运量占全日客运量的9.9%，6:30～8:30的运量占全日运量的18.4%，下午16:00～19:00占20.88%。据广州市的调查观察，早上高峰小时的客运量最密集的时间大约只有30～40min。

早上客运高峰不仅流量较大，而且不少城市还有单向流向较大的情况。如南京市公共交通8路、15路、33路、1路、10路早晨高峰时间两个方向的客运量之比分别为3:1，4:1，3:1，2:1，2:1。

北京从双井去东郊工业区方向的自行车流，职工早晨上班时出城的流量比进城的大5.5倍，去昌平、酒仙桥工业区方向的高峰小时客流量比全天平均每小时乘车客流量多3倍左右。

---

❶ 高继中. 关于沈阳市城市道路路面利用率分析［J］. 城市规划，1979（2）。

这反映出了城市交通流量不仅在时间上呈现出不均衡性，而且在空间和流向上也具有不均衡性。另外从国外的客运高峰情况来看一般早上上班时大量的人流，车流从郊区拥向市区，下班时从市区流向郊区，这是由于他们大部分都居住在郊区而在市区上班的原因。而我国的情况则相反，是大量的职工住在市区而在郊外工业区上班，因此呈现出反向的流动。

我国的城市交通中，由于客车占的比例小，货车占的比例大，因此虽然客运交通的高峰出现在早上上班前，但整个城市机动车交通量的高峰是在货运量最大的时候才出现。如据上海市的调查，全市的客运高峰在上午 6:00～8:00，但主要道路的交通最大流量是出现在 10:00～11:00。北京市的交通量的高峰小时出现在 8:30～9:30。天津市的客运高峰出现在 6:50～7:50，但机动车的高峰流量出现在 8:30～10:30。

一些发达国家，由于小轿车数量大大多于货运汽车，因此他们的机动车高峰时间就是上下班的客运高峰。而我国城市中呈现出客运高峰与整个城市机动车的高峰相错开的现象也是我国城市交通与国外的不同之处，而且我国客运高峰时的交通紧张和混乱，主要表现在大量自行车流的高峰上。因此我们不仅要解决好客运高峰的交通问题，还要解决货运高峰（即真正的机动车高峰时）的交通问题。

现在不少城市正在采取错开职工上下班时间的办法来减轻高峰小时的交通压力。这个措施对我国城市普遍的公交客运水平不能满足上下班职工客运交通的需要能起到一定的缓和作用，对减轻客运高峰的交通压力有一定的效果，但它对降低整个城市的机动车高峰小时的交通量作用是微不足道的。如果在时间上安排得不恰当的话，可能反而会增加机动车高峰小时的流量以及大量的自行车流与机动车高峰重叠而使道路交通更趋混乱。这个问题必须引起注意。

三、对我国城市道路交通量增长趋势的预测和估计

我国的城市交通无论是客运还是货运，运输的水平都还是比较低的。随着向"四个现代化"目标的迈进，工农业生产的发展的发展和人民生活水平的提高，城市交通必将有进一步的发展。

（一）城市机动车

从我国一些城市机动车的增长情况来看，机动车数量的增长与城市的工业总产值的增长有一定的相关关系。但我国解放三十年来，由于受各种情况的干扰和影响，工业总产值的增长情况在各个时期都有较大的波动，而机动车数则是历年持续增长的。试用数理统计方法对南京、重庆二市 1970 年以来机动车增长情况进行相关分析，得出机动车的增长与年份之间的关系可用下列方程式表示：

$$Y_{南京} = 15.599 + 2.892X \tag{1}$$

（相关系数 $Y = 0.9958$，剩余标准离差 $S = 0.7751$，$n = 9$）
其中：Y 为机动车数（千辆）；X 为年份 1974 年。

$$Y_{重庆} = 14.324 + 15598X \tag{2}$$

（相关系数 $Y = 0.9919$，剩余标准离差 $S = 0.5991$，$n = 9$）
其中：Y 为机动车数（千辆）；X 为年份 1975 年。

但发现重庆市 1977 年和 1978 年两年的实际机动车数与用数学模型求得的计算值的误差较大（分别为 4.1% 和 5.05%），这是与近几年工业产值有较大的增长因素有关，试再加入工业总产值增长的因素进行二元回归分析，得到：

$$Y_{重庆} = 12.434 + 1.446X_1 + 0.047X_2 \tag{3}$$

（相关系数 $Y = 0.9955$，剩余标准离差 $S = 0.4841$，$n = 9$）
其中：Y 为机动车数（千辆）；X_1 为年份 1975 年；X_2 为当年工业产值（亿元）。

用此数学模型得到的计算值与历年机动车实测数的误差普遍有所减少（最大相对误差为 1978 年

的 3.9%)。

分别用数学模型（1）、（3）对南京和重庆两市的机动车的发展趋势进行预测估计。由于 1970 年后受各方面的影响，重庆市的工业产值呈现出较大的波动性，对工业产值与年份之间的关系进行相关分析，得到的相关系数 $r=0.7465$，线性关系较差，因此对重庆市今后的产值采用 1970 年以后的平均递增率 11% 来进行预测计算。结果见表 11。

用数学模型（1）、（3）对南京和重庆机动车发展趋势的预测　　　　　　　　　　表 11

	1985 年	1990 年	2000 年	2000 年为目前的倍数
南京	4.74 万辆	6.19 万辆	9.08 万辆	3.4 倍
重庆	3.25 万辆	4.35 万辆	7.53 万辆	3.6 倍

可见，我国城市的机动车数照目前的趋势继续发展的话，还将有较大幅度的增长。

（二）客运交通的增长

我国城市居民乘用公共交通的出行次数也在逐年增长。

图 2 为重庆、广州、天津三市居民乘用公交次数的增长情况。可以看出，近几年来的客运交通量增长很快。

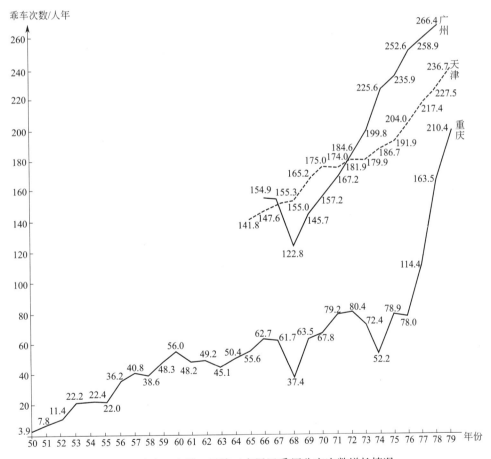

图 2　重庆、广州、天津三市居民乘用公交次数增长情况

重庆市 30 年来平均每人每年的乘车次数增长 53 倍。

从重庆市的公共交通客运量的增长情况来看，居民的乘车次数是与城市工业总产值的增长成一定的比例关系。用数理统计方法对重庆市 1955 年以来每年每人乘车次数与全市工业产值进行相关分析，得到：

$$Y = 2.7565X - 5.36 \tag{4}$$

（相关系数 $r = 0.9194$，$S = 28.10$，$n = 25$）

其中：Y 为每年每人乘车次数 [次/（年·人）]；X 为当年工业产值（亿元）

通过逐年计算发展 1978 年和 1979 年的计算值与实际统计值相差甚大，这是由于月票的报销制度的改变所引起的这两年月票数量骤增的原因所造成。故将此因素考虑在内进行二元回归分析。得出：

$$Y = 27.099 + 0.7008X_1 + 0.076X_2 \tag{5}$$

（全相关系数 $R = 0.9908$，$S = 5.80$，$n = 25$）

其中：Y 为每年每人乘车 [次/（年·人）]；X_1 为当年工业产值（亿元）；X_2 为全年月票发售数（千张）。

结算结果表明，误差值大为降低。以此预测重庆市 1985 年和 2000 年每居民的年乘车次数将分别达到 268 次和 634 次。

广州市 1978 年统计，固定线路（公共交通）和非固定线路（自行车、企业机关自备车及出租汽车）运输，合计城市客运交通量为 4914258 人次，则目前交通系统内每居民的平均乘车次数为 2.46 次/天。

北京市居民的平均出行乘车（包括公交和自行车）约每天每人为 2 次左右。

我国大城市居民的日平均乘车次数一般都在这个水平，中小城市稍低些。

我国城市的客运交通，不仅居民的年乘车次数在逐步增长，而且居民的出行距离也在增长。

如广州市统计，1976 年以前人民汽车公司的平均运距为 3.86km/人次；而 1977 年 9 月调查结果市内平均运距已上升为 4.05km/人次。

上海市的公共交通平均运距最近几年为 4km/人次。

重庆市公共交通的市内平均运距也为 4.03km/人次。

肇庆市的平均运距则为 5.5km/人次。

随着城市居民出行次数和出行距离的增加，如果城市的交通状况得不到改善，势必导致城市居民的出行时间也要相应地增长。目前我国城市居民化在交通上的时间已经相当长了，并且已显示出越来越延长的趋势。

如据南京市调查，住在城南到城北上班或住在城北到城南上班的人数每日多至 3.5 万人，运距 10～15km 以上，路上要化一两个小时。另外 16 万张月票，上下班要换车的有 10.4 万人，占 65%，换车两次以上的有 2 万人，占 12%，最多的要换乘 4 次才能到达工作单位。

如照此趋势继续发展下去，则与现代化城市具有高质量的生活、工作环境和各项活动的高效率的特征相违背的。

（三）货运量的增长

我国城市的机动车货运量新中国成立以来发展也很快。

我国几个城市机动车货运量统计　　　　　　　　表 12

城市	城市区人口（万）	工业总产值（万元）	道路年货运量（万 t）	平均每居民年货运量（t）	平均每居民年工业产值（元）	统计年度
上海	573	5900000	18800	32.81	10297	1978
天津	295.6	1880000	7717	26.11	6360	1979
南京	114	587200	3000	26.32	5151	1978
旅大	135	694100	3500	25.93	5141	1979
北京	395	1920000	8870	22.46	4861	1978
丹东	30.5	128981	616	20.20	4229	1975
淮北	16.8	47500	399	23.69	2824	1978

新中国成立前上海的汽车货运量为 940 万 t/年，1978 年已为 18800 万 t/年，增长近 20 倍。

南京市地方专业货运量 1978 年比 1949 年增长 10.4 倍。

表 12 为我国几个城市机动车货运量的情况。从表中可以看出，每居民的平均货运量与平均每居民的工业产值之间呈一定的相关关系。试用一元线性回归对上海、天津、旅大、北京、丹东五个城市平均每居民年货运量与平均每居民的工业产值进行相关分析，可得：

$$Y = 13.96 + 0.00187X \tag{6}$$

$$(r = 0.9499, S = 1.726, n = 5)$$

其中，Y 为平均每居民年货运量（t），X 为平均每居民的工业产值（元）。

因此，随着生产的发展，劳动生产率的提高，城市道路货运量也将随之而增长。

综上所述，我国城市的客、货运交通量和机动车的数量都呈现出还继续有大幅度增长的趋势。但我国近些年来由于车辆数和交通量的急剧增长已出现了车速降低，交通事故率上升，污染日趋突出，居民交通时间增长等等情况，如果我们对道路交通的这种状况不加以认真改善的话，那必将引起更为严重的后果。这是与城市的现代化对城市交通的要求不相符合的。努力改善城市交通的状况已是摆在我们面前的迫切任务。

——本文原载于《城市规划汇刊》1980 年第 12、13 期

为创造更高的城市质量而努力（一）
——试谈城市质量、城市波与城市化的关系

我国的城市化应该走什么样的道路？是个众所关心的问题。在 20 世纪剩下的年头里，它将对我国的城市化发展方向产生很大的影响。目前我国城镇人口占总人口的比重为 13.2%，据一些专家预测，到 20 世纪末，我国城市人口将达 5 亿，约占总人口的 40% 左右。与一些国家相比，美国的城市人口占总人口的比重，从 1851 年的 12.5% 上升到 1901 年的 40%，经历了半个世纪，苏联从 1881 年的 12.1% 上升到 1939 年的 26.3% 也经历了半个多世纪。❶ 我国的城镇人口占总人口的比重从 1949 年的 9% 上升到 1979 年的 13.2%，用了 30 年时间，平均每年增长 0.14%。如果预测的数字能实现，则以后的 20 年每年的城市人口增长率将平均达 1.34%，也就是说将为前 30 年的近 10 倍。如此大量的人口由农业人口转变为城市人口，这不仅意味着现有大、中、小各级城市的迅速发展扩大，而且还意味着将产生出不少新的城市。现有的城市应该向什么方向发展，将要出现的新城市应该什么样建设，是一个摆在我们面前的重大课题。

一、"城市质量"与城市规模

一般认为，大城市会产生居住紧张、交通拥塞、环境恶化等问题，而城市规模过大则被认为是产生这些问题的原因。

从我们前一阶段对我国 30 多个城市所作的调查情况来看，居住紧张、交通拥塞、环境恶化等问题不仅在一些大城市存在，不少中小城市在不同程度上也同样地存在。城市质量的高低并不是简单地与城市的规模大小成反比例关系的。城市的发展有它一定的客观规律。

城市是以从事非农业生产为主的人们所聚居的、有一定人口规模和地域范围的居民点。城市从其产生的一开始就体现了比分散性的农村居住点具有较大的经济性与合理性。从总体上说，城市居民较散居于农村的农民能获得更高的"生活质量"。是城市具有吸引力的主要原因。城市吸引力的大小则与其所能提供的"生活质量"的高低成正比。

城市因为具有比农村高的"生活质量"，因此它从一开始就成为统治阶级所居住的地方。从奴隶社会以来，城市历来也是国家、区域及地方的政治、经济和文化中心。从城市的历史过程来看，发展的初期，"城市质量"是与其规模的大小成正比的，城市越大，其质量越高。因而统治阶级中等级地位越高者，也往往居住于规模较大的城市中，城市的行政级别一般也与其城市规模的数量级相对应。

据历史记载，我国很早就出现了繁华的大城市。如春秋战国时的齐国都城临淄，人口就已达 30 万之众。秦灭六国，"徒天下富户十二万居咸阳"足见秦时咸阳规模之大。南朝的都城建康在梁武帝时，城市人口约百万。隋唐长安则更是城市用地达 80 多平方公里、人口达百万的世界最大城市了。北宋开封与南宋的临安城市人口都在百万以上。可见，所谓的大城市与特大城市远在我国古代就已出现，而这些城市都以其繁华而著称于世，吸引了众多的人口。

从国外的城市发展史来看，大城市在古代也已出现。公元 1 世纪前后罗马帝国时代，罗马城的平民就达 30 万之多。当时建造的罗马大斗兽场能容纳观众 8 万人，马采鲁斯剧场可容纳 1～1.4 万人，卡瑞卡拉浴场可同时容纳 1600 人沐浴。从城市文化娱乐、公共福利等设施的规模即可反映出当时的

---

❶ 谢文惠. 世界城市化的进程［J］. 世界建筑，1981 (1)：78。

罗马城已有较高的城市质量。

可见，这些大城市在当时的"城市质量"相对来说是很高的，居住、交通、环境等问题还并不显得很突出。这些问题只是在工业革命后的近代城市里才变得严重起来。

工业革命使大量的资本在城市里集中起来，同时也使大量的农业人口拥向城市，世界性的城市化进程开始加速发展。

大城市由于其城市质量较高，它们比中小城市能提供更多的就业、教育、生活服务设施、文化娱乐、交通等方面的优越条件，因此它们比中小城市具有更大的吸引力。在供电、供水、交通运输、劳动人口、商品市场等方面，大城市对工厂企业的发展建设也能提供极大的便利。因此大城市的工业发展和人口膨胀就具有更高的速率，使大城市的人口绝对数量和相对比重都显著增长。目前，西欧大城市的人口已占欧洲总人口的1/3，占城市人口的2/3左右。1950—1975年，全世界百万人口以上的特大城市人口由1.77亿增至5.06亿，占城镇总人口的比重由24.7％上升到32.5％❶。

由于大量的工业建设和人口的高度密集就逐渐使大城市在用地、各类建筑、市政设施及生活服务部门出现了超负荷的情况，居住、交通、污染等等问题开始变得日益严重，出现了城市质量下降的情况。城市居民生活质量的下降、工业投资效益的减弱以及城市土地价格的飞涨，相比之下就使能提供大量的建设用地及新鲜空气和优美的自然环境的郊区，成为人们向往的天地。而交通工具特别是小汽车的广泛使用及高速交通的发展，又为居民及工厂企业向郊区迁移提供了方便的条件。20世纪50年代以来，工业发达国家的大城市就出现了人口与工厂企业、商业向郊区迁移的情况。大量高质量的郊区住宅、超级市场的兴建，以及各行各业的郊迁，使环境较好的大城市郊区在"城市质量"的总指标方面得到迅速的提高，超过了原有大城市的中心区，这不但促成了城市人口和企业的更大量的郊迁和外流，还从郊区外围或更远的地方吸引了大量的人口和工厂，进一步出现了郊区迅速发展、市区衰落的景象。

人口向城市集中，这是一个普遍的现象。但是同一现象在工业国和在第三世界国家中性质有所不同。在工业发达国家，农业生产力的提高使农业劳动力过剩，多余的农业人口流入城市。在一些不发达的国家，这种现象不是由于农业的进步，而是在人口不断增加和城乡差别很大的情况下，农村极度贫困，最贫困的一无所有的农民宁愿在城市度他们的悲惨岁月，也不愿过农村中那种艰难生涯。而且那些受过一些教育的农村青年也认为自己应在城市工作以获得享受较高的生活质量的权利。这就使得发展中国家的大城市畸形地发展，城市质量较为低下，城市贫民窟也在不断增长。

从世界的城市化过程及城市发展的历史可以看出：

（1）城市比农村对于人类聚居进行各项社会活动具有较高的质量和效率。

（2）城市的发展过程体现了人口分布由分散的农村向城市集中，又出现向城市外围散布即在更大的范围内集中的趋向，其人口分布向城市化集中的总趋向是不变的。"人往高处走，水往低处流"，这是自然流动的总法则。在城市发展的兴衰与变迁过程中，与市场的"价值"规律相似，在城市的"自由竞争"发展阶段，"城市质量"所引起的城市吸引力对各个城市的生死存亡起着相当大的决定作用。"城市质量"还引起了更大的人口流动趋向——国际的移民现象。

（3）"城市质量"在一定的范围内与城市的规模大小成正比。城市只有达到一定的规模，即城市的人口与用地达到一定的经济合理的集聚程度，城市的各项功能活动和构成"城市质量"的各物质要素才能达到适当的比例，处于发挥效益的最佳状态。但是，这种"城市质量"与城市集聚程度的正比例关系有其一定的界限值，超过了这个界限值就会走向反面。

（4）工业的迅速发展及为获得高度经济效益的自由竞争带来了全球性的城市化高速进展，同时也造成了城市用地紧张和生态平衡的破坏，而引起了城市诸问题的严重化。用地紧张、居住拥挤、交通

---

❶ 孙盘寿.五十年代以来国外大城市及其郊区空间结构的演变［J］.工业布局与城市规划，1981.

阻塞、环境污染等问题，是城市不正常发展、城市各物质要素间比例失调的结果，是"城市质量"下降的具体表现。这种情况在大、中、小城市均不同程度的发生。

（5）不适当的高密度和严重的比例失调，使城市的集聚程度超过了合理的限度，造成城市各项功能活动和物质要素的超负荷状态，这是"城市质量"下降的根本原因。大城市由于具有众多的人口与各种行业，其涉及与影响的范围比中、小城市大得多，因而城市诸问题的出现在大城市也就显得更突出、更集中和更典型。

（6）"城市质量"会以"城市波"的形式向其外围地区进行扩散、传递，城市越大，其波及范围越广。目前，西方国家正在形成的城市群与城市带，即是大城市及附近中小城市的城市波汇集交互作用的城市共谐区。它们形成了较高的城市质量，对周围地区具有更大的吸引力，将对人口分布形式产生很大的影响。

二、"城市波"与"郊区化"

"城市质量"的下降对居民的生活及工业生产都带来了不利，引起了西方国家城市居民的强烈不满及工商业者的巨大恐慌，大城市的人口及工厂企业的郊迁使某些大城市市区出现衰落的现象也引起了政府部门和各方面的注意。于是就纷纷寻找原因，制定对策。

开始，人们把城市诸问题的产生简单地归咎于"规模过大"，大家就分头研究起"城市合理规模"的问题，提出了"控制大城市规模"的政策。认为只要城市有合理的规模，就能避免产生这些弊病。

"控制大城市规模"，疏散城市人口的政策，是在一些发达的工业国家首先提出来的。不少国家在第二次世界大战前后就制定了"新城法"，提倡发展规模较小的新城，并对大城市采取在其周围建立卫星城以疏散人口，达到控制大城市规模的意图。

如上所述，对城市的发展变迁起着很大决定作用的是构成城市吸引力的"城市质量"。故"新城"或卫星城在城市质量上如不能胜过原有大城市的话，那么它就不能起到"反磁力吸引"的作用，并不能对大城市的居民有多大的吸引疏散作用。相反，它由于比附近的其他地区和农村有较高的"质量"，反而会吸引来大量外围的人口。如伦敦在第二次世界大战后新建的卫星城共吸引了 50 万人，但其中 95％是来自周围地区，仅 5％是市区外迁人口，就是很好的例证。

而发达国家大城市人口郊迁的现象之所以发生，也是由于这些城市的城市波所形成的"城市化"的郊外地区具有了与大城市的市区质量相当，甚至更高的质量的缘故。但是这种城市空间"郊区化"的现象，是资本主义制度下，城市自由化发展的结果。它是资本主义国家中大城市内的上、中层富有阶层的人们逃避大城市的城市质量下降的现实的一种自发倾向，它并不是城市化程度日臻成熟的标志，也不是解决大城市问题的根本出路；逃避，并不是成功的经验。

美国社会学家丁·弗里什曼在美国国会城市建设委员会会议上说："富人有足够的资金能使自己与城市生活的不便隔绝，他们有摆脱噪声、垃圾、恶臭的有利条件，有建立美好环境的条件，这种美好环境能适合于消费者精细的鉴别力，他们有能力付钱。穷人则不然，对于到城里来碰运气的黑人也好，白人也好，他们的生活质量都处于极度贫困中。"西方国家城市的"郊区化"所带来的旧市区的衰退，使大量的城市中、下层居民陷于更困苦的境地，由于大量税收交纳者的逃遁，也使"政府"处于窘迫的地步，而城市无力自救。这些国家似乎也开始认识到了这一点，又转向提倡大城市的"更新""复苏"，开始正视已出现的城市诸问题，着手予以解决，以提高大城市的"城市质量"使其重新获得生活的活力。

人们面临的危险大部分是他们自己造成，而且大部分是他们有能力控制的。城市诸问题的产生是由于"自由竞争"阶段的城市无政府状态的发展。提出"控制大城市"和"发展小城镇"的政策，是试图以人口分布畸形集中的无政府自由发展状态转入有计划的发展阶段，总的来说是可取的。英、法、日等国实行新的城市政策，鼓励开发公司有计划地建设新城，并对大城市地区进行综合的区域规划，都反映了这些国家的政府以政策手段来干预并纠正城市发展无政府状态的努力。尽管他们的制度决定了这种政策的不彻底性，并且政策的效力范围也是有限的，但是有计划的开发新城建设（如第三代、第四代卫星城）以及对大城市的更新改造，给城市居民提供了较高质量的生活、工作环境，已使城市中存在的诸问题开始得以逐步解决。

城市的产生和发展变化以及世界城市化的进程，就是人们随着生产力的发展对自然环境和人工环境不断进行利用、改造和再创造，以满足日益提高的对生活质量的要求的过程。从田园城市的理想到卫星城镇理论的产生及对大城市的更新、改造，都体现了人们为谋求更高的城市质量的努力。因此，对于"控制大城市规模"这个合理的政策不能片面地理解为是机械地控制人口规模和用地规模，或是消极地去回避和转移已经出现的问题，而是必须吸取国内外城市发展史上已有的经验和教训，对这些问题给予正确的解决，必须把握住城市发展的客观规律，为人类创造更高质量的城市环境。如果说要控制的话，那么要控制的是城市的合理"集聚度"，这对于大、中、小城市都是一样。

如前所述，不适当的高密度和严重的比例失调的超负荷状态是"城市质量"下降，引起城市诸问题严重化的根本原因。这些问题不仅在大城市出现，在一些中小城市也不同程度地存在。因此在这个意义上的"控制"就不仅应理解为对现有大城市而言，而对中、小城市也同样适用。（对那些"集聚程度"尚处于合理的界限范围以下的某些小城镇来说，就是一个发展提高的问题。）我们的责任并不是要宣判大城市的死刑，而在于对它们进行积极的"治理"，赋予它们更强大的生命力，成为更高质量的人类聚居地；我们的责任还在于使中、小城市朝着正确的方向发展，提高它们的城市质量，同样地成为富有生气的人类聚居地。

三、借鉴与探索

不同时期的城市发展体现了各个时期社会生产、生活的时代性与历史的延续性相结合的综合特征。城市的形体是一种力的多边形的合成，城市的形态既要与各个历史时期的经济发展水平相适应，它也必然要反映各个时期不同的政治形态，并且还受到各种天然条件（气候、地理等）和技术物质手段的制约。城市的结构布局与形体必须与社会经济的发展和人类生活的要求相适应，这是决定城市发展变化的基本动力。

城市，或者说最初的集市（镇），是人类为了提高自己的生活质量被创造出来的。原始社会末期，当生产力发展到有了一定的剩余物品的时候，原始人类就产生了把满足自己最基本的生活要求以外的多余物品换成另一种物品，以提高其生活的丰富性、多样性，即提高生活质量的要求。这就是交换的要求。当交换由集体之间进行而发展到在个人之间进行时，固定的交换场所，"市"也就产生了。随着货币经济的产生和商品生产的发展，城市就以肯定的形式被确定下来了。可以说，是在人们最初的交换要求的发展下，"私有制"和城市被同时产生出来了，它们都是人们提高生活质量的自发倾向所导致的产物。城市的产生加强了社会分工，促进生产力的发展，因此它的产生是人类历史的一个进步。

在古代社会里，社会生产力低下，城市功能比较简单。社会生产仍以农业耕作居于支配地位。由于社会生产力发展缓慢，人们的生活要求比较简单，这样的城市结构与形体尚能长期处于相对稳定的状态。这种相对稳定的结构，到了资本主义时期工业生产的迅猛发展，就不能不受到冲击。

大工业的兴起及商品交换的发展，使城市的功能向多样化发展，资本主义的自由化使城市的形体也向多样化演变，城市建设出现了一个飞跃阶段。城市布局体现了商品生产占统治地位的社会经济关系，改变了古代城市所体现的农业经济闭关自守、相对静止的那种缺乏相互间联系的孤立状态，而呈现出资本主义时期生产、生活的日益社会化与经济发展的自由竞争和处于激烈的矛盾斗争与不断变化的状态。城市布局从相对稳定的封闭式结构，变为体现了更广泛的社会联系的不稳定的开放式结构。

但工业的急剧发展和随之而来的生产无计划状态与城市建设的自由化盲目发展，给城市带来了混乱和过密的不良后果，城市物质环境的相对平衡遭到破坏，城市环境质量下降。旧城区衰落、郊区发达的"郊区化"，即是对这种自由化发展的一种惩罚。如前所述，欧美国家所出现的郊迁现象，始于城市中富裕阶层逃避大城市已经下降的城市质量的一种自发倾向，并不是政府的政令所致。城市波的扩散、传递，虽然使大城市的周围地区的质量得到提高构成城市化地区，但从其他地区吸引来的大量人口与工业企业，使人口与生产力布局的不平衡状态更趋于严重化。随着"郊区化"的自由发展，沿交通干线的地价又随之上涨，环境遭破坏，居民上下班的交通紧张状况有增无减，这些城市的老问题又开始在这些"新城"地区出现。另外，"郊区化"所带来的原有大城市的衰落，工厂搬迁、商业萧条、各种服务设施水平下降，使留在城内大量的中下层市民生活质量直趋下降。以上这些均不是"成熟的城市化"应有的现象。

城市规划的任务应该是全面提高"城市质量"，以满足人们各项社会活动的需要。城市规划理论从其产生至今，已从乌托邦式的空想主义走向了解决社会问题的现实主义，从改造和创造良好的物质环境走向了对社会环境和心理环境的关切。"我们必须了解人，以便从时间上和空间上不仅使人的需要满足，而且使人的愿望能得到协调一致。"创造更高质量的合乎人们需要的城市环境，已是全世界进步的规划师们共同的历史责任了。而盲目自由发展的"郊区化"是不能达到此目的的。城市波的作用会使大城市周围地区有较大的发展，这是必然的。但我以为类似欧美国家的这种城市不正常发展的"郊区化"，不应该是我国仿效的榜样。另外，一些国家之所以没有出现"郊区化"的显著现象，不仅是因为受经济发展水平的限制，还因为这些国家与欧美国家有着不同的社会政治体制及就业、居住等政策。而我国在这方面的情况也是与欧美国家决然不同的。

社会主义制度下的计划经济给城市的有计划发展创造了有利条件，但城市的发展还有其历史的延续性。目前我国大部分城市的结构布局和用地组织形式基本上是承继了新中国成立前的半殖民地半封建社会时期的城市形态而来的。长期的封建社会以及近100年来的半殖民地半封建，使我国的城市发展在新中国成立前长期处于停滞不前的状况。新中国成立以来，虽然在城市中进行了大量的建设，但城市的布局和用地组织关系基本上还是保持了原有的单中心封闭式的结构，城市的各项设施改善比较缓慢，城市质量仍很低。

社会主义制度的建立，以崭新的社会生产关系代替了私有制下的旧的生产关系，而新的生产关系的建立和公有制度下的新的生活方式也必定要有新的城市结构和用地组织形式与之相适应。但任何结构系统都具有追求自身稳定的本能，而城市也总会力图保持其自身的稳定。因此，虽然生产力和生产关系已经发生了急剧的变化，但原有的城市布局形式也还会保持相当一段时间的相对稳定。城市结构的这种对自身稳定的保持，则会抑制生产力的发展和束缚人们的自由，成为一种与人对抗的力量。我国目前生产力水平与受落后的城市形态的抑制是有联系的。因此，对于那些已经严重地抑制了社会生产力发展和有碍于生活质量提高的城市布局与用地组织形式，我们就必须予以改造和革新。

根据我国经济发展水平及城市状况，我国城市化的道路，在现阶段似乎应该首先积极治理现有城市中已出现的各种问题，加强城市建设与管理，提高现有城市的城市质量。即须科学地治理大城市，适当扩大城市用地使之保持合理的集聚程度，并逐步对城市的布局结构和用地组织形式进行合理的改造，有计划地加强大城市郊区的建设，以充分发挥大城市的优势。在此同时，要积极发展现有中、小城市，特别是要重点发展基础较好的中等城市，把它们提高到大城市的"质量"水平。进一步要注意发展遍布于全国的中、小城镇，这样才能有利于我国农村中解放出来的大量劳动力向城市人口的转化，加速我国城市化程度，有利于对自然和劳动力资源的合理开发，有利于人口与生产力的合理分布，缩小三大差别。

城市的产生和发展并不是像生物体那样靠"母体"的分裂与增殖。城市的发展是一种"演化"，是由"量变"到"质变"，低级到高级的进化。仅仅只注意大城市的建设和发展，只能促进有限的大城市周围地区的城市化程度，而并不能使之分裂为遍布全国的中、小城镇。诚然，我们不应忘记大城市的功劳，它们能为开发落后地区提供资金的积累。但是只有建设好众多的中、小城镇，大量的城市波的作用，才能带动全国性的城市化。当然，中、小城镇的建设必须有计划、有步骤地进行，对那些基础较好的中、小城镇要有重点地首先给予积极的发展。

上海的工业产值占全国的1/8，这是由于其他城市的生产能力太低的缘故，实在是一种不合理的现象。那么上海应该保持它的记录么？如果中、小城市都发展起来了，上海就不能保持它的"1/8"了，这难道不正是我们愿意看到的情景么？实际上，我国的一些中、小城市从生产设备能力等固定资产的情况来看，它们所应拥有的生产能力并不低，之所以现在呈现较低的生产能力，很多是由于城市功能失调使生产能力不能正常发挥的原因。只要加强城市建设和管理，还清"欠账"，提高其城市质量，这些城市中潜伏着的生产能力就能很好地被解放出来。

已达到一定生产能力的大城市，对工业企业的容量已基本上达到"饱和"状态，如继续增加生产性投资，并不能获得更高的经济效益，而必须跳出原有的市区采用更新的生产设备和工艺流程才能有进一步的发展。这实际上也是引起欧美国家大量企业"郊迁"的原因。

从以上两方面看，均反映出如不提高城市质量而只增加生产性投资，是得不到较高的经济效益的。

"所谓的历史发展总是建立在这样的基础上的：最后的形式总是把过去的形式看成是向着自己发展的各个阶段。"❶ 社会主义时代的城市规划和城市建设工作，既不能把社会主义时期的城市与其他历史时期的城市完全割裂和对立起来，但也不能把二者完全等同起来。因此，我们不仅要继承和利用前人留下的财富，我们还必须改造和创造出新的东西来进行补充或把旧的取而代之；我们既要努力学习和借鉴外国城市规划和城市建设方面的有益经验，我们也须结合自己的国情，创造出符合社会主义时期生产力的发展和提高生活质量的要求的高质量、高效率的城市环境。全面提高城市规划的质量，改善和提高城市布局的合理性与科学性，改革不适应生产力发展和现代化生活需要的旧的用地组织关系，将是摆在我国城市规划工作者面前的重要任务。

——本文原载于《城市规划汇刊》1982年第19期

❶ 马克思.《政治经济批判》导言［M］//《马克思恩格斯选集》（第2卷）.北京：人民出版社，1972：94。

为创造更高的城市质量而努力（二）
——城市现代化与城市结构布局

随着我国城市化进程的不断加快，对现有的城市应该如何改建？对新的城市应该如何建设？感到有必要对过去的历史经验和教训进行一番研究，以及对城市发展客观规律作一科学的探求。本文想就城市现代化与城市结构布局发展变化的关系谈点拙见，以期引起讨论。

一、"生产性"、"消费性"与优越性

笔者曾有机会学习了一些城市的总体规划说明书，在"城市性质"这一条上，常有"将我市建设成为……的社会主义现代化城市"的描述。

什么是"社会主义城市"？什么又是"社会主义现代化城市"？

普遍的提法是：新中国成立以来我们已把旧社会遗留下来的消费性城市改变成了社会主义的生产性城市。

毫无疑问，新中国成立后我国人民在党的领导下艰苦奋斗，积极发展生产，大搞基本建设，在很大程度上改变了我国原有城市在新中国成立前的落后面貌，城市建设各方面都取得了巨大的成就，这是任何人也否定不了的。但把"消费性"与"生产性"作为衡量城市优越程度的标准就很不适当了。

"生产"与"消费"这二者是不可分离的，是城市基本功能活动的两个方面。城市从它产生的时候起就包含了这两个不可分离的内容，只不过在不同的时期和不同的发展阶段上，"消费"与"生产"占有不同的比重和具有不同的表现形式罢了。

人类历史上最早的城市是在原始社会向奴隶制社会过渡的时期，随着人类社会的第一、第二次劳动大分工和交换的产生而出现的。因此，城市从其产生的时候起就有了"生产性"，就有了生产——当时的主要表现形式为以农业为基础的手工业——的内容。而作为一种居民点，也就必然具有"消费性"，具有消费的内容。因为"居民点"是人们的生活聚居所在地，而生活是离不开消费的。交换则是生产与消费之间的环节（不管是原始的以物易物的交换，还是后来的货币交换）。首先是生产，然后通过分配和交换，最后在消费中人们的个人需要被满足。在人类社会发展的各个阶段里，不管社会的政治形态发生了怎样的变化，然而作为人们基本的社会活动因而也是城市基本功能的"生产"与"消费"，始终都是同时存在的。

工业革命加速了全球性的城市化进程，大工业迅速地在城市里集中起来，"人口也像资本一样集中起来"，城市以前所未有的速度形成与发展。可以说，"生产性"在资本主义时期的城市中，比以前各个阶段的城市更突出。有的城市在开始建设的时候，就是为了生产的需要、为了获得更高的利润而规划、设计和建造的。

因此，不能用"生产性"来说明城市是"社会主义"的或是"非社会主义"的。更何况"生产性"还不是城市的基本特征呢！因为即使是农村也有它的"生产性"，不过农村的生产是以农业为主而已。如果拿"生产性"来作为"现代化城市"的标志，那就更不恰当了。

如果说，新中国成立前在我国城市中有着不少赌场、烟馆、妓院等这些旧社会的产物，那么随着社会制度的变革，人民政府只要下道禁令，就可以使之禁止、关闭和消除的。然而，赌场、烟馆、妓院等并不是城市消费的基本内容，它们只是消费在不合理的旧社会的某些病态的表现形式。这些病态的表现形式可以被改变被消除，但城市的"消费性"却并不能被禁止和取消。恰恰相反，它只能是在

那些不正常和不合理的现象被消除后更正常和更合理地发展，也就是变为少数人的享乐而为人民大众服务。这并不是"消费"的减弱，而正是加强。当然，新中国成立后在我国城市中积极发展生产，增进其"生产性"功能的一面，这对于改变我国贫穷落后的状况，提高劳动生产力，发展国民经济，改善人民生活是完全必要的。

另外，生产与消费的概念和表现形式也是相对的，是随着时间的推移而在不断改变的。现在世界上流行的对三种产业的划分，把以前属于"消费"概念范畴的文化娱乐，商业服务等行业也纳入了"生产"的范畴之内。并且三个产业的就业人数和产值也发生了很大的变化，第三产业在工业发达国家里占的比重越来越大（表1、表2），整个社会越来越向服务性经济靠拢。最近，美国还提出了"第四级经济活动"的概念，把今天认为是闲暇活动的那些内容包括在这一级经济活动之内。

美国各部门就业人数和国民生产总值所占的比例　　　　表1

部门	1929年		1945年		1955年		1965年		1972年	
	就业人数	国民生产总值	就业人数	国民生产总值	就业人数	国民生产总值	就业人数	国民生产总值	就业人数	国民生产总值
初级	27.6%	16.6%	19.2%	12.3%	11.1%	8.1%	6.7%	5.7%	4.8%	4.8%
第二级	29.2%	35.9%	34.0%	36.9%	31.7%	42.0%	30.2%	39.9%	27.8%	37.4%
第三级	43.2%	46.3%	46.8%	50.6%	57.1%	51.8%	63.2%	54.8%	67.5%	56.4%

1950～1975年西欧六国三类职工人数（万）　　　　表2

国家	农业			工业			服务业		
	1950	1971	1975	1950	1971	1975	1950	1971	1975
联邦德国	22	8	6.7	45	49	47	33	42	45
法国	28	13	12	37	40	38	35	45	49
意大利	44	19	15	30	43	43	27	35	42
荷兰	13	7	6.6	40	38	35	45	54	53
比利时	13	4	3.6	49	44	40	33	50	56.4
卢森堡	26	10	7.5	40	47	44	34	43	48.5

马克思指出："没有生产，就没有消费，但是，没有消费，也就没有生产，因为如果这样，生产就没有目的。"[❶] 因此，再笼统地把城市分为"消费性城市"与"生产性城市"已是十分不合时宜的了。

我们的任务是既要积极发展生产，又要提供更多的消费，提高人民的生活质量。现代化的城市应该是生产的高度发达和消费的最大满足相统一的。当然，各个具体的城市在城市性质上会各有所侧重和不同，但生产与消费相统一、相适应的原则是不应该有所怀疑的。

二、"阶级性"、"时代性"与城市现代化

那么"社会主义的现代化城市"与以往的城市有什么质的区别呢？

从一些教科书和有关的专著来看，通常都把诸如用地短缺（地价昂贵）、居住紧张、交通拥塞、环境恶化等等看作为"资本主义城市"的基本特征，对"社会主义城市"的基本特征，则很少有明确的阐述。但，无可否认的是，这些被认为"资本主义城市"特征的各种现象，目前也在我国的城市不同程度地存在着，应该怎样去认识这些问题呢？

不同时期的城市发展体现了各个时期社会生产、生活的时代性与历史的延续性两者相结合的综合特征。虽然在对立的社会经济结构条件下的各个时期的城市建设，都被统治阶级用来作为巩固自己统治的手段之一，各个统治阶级按照自己的意图来规划和建设城市，给城市留下自己时代

---

❶　马克思。《政治经济批判》导言［M］//马克思恩格斯选集（第2卷）。北京：人民出版社，1972：94。

的特征。但，统治阶级的统治并不是通过"城市"来实现的，而是通过对城市的管理，通过它的专政工具——国家机器以及宗教、法律等等上层建筑来实现的。因此，我们不能说城市是哪个阶级的或是哪个"主义"的。

因此，我认为"资本主义城市"或"社会主义城市"等等这样的提法是不确切的。可以有奴隶社会时期、封建社会时期、资本主义社会时期等各个不同的历史时期，或不同社会制度国家的城市。因为这样的提法，表示了城市发展在时间上的延续性，和各个时期不同的物质功能与精神功能所决定的不同的城市形态的表现形式。

用这种观点来看待我国的城市为什么会呈现出与资本主义国家的城市相类似的一些问题，也就容易理解了。由于城市发展有其不依人们意志为转移的客观规律，即城市的发展必须与社会经济的发展和人们的生活方式相适应。我国目前的城市状况，从一定程度上反映了我国的经济发展水平，反映了我国城市发展是从半殖民地半封建社会时期的状态中脱胎而来的延续性。新中国成立时，由于我们接收的是一些工业极其落后的破旧城市，因此新中国成立以来，必须以积极发展工业生产来改变这种落后的状况。但由于城市规划工作受各方面的影响而不能正常开展，致使城市建设没有在应有的科学的城市规划学科指引下合理地进行，因而呈现了一些社会主义时期不应有或可以避免的某些现象。另外，由于那种分城市为不同"主义"的不恰当的提法，造成了把不同社会制度国家及不同的历史发展阶段的城市对立起来的错误理解，因而忽视了对其他国家在城市建设上的经验与教训进行正确的借鉴，忽视对城市发展与建设的客观规律的科学研究，以致造成片面"学习"和抄袭某些国家的方法或片面"批判"和反对某些国家的方法等形而上学的作法。这也是导致我国城市建设较落后的一个原因。

现代化的城市，应该是具有比以往任何时代都更高的城市质量的城市。在我国的社会主义建设时期，无论是对原有城市的发展改造，还是新城市的建设，都应该是创造比以前各个历史时期更高的城市质量，以适应社会经济的发展和提高全人类的生活质量的要求。同时，我们还必须把广大农村逐步改造和提高到先进的城市水平上来。那种认为把城市建设好了就会加剧城乡对立的错误观点，是完全没有根据的。如果说人类的社会从低级的无阶级原始公社向高级的无阶级的共产主义社会的发展必须经由有阶级的社会来实现。那么，城乡对立的最后消失，只有经过高度的城市化过程才能实现。

三、走向更高质量的城市结构布局

"人们为了能够'创造历史'必须能够生活。但是为了生活，首先就需要衣、食、住以及其他东西。因此，第一个历史活动就是生产满足这些需要的资料，即生产物质生活本身。"[1] 城市建设就是这样一种"生产物质生活"的创造活动。

城市发展史是用土地、石头、钢铁等材料写成的人类文明发展史。它既记录了人类社会生产力的发展，社会政治制度的变迁，科学的进步和技术的改革，也记录了随之而发生的人类对需要的产生和提高，记录了人类审美观念的变化。

所谓的"城市化"包括两个方面的内容，一个是人口的"城市化"，另一个是土地等物质环境的"城市化"。前者是人们对需要（工作、居住、交通、游息等）的发展和提高，以及这种需要的满足；后者是对这种需要的提供以及对满足的提供。因此，城市化不仅是人口向城市的集中和转化，而且是用地及环境的向"城市"的转化，二者都有在量上和质上的发展与提高。

在人类社会生活出现以后，自然与人类社会生活形成了一种主体与客体之间的密切关系，作为城市环境一个方面的自然环境，就成为一种与人类社会生活不可分离的人类社会生活的内容和表现。这样，自然环境的变化，不仅由于其本身的规律所支配，而且作为一种城市环境它还受人类社会生活的

---

[1] 马克思，恩格斯，德意志意识形态 [M]//马克思、恩格斯全集（第三卷）.1965：31.

影响而变化。城市环境不同于原野，不仅在于人们创造性地建立了人工环境的内容，还在于人类创造性地把原来的自然环境与人工环境加以有机地组织，使之典型化和审美化了。城市规划就是按照人类社会生产、生活的客观规律来进行城市用地、空间及物质环境的组织和安排，就是按照"最优"的原则，进行城市环境"典型化"和"审美化"的创造。城市的结构布局和用地组织形式是人类社会生活的外化，是人与自然的关系、人与人的关系的一种物的表象。

由于城市能提供比乡村更高的生活质量，因此城市用地就具有比乡村更高的使用价值和经济效能。城市用地的价值与效能的提高，不仅在于人们在原始的土地上的"建设"，而且还在于用地在新的形势下的合理组织和安排，这也就是城市规划在经济上的意义。

城市的结构布局与形体必须与社会经济的发展和人类生活的要求相适应，这是决定城市发展变化的基本动力。

城市从其产生以来，已经经历了从个体农业生产为基础的古代城市发展为以社会化的商品生产为基础的近代工商业城市，现在又进一步向信息集聚与交流中心的文化城市方向演变。城市结构布局已逐步从相对稳定的封闭式单中心结构向不稳定的开放式多中心结构方向演变；城市的用地组成及各类用地的比例关系，也经历了很大的发展与变化。

城市规划理论从其产生至今，已从乌托邦式的空想主义走向解决社会问题的现实主义，从改造和创造良好的物质环境走向了对社会环境和心理环境的关切。时代的发展，文明的进步，现代化的进程对"居住、工作、交通、游息"城市的基本功能与城市环境提出了更高的要求。随着城市规模的扩大，城市职能的愈益复杂化和交通运输的日益频繁，特别是由于最近一些年来能源危机的冲击，人们已开始认识到，那种机械地划分城市为若干"功能分区"，把在整体上有机联系的城市综合体割裂开来的做法，已越来越不能适应现代生产与生活的需要了。人们更向往于恢复已经失去的密切的合作关系，更倾向于追求富有人情味的生活气息，寻求适合于现代生活的更高的城市质量。于是城市结构布局与用地组织又开始了新的发展变化。有机结构及综合功能区的规划理论与实践也就出现了。

随着以商品生产为基础的工商业城市向文化城市的发展演变，人们的生活居住用地将明显地占据主要地位，特别是教育科研和文化娱乐休息场所及绿化等用地的比例将明显地增大，人们在城市内部的流动将减少而对外的远距离交通（旅游、休假等）将日趋增多。城市将逐步转向以信息情报同中心及对外交通的综合服务枢纽站为中心的布局结构。

回顾城市结构布局与用地组织最近所出现的一些趋向，可以归纳为以下几个方面。

1. 有机性与综合性

城市是由人工环境与自然环境各物质要素所构成的综合有机体。城市的各项功能及物质要素之间存在着相互联系、相互依存与相互制约的关系。城市规划就是把人工环境与自然环境的各物质要素高度地有机统一起来，构成高质量、高效率、低消耗的城市环境以满足人们各项社会活动的需要。由于城市生产、生活等活动的日益丰富，各居民点及城市（镇）之间在更广的地域上反映出有机的内部联系，城市结构在总体布局上越来越向城镇群体系方向发展。由若干个城镇联合组成的城镇群在总体上体现了多种功能的综合性；各个成员城市则既是生产、生活能相对平衡的独立城镇，又体现出在城市群体系内的有机联系上各有自己的特色。

2. 流动性与连续性

城市群体系内各成员城市间的有机联系决定了城市结构的流动性。以综合服务交通枢纽站为中心并沿着交通线路向外呈枝（指）状发展的结构体现了这样的流动性。城市居民已不像农业时代那样植根于他们土生土长的地方了，他们已经以较高的频率呈现出在更大地域上的流动。他们在更广的范围内寻找理想的职业与舒适的居住环境，进行休假、旅游和社交等活动。城市结构必须适应这样的流动性，以致出现"活动房屋"与"活动城市"的可能。

城市间的有机联系又决定了城市空间与物质环境的连续性，城市间以及城市各分区间的高速交通系统与良好的绿地环境就体现了这样的连续性。高速交通线路与绿地系统既把各成员城市及城市各分区妥善地分隔开来，又把它们有机地联系起来。

3. 社会性与传统性

生产、生活的高度社会化是现代社会的一个特征。城市结构将在用地组织上体现出越益增强的社会性。将会有越来越多和愈来愈大的公共空间，城市的各种功能在这样的共享空间中相互渗透与融化。它们既是工作地点，又是生活、休息娱乐场所，也是进行信息交流和社会交往的天地。

各类人们之间以及人们与周围环境之间在长期的生产、生活中结成了一定的密切而稳固的关系，这些关系构成了城市的社会环境与心理环境。在城市结构布局的发展变化过程中，创造良好文化传统的城市社会环境与心理环境是必须予以注意的。在走向现代化的发展中，我们所应抛弃的应是旧有的城市中一切已不适应现代生产、生活要求与功能的东西，即正在衰亡的东西；而应继承和发扬适应生产、生活要求和城市功能的，以及具有美学意义的东西。某些历史文化名城的城市格局体现了优秀的文化历史传统，具有很高的美学价值，在城市改建过程中必须予以十分小心地保护。

4. 选择性与多样性

古代城市的心灵是神权与王权，近代城市的心灵是物权，未来城市的心灵应该是人权。人性的多样性以及对自由的倾向就决定了城市结构的多样化，人对利益追求的自然性就表现了对城市环境的选择性的要求。城市规划应该提供人们以最大的选择自由，能够使生活尽量丰富多彩。城市的结构布局与用地组织应该体现出适应人们的选择性与生活的多样性的要求。从静止、封闭的单中心结构演变为灵活开放的多中心结构，以及从内向性向外向性的发展变化都体现了该方面的趋向。

5. 稳定性与灵活性

任何结构系统都具有追求自身稳定的本能，而城市本身也总会力图保持其自身的稳定。城市的结构布局与形体既然必须与社会经济的发展和人类生活的要求相适应，因此它们在一定的时期内必然会具有相对的稳定性。这就要求城市规划者对城市的结构布局，必须以一定的发展阶段为依据进行具体的设计构思，以符合具体的城市发展阶段上人们社会生产与生活的需要。另一方面，不断发展着的社会生产力与人们的生活要求，又使确定性的城市结构和用地组织与之成为不相适应的矛盾关系，促使其变革和发展。这就要求城市规划的结构布局和用地组织又必须具有一定的灵活性（弹性），以能适应不断发展变化的要求。由具有城市基本功能的综合区所构成的组群式城市结构及带状城市就体现了这样的灵活性与适应性。城市的发展已由点、线、面的平面城市向多度空间的立体城市演变，给城市规划工作者提出了更高的综合技术的要求。

我国社会主义制度的建立，以崭新的社会生产关系代替了私有制下的旧的生产关系，而新的生产关系的建立和公有制度下的新的生活方式，也必定要有新的城市结构与用地组织形式与之相适应。目前我国大部分城市的结构布局和用地组织形式，基本上是承继了新中国成立前的半殖民地半封建社会的城市形制而来的。新中国成立以来，虽然在城市中进行了大量的建设，但城市的布局和用地组织关系基本上还是保持了原有的单中心封闭式结构。城市结构的这种对自身稳定的保持，则会抑制生产力的发展和束缚人们的自由，成为一种与人对抗的力量。我国目前生产力发展的缓慢和生活水平的低下，是与受落后的城市形态的抑制和束缚有极大的关系。因此，对于那些已经严重地抑制了社会生产力的发展和有碍于生活质量提高的城市布局与用地组织形式，必须研究如何改造和革新。

社会主义时代的城市规划和城市建设工作，既不能把社会主义时期的城市与资本主义时期的城市完全割裂和对立起来，但也不能把二者完全等同起来。因此，我们不仅要借鉴其他国家的城市规划与建设的经验，还必须创造出符合社会主义时期的城市规划与建设的理论与方法。全面提高城市规划的质量，改善和提高城市布局的合理性与科学性，改革不适应生产力发展和现代化生活要求的旧的用地组织关系，将是摆在我国城市规划工作者面前的重要任务。

——本文原载于《城市规划汇刊》1982 年第 21 期

为创造更高的城市质量而努力（三）
——城市质量、城市效率与城市用地结构

席卷全球的城市化是人类文明进步的象征，是世界经济和文化发展的必然趋势。在今后的一段时间内，我国城市化的步伐将加快，这是必须正视的现实。但随着城市化的进展，农业用地被大量地蚕食，城市用地与农业用地的矛盾日益突出，使我们不得不对如何更科学、合理地使用城市用地的问题要加以认真的审视。本文想就城市质量、城市效率与城市用地结构之间的关系谈几点拙见。

一、城市质量与城市用地数量

城市化，不仅是人口向城市的集中和转化，而且是用地及环境的向"城市"的转化，二者都有在量上和质上的发展与提高。这就意味着，在城市化的过程中，将有不少土地要从"非城市"变为"城市"。城市用地的不断扩展和对农地的蚕食，这是不可避免的。城市化不仅蚕食着农村，而且开始蚕食江、河、湖、海，开始蚕食中、小城市。然而，这种贪婪的吞噬能无休止地继续下去么？这个问题已经使人们越来越感到忧虑。因为，我们"只有一个地球"！虽然科学技术的飞速发展已给人类带来了开发太空的诱人前景，然而恐怕直至地球上的人口估计达到 60 亿时的 2000 年，甚至到 100 亿时的 2030 年，人类还不得不继续"挤"在地球母亲的怀抱里。因为，经过人类几千年苦心经营的家园，至少比荒漠的太空更使人感到亲切和适宜于生存，并且它始终还是最经济的。否则的话，那些神秘的星球上早就该有生灵了！客观的自然律本身就有着最严格的经济性。因此，我们必须把寻求解决人类生活居住问题的眼光，仍旧落到自己的国土上。

有一种意见认为，产生城市诸多问题的弊病，要害在于城市用地短缺而引起人口过密的状态，因此扩大城市用地、疏散城市人口就成了解决问题的关键。反映在一些城市的总体规划中，就出现了以为只要制定出一套比现状有所增大的用地指标，或把部分城市人口疏散到城市外围（甚至一些小城市也提出要疏散人口），问题也就能迎刃而解了。

我国虽然"地大物博"，但由于人口众多，因此按人口平均的资源几乎都低于世界水平（表1）。美国环境质量委员会和国务院向总统提出的分析报告中，预测了世界各国粮食增产的情况，认为到2000 年，我国的粮食生产和消费还将处于低水平，并仍需进口 1000 万 t 谷物（表2）。尽管这个预测

我国农业自然资源按人平均与世界平均数比较　　　　　　　　　　　　　　　　　　　表 1

	土地面积 （亩/人）	耕地面积 （亩/人）	林地面积 （亩/人）	草地面积 （亩/人）	地表径流 （m³）	森林复被率 （%）
中国	15	1.5	1.9	5.1	2700	12.7
世界	49.5	5.5	15.5	11.4	11000	22.0

实际及预测按人口平均谷物产量、消费量和贸易额及其增长率　　　　　　　　　　表 2

		工业化国家			中央计划经济国家			欠发达国家		
		产量	消费量	贸易额	产量	消费量	贸易额	产量	消费量	贸易额
谷物 （kg/人）	1969~1971 年	573.6	534.4	+45.8	356.1	361.0	-4.6	176.7	188.3	-10.7
	1973~1975 年	592.6	510.7	+84.0	368.0	395.6	-20.1	168.7	182.2	-15.1
	2000 年	769.8	692.4	+77.4	451.1	473.9	-22.8	197.1	205.5	-8.4
1970~2000 年期间 粮食增长率（%）		18.4	21.2		29.6	35.8		10.8	8.6	

续表

		美国			中国			世界
		产量	消费量	贸易额	产量	消费量	贸易额	生产/消费
谷物 （kg/人）	1969～1971年	1018.6	824.9	＋194.7	216.3	220.2	－4.0	311.5
	1973～1975年	1079.3	748.0	＋344.0	217.6	222.4	－4.8	313.6
	2000年	1640.3	1111.5	＋528.8	259.0	267.8	－8.8	343.2
1970～2000年期间 粮食增长率（%）		51.1	28.3		17.4	19.1		14.5

不一定准确，但至少可以肯定，在 2000 年以前，我国农业的劳动生产率和商品率部还是比较低的，还不可能为城市建设提供多少富裕的土地。

据全国 224 个设市的城市统计，城市建成区面积共计约为 7865km²（城市人口 8700 万人），如加上 2851 个小城镇用地，则全国城镇总用地估计为 1900 多万亩（城镇人口共约 1.3 亿多）。● 平均每城市人口的现状用地为 90m² 左右。以原国家城建总局所提供的"城市建设用地建议指标"来看，把我国城市建设的人均用地规划指标定为特大城市 70～90m²，大城市 80～100m²，中等城市 90～110m²，小城市 100m² 左右，全国平均也基本为 90m²/人。这样，就全国而言，我国城市平均每居民的城市用地远期指标与现状基本保持不变。即使如此，如以我国到 2000 年城镇人口占总人口的百分比为 30% 计，则城镇人口为 3.6 亿共需用地 4860 万亩，比目前的 1900 万亩，尚需新增约 3000 万亩。可见，我国城市质量的提高，将不是通过增加每居民的城市用地来实现，而必须通过调整城市内部的用地组织结构和布局来实现。这也就是说，我国的城市发展在用地上，应重点放在"质"的提高上。

多年来，由于受各种因素的干扰、影响，城市建设没有科学的城市规划作指导，城市用地无计划和管理不善，造成了城市用地的混乱状态。在百废待兴、各项建设正在走上正规化的情况下，一部分城市在用地上感到矛盾重重，特别在生活居住用地上显得十分拮据。从改善这种状况的愿望出发，提出适当扩大用地指标是可以理解的。但如果把解决问题的希望仅寄托于城市用地的扩大上，这种认识既是不现实的，也是不科学的。

现代化城市的特征是环境的高质量、各项功能活动的高效率和资源及运营费用的低消耗。城市对人们进行生产和生活各项社会活动需要所提供的满足程度，即它的城市质量的高低，则是全面衡量城市现代化水平的标准。城市质量包括了城市环境（物质、社会、心理）各要素的构成及完善程度，这些物质要素效能的发挥状况以及它们的使用期限与损耗等方面的内容。

一定的质的要求对量有一定的规定性。城市要健康合理地发展，有效地发挥城市职能，使之具有较高的城市质量，也必须有一定数量的城市用地。因此，在一定的城市发展阶段，为城市发展制定一个科学合理的用地指标体系，是完全必要的。我们曾经讨论过城市质量与城市规模的辩证关系，即城市人口与用地只有达到一定的经济合理的集聚程度，城市的各项功能活动和构成"城市质量"的各物质要素才能达到适当的比例，处于发挥效益的最佳状态。所谓合理的集聚度包括两个方面量的规定性，一是要有一定的绝对数量，二是要有一定的相对密度。但城市用地指标并不是越大越好的。城市质量的高低并不与城市用地的指标成正比例关系。否则的话，乡村岂不比城市更优越？

笔者曾经在讨论"城市交通过量系数"的有关文章中●，论及过城市道路用地指标与城市道路交通状况的关系。认为道路用地的大小并不能决定城市道路交通状况的好坏。同样，某个城市绿地的指标与公共建筑用地等指标的大小，也并不能确定该城市公共绿地系统及公共服务设施等方

● 国家城建总局城市规划设计研究所．国土经济研究与城市的合理发展［J］．城市规划，1981（3）。

● 有关内容参阅拙作《城市规划中城市交通状况评价的探讨》（载重庆建工学院校庆三十周年论文选《理论与创作》）及笔者硕士学位论文《城市布局与城市道路交通》。

面的服务水平状况（表3）。例如，上海市的公共建筑用地指标（2m²/人）在表3中是最低的，然而每个到过上海的人都会觉得它的商业服务水平高于其他城市。

因此，城市规划如果仅仅满足于"指标"的确定，而不致力于城市结构布局与用地组织的合理性与科学性那是非常不够的。因为，"指标"只反映一定的"量"的规定性，而城市结构布局与用地组织才是反映了城市用地的内在联系和本质。城市规划总图应当是对城市合理发展模式的科学构思。

我国一些城市用地指标比较　　　　　　　　　　　表3

城市	城市人口（万）	道路用地		公共建筑用地		园林绿地		统计年度
		面积率(%)	指标(m²/人)	面积率(%)	指标(m²/人)	面积率(%)	指标(m²/人)	
上海	573	8.3	2.04	8.1	2	1.8	0.43	1978
天津	296	5.1	2.5	8.9	4.5	3.4	1.7	1979
沈阳	222	9.1	6.8	7.9	5.8	4.1	3.0	1978
重庆	145	4.1	2.1	9.3	4.7	1.1	0.6	1979
大连	135	8.3	5.0			2.4	1.5	1979
南京	114	3.7	3.8	4.8	4.9	6.9	7.1	1978
兰州	82	4.3	4.8	12.6	14.1	1	1.1	1977
杭州	76	4.4	2.9	5.8	3.7	2.6	1.7	1978
无锡	48	2.6	1.9	4.4	3.2	1.7	1.3	1978
苏州	44	3.3	2.2	11.6	7.5	1.9	1.2	1978
锦州	39	8.1	7.2	5.8	5.2	2.4	2.1	1979
常州	35	2.0	3.0	6.3	5.1	2	1.5	1978
芜湖	33	8.4	6.2	7.8	5.8	6	2.3	1978
辽阳	28	7.7	7.8	6.7	6.8	1.2	1.2	1977
桂林	25	4.7	4.9	5.6	5.9	6.3	6.5	1978
佛山	19	5.0	2.6	11.4	5.9	3.8	1.9	1978
安庆	18	5.4	4.4	8	6.5	2.1	1.7	1978
淮北	17	10.0	9.6	6	6	4	4.0	1978
宜宾	17	3.6	2.3	5.8	3.7	3.4	2.2	1981
铜陵	16	5.2	4.6	8.3	7.3	3.1	2.7	1978
新会	7	5.0	3.4	12.2	8.2	8.4	5.6	1979
江津	5	5.1	2.9	13.3	7.6	1.2	0.7	1978
屯溪	5	2.9	1.5	12.7	6.6	0.4	0.2	1978

城市质量的高低，不仅仅受城市用地的合理数量的制约，更主要地受到城市用地的质量，城市用地的效率的制约。

二、城市效率与城市用地组织

高效率是现代社会生命力的基础，也是现代化城市的维生素。城市是人类聚居进行各种社会活动的经济、合理的用地组织形式。城市在用地上具有比乡村更高的使用价值和经济效能，因此"城市的建造是一大进步"。

城市是由各物质要素统一构成的综合有机体。城市职能的有效发挥即城市各项功能活动的高效率，要求各功能活动间的相互协调与密切配合，这就必须以城市各物质要素的合理构成与科学的组织为基本保证。

从我们所调查的我国一些城市来看，大、中、小各类城市，虽然在用地类型的构成上基本相同，但它们所具有的生产效率是相差悬殊的（表4）。当然，城市生产效率的高低是由多方面的复杂因素造成的，有政治方面原因如社会制度、经济体制及有关的方针政策，也有经济方面的原因；有物质方面的原因如各城市不同的历史、地理、气象等条件，也有科学技术文化等精神方面的原因。但从城市用地结构的角度来看，城市用地的集约化和多功能则是城市功能活动高效率的保证。

从城市人口规模看，一般的情况是大城市比中等城市，中等城市比小城市逐级体现出较高的生产效率；从用地指标看，指标低的要比指标高的生产效率高（表4、表5）。

我国城市生产效率比较 表4

城市	城市人口（万）	平均每居民城市用地（m²/人）	工业产值（元/人）	工业产值（万元/km²）	统计年度	城市	城市人口（万）	平均每居民城市用地（m²/人）	工业产值（元/人）	工业产值（万元/km²）	统计年度
上海	573	24.6	10297	41844	1978	无锡	48	72.3	7802	10794	1978
广州	173	31.2	4740	15185	1979	芜湖	33	74.4	3428	4609	1978
天津	296	50.2	6360	12666	1979	北京	395	75.9	4861	6400	1978
重庆	145	50.3	4386	8712	1979	安庆	18	81.7	3436	4205	1978
佛山	19	51.7	3577	6912	1978	铜陵	16	87.5	2045	2337	1978
大连	135	60.2	5141	8545	1979	锦州	39	89.2	4566	5116	1979
宜宾	17	64.4	1724	2804	1981	西安	140	92.1	3357	3643	1979
苏州	44	64.5	6239	9665	1978	淮北	17	96.7	2824	2921	1978
杭州	76	64.7	4189	6478	1978	南京	114	101.7	5150	5062	1978
沈阳	222	64.9	4041	6229	1978	桂林	25	103.2	3100	3004	1978
新会	7	67.0	2029	3030	1979	彰武	2.9	163.4	1780	1090	1978
常州	35	70.7	8342	11795	1978						

我国各类城市平均用地指标 表5

城市类别	每居民用地指标（m²/人）		城市类别	每居民用地指标（m²/人）	
	城市总用地	工业用地		城市总用地	工业用地
特大城市	57.9	15.0	小城市	92.6	27.7
大城市	74.0	24.4	小城镇	101	29.9
中等城市	81.1	27.4			

注：根据城市规划定额指标课题研究用地研究组"城市建设用地建议指标图表"整理。

大城市由于在总体上具有比中、小城市更高的城市质量，它能在生产和生活各方面提供更多的方便，更大地满足各功能活动高效率的要求，因而也就吸引了越来越多的工矿企业和人口，而自身也就一方面显得越来越致密化和集约化，另一方面也就不断地向外膨胀。这就是"城市质量规律"所引起的"城市黑洞"现象。

城市质量较高的城市，必定有较高的城市效率，城市效率从一个方面反映了城市质量的高低，然而并不是全部。单纯地追求城市效率，却有可能导致城市质量的下降，则会反过来抑制城市效率的发挥。工业革命以来，国内外城市发展的历史，都证实了这一点。

生态学上有一个原则，即"生长仅仅是为了达到其发挥功能的最佳状态"❶。城市作为一种自然环境与人工环境统一有机构成的动态体系，其发展、变化的规律也是遵循这一原则的。城市的发展不是目的，而只是手段。城市由小变大，由低级向高级的发展变化的历史，就是"城市质量"不断提高的历史；人类的城市建设史，就是对城市不断加以更新改造，以达到发挥其功能的最佳状态的历史，就是不断创造出更高的"城市质量"，以满足不断发展变化的各种社会需要的历史。

城市的膨胀与集约化也不能是无限制的。当这种膨胀与集约化达到了一定的限度，就会使城市的各项功能活动引起紊乱，引起城市质量下降，城市本身的发展也就呈现停止和僵化状态。这时，只有对城市的内部结构进行调整和改革，才能使其进一步地健康发展。于是，促进和保持合理的集聚度、

---

❶ 李道增. 重视生态原则在规划中的运用［J］. 世界建筑，1982（3）。

改善与调整城市空间结构与用地结构成了推动城市走向更高发展阶段的关键，这也就是城市规划的科学意义。

就我国城市而言，目前基本上尚处于集约化的过程之中，即城市用地的使用价值还有待于充分的开发和利用。

土地作为一种人类生存环境最基本的资源，它的价值是与开发利用的程度成正比的。而对土地开发、利用的程度又是与科学技术的发展水平密切相关。随着科学技术的发展，人类对土地进行利用、改造的手段不断提高，使土地的使用价值倍增。原来不能利用的土地可以被利用，原来已被利用的土地可被充分发掘"潜力"成为多功能。因此，在我国目前土地资源短缺而科学技术手段还较落后的条件下，一方面必须对土地的资源要十分珍惜，不要滥用和错用；另一方面就要提高对土地使用的科学性，逐步提高土地的使用效率。这是现代化城市的高效率与低消耗的特征在用地上的反映。

高效率与低消耗是相辅相成的。没有高效率，低消耗只是落后的表现；而没有低消耗，高效率终究会走向自身的毁灭。热核能如果不是一种高效率、低消耗的能源形式的话，太阳早就该陨落了。

对土地的利用，首先应根据城市各功能活动对土地的不同要求，以土地的多样性来适应使用要求的多样性，使各类土地都能各尽其用、各得其所。这就是用地的评价、选择与功能组织。其次，提高土地的复用率，用地功能的多样化，促使城市向集约化方向发展。

总体并不总是等于部分之和。必须破除那种城市总用地就是各个分类用地之和的传统观念。城市的总体在其功能活动上可以大于各个子系统，然而在用地上却可以大于，也可以小于各项分用地之和，其大小与土地的复用率成反比（图1）。

图1　土地复用率示意

如前所述，上海市的公共建筑用地指标是很低的，但其商业服务设施的服务水平并不低，这一方面是由于其城市规模大，绝对的人口数量多，因而实际上它的公共建筑用地在绝对值上并不少；另一方面也是由于其用地复用率比其他城市高，许多商业用地同时又是行政办公用地和居住用地等等的缘故。

因此，提高城市用地结构与用地组织的合理性与科学性，使城市达到合理的集约化程度是发挥城市效率、提高城市质量的一个重要方面。

三、城市用地结构的发展变化趋向

经济结构、人口结构和社会结构的变化必然带来城市用地结构与空间结构的变化。我们曾经讨论过城市空间结构（城市结构布局）的发展前景，这里谈谈城市用地结构的变化趋向。

古代社会，生产的重心在乡村，因此古代城市的职能主要突出在政治中心上。近代社会，生产的重心移到了城市，工业与资本的大量集中，使近代城市的经济中心的职能突出起来，而政治中心的职能相应减弱。未来社会，随着生产力的进一步提高和均衡分布，城市的经济中心的职能也要相应地减弱下去，而文化中心的职能突出起来。当文化中心的职能再相应地减弱下去时，城乡对立的现象也就将最终逐渐消失了。

随着工业社会向科技社会的过渡，城市也由工商业城市向文化信息城市演变。工业化的足迹已经遍及到广大农村的田野，城市不能再以社会化的大工业生产引以为豪了，而转向以文化科技与信息情报的精神产品的生产而施展它迷人的魅力。

知识业在城市中日益占据首要地位，计划生育与城市人口自然增长率下降所带来的年龄结构的老年化，以及各种专业社团的不断涌现，都将使现代社会的各种功能活动发生新的变化。每一种社会需要，每一种新的社会活动都会要求有新的适应与满足，因而也会对城市产生一个使它发展变化的分力。

生产的发展由机械化时代进入自动化的时代，一、二类产业占的比例越来越小，这些都将使物质性生产的用地占有率大幅度下降。目前，服务业在世界范围内正方兴未艾，大批多余的第一、第二产业的劳动力变为服务业的劳动大军。然而新的迹象表明，随着信息遥控技术革命的到来，公共服务部门将如同商业、工业部门一样，大量的就业机会将被电子计算机所代替，劳动力将转向新的部门——知识行业。"据经济合作与发展组织的材料，美国知识部类的生产活动创造着国民生产总值一半左右的价值。兰德公司估计，到2000年，2%的美国人就可以生产出足以供全国生活需要的工业品。"❶（表6）为适应这种劳动部门的转化，就需要有高等教育的普及。显然，各种文化教育和科研部门将迅速发展起来，其用地的比重必然也会因之而增长。

人口构成的知识化与老年化，使人们对各种社会活动场地的要求也会发生很大变化。从南开大学所得的调查材料来看（表7），知识化的人们将要求有更多的宅外活动场地。表中的1、3、4、6、7、9、10各项都是需要宅外场地的。人口的脑力化除了使后二项有减少的趋势外，前五项均需增加，增减相抵将净增61.3%。

美国劳动力分布情况（%）　　　　　　　　表6

行业	1870年	1900年	1920年	1940年	1960年	1980年（预计）
农业	46	37	31	18	8	2
工业	28	30	31	40	28	21
服务行业	18	20	20	21	22	27
知识	8	13	18	21	42	50

注：知识业包括：情报、教育、通信、邮电、信息系统、研究等。

来源：南开大学社会学班调查组.退休老人的未来生活[J].未来与发展，1982（1）。

退休老人中脑力层与体力层个人爱好对比　　　　　　　表7

爱好项目	电视电影	报纸广播	旅游观光	打拳跑步	书法绘画	花草鱼鸟	观看球赛	棋类扑克	剧乐曲艺	打猎钓鱼	闲谈聊天
脑力层中(%)	51.7	48.3	24.1	31.0	13.8	24.1	17.2	10.3	20.7	6.9	0.1
体力层中(%)	28.6	32.9	1.8	14.3	1.8	17.8	14.3	10.7	30.4	7.1	8.9
二者之差(%)	23.1	15.4	22.3	16.7	12.0	6.2	2.9	−0.4	−9.7	−0.2	−8.8

来源：伊腾滋等.都市搞ょび农村计画[J].土木学大系，23。

时代的发展，生产力的提高也使人们有越来越多的"消闲"时间（表8）。"据联合国报告，由20世纪50年代中期到60年代中期，到过大约六十至七十个国家去的国外旅游者的人数从51000000上升到157000000人。"❷ 这些都表明将要求有更多的文化娱乐场地。

人们在更大的地域上的流动将使城市的用地结构趋向外向化。据统计，1977年全世界的航空客运量已达8220亿客公里。这个数字相当于把日本的全部人口客运到美国（表9、表10）。

日本国民总生活时间量分配的变化　　　　　　　表8

	年份	生理必要时间		劳动工作时间		自由时间	
		（百万人时）	(h)	（百万人时）	(h)	（百万人时）	(h)
成人男子	1950	112,637	38.7	104,476	36.8	68,847	23.5
	1973	139,750	42.1	101,368	30.7	90,505	27.3
	1985	168,355	44.3	93,527	24.6	118,301	31.1
成人女子	1950	102,776	36.0	108,674	40.1	59,380	21.9
	1973	133,325	37.1	127,477	36.0	92,951	26.3
	1985	173,505	41.8	124,361	29.9	117,505	28.3

❶ [法]米歇尔·波尼亚托夫斯基.变幻莫测的未来世界[M].北京：世界知识出版社，1981。
❷ 世界经济统计简编[M].北京：生活·读书·新知三联书店，1979。

部分国家民航旅客周转量（单位：亿人/公里）　　　　表 9

国家	1937	1950	1960	1970	1974	1975	1976
苏联	2.0	12.0	121.0	782.3	1088.0	1226.0	…
美国	7.5	164.0	625.4	2103.3	2622.0	2621.4	2880.2
日本	0.2	—	10.5	149.5	162.7	175.4	191.2
西德	—	—	12.8	82.6	124.7	136.3	149.9
英国	0.8	12.8	73.1	189.5	254.0	277.7	309.5
法国	0.6	11.2	52.3	135.9	217.3	232.7	251.9
印度	—	3.8	11.2	35.5	49.2	60.0	…

我国客运交通情况　　　　表 10

年份	旅客周转量(亿人/公里)				来我国旅游人数
	铁路	公路	水运	空运	（万人）
1978 年	1091	521	101	28	190
1979 年	1214	603	114	35	420

来源：世界经济统计手册［M］. 北京：中国对外经济贸易出版社，1984。

国外一些城市道路面积占城市用地的百分比　　　　表 11

国家	华盛顿	纽约	洛杉矶	东京	名古屋	横滨	伦敦	巴黎	波士顿
道路面积率(%)	43	35	50	12.3	24	39	23	25	25

随着"经济中心"功能的逐渐减弱，城市的机械化交通量将减少，机械化的交通形式主要将转入乡村及城市与外部的联系，而城市中的交通将日益转向信息化交通。目前城市的地面交通用地占据着相当大的比例（见表11），由于知识型的劳动可以通过微型信息处理机分散在各地就近和在家上班，这将显著地减少大量的上下班交通。家庭信息化、电视教学、医疗信息化等等都将导致城市地面交通量的减少。城市交通的管道化与信息化，将使城市道路用地的面积随之减少；相反，对外交通用地（航空港、海河客运码头，铁路车站等）却会相对地有所增加。

综上所述，多样化、综合化、集约化、立体化、科技化、文娱化、外向化与信息化，这些将是城市用地结构与组织发展变化的趋向。

生产与消费在工业社会的特征是数量上的增长与满足，而在科技社会的特征将是质量上的提高与满足。对于城市用地来说也是如此。如何做到用地结构与组织的高质量、高效率与低消耗，以达到在有限的用地上满足更多的社会活动和更高的使用功能的要求，这是我们需要为之努力的目标。

——本文原载于《城市规划汇刊》1983 年第 1 期

为创造更高的城市质量而努力（四）
——城市的社会环境与心理环境

城市，是以人为主体，为人类的各项社会活动需要提供服务为目的，由人类利用与创造的自然环境和人工环境构成的综合有机体。城市建设史，从根本上说，就是人类为了求得自身的生存和完善化，在不断发展着的各种需要的推动下，对城市的环境不断进行利用、改造和再创造的历史。

从古代社会的穴居，发展为现代城市中装有空调设备和高速电梯的摩天楼，从足迹踩踏出来的"路"，变为四通八达、令人头昏目眩的快速高架道路及地下铁道等等，都显示了人类所创造的城市物质环境所取得的令人惊叹的辉煌成就，值得人类引以为豪。然而，在创造更高的城市质量的努力中，对于良好的城市社会环境与心理环境的创造，将日益显示其重要性。

一、再从"城市合理规模"的问题谈起

工业化促进了城市化。科学与技术的进步，带来了城市生活的现代化。当人们尽情地享受文明之花所结出的甘美的丰果之时，也饱尝了它的副产品所给予的惩罚之苦，居住紧张、交通拥塞、环境污染等问题，就被人们称之为城市化所带来的"城市病"。近一个世纪以来，人们为寻求医治"城市病"的灵丹妙药而煞费苦心。"城市合理规模"的提出，就是寻找良方的努力之一，认为城市有了合理的规模，就可以保证其质量而不至于出现"城市病"。然而事实是：大城市并没有能控制住，"城市病"也没能被根治。1900 年全世界有 100 万人口以上的特大城市 10 座，1950 年其数量增加为 49 座，1980 年全世界百万人口以上的特大城市已达 234 座。城市越来越向巨型化发展，1970 年时全世界已有超过 400 万人口的城市 24 个，超过 500 万人口的城市 18 个，超过 1000 万人口的也有 5 个。有人预测到 20 世纪末将出现超过 3000 万人口的超级大城市。这个趋向在我国也不例外，1982 年底我国百万人口以上的城市已从 20 世纪 70 年代的 13 个上升为 20 个。

"控制大城市"就是"控制其人口规模与用地规模"。因为这种理解既不符合城市发展的客观规律，也没抓住"城市病"的要害，当然也就难以奏效。关于城市规模与城市质量的辩证关系，已在前文之（一）谈及，不再赘言。有些大城市城市质量的降低，是与城市用地的过分拮据有关。在这里需要提出的是：并不是因为大城市的城市质量低，造成了它用地紧张的"弊病"，恰恰相反正是它的用地得不到适当比例的协调发展，才是造成其城市质量降低的原因之一。因此靠控制其用地规模又怎么能解决它的问题呢？这不成了闹肚子反而去吃泻药么？当然，我们也不是说只要扩大用地就能解决问题，这在文之（三）中也已谈及。从我国的具体情况看，在用地上更需进行"控制"并促使其向高效率和集约化方向发展提高的倒恰恰是小城市。据全国 182 个城市统计，特大城市平均每居民的城市用地仅为 57.9m²，而小城市和小城镇却分别高达 92.6m² 与 101m²；特大城市每居民的生活居住用地仅 26.8m²，而小城市与小城镇却为 39.8m² 与 44m²。用地短缺往往是大城市的很多问题得不到解决的一个重要因素，那么再要使其"贫者更贫"，这难道是一种合理的上策么？

然而城市用地的多寡也不是由于其人口规模的大小所引起的，这里有各种自然条件的因素和人为的因素。英国伦敦，市区人口 742 万，城市用地却高达 211.5m²/人；柏林的人口 328 万，用地为 269.2m²/人；人多地少的日本国横滨市（275 万人口），用地也达 154.9m²/人；而罗马城（248 万人口），用地竟高达 607.6m²/人。这些特大城市比起我国小城镇的用地也要大得多，那么它们就没有"城市病"了么？也不是。伦敦的烟雾事件开创了世界公害的惊人纪录，而唤醒了人类保护环境的良

知是众所周知的；柏林、横滨、罗马等城的交通问题同样也是令人烦恼的。这些又该作何解释呢？

所谓的居住紧张、交通拥塞、环境污染等"城市病"，实质上是一些社会问题而不是"城市问题"。它们并不是城市在它自身的发展过程中所带来的，而是由于可以分析得出的种种社会原因所造成的。片面追求城市在生产上的经济效益（在资本主义国家是资本家贪婪地追求利润），以及城市建设上的盲目性与无政府状态，一方面孕育了城市人口急剧膨胀的畸形大城市，一方面也就酿成了所谓"城市病"的爆发。畸形发展的特大城市与所谓的"城市病"是一个问题的两个方面，它们之间是平行的关系，而不是因果关系。在资本主义国家中，不触及产生这些社会问题的根本渊源的私有制，而仅想通过寻找"合理规模"的手段来消除所谓的"城市病"，这只能说是一种"掩耳盗铃"之策。

恩格斯指出："资产阶级社会主义的实质正是在于既希望保全现代社会的一切祸害的基础，同时又希望消除这些祸害。"❶ 正如"要住宅还是要革命"的口号那样，"城市的合理规模"也根治不了资本主义社会的那些祸害。

美国城市社会理论家史密斯在他 1979 年出版的《城市与社会理论》一书中说："一些本来是由于经济与社会的不平等而造成的全社会性弊病，却长期以来被人们错误地相传为'城市问题'。许多常被认为由于生态原因，生物原因或技术原因而造成的社会病态，实际上正是由于这个社会本身的经济组织和社会结构所致。"这是事实。

社会主义制度下的公有制与计划经济，给城市的合理发展创造了有利条件，但如果我们不注意发挥这些优越性，以及在方针、政策上的失当，也会造成本来可以避免的一些问题。三十多年来的教训是不少的。

许多同志已经指出，大、中、小各级城市，在我国社会主义事业中都有其不可替代的积极作用。目前 50 万人口以上的大城市有 48 个占全国城市数的 1/5，相对而言为数已不少了，相比之下中小城市的数量却远远不能适应现代化发展的需要。因此，必须积极发展中小城镇，建立起适合我国具体国情的，以大城市为中心，中等城市为骨干，众多小城市为基础的，大中小各级城市协调发展的城镇网体系，才能促成我国城市化道路健康正常地发展，推动社会主义事业的前进。这就是"控制大城市，合理发展中等城市，积极发展小城市"方针的积极意义。在这里"控制大城市"，应理解为控制大城市相对中小城市而言的在数量上的快速增长。

关于"城市的合理规模"问题，因为每个城市都有自己发展的各种客观的制约因素（如地形地理、气象、资源、自然隐患，科学技术，经济财力等），这就是"城市容量"的问题。各个城市要研究和制定各自特定的合理容量（包括人口、用地、工业、交通、环境、空间、建筑等方面），用以指导城市科学合理地发展。至于笼统地提什么适合于一切城市的"合理规模"，那是不科学的。具体城市就得具体分析。因此，既不能凡"大"字号的城市就非得控制其人口和用地不可，也不能对"小"字号的城市，就可放任自流，任其扩展。

社会主义国家城市的建设与发展，之所以可以而且应当比资本主义国家有更高的城市质量，这是因为它在消除了私有制的条件下，更能体现对人民的关怀，它把"为人民服务"作为自己的基本原则，把满足人民日益增长的物质需要和精神需要作为生产的目的。因而社会主义制度下的城市建设，应该是创造一种更理想的城市环境。这样的城市环境所提供的，不仅仅是满足人类生存和发展所必需的充足的阳光、新鲜的空气和洁净的水等等物质环境，而且是促进人类社会进步与人类自身日趋完善化、人口质量不断提高的良好的社会环境与惬意的心理环境。这里，社会主义制度是一个优越条件，是基本保证。但城市的更高质量也并不能在这种"条件"下自然生成，它还必须由我们根据科学规律，通过创造性的劳动，实现对客观世界的改造来达到。

---

❶ 马克思恩格斯选集（第 2 卷）[M]．北京：人民出版社，1972：94。

二、全面城市化与创造良好的城市社会环境

工业化促进了城市化，但工业化与城市化是平行的关系而不是重合关系。现代城市化全面发展的概念应当包括三个方面的内容：①城市人口占总人口比例的增长；②城市数量的增长；③各城市城市质量的不断提高。虽然工业化的发展给城市化的全面发展创造了一定的物质技术条件，工业发达国家在以上①、②两个方面一般都明显地呈现有较高的水平，但从第③点的情况看，却未必如此。

"城市质量"，从其内涵上说，是构成城市的各物质要素在其量与质两个方面的品格之总和，是各个具体城市的内部矛盾所决定的客观规定性，它产生和决定着城市的吸引力；"城市质量"，它的外延，是城市对于人类社会的价值关系。

一个城市质量的高低，不仅取决于社会的物质文明程度，而且取决于社会的精神文明的高低。它是从城市的本质出发，在对城市中人与自然的关系、人与人的关系，以及这二者之间的关系进行综合分析的基础上，对具体的城市环境作为一种人类物化劳动的对象，对于人类的需要所提供的满足程度而作出的全面评价。它反映了该城市对于人类社会活动的整合程度，从总体上表征了该城市所达到的现代化水平。

这里所谓的"人类的需要"，不仅是指作为社会成员的每个人的需要，而且也是指由这些人在一定的关系上所结成的"社会"的需要。因此城市质量的高低，就不仅是以每个人的具体的需要得到满足为标准，而且是以整个社会的发展与进步的需要为标准，这二者是辩证地统一的。

人既是环境的创造物，又是环境的创造者。环境与人的关系是相互作用的关系。城市环境既是人类为着自己的生存与发展而建造起来的一种客观外界环境，它又在一定程度上改变和影响着人们的生活，决定着人类的进步与发展。城市的建设，不仅应该体现人对客观自然界进行能动改造的主体性，而且应该体现人与自然的统一性，体现人类认识和掌握客观规律的科学性与自觉性。城市规划与建设不仅是要创造一种新的环境，而且是要建立一种新的关系，一种人与人、人与自然以及这二者之间的平衡协调关系。这样的一种关系是在不断地发展变化的，它是随着物质世界的运动变化、随着人类社会的发展、随着人类认识世界与改造世界的创造能力的提高而发展变化的。

资本主义国家，尽管在物质条件与先进技术上可以居于暂时领先的地位，然而由于"私有制"这个根本的桎梏，使其在城市的社会环境与心理环境方面的创造显得极其软弱。这也就是目前在一些发达国家中，当城市的物质环境方面达到了一定的现代化水平以后，许多规划师与建筑师把注意力逐步转向社会科学与心理学方面的研究，在规划和设计上追求所谓的"人情味"与"乡土气息"的原因。

然而客观的事实往往与他们的愿望相违背。著名建筑师山崎实（Minoru Yamasaki）设计的美国圣路易斯城的普鲁特·伊戈（Pruitt—Igoe）住宅区，虽然给迁居的低工资居民提供了相当好的居住条件，但由于无法解决甚至加剧了贫富之间的阶级矛盾，以至于在一片爆破声中宣告失败。英国的采石山公寓群（Quarry Hill Flats），也由于同样的原因而被提前拆除。❶

这些事实使越来越多的建筑师和规划师感到，社会环境的创造甚至比物质环境更为重要。"10 人小组"（Team 10）的建筑师们认为："每天为面包和酒而奋斗已不再是决定性的因素了，将有更多的人为争取生活的真正意义而奋斗，为丰富生活的内容而奋斗。"❷ 1981 年建筑师《华沙宣言》也向全世界宣称："每个人都有生理的、智能的、精神的、社会的和经济的各种需求。这些需求作为每个人的权利，都是同等重要的，而且必须同时追求。""对世界上大多数人来说，上述要求一直没有得到满足。因此，建筑师和规划师，在创造人类生活环境的过程中，应该为满足这些要求，负起他们应负的

---

❶ 张钦楠. 经验、教训、启示 [J]. 世界建筑，1982（6）。
❷ 程里尧. Team 10 的城市设计思想 [J]. 世界建筑，1982（3）。

一部分责任。"❶

这些年来，世界各国的规划师与建筑师在这方面都在进行着各种努力和探索。其中虽有不少失败，也有一些成功之处。被称为"第三代卫星城"的英国新城密尔顿·凯恩斯，以创造有特色的多样性与选择性的环境，而得到了众多的赞誉。"波特曼"的大空间，以创造多功能的综合空间满足了人们进行彼此交往活动的社会与心理方面的需要，而被竞相效仿。但建筑师与规划师的孤军奋战毕竟是有限的。因此《华沙宣言》认为："聚居地各项政策的目标，同社会和经济生活每个方面的目标是密不可分的。因此，必须把解决人类聚居地的问题，当作是每个国家和整个世界发展过程中的必要组成部分。"

我国的社会主义制度，为我们提供了极为有利的条件，但如何创造高质量的社会环境还得靠我们进行科学的探索与创造。

人的需要是多方面和多层次的，人类社会生活的多样性与丰富性就体现了人类需要的多样性。提供多样化的住宅与城市环境，并不仅仅是为了改变千人一面的"景观"，更主要地是为了适应人们多样化的需要。

群居并在各种社会关系的基础上组织成社会的人类生活，不仅有衣食住行等方面的安全、卫生、方便、舒适等等的生理要求，还有需要进行社会交往、要求平等、自由、社会治安以及道德风尚等方面的要求，另外还有倾向于与自然接近、爱好绿色环境、具有归属感、乡土观念，以及对价值观念的平衡感、希望个人的兴趣、爱好能得到尊重和适当满足，还有对美观的要求等等心理方面的要求。

"交换"是人类社会中最基本的现象，是一切人际关系的基础。这种"交换"不仅是物质交换，而且是精神交换与信息交换。没有物质交换就没有物质的社会生活，没有思想意识、科学文化及信息方面的交换，人们就不能结为社会，就不能发展进步。因此每个人都是一个开放式的系统，他要与外界更大的系统——"社会"发生往来，也与其他的系统"他人"发生相互影响。人要接受各种各样的信息（输入）然后作出自己的反应（输出）。人们相互间的影响与结成的各种关系，就构成了城市特有的共同生活形态，形成了城市的社会环境。

古代社会主要是人同自然打交道，近代社会是人同机器和物品打交道，在今后的科技社会中更多地是人同人打交道。现代的城市生活越来越向高度的社会化方向发展，居民的消费方式已超越了传统的个人消费与家庭消费的范围，日益趋向于社会的共同消费，社会的公共活动及活动场所越来越多，构成了一个由个人生活、家庭生活、社会生活三方面相互渗透的复杂的网络体系。

在城市规划中，要促进各社会阶层在社会生活中的互相接近，使人们之间获得相互尊重、帮助和体谅，组织居民亲身参加处理所住楼房和居住区共同感兴趣的事宜，确保居民同社会主义社会及国家的联系。

从某种意义上说，"八小时以外"的业余活动，比日常的工作时间对于社会的进步、人的精神文明的建设起着更重要的作用。因为在劳动真正成为人们的第一需要的共产主义社会到来以前，"业余活动"更能体现个人的"创造性自由活动"。在城市中提供多样化的社会活动场地，开展多方面的有趣的社会生活，开展符合居民需要的交际性精神文化生活，使之既有益于社会的进步，又有益于居民个人的全面发展。

随着社会人口结构的老年化，特别要注意对老年人的生活安排。由于衰老是与个人逐渐摆脱社会环境的束缚、责任和牵连有关，因此必须为退休者和老年人创造一种积极的社会环境，使他们与社会建立必要的联系，担负一定的社会责任，而不应该把他们与社会隔离开来。尤其是对于"知识阶层"，他们的满足感和自尊心依赖于自己的能力和活动，在老年阶段担负一定的社会责任就更显重要。在今后的科技社会里，知识者的比例将显著增加，因此创造有责任感的社会环境就越显得必要。

---

❶ 建筑师华沙宣言 [J]. 林龄译. 世界建筑，1981（5）。

不同的城市或居民点都有自己的"副文化"，即有自己特有的意识形式和生活方式，住在这些城市或居民点中的居民，有比较一致的看问题与思维的方式，有基本相同的价值观，有较共同的生活方式与生活习惯，他们形成了一定的邻里关系，具有一个较为稳定的共同的归属感。我们在《邻居》《夕照街》等电影里，就能看到这样的一种邻里关系的归属感。他们有一个"我是××街的"、"我是××号楼的"共同的归属感和集体荣誉感，而这种共同的归属感是在长期的共同生活与交往中所结成的。一旦这种邻里关系和"归属感"被破坏时，就会使人们产生一种无所适从的陌生感和孤独感，就需要去重新建立和寻找这样的邻里关系，以获得友情和支持。我们的一些卫星城和新区，之所以不能吸引住从城里疏散出来的居民，一方面固然是由于它在物质环境方面的条件可能比不上原有的大城市，另一方面的原因就是缺乏这样的"社会环境"。在这样的居民点里，居民虽然是"城市户口"，但他们的环境并没有被"城市化"，他们的社会环境和心理环境还是"乡村"的，他们似乎总觉得缺少一些什么：总觉得他们没有在"城"里，因此他们很难在那里安居乐业，而要想方设法"进城"。这里，规划师们需要精心考虑提高居民的社会性合作，为他们创造一种具有共同归属感的融洽的社会环境就显得十分重要了。

三、城市的心理环境与心理空间

城市环境对居民心理的影响已开始引起人们极大的关切。讲究建筑的精神功能，是建筑师在这方面所作出的反应。然而对城市规划如何创造一个良好的心理环境，至今还没有引起足够的重视。

高度的城市化发展，不仅使人们的物质生活日新月异，而且城市环境所给予人们的信息量也在与日俱增。乡村居民每天只和上百个人见面，而城市居民则每天要看到上万张不同的脸。

环境所提供的信息对人产生的刺激有正负和强弱之分，而人们（刺激的接受者）对它的反映也会因心理机制和心理当时所处的环境状态的不同而不同。如果居民的心理机制与心理容量不能适应变化多样的城市信息量，就会造成心理上的问题。

国内外的大量统计材料表明，城市居民的神经——心理失常和身心障碍诸症的发病率要比乡村高得多。据苏联的统计：每1000人中患神经系统病的，城市为101人，而农村只有38.5人；患高血压病的，城市为23.6人，农村为10.5人。❶

惬意的城市心理环境，良好的精神方面的小气候，不仅有助于取得生产上的成绩，而且对于满足人们的心理需要，提高居民神经——心理的稳定性，使人的身心得到健康的发展是十分必要的。

心理环境并不是一种抽象概念，并不是精神意识的东西，它也是一种客观存在的外界环境，是由各种物质因素构成的对象化的环境。例如，安静的环境、自由的环境，这种安静和自由不是在概念中的，而是由客观的外界物质环境所提供着和存在着的，是人们能通过自己的感官在外界物质环境中所感受得到的。

"步行者天地"、"步行街"之所以被人们大力推崇，因为在这一定的领域里，取消了"行人必须走人行道"的强制性因素，在一定的条件下尊重了人们对自由感的心理要求，使人们从交通繁忙的大街上必须具备的"眼贯六路、耳听八方"高度紧张的心理状态中解放了出来。由于不再有发生意外事故的担心，也使人们的"安全"感得到了满足。

人们到一个异地，往往要求能找到一些与自己的心理和情感相一致的东西。对于新城的建设，不光有社会环境的问题，也有心理环境的问题。如果在为迁居的市民而建的新城镇里，能建设一些使他们能与原来的住地产生联想的构筑物，这就使新的居民点在心理环境上与旧的住地产生了一定的联系和共鸣，使乔迁而来的居民感到亲切而不是陌生者，这样的新城能避免产生"异乡的苦闷"就比较容易成功。昌迪加和巴西利亚的规划，在物质环境的创造上是十分优越的，然而它们却并不很受欢迎。

---

❶ ［苏］E·巴任. 心理健康的社会心理问题［J］. 国外的社会科学，1983（9）。

失败的很大一个原因就是对心理环境的忽视，使迁居者完全陷入陌生者的境地。

在照相技术上有"全息摄影"，在音乐欣赏上有"立体声"。同样，在城市规划与建筑设计上就不仅应该有加上时间因素的"四度空间"，还应该有第五度、第六度的空间——"思维的空间"、"心理的空间"，甚至还有第七度空间、第八度空间……

环境的单调，不仅不美观，而且在心理空间上是单向的，容易使人产生疲劳并引起一种烦躁感。当然，在需要集中精力和安静的场所就不应该把环境搞得五光十色，而产生心理空间上的混响效果。

美国心理学家马斯洛（Abraham Maslow）提出的"需要层系论"（Hierachy of Human Needs）把"自我实现需要"（Self-actualization）列为最高层次的需要。在城市规划中满足人们这方面的需要也是必要的。例如，让群众（居民）参与规划，或在建筑和居住环境中多少留下一些"余地"让居住者自己动手去干，让他们参加对自己的社会环境与物质环境的创造工作，这不仅仅可以使环境更符合于他们的需求，并且这本身也构成了一种环境，一种为满足对"自我实现的需要"和"创造的成就感的需要"所精心安排的心理环境。

马克思指出："人的本质并不是单个人所固有的抽象物。在其现实性上，它是一切社会关系的总和。"人性是多方面的。除了在阶级社会中主要地表现为阶级性的社会性以外，作为客观存在的"现实的、活生生的人"，由于人们的社会实践和社会生活是多方面的，因此不同社会环境下的人还有各自不同的个性。例如有的人性情活泼喜欢热闹，有的人性格内向宁愿安静，有的人爱好体育运场，有的人却是"戏迷"。只要这些要求是正当合理的，我们在创造城市环境时就应该照顾不同的要求，使他们各得其所，充分发挥自己的特长，得到健康的娱乐与享受。在社会发展和个性发展之间存在着有机的、直接的联系，存在着相互制约性。因此，满足健康合理的个人心理要求的城市心理环境，也是促进社会进步与发展的重要方面。

人的需要是随着社会的发展、历史的前进在不断发展进步的。没有凝固不变的人性和人的需要，也就没有凝固不变的城市质量的评价标准。城市质量也是随着人们的价值观的变化而变化的。人类的需要，人们的价值观念起了变化，就要求有相应的城市环境与之相适应，否则就会出现城市质量相对下降的情况。居住、交通、环境等问题的出现及日益引起人们的高度重视，也是与人们的价值观念的发展变化密切相关的。城市发展的历史就是城市质量不断发展提高的历史。现代的城市在其环境效益、经济效益、社会效益三个方面，比之过去时代的城市总是有所发展、有所提高的。但时代的发展、社会的进步向我们提出了更高的要求。从物质环境、社会环境和心理环境三个方面，努力创造出更高的城市质量，以全面满足不断发展着的人民的需要，这是我们规划工作者义不容辞的职责。

　　——本文原载于《城市规划汇刊》1984 年第 2 期

降低城市交通过量系数
——提高城市布局的合理性与科学性

交通是城市的四大功能之一，被人们喻为城市功能活动的动脉。一个城市的各项活动是否正常、健全。可以在它的"脉搏"——城市交通的状况上灵敏地反映出来。交通状况的好坏，影响着城市的生命力，影响着城市居民的工作效率和生活方式，它已是人们衡量城市现代化程度的一个标准。

一、城市布局与道路交通的关系

（1）城市交通过量系数，它反映了城市布局与城市道路交通量之间的关系。

城市交通过量系数是评价城市交通素质的标准，即某个城市现状的实际交通量和理论上需要的最少交通量的比值，可称为该城市的交通过量系数：

$$F = \frac{Q_1}{Q_2} \quad (\lim F = 1)$$

式中 Q_1——实际交通量；

$\quad\quad Q_2$——理论需要的最少交通量。

一个城市的实际交通量应当尽量趋向于接近理论的所需最少交通量，也即交通过量系数越接近于1，该市的交通素质就越好。

要使城市的交通过量系数达到最小，就必须从根本上控制交通源，把不必要的交通量减少到最低限度。只有这样，才能使城市交通状况处于最佳状态，最大限度地发挥其效益，满足各项必要的交通要求。

假设把城市用地分为6类，它们之间的交通联系程度用图1表示，图上数字分别表示2种用地之间的交通联系频率指数值。图2表示在假设城市形式和道路网布局不变的情况下，三种不同的用地组织形式。仅仅这样简单关系就有720种组织形式。

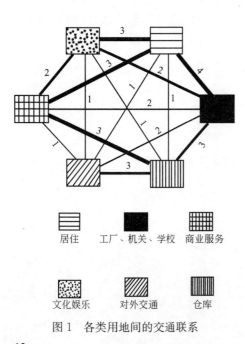

居住　工厂、机关、学校　商业服务

文化娱乐　对外交通　仓库

图1　各类用地间的交通联系

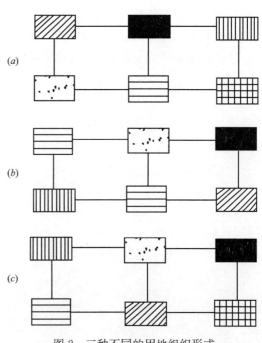

图2　三种不同的用地组织形式

以这3种为例，通过计算，它们的交通量指数（交通联系频率值×交通距离指数）分别为：N_a =47；N_b=54；N_c=62。如果把 N_a 作为该城市用地间合理的交通量，那么 b 和 c 的用地组织形式所造成的交通过量系数就是 $F_b=1.15$，$F_c=1.32$。

如果我们把城市的布局和道路网走向改变一下，图3所示，则该方案的交通量指数 $N_D=40$。

可见，城市用地组织和城市布局的合理程度，对交通量大小起着决定性的作用。从城市交通的角度来看，合理的城市布局，交通过量系数达到最小，城市内部功能协调就比较好，各项活动可以得以充分发挥起来。

（2）降低城市交通过量系数，必须以合理的城市规划布局为前提。

道路网对车辆的容量是有限度的。根据我国的

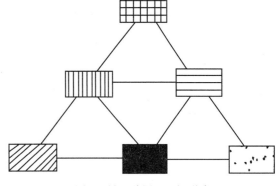

图3　另一种用地组织形式

具体情况，如以一辆机动车所需的车行道面积为 100m² （车速 30～40km/h，动力净空长度约 30m，每车道宽 3.5m）有效车行道面积占总道路用地面积以 50% 计算，则每辆运行中的机动车需道路用地 200m²。若按城市实存车辆的 70% 同时在道路上行驶，则每辆在册的机动车需有道路面积 140m²。假设每城市居民额定的城市用地面积为 100m²，道路面积率为 10%，则每居民道路用地面积为 10m²，这样，我国城市拥有机动车水平的极限为 14 人/辆车，而要达到每居民 100m² 用地水平，还需大大扩展城市用地。

我国目前机动车拥有的水平，按全国人口计算，平均约为 900 人/辆，城市一般为 40～60 人/辆，距经济发达国家 2～4 人/辆的水平相差甚远。我国城市的机动车数量虽然不算太多，但我国城市自行车数惊人，如果把自行车数折算为机动车数，那么总数也是十分可观的。从表1看出，不少城市的车辆数已经达到或接近道路网可能允许的极限值了。

我国一些城市折合车辆数统计　　表1

城市	城市区人口（万）	车辆数		①		②		③	
		机动车数（万辆）	自行车数（万辆）	折合后共计车辆数（万辆）	（人/辆）	折合后共计车辆数（万辆）	（人/辆）	折合后共计车辆数（万辆）	（人/辆）
上海	573	7.41	171	50.16	11.42	35.91	15.96	28.79	19.9
北京	395	8.13	240	60	5.80	48.13	8.21	38.13	10.36
天津	295.6	5.06	168	47.06	6.28	33.06	8.94	26.06	11.34
沈阳	222	2.9	73.9	21.38	10.39	15.22	14.59	12.14	18.29
广州	173	5.03	94	28.53	6.06	20.70	8.36	16.78	10.31
旅大	135	1.43	24.5	7.56	17.87	5.51	24.49	4.49	30.05
西安	140	2.96	56	16.96	8.25	12.29	11.39	9.96	14.06
南京	114	2.67	31.5	10.55	10.81	7.92	14.39	6.61	17.25
兰州	81.5	2.17	40	12.17	6.70	8.84	9.22	7.17	11.37
杭州	75.8	0.89	30	8.39	9.04	5.89	12.87	4.64	16.34
苏州	44	0.33	11	3.08	14.29	2.16	20.34	1.71	25.81
合肥	43.8	0.74	12	3.74	11.71	2.74	15.99	2.24	19.55
锦州	39.4	0.53	17.4	4.88	8.07	3.43	11.49	2.71	14.57
常州	34.5	0.36	8.1	2.39	14.47	1.71	20.18	1.37	25.14
丹东	30.5	0.30	9.5	2.68	11.40	1.88	16.19	1.49	20.5
宁波	25.8	0.40	9.4	2.75	9.38	1.97	13.12	1.58	16.38
桂林	25.2	0.72	9.7	3.15	8.01	2.32	10.88	1.93	13.04
辽阳	27.7	0.33	8	2.33	11.99	1.66	16.65	1.33	20.83
佛山	18.9	0.38	12	3.38	5.59	2.38	7.94	1.88	10.05
肇庆	9.3	0.14	4.1	1.14	8.16	0.82	11.30	0.66	14.25
新会	6.9	0.02	3.5	0.89	7.71	0.60	11.44	0.46	15

注：按自行车折算：①以 4 辆折合 1 辆机动车；②以 6 辆折合 1 辆机动车；③以 8 辆折合 1 辆机动车。

当道路面积达到一定限度以后，再增加道路面积并不能提高道路的通行能力，如当一个方向的车行道数量超过 4 条时，加宽车行道宽度，反而会使通行能力下降，道路网密度过大，也会因交叉口过多而使通行能力降低。所以。我们必须谋求一种"治本"办法，从根本上控制交通源，减少不必要的交通量，制止城市机动车与自行车的盲目发展。

从城市布局着手，提高城市规划的合理性与科学性，组织好城市各类用地，"节源开流"，把城市交通源减少到最低限度，并使交通的发生和吸引点合理分布，从空间和时间上均衡交通量的密集程度，这是合理解决城市交通问题的"釜底抽薪"之策。

二、提高城市布局的合理性和科学性

从降低城市交通过量系数的角度出发，城市布局可以从以下几个方面考虑：

（一）建立就近工作和居住的生产——生活综合区

城市居民的上下班和上学，是城市最基本的交通活动，也是形成城市客运高峰的主要因素。如何尽量缩短城市居民的工作出行距离和时间，减少居民工作出行的乘车次数，这将是减轻城市客运压力，缓和客运高峰状况的主要途径。

一般来说，居民工作出行的次数是不会有什么变化的，而工作地点的远近，对居民采用交通的方式，即乘车次数多少，有着决定的作用。

据调查，当出行距离在 1km 以内时，大多数职工都是步行的，当出行距离在 1～1.5km 时，有一半职工愿意步行上下班，其余一半骑自行车，一半乘公共汽车，当超过 1.5km 时，大部分职工就需要乘车或骑自行车了。

把一个城市的整体分裂为若干个细胞状的机体（生产-生活综合区），在这种具有一定规模、相对独立的综合区里，既有住宅，又有工作岗位，也有各项必要的生活服务设施和文化娱乐、休息场所，居民能在其内就近工作和生活居住，以缩短他们的出行距离和时间，减少不必要的交通量。"这种把工作、居住、商业和社会文化设施紧凑合理地安排在一个适当的范围内，用紧凑的形式解决多种功能，将是今后城市的居住形式。"❶

城市的人口规模及与之相应的用地规模越大，则职工劳动出行耗用时间在合理范围之内的人数比例就越小。把原有的大城市合理地疏解成若干个相对独立的生产-生活综合区，就能提高其职工劳动出行耗用时间在合理范围内的比例。

例如，重庆市由于长江、嘉陵江和天然地形的分隔，历史上已形成一些相对独立的居住区，在进行该市总体规划时，可以充分利用这种原有的城市结构，把它们组织成为有适当规模的 6 个生产-生活综合区，每个综合区内又有几个基本片区组成（图4）。

调查表明，目前重庆的职工，基本上可以在本区内达到居住与工作的相对平衡（70％以上），大部分职工能步行上下班，该市居民出行交通的乘车次数就比同等规模大城市减少多了（表2）。

我国几个大城市居民乘车流动量比较 表2

城市	城市区人口（万人）	年公交客运量（万人次）	自行车数（万辆）	年自行车出行量（万人次）	合计年乘车流动人次（万人次）	平均每人每年乘车次数（次）	统计年度
北京	395	170000	240	219000	389000	984.8	1979
广州	173	74311	94	85775	160086	925.4	1979
天津	295.6	69966	168	153300	223266	755.3	1979
上海	573	250000	171	156038	406038	708.6	1978

---

❶ 引自金经昌："城市规划与城市交通规划"，《城市规划》1979 年第 2 期。

城市	城市区人口 （万人）	年公交客运量 （万人次）	自行车数 （万辆）	年自行车 出行量 （万人次）	合计年乘车 流动人次 （万人次）	平均每人每 年乘车次数 （次）	统计 年度
南京	114	44126	31.5	28744	72870	639.2	1978
旅大	135	56575	24.5	22356	78931	584.7	1979
重庆	145	44175	2.5	2281	46456	320.4	1979

注：自行车出行量以平均每辆车每天2.5次计算。

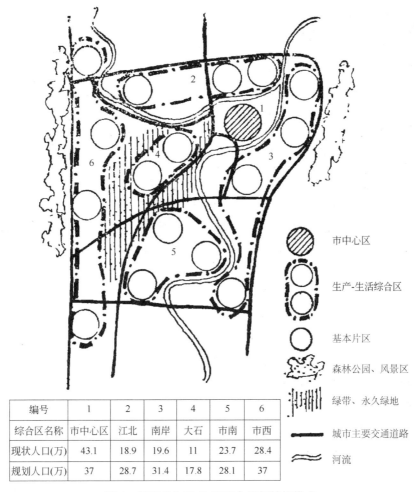

编号	1	2	3	4	5	6
综合区名称	市中心区	江北	南岸	大石	市南	市西
现状人口(万)	43.1	18.9	19.6	11	23.7	28.4
规划人口(万)	37	28.7	31.4	17.8	28.1	37

图4 重庆市生产-生活综合规划结构模式

图例：
- 市中心区
- 生产-生活综合区
- 基本片区
- 森林公园、风景区
- 绿带、永久绿地
- 城市主要交通道路
- 河流

对于向心内聚式的大城市来说，我们也能依靠主要交通道路和绿带的分隔，把用地疏解成若干个有机组团的办法，组成为生产-生活综合区。如苏州市的总体规划方案，就可以把它分成4个生产-生活综合区，综合区之间由快速交通道路和生活道路联结（图5）。

（二）向多中心的城市结构演变

市中心过多地集中全市的商业服务设施和文化娱乐机构，造成市中心功能过于复杂。居民依赖于这样的市中心，就会产生许多不合理的交通需求，使城市中心成为各类交通的焦点。如上海市西藏路，南京路交叉口，行人高峰小时流量超过4万人次；每天进出豫园商场地区的人口达20万人次。天津市劝业场地区周围有11条公交线路通过，每天吸引人流25万人次。南京市通过中心的南北中轴线（中华门到燕子矶）的客流量每天达30万人次。

单中心的城市结构，必然使市中心集中了大量的交通量，同时，由于城市同心圆式地一圈一圈往外发展，城市居民越来越远离市中心，而这些居民又必须反过来涌向市中心，进行购物、文化娱乐等活动，耗费大量的交通时间，更增加城市交通的拥挤程度。

把目前单一中心的集中式城市结构，逐步改造成多中心的分散型城市结构，均衡分布城市的商业、文化等公共服务设施，不仅有利于控制城市的集聚度，组织生产-生活综合区，也可减轻市中心的交通压力，降低交通过量系数。

这样的城市，有一个很好的公共交通为之服务的市中心，同时，它还有若干个适当规模的生产-生活综合区的副中心，在每个综合区里还有自己的生活服务小中心（图 6）。这些副中心是全市性一级的中心，应有各自的特色，分担全市中心区的部分功能作用。

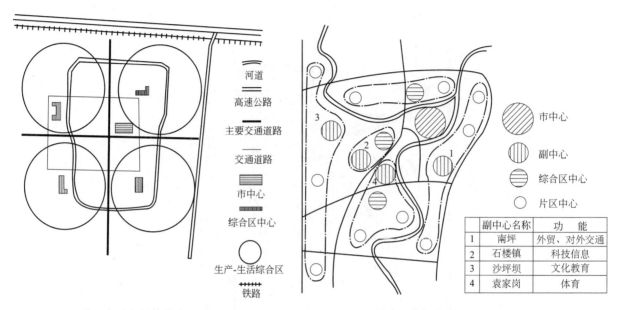

图 5　苏州市城市结构模式（规划设想）　　　　图 6　重庆市各级中心结构模式

（三）使城市居民就近游憩的楔入式绿地系统

城市公共绿地或群众性休假地要尽量靠近居住地点，使居民可以十分方便地经常使用。

上海市区共有售门票公园 29 个，其中西郊公园面积最大，由于地处市区边缘，游客人次名列全市第七，而地处市中心的人民公园，面积虽小，游客人次却名列第一，平均每天 2.3 万人次，节日最高达 25 万人次（表 3），天津也如此，位于市中心的人民公园（占地 192 亩），游客最高日达 1.9 万人，平均 150～200 万人次/年，而占地为其 15 倍的水上公园（2900 亩），由于远离市中心，节假日游览人次仅 2～3 万人次/日。

上海市几个公园面积及游览人次比较　　　　　　　　　　　　　　　　　　　　表 3

公园名称		人民	复兴	中山	黄浦	和平	淮海	西郊	静安	襄阳
面积	亩	180	137.8	321.4	29.4	263.7	42.8	1055	59	36.8
	占全市公园名次	8	10	4	25	6	19	1	16	22
1979 年游览人次	万人次	959	615	489	470	357	339	331	265	192
	占全市公园名次	1	2	3	4	5	6	7	8	9

城市绿地系统布置是否合理，影响着整个城市的环境质量，在一定程度上还影响城市的交通量，即使是内容比较丰富的公园绿地，也不宜设置得离市中心过远，否则会给城市客运交通带来很大压力。

在城市绿地系统中，供居民日常余暇时间进行游憩活动的公园绿地，应分别设置在各个生产-生活综合区内，让居民能就近休息。在公共交通方便的郊外，可设置大面积的森林公园与风景区。结合步行系统和自行车道系统，布置绿带和林荫道，把分布于各综合区内的公园和游憩地有机地组合起来，并把郊外的自然绿地引入市内，构成开敞的楔入式绿地系统。

（四）城市工业的专业化分工协作与相应的大分散、小集中的布局方式

工业布局必须经过有计划、有组织的安排，如不经过总体规划的合理布局，无组织地任其散布，会造成大量的往返运输，增加许多不必要的交通量，加大城市道路的负担。

如：上海几个钢厂生产过程中，炼钢与轧钢之间往返运输每年达 200～230 万 t，占全市整个道路运输量的 1.22%。天津市每年有近 30 万 t 的钢锭需通过市区运往各轧钢厂。南京全市有铸造厂 151 家，其中设在市区的有 70 家，每年运输量近 20 万 t。

工业布局要按不同的类型和性质给以合理组织，那些大型工业，或者是易燃、易爆、污染而需有足够防护距离的工业，可以组织单独工业区或单独设置；一般中小型工业，应相对地分散布置在各个生产-生活综合区内（前提是必须搞好三废治理），以便接近职工居住地点。对这些工业，可以根据原料、产品协作关系等不同情况，分别组织工业小区（工业街坊），甚至单独设置于住宅组内。

（五）设置城市外围的流通中心

把一些与城市中心地区关系不密切的设施，如储运中转仓库、商业批发部等，结合交通运输系统建成流通中心，设置于城市外围地区的快速干道两侧，便于提高货物运输周转，减少不必要的"入城交通"，也可以均衡分布城市交通量。

据上海市卡车流向调查，市区车流的发生密度平均为 9.16 车次/（d·hm²），中心区发生密度为最高，达 20～25 车次。其中：仓栈用地的车流发生量占中心地区总车流量的 35%，工厂占 10%，商店占 33%。

如果把这些批发仓库迁移出去，与专业运输单位结合起来建立流通中心，设置于中山路环路与二环路之间的地区，就可以减轻市中心内部的交通压力。

（六）发展综合性的转车枢纽站

城市对外交通场地，应布置在与城市中心联系比较方便的地方，一般应布置在城市中心地区的边缘或副中心的附近，布置在城市快速道路与城市的高速公路交接地方。在现代城市中，对外交通与城市应有快速的交通联系，以便迅速疏散进入市区的客流，让人们达到市内的目的地。

从上海公共交通车辆受阻的情况看，有 59.5% 是由铁路货运交通引起的。因此铁路货运场站的位置，应尽量避免横贯穿越市区，城市主要道路穿过铁路线要逐步设置立体交叉。

航空港位置，应与城市的对外快速道路结合起来，并衔接城市的地上交通运输组织，发展成综合交通运输网。

各种对外交通场站之间，有便捷的交通联系，位置要尽可能靠近，使中转旅客可以方便地换乘，以缩短旅途时间。把铁路、地下铁、公共汽车场站和小汽车停车场及商业服务设施等综合布置，统一规划，集中建设，将是今后城市发展的一种趋向。

（七）城市停车场地的设置

可以把一个城市分别组织为若干个交通区，各区内配置一定面积的停车场。停车场的位置，最好设于城市中心和副中心边缘，设在城市的内环路与向外疏散的交通干道附近，前者供城市内部车辆使用，后者供外来车辆停放。

我国城市中目前存在的各种交通问题，是由多种原因所造成的综合并发症。解决城市的交通问题，也必须从多方面下手进行综合治理。本文所论及的有关城市布局与交通的原则、方法和措施外，还有如道路及交叉口的规划设计，交通的合理组织，及经营管理等，也是很重要的问题，需要研究解决。

——本文原载于《城市规划》1982 年第 4 期

关于城市科学的几个基本问题

有关城市科学的研究工作已引起各方面的注意。值此城市科学在我国开创之际，觉得有必要对一些基本问题进行认真的讨论，使之能成为指导城市各门应用学科的基本理论，从而使城市的建设与发展能建立在科学的理论和对客观规律正确认识的基础上，为人类的需要和社会的发展创造出更高的城市质量。笔者认识极为肤浅，冒昧抛将出来，权作引玉之砖，以求教于各位专家学者。

一、什么是城市的本质？

有一种意见认为："城市的本质，从根本上说来，是在一定地域内集中的经济实体、社会实体、物质实体这三者的有机统一体。"❶ 我们认为，这个提法以及作者在文中的阐述，把城市作为一个多方面的综合有机体来看待，较之原有传统的城市定义有较全面的好的见解。但我们觉得这个提法还没有能切中"本质"问题的要害，愿与之作一些商榷。

什么是事物的本质？所谓事物的本质，是指事物内部最主要、最根本的东西，这种东西，足以充分表明该事物区别于他事物之特性，决定和反映该事物的发展过程。城市的本质，也应该是使城市能区别于他事物的最根本的特征。

对城市作"经济实体、社会实体、物质实体三者的有机统一体"的描述，并没有能表述出城市的本质内容。因为它们并没有足以充分表明城市区别于乡村的特性，决定和反映城市的发展过程。难道乡村就不是"经济实体"而没有一定数量的人们在这里进行经济活动？是否乡村就不是社会的一个部分的"社会实体"？就不是"物质实体"而是"精神实体"？如果就凭这样"三个实体"的概念，我们不仅于此，还可以把它外推至一个国家的范围乃至整个地球，甚至我们也可以把它缩小到一个家庭的范围。

根据人的本质，人们常常把"人"称作是一种"经济动物"和"社会动物"，当然具体的人也肯定是"物质实体"。因此，"三个实体"的提法，实际上只是对人类社会的一种描述。那么在这三者之前再加上"在一定地域内集中的"定语，是否就能把它作为城市的本质呢？看来还不行。因为原始村落或现代的乡村对于广袤的原野而言，也是在一定地域内集中了的。整个人类的居住地对于无垠的宇宙来说则更是"集中"的。因此我们认为，这样的说法还只是对普遍意义上的"居民点"的一种共性方面的描述。城市作为人类社会的一种载体，在3个实体方面是与乡村及其他居民点（如工业点、乡镇等）共有的特征。依据这样的特征无法把城市与乡村及其他居民点区别开来，因而这些特征就不能被认为是"城市的本质"，而只是"居民点的本质"，并且还只是没有被充分表述的"居民点的本质"。把这样的特征作为城市的本质，就犹如仅仅把人的自然属性即动物性方面的属性定义为"人的本质"，人也就无法与动物相区别了。

对于城市的本质的描述，既必须在"居民点"的共性基础上进行，又必须具有自己的"个性"，即必须反映出城市之区别于一般"居民点"所特有，但又是"城市"所共有的基本特征。

城市从其本质上说，第一是一种人类社会的产物，是人类劳动和社会实践的产物。正如动物的躯体是它生命的载体一样，城市是人类社会活动的一种载体，城市与人类社会活动是不可离越的。离开人和人类社会，城市就没有意义。城市与人的关系既是一种客观存在的外界物质环境，又是一种被人

---

❶ 陈敏之．论城市的本质 ［J］．城市问题，1983（2）。

类所认识与改造的客体；它既是人类在其中赖以生存和求得自身发展的物质环境，是人类社会活动的一种载体，又是人类认识与实践活动的对象。城市所体现的并不是如动物与自然环境之间的那种消极适应关系，而是一种创造性的认识与实践的积极关系。

城市不同于原野，它是一种社会创造物，是一种经过人类的劳动而被利用和改造的物质实体，一种社会的物质环境，是被"人化"了的自然环境。恩格斯说："一切动物的一切有计划的行动，都不能在自然界上打下它们的意志的印记。这一点只有人才能做到。一句话，动物仅仅利用外部自然界，单纯地以自己的存在来使自然界改变；而人则通过他所作出的改变来使自然界为自己的目的服务，来支配自然界。"❶城市是人类在这个世界上深深地打上了自己意志的印记的创造性的物质环境，是人类为自己所创造的一个有别于原始自然界的适宜于人类生存、享受和发展的"第二自然界"。

城市又不同于乡村，较之乡村，城市是一种更高质量、更"人性化"的居民点。也就是说，是一种经过更多的创造性的劳动加工，而拥有更高"价值"的物质环境，因而也是一种更符合于不断发展着的人类的需要的社会活动载体。在这一层意义上说，城市这种"物质实体"是一种高度"人性化"或"文化"了的物质实体，是一种"物质的文化"，或者说是人类文化积淀的物质形式。

当然，这样的物质环境，是由各种不断增长发展着的物质要素（城市各类物质设施）所构成的，这里就不赘述了。

第二，城市中的经济活动是与农村不同的。城市较于农村的优越，不仅在于"集中"，而更在于"组织与管理"。城市中的经济活动是高效率的，这不仅是由于人口、资源、生产工具及科学技术等等物质因素的高度集中，更主要是由于它们是经过高度组织化的。城市具有高度有机统一的综合性特征。

自从城市与乡村分离以后，各个历史时期的城市愈来愈明显地体现了其代表当时历史条件下更先进的生产力与生产关系的特征。

生产力的每一个进步都实现着人类对自然界的更少依附。人类首先通过劳动把自身从自然之物变为自在之物（社会存在物），人类又通过对城市的建造，把自身逐步从土地上解放了出来，改变了人对土地的依附状态，并进一步日益减少着对自然的依附状态。城市里所进行的生产活动，使用的是经过人类改造的摆脱了纯自然形式而日益人化的自然物和自然力。城市不仅体现了一种与乡村不同的新的人与自然的关系，而且体现了一种新的人与人之间的关系，体现了一种更先进的生产力与生产关系。城市的产生与发展一方面使自然环境与自然力的使用价值大为提高，使物质环境成为更宜人的环境，另一方面城市也使人类自身变得更有力量，更大地完善着人类驾驭自然的创造力。

从这一点上来说，城市的本质还在于城市的生产是一种更为社会化了的生产，是更多地摆脱了自然力束缚的"自由生产"。由于这种社会化的生产以及在这种生产中所结成的生产关系，也使人更清楚地意识到共同协作的好处，也就更有意识地自觉地创造自己的历史，因而也就使人更成为"社会的人"。所以城市也是一种更社会化的经济组织形式，是一种创造了更高的生产力的经济实体。

第三，城市中的生活方式及其他一切社会交往方式是一种更进步的方式。

马克思说："在再生产的行为本身中，不但客观条件改变着，例如乡村变为城市，荒野变为清除了林木的耕地等等，而且生产者也改变着，炼出新的品质，通过生产而发展和改造着自身，造成新的力量和新的观念，造成新的交往方式，新的需要和新的语言。"❷

城市不仅在生产活动上是更社会化的，在消费活动上也是比乡村更社会化的。它比乡村那种渊于古代社会的以家族、家庭制度为基础的生活方式有更广泛更丰富的社会交往活动，因而也是向更高、更完善的人性方向发展的"类"的生活方式，它是一种更社会化的社会组织形式。城市的生活方式创

---

❶ 恩格斯．自然辩证法［M］．北京：人民出版社，1955：158．
❷ 马克思恩格斯全集（第46卷上）［M］．北京：人民出版社，1972：494．

造了比乡村更高的生活质量，它不仅为人类的需要提供着更多样更广泛的满足对象，而且也为对象产生出更多更广的需要。

人类的每一种新需要的形成，都是人类自身向完善化的全面发展的一个进步。从这个意义上说，城市的建造产生了一种更进步更合理的生活方式。因而城市又是一种促进人类进步发展的社会环境，是创造着更高、更完善的人性的社会实体。

综上所述，城市的本质是否可以这样来表述：城市是人类为着自己的生存与发展的需要，经过创造性的劳动加以利用和改造的物质环境。在这种人口、生产和生活物资、享乐和需求相对集中，具有一定的空间和地域范围的环境中，一定数量规模的人们以每个时代先进的生产方式和生活方式进行着各种社会活动，创造着比乡村更高的生产力，享受着更高的生活质量。城市是人类社会生产劳动分工以后，一种相对于乡村而言更人性化了的社会载体。

从以上的分析，也可以清楚地看到，要缩小和最终消灭城乡差别，决不应该是把城市降到乡村的水平，而必须是走"乡村城市化"的道路。所谓的"城市化"，最根本的，不是在于把"农村户口"变为"城市户口"，不是在于"设市"数量的单纯增加的表面现象；而在于生产力的提高和生产关系与生活方式的变革，在于农村生产与消费的社会化程度的提高和生活质量的提高。这是缩小和最终消灭城乡差别的真正途径。

二、"城市是私有制的产物"吗?

在一些有关的教材及文章中，曾把城市的产生与出现归结为："所以城市也是私有制和阶级社会的产物。"[1]

关于城市产生的时间，国内外的专家、学者做了大量的考证、研究工作。虽然在时间上尚无确切定论，大多数的专家认为城市是随着人类社会的二次劳动大分工而出现的。美国有位女学者还认为城市是在农业以前就出现了。随着劳动大分工，人类社会也就逐步进入了有阶级的社会，出现了阶级和阶级压迫，产生出了私有制。那么城市的产生与私有制是什么关系呢?

恩格斯曾在《家庭、私有制和国家的起源》一文中指出："用石墙、城楼、雉堞围绕着石造或砖造房屋的城市，已经成为部落或部落联盟的中心；这是建筑艺术上的巨大进步，同时也是危险增加和防卫需要增加的标志。……如此多样的活动，已经不能由一个人来进行了；于是发生了第二次大分工，手工业和农业分离了。"[2]

恩格斯的这篇著作是在经过大量的考证及借鉴了摩尔根的《古代社会》一书的基础上写成的，可以认为它是关于古代社会状况比较确实可靠的经典著作。从这里我们可以看出，城市是早在氏族制度的情况下，作为部落或部落联盟中心就已经出现了。当时的原始氏族部落，建造有石墙、城楼围绕的城市，可能还不是如某些文章所说的为了保护"统治阶级及其财产"的需要，而只是为了保护整个氏族生存与发展的需要；是为了抵御外来之敌：包括自然界的野兽的攻击与其他部落的攻击。因此，城市的产生最初是由于人类群居的最基本的需要——自卫的本能所引起的。

恩格斯还写道："社会一天天成长，越来越超出氏族制度的范围；即使是最严重的坏事在它的眼前发生。它也既不能阻止，又不能铲除了。但在这时，国家已经不知不觉地发展起来了。最初在城市和乡村间，然后在各种城市劳动部门间实行的分工所造成的新集团，创立了新的机关以保护自己的利益；各种官职都设置起来了。"[3]

无论城市的出现是在第二次大分工的同时或在它的之前，但城市出现在国家之先这一点应是可以

---

❶ 城市规划原理 [M]. 北京：中国建筑工业出版社，1981：1。
❷ 恩格斯. 家庭、私有制和国家的起源 [M]. 北京：人民出版社，1972：160。
❸ 恩格斯. 家庭、私有制和国家的起源 [M]. 北京：人民出版社，1972：111。

肯定的。不是在国家机器出现之后，人们才建造城市，而是在人们已建造了城市之后，才设立了国家机器。由于城市中劳动分工的产生，就出现了各种"新集团"，而由于这些集团之间的利益冲突，因此就需要一种东西，来实行对自己利益的保护，于是国家机构就被创造出来了。为了保护"统治者及其财产"而被创造出来的是"国家"，而不是在它之前早就存在的"城市"。由于最早的国家是以城市为基础的，因此这样的国家也称为"城市国家"。可以说，城市的存在是国家产生的物质条件和社会条件。

"随着城市的出现也就需要有行政机关、警察、赋税等等，一句话，就是需要有公共的政治机构，也就是说需要一般政治。在这里居民第一次划分为两大阶级，这种划分直接以分工和生产工具为基础。"❶

这里更明确地说明了，城市的出现是在国家机器产生之前的，并且是由于城市的出现而随之出现了阶级的划分。可以说，是城市的出现才促使人类进入了阶级社会，城市的出现是人类社会由原始公社进入阶级社会的桥梁，是人类由野蛮时代进入文明社会的象征。因此，城市的建造是人类社会的一大进步。

马克思和恩格斯指出："第二种所有制形式是古代公社所有制和国家所有制。这种所有制是由于几个部落通过契约或征服联合为一个城市而产生的。"❷

私有制在其最初出现的时候是与古代公社所有制并存于第二种所有制的形态之中的，并且它是由于作为部落联盟中心的城市出现而产生的。那么到底是私有制的出现才产生了城市呢？还是城市的出现催生了私有制？结论似乎更接近于后者。

马克思在《政治经济学批判》一文中更明确地指出："这第二种形式不是把土地作为自己的基础，而是把城市即已经建立起来的农村居民（土地所有者）的居住地（中心地点）作为自己的基础。"❸很清楚，与其说"城市是私有制的产物"，倒不如说城市的建造是私有制产生的基础。这是因为只有城市的出现才使代表了新的生产关系与更高的生产力的私有制的产生和发展提供了条件，使它能最后战胜生产力低下的原始公有制而根本确立起来。离开了先进的生产力与生产关系赖以存在的基础——城市，私有制作为一种比原始公社所有制更高的经济制度是无法确立的。这也就是城市的产生与出现对人类社会发展的进步作用。

城市是"城"与"市"的结合。城市不但产生于人们进行"自卫"的生存本能的需要，而且产生于人们为追求更高的生活质量而进行的"交换"手段的需要。"起初是部落和部落之间通过各自的氏族首长来进行交换；但是当畜群开始变为特殊财产的时候，个人和个人之间的交换便越来越占优势，终于成为交换的唯一形式。"❹城市的产生为这种经常性的个人之间的交换创造了条件。正是由于这种个人之间的交换的出现和发展才开始变"特殊财产"为"私有"成为有意义，才使私有制成为有可能使"私有"成为神圣不可侵犯的东西而作为制度被确立起来，并产生出国家机器来保护它。

综上所述，笔者以为"城市是私有制和阶级社会的产物"，这样的论断是不妥当的。关于城市产生的时间问题，尚属有争议的课题，有待于进一步的探讨与考证。如果我们还不能确切地说，由于私有制和阶级社会的出现才引起了城市的产生，那么对城市作"是私有制和阶级社会的产物"的论断就不太妥当了。因为根据现有的史料，我们至少可以认为城市是在原始社会向奴隶社会发展的过程中出现的。城市与私有制是人类劳动大分工后由野蛮时代进入文明时代的人类社会进步的。两个现象二者都是人类劳动大分工而引起的生产力发展的结果。它们可以被认为是相互伴随而出现的社会发展的孪生兄弟，孪生兄弟在出生的时间上可以有先后，但却不能说他们之间谁是另一个的产物。如果要说城

❶ 马克思恩格斯全集（第8卷）[M]. 北京：人民出版社，1975：57。
❷ 马克思恩格斯全集（第8卷）[M]. 北京：人民出版社，1975：25。
❸ 马克思恩格斯全集（第46卷上）[M]. 北京：人民出版社，1975：474。
❹ 恩格斯. 家庭、私有制和国家的起源[M]. 北京：人民出版社，1972：158。

市是什么的产物的话，那应当说，城市是人类劳动和社会实践的产物。

"城市是私有制和阶级社会的产物"，这个论断的不妥，不仅在于它对历史作了尚不能令人信服的结论，而且在于它是把城市的产生作为是私有制与阶级社会出现后所产生的一种阶级剥削与压迫的现象来论述的。这样的论断就把城市的产生与"城乡对立"的产生混淆了起来，因而引起了人们对城市的误解，以致使人们对城市的本质、城市在人类社会发展上的地位与作用等问题的认识，被一种错误的阴影所笼罩。这是必须予以澄清的。

诚然，在阶级社会中，城市里充满着阶级剥削与压迫的现象，城市的建设也总是被统治阶级用来作为巩固自己统治的手段之一。阶级社会中的城乡对立现象是尖锐的阶级对立的反映。但最初的城市的产生本身，并不是由于阶级剥削和压迫的需要，并不是作为阶级剥削和压迫的现象而出现的。城市，并不意味着剥削和压迫的不平等。

那么私有制在城市问题上产生了什么影响呢？私有制的出现造成了城市与乡村的对立，并带来了城乡差别的日益扩大。它"把一部分人变为受局限的城市动物，把另一部分人变为受局限的乡村动物，并且每天都不断地产生他们利益之间的对立。"❶

私有制所产生的一切不合理与不平等的现象应当与私有制一起被埋葬。城市应当被埋葬么？不！城市不是私有制的"产物"，而是人类文明的结晶。它当然不应该被消灭，不会随着私有制度的被废除而开始消失。共产主义社会还是会有城市的，而且是更理想、更高质量的城市。私有制所产生的是城乡之间的对立，因此该消灭的是城乡的对立以及由此而被扩大的差别。随着我国社会主义制度的建立和巩固，我国的城乡关系已不再是对立的关系了。在社会主义公有制度下，城市支援农村，在政治、经济、文化和科学技术上对农村起着领导和促进作用，体现了一种城乡之间相互依存的互相促进的关系。分离和对立正日趋消失。

然而，城乡之间差别的消失，则是另一种性质的问题了。城乡的差别主要是生产力、生产关系与生活方式、生活质量的差别。城乡差别的关键在于生产方式的差别，其他的一些差别都是由生产方式的差别引起的。这些差别是劳动分工的结果，也是城乡分离以后，人们对物质环境的利用与改造在程度上的差异的结果。而后者也只是工农业发展水平还不够高的表现。因此城乡差别的消失，如前所述，只有通过农业的现代化，通过社会生产力与生活质量的普遍提高来实现。这就是说，只有到了共产主义社会，当全社会的生产力高度发达，全社会的生活水平极大提高；并且强制性的劳动分工已开始消失，即生产劳动不再成为人们谋生的手段，而是成为人们的第一需要时，才能谈得上城乡差别的最后消失。

三、关于"城市性质"问题

一些往往被人们认为不成问题的问题，却常常是成问题的。所谓的"城市性质"就是这样的一个问题。

"确定城市性质"是目前我国城市规划工作的一项重要内容。在一些城市编制总体规划的工作中，在一些城市规划评议会上，对"城市性质"的讨论，往往成为争执的焦点。一些城市由于各个工业门类都要争当"性质"而形成难解难分的局面，不得不在"性质"上以一、二、三排座次，以示"全面"。然而这又与时兴的对"城市性质"的表述力求简练，明确的做法相违背，而每每使规划人员伤透脑筋。也有的城市是每搞一次规划就有一种不同的"性质"，处于经常的变动之中。"确定城市性质"可说是规划工作上的一个"老大难"问题。之所以"老大难"，可能就是因为其重要性。因为所谓"拟定城市性质"就是"明确它的主要职能，指出它的发展方向"。❷ 这就是说，被确定为"城市

---

❶　马克思恩格斯全集（第 8 卷）[M]. 北京：人民出版社，1975：57。
❷　城市规划原理 [M]. 北京：中国建筑工业出版社，1981。

性质"的某个方面，就是"城市形成与发展的主导因素"，因此它理所当然地就应该拥有在城市工作中的主导地位而主宰着城市的其他方面。它应该受到最高的重视，得到最多的投资、最大的"优惠"，而其他"次要因素"自然就得围着它转或者为它让路等等。这也许就是各方面都欲争当"性质"的积极性之所在。然而有得必有失。某个有一定工业基础的大城市，在评议会上对"风景游览城市"的桂冠却不感兴趣，甚至大感委屈。因为被"确定"为这样的"城市性质"，那么几十亿产值的工业将处于何种地位？"靠旅游能养活我市几十万人口么"？这确实是值得令人深思的。

这里，我们暂且不讨论目前对"城市性质"的"确定"，是否真正能起"指导规划与建设实践的意义"，我们只讨论一下关于"城市性质"本身的含义问题。

何谓"性质"？它是指事物所具有的特质，也即这一事物区别于他事物的一种内部的质的规定性。性质有"共性"与"个性"。共性是某一类事物所共有的普遍的性质，它决定这类事物发展的基本趋势。个性是指一事物区别于其他事物的个别的特殊的性质，它使事物具有各自的特点。

事物的性质是多方面和多层次的。例如铁作为一种金属，它具有金属所共有的一些性质，如导电性等等。它也还有自己特有的个性。在它的个性方面还可以分为物理性质，如它所特有的色泽、形态、硬度、比重等等；也还有它特有的化学性质，如能与氧化合成为褐色的氧化铁等等。而铁的这些独特的性质，则是由它的内部原子结构所决定的。铁具有较高的硬度，它可以被人用于制作锋利的刀；由于能被磁场所吸引的特性，它又能被用于作仪表的指针，由于铁的可延展性，它也能被压制成不同形状的铁制品。因此人们是根据铁所具有的各种性质，把它制作为有各种不同功能特点的用具。刀的功能是切割东西，铁桶的功能是作为容器，而铁锅是用于煮食的。这里，铁的自然性质是它本身所固有的属性，而铁制品的功能则是人们依据铁的性质使之具有的一种使用价值。功能不是它本身所固有的，而是人类经过创造性的劳动所赋予它的。因此功能是某事物进入社会和人的活动领域才具有的社会意义，它反映了这一事物与人及人的活动之间的某种价值关系。这种关系是由事物本身的自然属性和人的需要两个方面决定的。而事物的自然性质则是客观存在的。"任何一种自然物质通过以前的劳动而具有的属性，现在是它本身的物质的属性，它就是通过这种属性而起作用或提供服务的。"❶城市也是在构成它的各种物质材料的各种自然属性的基础上，由于通过人的劳动而获得了社会属性，城市的功能就是通过这些属性而起作用和提供服务的。马克思指出："一物的属性不是由该物同他物的关系产生，而只是在这种关系中表现出来。"❷ 因此，不是事物的功能决定了它的性质，而是事物的性质使它具有使用功能的基础，功能反映和表现了它的某一方面的性质。可见，事物的"性质"并不等于它的功能，也不是可以由人来任意"确定"的。人们只能发现、认识、掌握和利用事物的性质，使它有益于人类社会。

那么，"城市性质"是什么呢？城市性质也是由城市所特有的内部矛盾决定的质的规定性。城市的共性，就是我们前面讨论过的"城市的本质"。城市的个性，则是各个具体的城市在各方面的特征性的东西，它是多方面的，也是多层次的。

城市是人类劳动的产物，它不是一种天然的"自然物"，而是一种人工的"自然物"。城市已不仅具有自然的属性，即它的客观物质属性，还有它的社会属性。城市的自然属性即它在客观的物质方面的规定性，是由构成城市的各种物质要素的内部矛盾决定的。例如，由于每个城市具体的地理位置及地形条件等因素，各个城市就具有山区城市、平原城市、沿海城市、北方城市、热带城市等等的不同特点。由于用地条件及环境等因素，城市也可具有带状城市、团状城市、星状城市、指状城市等等一些客观特征性的东西，如此等等。城市的社会属性，也就是它的与在其中活动的人类社会活动内容与特征有关的一些规定性。城市的空间结构与用地结构反映了人类社会活动的特征，不同的城市就具有

❶ 马克思恩格斯全集（第47卷）[M]. 北京：人民出版社，1975：62。
❷ 马克思. 资本论（第1卷）[M]. 北京：人民出版社，1975：72。

单中心城市、多中心城市、组群式城市的不同特征。城市也还可以分为由社区结构所反映出来的母城、卫星城、地区中心城市等等。从人口结构上看有大、中、小城市之别。城市还有在"时代性"方面的特征。当然，城市还有在经济结构方面所反映出来的特征，这就是目前被称为"城市性质"的工业、交通枢纽、风景游览城市等。

那么，这里的"轻工业""重工业""风景游览""交通枢纽"等等，是不是城市的主要职能呢？也不是。有计划地制定城市的发展方向，这是无可非议的，然而要"明确它的主要职能"这就值得讨论了。如前所述，功能是事物对人而言的一种使用价值关系。所谓城市的功能，则是为人们的各项社会活动需要提供服务的物质环境（条件）和场所。生产、居住、交通、游憩等，是人们在城市中进行社会活动的几个基本内容，这几个方面的活动是每个城市不可分割的社会内容。不可设想某个城市只有居住而没有交通，或只有交通活动而没有生活居住，或者只有游憩而没有交通和居住，当然也就更没有离开其他活动的生产。因此把这几个方面的活动内容割裂开来，把某一个方面说成是"城市的功能"是不恰当的，把某一方面说成是"主要职能"则更是不科学的。

城市建设的目的应该是为了人，为了人的需要。资本主义社会中，把物质产品的生产作为人的目的，而不是把人的需要作为生产的目的，这正如马克思所指出的是由于私有制度下对人的本质的异化现象。城市的功能也只是而且只能是为人的需要服务，如果把某种生产作为城市的功能则正是这种目的和手段的颠倒。因此，把某一门类的工业生产或交通、风景游览说成是城市的"主要职能"是不合适的；把它当作该城市的性质，以一个方面的特征性来代替多方面、多层次的"性质"，那也是不科学的。

由于对"城市性质"的错误提法，也使那种"先生产后生活"或"只生产不生活"的错误做法得到了一定的理论上的依据。因为"城市性质"不是"××为主的工业城市"么？而且这就是城市的"主要职能"，因此只抓生产而不管生活就是无可非议的了。那个被"确定"为风景游览"城市性质"的城市，对工业发展的担心正是由这种不正确的"城市性质"的定义而来的。因此，纠正这种在城市性质问题上的错误，并不是抠字眼的"字面"上的意义，而是具有"指导规划与建设实践"的意义的。

我们认为，目前被称作"城市性质"的那方面内容，是否可以称作为城市的社会经济活动特色比较恰当一些。这是说它表述了该城市在社会经济活动方面比较有代表性的特征，表明了该城市在国家或地区的社会经济活动方面的特长和优势。

每个城市都有自己各方面的特色，有社会经济活动方面的特色，有空间结构与用地结构的特色，有社区结构的特色，有地理环境的特色，有城市艺术形象的特色等等。各方面的特色都反映和表现了该城市在某一个方面的规定性，而它们的总和就是该城市具体的个性。

——本文原载于《城市问题》1984 年第 5 期

城市艺术形象的美学特征初探
——城市美学笔记

任何城市都有城市面貌，但并不是每个城市的面貌都能给人留下难以忘怀的美好印象；任何城市都有景观，但并不是任何景观都是美的。所谓"美不自美，得人益彰"，就是说，由各种物质要素构成的城市环境，尽管具有各种不同的形体和外貌，具有不同的景观，但它们并不一定会自然地具有审美的价值，而只有通过人们的独具匠心的构思，进行有目的有意义的典型化的创作活动，才能使它们具有较高的审美价值，引起人们的美感。城市总体艺术布局就是这样一种有目的有意义的创作活动。

城市规划不仅要给人民创造满足生理需要的良好的物质环境，还要给人民创造满足精神需要的健康的社会环境和惬意的心理环境，创造丰富多彩的形象生动的城市艺术景观给人以美的享受。这样的城市环境及其为人民所提供的美的享受，可以保证和促进人民身心健康地发展，陶冶高尚的思想情操，激发旺盛的精力和斗志。因此，城市总体艺术布局不是可有可无的事，而是有着深刻的社会意义的。

城市是人类文化的结晶，是人类文明的象征。它具有不仅体现人类的物质文化水平，而且体现人类精神文明程度的特征。城市的现代化水平，城市的形态面貌，城市的总体艺术布局在一定程度上反映了国家的物质生产的发展水平与科学技术的先进程度，反映了社会制度的性质和人民的精神面貌。

马丘比丘宪章指出："新的城市化概念追求的是建成环境的连续性。"城市总体艺术布局所形成的城市面貌，是人工环境与自然环境有机结合的连续展现。它并不是单体建筑或局部景观的单独显现和简单的罗列，而是一种高度的有机综合，是需要有规划人员掌握"美的规律"运用艺术构图的技巧来反映社会生活内容和时代精神的创作构思的。这就要求城市规划人员不仅要具有城市规划和设计的工程技术知识，还要具有一定的美学修养，学会掌握和运用"美的规律"来进行规划设计创作活动，要了解和懂得城市艺术形象的美学特征。

一、城市艺术形象的构成要素

任何具有美学特征的事物形象都是由一定的物质材料构成的，并由这些物质材料所构成一定的形式表现出来。这里，一定的物质材料是客观的物质基础，是形象存在的依据；而一定的表现形式是认识的感性基础，是事物的形象能被人的感官所感知，使人们进行审美活动获得美感的客观条件。

先谈谈构成城市艺术形象的物质材料。构成城市形象的物质材料有三个方面的内容：自然环境，人工环境，人文及遗迹（图1）。

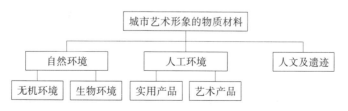

图1　城市艺术形象的物质材料

自然环境中的无机环境，即江河溪流、山谷平原、土石水气、风雪雨霜等等，乃至日光月色也都是构成城市景观的物质材料。生物环境即花草树木、鸟禽兽类等等。

人工环境可分为实用产品与艺术产品。实用产品是人类以实用的目的为主的劳动产品，如房屋、道路、桥梁、舟车，甚至机械、管道等设施也能成为艺术形象的物质材料。如法国巴黎的蓬皮杜文化中心，设计者就把管道设备暴露于外，作为一种艺术形象的物质要素来让人观赏。艺术产品是人类以艺术欣赏目的为主的一些劳动产品，如亭台楼阁等等观赏建筑物，建筑及园林小品，城市雕塑、壁画、花坛、水池等等。

人及人们的活动也是构成城市艺术形象的物质材料，这一点往往容易被人忽视。这里可以包括人体本身的形象及衣着穿戴、风俗习惯等等。许多国际友人及游客来我国访问、旅游的一项重要内容，就是看看中国各地各民族的风土人情。另外，社会的文化（包括知识和活动两方面）也是构成城市艺术形象和景观的重要材料。如历史传说、游记、优秀的诗词及其他文学作品，往往成为促成人们到某地去旅游观光的因素："东方威尼斯"的称号，"上有天堂，下有苏杭"的赞誉是吸引国内外游客去苏州观光的原因之一。阳朔的大榕树，因为与刘三姐抛绣球的传说相联系而吸引了大量的旅游者。"大理三月街"的社会活动，成为大理市的主要景观之一。特别是历史文化遗迹历来是参观游览活动的吸引中心。这样的例子数不胜数。而那些历史文化名城、革命纪念地，则更是与伟大的历史人物及事件直接相关。另外，人们日常的道德行为等等，即城市的精神文明与城市艺术形象也有很大的关系。以上这些也就是构成我们所说的"四美"，即环境美、语言美、行为美、心灵美的因素，是构成城市总体艺术形象的物质材料中不可缺少的一个方面。

城市的形象是由以上所说的这些物质材料所构成的一定的形式所表现出来的。这里所说的形式也就是城市艺术形象的美学内容所据以存在的方式。城市的形式包括相互密切联系着的两个方面。一个是它的内部结构形式，即城市的空间结构，用地结构（反映了城市的经济结构、社会结构与人口结构等内容），以及平面布局等形式。一个是它的外部形式，即呈现于人们的感官面前的外观形式，这是城市艺术形象的内容所借以传达的物质手段的组成方式。城市的内部与外部两个方面的形式既相互密切联系，又有一定的相对独立性。城市的内部结构形式决定和制约着它的外部形式，但外部形式也有自己的形式规律和审美特征。

城市的艺术形象是内容与形式的统一，是人们对城市从内容与形式两个方面所得到的全部感受综合而形成的，对城市本质特征具体可感的有形的印象。

物质材料就其自身来说，还只具有成为外部形式的可能性。只有通过人类创造性的劳动，将它们按照艺术形象的要求而被利用起来时，它们才能成为反映一定社会生活内容的外部形式，成为人们审美对象的存在形式。

事物形象审美效果的感性基础来源于物质材料的物质特性。使物质材料能构成具有美学意义的城市艺术形象的物质特性有三个方面。一是这些物质材料的物理属性。如颜色、声音、线条、形状、体积、质感等等，即日常所谓的"有声有色"。如潺潺的流水，绚丽多彩的建筑，高低起伏的山丘等。二是这些物质材料运动的自然规律。如比例、均衡、对称等相对位置关系及节奏、韵律等等，也即所谓的"统一与变化规律"。三是这些物质材料的运动存在形式，即其空间与时间的度量关系。

城市规划师或建筑师只有研究这些构成城市形象的物质材料本身的特性，掌握使用它们的技能并运用准确的艺术表现手段，才能创造出具有美学意义的城市艺术形象。

二、城市艺术形象的美学特征

（一）具有现实美与艺术美的双重特征

城市是由自然环境与人工环境统一构成的综合体，它并不是自然生成的，而是人类劳动的产物。它既是人类"生产物质生活本身"进行物质生产劳动的对象和产品，同时它也是人类对城市环境加以"典型化"和"审美化"的创造，进行精神生产的对象和产品。因此，城市的艺术形象就具有现实美与艺术美的双重特征。

城市首先是一个客观的物质环境所构成的综合体。如前所述，构成城市艺术形象的物质材料首先有无机环境与生物环境所组成的自然环境。这里，自然环境作为城市环境的一个方面，已成为一种与人类社会生活不可分离的内容与表现，因而构成这些自然环境的物质材料也就使城市形象的某些方面具有自然美的特征。这方面的城市形象通常被称为自然景观。

城市还是人类在其环境之中进行各种经济活动与其他社会活动的场所。城市环境已不纯粹是一种自然环境，它还是经过人类改造和加工的人工环境，是人类社会实践的对象和产物。人们对城市环境的建设和改造是人类社会生活的一个重要方面，它与其他各项社会活动有着休戚相关的联系，这就使城市艺术形象也必然具有社会生活美的特征。城市的一些形象又被称为社会景观。以上这两方面就使城市艺术形象具有现实美的特征。

另一方面，城市是人类文化积累的成果。人类对城市的建设，并不是一种如鸟兽筑巢穴之类的本能活动，而是一种有目的的创造性活动，是人类依据经漫长的历史积累所掌握和理解的"美的规律"，进行城市环境的典型化和审美化的创造活动。城市规划就是进行这种既是物质生产活动又是精神生产活动的综合协调的复杂性劳动。因此经过城市总体艺术布局的构思所建设的城市形象就具有艺术美的特征。城市中经过人们的艺术构思，具有一定的文化内容的一些景象就称为人文景观。

特别需要指出的是，城市的形象有没有经过城市总体艺术布局的规划构思是大不一样的。这里就有"粗细之分，文野之分"。

（二）城市形象的社会特性——功利性

美是一种社会现象，是人类劳动和社会实践的产物。一切事物形象的美学特性，在于它的社会特性。城市形象的美学特性也在于它的社会特性。

城市是人类有目的的社会实践的创造物，它是人类为了提高自己的生活质量"生产物质生活本身"而建造起来的。在城市建设这种改造世界的能动活动中，人们以有计划有目的的自觉活动对自然进行利用、改造和再创造，使之符合于人的生产、生活的要求，满足人们的需要。在这样的创造活动中，融合着人们对生活理想的追求。因而，城市作为一种人类劳动的对象和产品，也就成了物化了的人的本质力量，在对城市形象的观照中，人们就能得到对这种人类创造性的本质力量的肯定。这就是城市的形象之所以能具有审美价值的美学特征的根本内容之所在。

"凡是人类社会历史发展的客观必然要求存在的、合理的、创造性的、肯定趋势的生活以及表现这种生活的东西就是美的。"❶ 也就是说：为人类的各种社会需要提供了合理的、创造性的肯定趋势生活的城市环境，并在外部形象上完善地体现出来的城市，那就是美的。

有人把"美"看成是一个纯形式问题，这显然是错误的。"美"不仅是形式问题，它首先是一个功能问题。城市形象的美，是功能要求与艺术要求的统一，城市形象的美学特征首先在于它的功利性，即在于它对于人类社会的价值关系。而这种关系是体现在城市环境与人的关系以及城市中人与人的关系上的。

城市是人类进行生产、居住、交通、游息等各项社会活动的载体。城市的社会价值（经济效益、社会效益、环境效益等）的高低，取决于其功能的正常发挥的程度。因此城市的功利性也就从城市环境对人们进行各项社会活动的需要所提供的满足程度上，即它的"城市质量"的高低上本质地反映出来。"城市质量"❷ 的高低是衡量城市功利性的客观标准，因而也是对城市的形象进行审美活动的重要内容。如果一个城市虽然有很好的自然景观条件，但它的城市功能是低下的，不能满足人们的日常生产、生活的需要，那么我们不能认为它是完美的，它的"城市质量"总的来说也是差的。城市形象美学特征的功利性体现了形式与内容的辩证统一的关系，体现了"美"与"善"的辩证统一关系。

---

❶ 施昌东．"美"的探索［M］．上海：上海文艺出版社，1980。
❷ 关于"城市质量"的概念及有关论述请参阅：马武定．为创造更高的城市质量而努力［J］．城市规划汇刊，1982（19，21，24）。

以上是就整体而言的城市形象在审美过程中的功利性特征，从局部而言的一些城市景观也同样不能离开功利性的审美特征。

城市是人类文化的结晶，是人类文明和进步的象征，城市建设的成就都是人类社会生产力的发展和科学进步与技术发展的具体体现，因而城市建设的成果就会给人们带来一种人类征服自然的胜利者的愉悦感。城市的各种服务设施因为能从某些方面满足人们一定的生活要求，因而也会在这些方面具有一定的社会价值，使人们感受到一定的美感。在城市自然景观与人文景观等城市形象的形式美的特征上，人们能看到生活理想的影子，看到人类文化与智慧的花朵，感受到创造的力量而产生美感。

例如，现代城市中的一些现代化交通设施（小汽车、高速道路、立交桥等），由于它们给现代的城市生活带来了方便，满足人们快速、便捷的交通要求，节约交通时间，因而会给人带来一种美的感觉。但泛滥成灾的小汽车造成交通堵塞、大气污染、噪声，又反过来使人们对它产生丑恶的感觉，被称为"讨厌的铁皮匣子"、"活动的棺材"。再如高耸入云的摩天楼，反映了人类征服自然的创造能力，体现了科学的发达和技术的先进，因而会使人对之产生美感。然而资本主义国家中密集的摩天楼所带来的大片阴影，造成了不符合卫生和健康要求的生活环境，此外摩天楼又往往成为犯罪者的活动场所，因而也使人们对之产生丑恶的印象，成为被诅咒的"恶魔"。这些都说明，在审美过程中的"功利性"的作用。

美是事物的一种客观的社会价值或社会属性，人们在对任何事物进行审美活动的过程中，都必定包含着对这个事物的社会意义或价值的认识，虽然有时候这种事物的社会意义和价值的"功利性"并不明显地在审美过程中被人们直接感觉到，然而它却是通过事物的形象来表现了这种社会意义和价值的一种"积淀"的形式。正如鲁迅所说："享乐着美的时候，虽然几乎并不想到功用，但可由科学底分析而发现。"这也就是马克思所说："感觉在自己的实践中就直接成了理论家。"

城市及建筑，由于它们与人类的社会生活密切相关，它们的"实用性"比任何其他类型的艺术品更强烈得多，因而它们的形象的美学特征就比其他任何艺术形象具有更明显的功利性特征。这种强烈的功利性的特征是由城市本身的社会属性，即它的社会内容和目的性的本质所决定的。

（三）城市形象的艺术特征

城市不仅是人们为了满足自身的生产与生活等项功能活动需要而进行创造活动的物质环境，它是人们为了满足心理需要并具有审美要求的创造物。它具有作为艺术产品的一些基本特征。

1. 形象的综合性与动态性

城市形象的艺术美，除了它在内容上的社会特征的功利性外，还有它形式上的反映特征的形象性。用形象来反映社会生活，用形象来表现思想感情，这是城市作为艺术产品方面的基本特征。

人们的审美过程，本质上是一个认识过程，这种过程是以审美对象的可感知性为基础的。城市艺术形象的可感知性主要依存于其构成形式的物质因素，即前面所述的物理属性、运动规律、运动的存在形式的特征。

城市艺术形象在其空间上的广袤性、多样性与复杂性，是其他任何种类的艺术所不能比拟的，因此它所给予人们在空间与环境上的感受就成为其艺术形象在可感知性方面的主要特征。"城市设计者的工作是从研究组成空间的要素扩大到研究处理空间的特点。"❶

对城市总体艺术形象的感受是一种综合的感受，它是在局部景观的感受基础上全面综合获得的。这样，一方面单独的感受并不能代替综合的感受，总的感受并不是各个局部感受的简单的算术和；另一方面总体感受又必须以局部的感受为基础，局部的单体感受有其相对独立的审美意义。因此城市总体艺术布局和城市设计必须处理好局部景观与总体的效果关系。

城市由于其空间的广袤性与复杂性，使得城市的总体艺术形象要靠人在其内部空间的流动才能获

---

❶ ［英］W. 鲍尔. 城市发展过程［M］. 倪文彦译. 北京：中国建筑工业出版社，1981.

得。这样，城市的第四度空间——时间的特征也比其他种类的艺术显得更为突出。城市的艺术形象也是一种动态的艺术形象。

城市的动态艺术形象不仅在于其各物质要素自身的发展变化，在于一年四季、时辰气象、光照日影等等的变化，在于城市内部人们进行各种社会活动的动态变化，还在于人们对城市景观观赏视线的变化。城市空间与环境的设计要考虑人在这环境与空间中的活动。所以城市总体艺术布局和城市设计，就不仅要考虑艺术形象的静态观赏，还要考虑其动态的观赏，要处理好动与静的关系。

城市的艺术形象就是这样通过局部与整体，动态与静态等等，既相对独立又相互联系，既相对静止又动态变化，具体可感和丰富多彩的外部形式特征，使人们获得美的感受。

2. 反映与表达的准确性

艺术的"美"是以艺术的"真"为其根据的。这里所谓的"真"，并不是完全真实地再现客观世界事物的具体形象，而是对其所要反映与表现的社会生活和思想内容的表达的准确性，即所谓的本质与现象的统一，内容与形式的统一。

丹纳说："艺术品的目的是表现某个主要的或凸出的特征，也就是某个重要的观念，比实际事物表现得更清楚更完全；为了做到这一点，艺术品必须是由许多互相联系的部分组成的一个总体，而各个部分的关系是经过有计划的改变的。"❶

那么，城市的艺术形象所要表现的主要特征是什么呢？城市是一种人们在其中进行各种社会活动的环境，能否在物质和精神两个方面为社会服务以满足人们的需要，这是城市的根本问题。因此人类社会的生活气息和时代精神就是城市艺术形象所要表现的主要特征。

"建筑艺术的反映现实是从表现气氛，达到体现思想。"❷ 城市的艺术形象也是这样。它是通过调动其各种物质材料的形式特征，创造一个富有生活气息的环境气氛，来表现社会生活的丰富性与多样性，表现社会生活内容的时代特征。而要做到这一点。城市的形象也就必须有所选择，有所取舍。必须强调那些具有特色的必然性的方面，即所谓的"形象的典型性"，而忽略那些偶然性的不具特色的方面。因此不是所有有形的物质材料都可以被随意取来作为城市形象的表现手段的，而必须通过典型性的选择和审美化的艺术处理，必须服务于表达社会生活与思想内容的需要。

各物质因素通过艺术手段构成的形象有它自己的艺术语言，"以准确的艺术语言，充分而完美地塑造表现出对象的个性的艺术形象，这就是对如何艺术地处理外部形式的第一个要求。"❸ 音乐的语言是音响变化的曲调和旋律，绘画的语言是丰富的色彩与线条等构成的画面。城市与建筑艺术也有它们自己所特有的艺术语言与表达方式。

郑州的二七纪念塔，以两个7层的塔来表达"二七"的方式（后改为2个9层的塔，意为2+7＝9），所使用的是数学的语言，而不是艺术的语言，在艺术上是不成功的。另外，"二七"这个在日期上的偶然性的数字，本身并不是罢工运动的本质特征，这种数字关系不能反映罢工运动反剥削、反压迫的本质内容，因此抓住这种非本质的数字特征，就很难准确地反映它所要表达的思想内容。

没有形式的内容与没有内容的形式同样不可思议。特定的内容要求与它的特点相适应的特定的表现形式；反过来说，特定的形式，特定的艺术语言，也对其所要表达的内容起着影响和制约作用。正如音乐、舞蹈、绘画、雕塑、诗歌、小说等等不同的艺术种类，由于其艺术语言和表现手段的不同，都有其各自所能表达的特定的思想内容，城市与建筑艺术在其所能反映和表达的内容上也是有其特定的范围的。城市与建筑的形象能否准确、鲜明、生动地表达和反映它的思想内容，一方面取决于规划师和建筑师对城市艺术形象这一特殊艺术领域的艺术语言的掌握和运用的技能，另一方面取决于规划

❶ ［法］丹纳. 艺术哲学［M］. 傅雷译. 北京：人民文学出版社，1963.
❷ 王华彬. 创造形象，体现思想［J］. 建筑学报，1982（10）。
❸ 王朝闻主编. 美学概论［M］. 北京：人民文学出版社，1982。

师和建筑师所选择和确定的思想内容，必须是能够被城市艺术形象的艺术语言所表达和反映的。如果不顾城市形象的艺术语言的特点，而强行要求它去表现一种其无法表达的内容，这就违反了艺术创作的客观规律，而导致创作活动的失败。

郑州二七纪念塔、长沙火车站的"朝天辣椒"等一些在艺术形象创作上失败的例子，也是由于不懂艺术创作的客观规律，强行要求建筑的艺术语言去表达它所不能表达的那种超形式的所谓"革命"的内容的缘故。

艺术形象的反映与表达的准确性和思想内容的可反映性与可表现性，是艺术作品"美"与"真"关系的两个方面。

3. 艺术形象的感染性

丹纳说："人在艺术上表现基本原因与基本规律的时候，不用大众无法了解而只有专家懂得的枯燥的定义，而是用易于感受的方式，不但诉之于理智，而且诉之于最普通的人的感官与感情。"❶

艺术与科学不同，艺术是有感情的，它是以感情的力量来打动人们的心的。艺术品不同于一般的产品，在它的里面倾注了创作者丰富的思想感情。正因其蕴有浓烈的情感因素，才能动之以情，诉之以理，给人留下难以忘怀的深刻印象。

追求"诗情画意"，讲究"意境"：这历来是我国优秀的文化艺术传统。寄情于景，情景交流，是城市艺术形象的重要特征。对于我们社会主义时代的城市艺术形象来说，要寄的"情"，自然应该是对生活的热爱和对理想的向往与追求，是对人的关怀和对人的本质力量的肯定。当然，对这种"情"的抒发，对"意境"的表达，应该是生动的、能引人注目、使人饶有兴味的、既具体又典型化和审美化的形象，而不应该是苍白无力的标语口号式的表达方式。像那种把"火炬"、"五星"如标签一样不分场合到处套用的形式，就很难具有强烈的艺术感染力。

城市和建筑艺术的形象要能打动人的心，引起人们在思想感情上的共鸣，成为"生活的教科书"，它必须具有赏心悦目的形式美的特征，必须符合正常人的健康的审美观，必须与广大人民群众的合乎时代潮流的审美理想相一致，它的形象所包含的思想内容应能够为广大群众所理解和接受。这样，才能以其生动的形象使人产生联想，启发想象，感染到蕴藏在外部形象中的深厚的情感，令人喜悦和愉快，从而得到美感。

西班牙建筑师高迪（Antonio Gaudi）设计的米拉公寓，所要表现的主题是大海的浪涛与泡沫，为一般的人们所难以理解和接受，就很难引起美感。他的另一"杰作"巴特罗公寓，在外形上用怪诞的生物形象表现莫名其妙的内容，则非但不能令人"赏心悦目"，简直叫人反感。这种在反常的审美观指导下所出现的形象，只能使人敬而远之，也就谈不上动之以情，诉之以理了。

建筑也好，城市景观也好，它们是与人们日常生活休戚相关的公共生活现象。即使是完全属于"私有"的私人住宅，其暴露于外的外部形象也只能是与世人共赏的，更何况城市景观则更难以打上个人主义的印记了。建筑和城市艺术形象要表达的，不可能也不应该是个人情感的东西，而只能是公共生活的特征，时代的精神。个人的主观主义的东西，在这里是很难有市场的。

4. 艺术形象的创造性

艺术的外部形式不仅要准确地反映和表达其内在的思想内容，而且它还有自身的审美特征，即所谓形式美的特征。这种艺术形象的形式美是作为艺术美的组成部分而存在的，在艺术作品中具有不可代替的地位和作用。它既要服从整个艺术形象的要求，还有自己相对独立的审美特征的创造要求。形象的外部形式美的创造是城市设计的重要内容。

美的创造和欣赏都是在一定的社会历史条件下产生和形成的。离开了特定的社会历史条件，特定的美也就没有了。城市艺术形象对于社会历史条件的依存关系，特别是对于其所处的外界客观环境的

---

❶ 蒋孔阳. 美和美的创造 [M]. 南京：江苏人民出版社，1981。

依存关系比其他艺术类型表现得尤为突出。城市形象与建筑形式的这种因时而易，因地而异的时代性、民族性、地方性的特征是十分明显的。这就要求规划师和建筑师所进行的城市艺术形象的设计工作必须是"创作"而不是"制造"。"创作"的产物是各具特色。不苟雷同的，而"制造"则是可以"依样画葫芦"地成批生产的。

国外盛行"环形放射"，于是我们的一些城市也不管三七二十一地一环了之。现在"带状城市"呼声极高，那么也想方设法搞个"带状"以示不敢落后。北市有个人民英雄纪念碑，各地凡是要建什么纪念碑都向它看齐。广州的岭南庭院式不错，马上就成为"商业庭院"而到处"似曾相识"。丧失了创造性的城市形象，既不能给人留下难以忘怀的印象，也不能激发人们对它产生新奇、兴奋、爱慕、赞叹和欣喜的感情，获得强烈的美感。

城市艺术形象的创造，必须综合考虑内容的功能特征，物质的构成特征和形式的反映特征三方面的因素。进行城市总体艺术布局和城市艺术形象的设计创作工作，就是掌握和运用艺术创作的美学规律，用各种物质材料通过独具匠心的艺术构思，积极发挥创作技巧，创造出符合形式美特征的外部形象，以反映和表现符合社会发展规律和进步的生活理想与审美理想的思想内容。

（本文承白佐民老师提出修改意见，谨表谢意）
——本文原载于《建筑师》1985 年第 22 期

论城市质量

一、城市与城市化

城市，可以说是我们人类最为熟悉，与我们关系最为密切，然而却是为我们最不理解的事物之一。对于城市的定义至今都还没有一个一致公认的确切意见，无怪乎有人认为城市是当今世界上最为复杂的事物之一。

"人们为了能够'创造历史'，必须能够生活。但是为了生活，首先就需要衣、食、住以及其他东西。因此，第一个历史活动就是生产满足这些需要的资料，即生产物质生活本身。"❶ 城市建设就是这样一种"生产物质生活"的创造活动。

城市发展史是用土地、石头、钢铁等等材料写成的人类文明发展史。它既记录了人类对需要的产生和提高，记录了由此而推动人类社会生产力的发展、社会政治制度的变迁，科学的进步和技术的改革，也记录了人类审美观念的变化。

城市从其本质上来说首先是一种人类社会的产物，是人类生产劳动和社会实践的产物。它是人类为着自己的生存发展的需要，经过创造性的劳动加以利用和改造的自然环境与人工环境有机结合的物质环境。

在人类社会生活出现以后，自然与人类社会生活形成了一种主体与客体之间的密切关系，作为城市环境一个方面的自然环境，就成为一种与人类社会不可分离的人类社会生活的内容和表现。这样，自然环境的变化，不仅由于其本身的规律所支配，而且作为一种城市环境，它还受人类社会生活的影响而变化。城市与人的关系既是一种客观存在的外界物质环境，又是一种被人类所认识与改造的客体；它既是人类在其中赖以生存和发展的物质环境，是人类社会活动的一种载体，它又是人类认识与实践活动的创造物。城市所体现的已不是像动物与自然环境之间的那种消极适应关系，而是一种积极的认识与实践的创造性关系。

城市环境不同于原野，不仅在于人们创造性地建立了人工环境的内容，还在于人类创造性地把原来的自然环境与人工环境加以有机地组织，使之典型化了。城市是一种社会的物质环境，是被"人化"了的自然环境。

城市又不同于乡村。较之乡村，城市是一种更高质量、更"人性化"的居民点。也就是说，是一种经过更多的创造性的劳动加工、拥有更高的"价值"的物质环境，因而也是一种更符合于人类的需要的社会活动的载体。城市是一种高度的"人性化"或"文化"了的物质实体，是一种"物质的文化"，或者说是人类文化积淀的物质形式。

城市也是人类经济合理用地的组织形式。城市活动的高效率不仅是由于人口、资源、生产工具及科学技术手段等等物质因素的高度集中，更主要是在于它们经过高度的组织化。城市具有高度有机统一的综合性特征。

自从城市与乡村分离以来，各个历史时期的城市愈来愈明显地体现了其代表着当时历史条件下更先进的生产力与生产关系的特征。城市不仅体现了与农村不同的新的人与自然的关系，而且体现了新的人与人之间的关系。城市的产生与发展一方面使自然环境与自然力的使用价值大为提高，使物质环

---

❶ 马克思，恩格斯. 德意志意识形态 [M] //马克思恩格斯全集（第3卷）. 北京：人民出版社，1975：31。

境成为更宜人的环境；另一方面也使人类自身变得更有力量，更大地完善着人类驾驭自然的创造力。城市的生产是一种更多地摆脱了自然力束缚的社会化的生产，由于这种生产和在这种生产上所结成的生产关系，就使人愈益成为社会的人。城市从其本质上说，也是一种更社会化的经济组织形式。

城市不仅在生产活动上是更社会化的，在交换、消费等活动上也是比乡村更社会化的。它比乡村那种渊于古代社会的以家族家庭制度为基础的生活方式有更广泛更丰富的社会交往活动，它是一种更社会化的社会组织形式，比乡村创造了更高的生活质量。它不仅为人类的需要提供着更多样更广泛的满足对象，而且也为对象产生出更多更广的需要。因此城市从其本质上说，是人类自身塑造的一种体现各个时期人类生产活动和生活活动的理想的、进步的、合理的生活方式，是一种促进人类进步发展的社会环境。因此，城市的建造是人类社会的一大进步，是人类文明的象征，既是人类以往文明的结晶，也是人类通向更高文明的桥梁。

马克思说："现代的历史是乡村城市化。"❶ 城市化的道路，是人类社会走向全面的物质文明与精神文明的道路。如果说人类的社会从低级的无阶级原始公社向高级的无阶级的共产主义社会的发展必须经由有阶级的社会来实现，那么，城乡对立与城乡差别的最后消失，也只有经过高度的城市化过程才能实现。

城市化，不仅是人口向城市的集中和转化，而且是用地及环境的向"城市"的转化，二者都有量与质上的发展和提高。城市化，最根本的不是在于把"农村户口"变为"城市户口"，不是在于"设市"数量的单纯增加，而在于生产力的提高与相应的生产关系和生产方式的变革。从环境效益、社会效益方面所反映出来的"城市质量"的全面提高，是衡量城市化程度的标准。

二、城市质量、城市引力与城市波

城市能为人类的各项社会活动提供较农村高得多的效益，这就是城市具有吸引力的主要原因。城市引力场所产生的吸引力大小则取决于其从三个效益方面所体现出来的"城市质量"的高低。城市质量越高，其吸引力就越大。

城市质量，从其内涵上说，是构成城市的各物质要素在其量与质的两个方面品格的总和，是各个具体的城市中的内部矛盾所决定的客观规定性，它产生和决定着城市的吸引力。

城市质量，它的外延，是城市对于人类社会的价值关系。它是从城市的本质出发，在对城市中人与自然的关系、人与人的关系以及这二者之间的关系所进行的综合分析的基础上，对具体的城市作为一种对象对于人类需要所提供的满足程度作出一种全面评价。它反映了城市对于人类社会活动的整合程度，从总体上反映着该城市的现代化水平。

这里所谓的"人类的需要"，不仅是指作为社会成员的每个人的需要，而且也是指作为社会整体的"人类"的需要。因此，城市质量的高低，不仅是以对每个人的具体的需要满足为标准，而且是以整个社会的发展与进步的需要为标准，这二者是辩证地统一的。城市质量，不仅是客观的价值标准，而且是现实的和历史的价值标准。

城市质量，从总的来说是一种动态变化的价值体系，但它在三个效益方面所反映出来的，在具体历史条件下的"合目的性"程度，却是具体可感的，也是可以采用一定的数量化方法进行比较的。

从城市的历史过程来看，发展的初期，城市质量是与其规模大小成正比的，城市越大，其质量越高。古代社会统治阶级中等级地位越高者，往往居住于规模较大的城市中，城市的行政级别一般也与其规模的数量级相对应，这些都客观地反映了这一事实。

工业革命使大量的资本与人口向城市集中，世界性的城市化进程开始加速发展。大城市由于其城市质量较高，能比中、小城市提供更多的就业、教育、生活服务设施、文化娱乐、交通等等方面的优

---

❶ 马克思恩格斯全集（第 46 卷上）［M］．北京：人民出版社，1975：480。

越条件，因此它们比中小城市具有更大的吸引力。在供电、供水、交通运输、劳动人口及商品市场等方面，大城市对工厂企业的发展建设也能提供更大的便利。因此，大城市的人口膨胀与工业发展就具有更高的速率，使大城市的人口绝对数量和相对比重都显著增长。

城市发展的历史，从总的趋势来看是城市质量不断发展变化、不断提高的历史。但城市的发展并不是一帆风顺的，它也有曲折，也会遇到麻烦，甚至出现城市质量下降的暂时倒退现象。这就是被称"现代城市病"的用地紧张、住房拥挤、交通混乱、环境污染等问题的出现和严重化。由此而在某些国家出现了市区衰落，郊区发达的所谓"郊区化"现象。这是正在演出的"城市化的危机"的一幕。

从世界的城市化过程及城市发展的历史可以看出：

（1）城市比乡村对于人类聚居进行各项社会活动具有更高的质量和效率。

（2）城市的发展过程，呈现了人口分布由分散的农村向城市集中，又出现向城市外围散布，即在更大的范围内集中的趋势。"人往高处走，水往低处流"，这是自然流动的总法则。在城市发展的兴衰与变迁的过程中，"城市质量"所引起的城市吸引力对各个城市的生死存亡起着相当大的决定作用，城市质量还引起了更大的人口流动趋向——国际的移民现象。

（3）"城市质量"在一定的限度内与城市的规模大小成正比。城市只有达到一定的规模，即城市人口与用地达到一定的经济合理的集聚程度，城市的各项功能活动和构成"城市质量"的各物质要素才能达到适当的比例，处于发挥效益的最佳状态。但是，这种"城市质量"与城市集聚程度的正比例关系有其一定的界限值，超过了这个界限值就会走向反面。

（4）城市是一种开放的有机系统，它有各种输入和输出，有对环境的适应，有配合其与外在较大的系统（区域、国家）的交感而经常不断变化的能力，也能配合其内部"次系统"之间的交感而经常不断的改变。工业的迅速发展及为获得高度经济效益的自由竞争带来了全球性的城市化高速进展，同时也使城市的输入与输出有机系统的平衡关系出现了紊乱，引起了城市诸问题的严重化。

（5）城市质量的下降，导致城市环境（物质的、社会的和心理的）与人类社会活动之间整合关系的破坏。这种情况在大、中、小城市均不同程度地发生，大城市由于其有众多的人口与各种行业，涉及与影响的范围比中、小城市大得多，因而城市问题的出现在大城市也就显得更突出、更集中和更典型，由此也引起了更大的关注。

（6）城市质量会以"城市波"的形式向其外围地区进行扩散、传递，城市越大，其波及范围越广。目前，西方国家正在形成的城市群与城市带，即是大城市及附近中小城市的城市波汇集交互作用的城市共谐区。它们形成了较高的城市质量，对周围地区具有更大的吸引力，将对人口分布形式产生很大的影响。

"城市化的危机"冲击着在城市化过程中居于领先地位的欧美国家，它也使发展中国家面临着何去何从的抉择。

"卫星城"与"郊区化"是"城市化危机"对城市的轰击所产生的两种"裂变"现象。

建立卫星城是人们试图以疏散城市人口的办法来解除在大城市中所反映出来的城市问题的苦恼的一种尝试。从国外的例子来看，虽然有不少卫星城在本身的建设上确实是令人赞叹的，然而其对城市问题的解决作用，似乎收效甚微。因为"新城"或卫星城在其城市质量上如不能胜过原有大城市或"母城"的话，那么它们就不能起到"反磁力吸引"的作用。相反，由于它比附近的其他地区和农村有较高的"质量"，反而会吸引来大量的外围人口。如伦敦在第二次世界大战后新建的卫星城吸引了50 万人，但其中 95％是来自周围地区，仅 5％是市区外迁人口。这使得英国政府自 1976 年起已宣布暂停规划新镇，它的新镇建设已处于全面收缩和停滞状态。我国的卫星城建设也不是很理想的。据1979 年上海市 6 个卫星城的统计，共有职工 16.89 万人，常住人口 21.6 万人，其中由市区迁往卫星城的为 6 万人，仅占市区人口的 1％。如果以上海开始建卫星城的 1958 年算起，平均每年人口的自然增长率以 1％计算，那么这 20 年的努力才抵消了一年的人口的自然增长，看来卫星城的建设对于控制大城市的人口规模还不能起决定性的作用。因此，只有建设好众多的中、小城镇，普遍提高城市质量，大量的城市波的作用才能带动全面的城市化。也只有通过全面的城市化，才能从根本上控制住大城市的规模。

某些发达国家大城市"郊区化"现象的出现，也是由于这些城市的城市波所形成的"城市化"，郊外地区具有了与大城市的市区质量相当，甚至更高质量的缘故。但这种城市空间郊区化的现象，是资本主义制度下，城市自由化发展的结果。它是资本主义国家中大城市内的上、中层富有阶层的居民逃避大城市质量下降现实的一种自发倾向，它不是解决大城市问题的根本出路。

"城市更新"是"危机"轰击下城市内部的蜕变。不少国家已认识到，对城市质量下降所引起的城市诸问题的解决，必须着眼于对城市内部进行根本的变革性治理。

城市规划的任务应该是全面提高城市质量，以满足现代化生产、生活的需要。城市规划理论从其产生至今，已从乌托邦式的空想主义走向解决社会问题的现实主义，从改造和创造良好的物质环境走向了对社会环境和心理环境的关切，创造更高质量的合乎人们需要的城市环境，已是全世界的城市规划师们共同的历史责任。

我们的责任并不是局限于谴责大城市的弊端，而在于对它们进行积极的治理，赋予它们更强大的生命力，成为更高质量的人类聚居地；我们的责任还在于使中、小城市朝着正确的方向发展，提高它们的质量，同时成为富有生气的人类聚居地。我们相信，经过全世界人民的共同努力，在"危机"之后，到来的将是"否定之否定"的全面城市化高潮的一幕。

三、创造更高的城市质量

不同时期的城市发展体现了各个时期社会生产、生活的时代性与历史的延续性相结合的综合特征。城市的形体是一种力的多边形的合成，城市的形态既要与各个时期的经济发展水平相适应，它也必然要反映各个不同时期不同的政治形态，并且还要受各种天然条件（气候、地理等）和技术物质手段的制约。城市的结构布局与形体必须与社会经济的发展和人们生活的要求相适应，这是决定城市发展变化的基本动力。

城市从其产生以来，已经经历了从古代原始农业和手工业经济基础上的城市发展为以社会化的商品生产为特征的近代工商业城市，现在又进一步向信息集聚与交流中心的文化城市反向演变。城市的空间结构已逐步从相对稳定的封闭式单中心结构向动态变化的开放式多中心结构方向演变。近些年来，人们又开始认识到，那种机械地划分城市为若干"功能分区"，把在整体上有机联系的城市综合体割裂开来的做法，已开始显得不能适应现代化生产与生活的需要。人们更向往于恢复已经失去的密切合作关系，更倾向于追求富有人情味的生活气息，寻求适合于现代生活的更高的城市质量。城市空间结构与用地组织又有了新的变化，出现了有机结构及综合功能区的规划布局。

回顾城市空间结构与规划布局最近所出现的一些趋向，可以归结为以下几个方面。

（一）有机性与综合性

城市中的各项社会活动及物质要素之间存在着相互联系、相互依存与相互制约的关系。由于城市生产、生活等活动的日益丰富，各居民点及城市（镇）之间在更广的地域上反映出有机的内部联系，城市结构在总体布局上越来越向城镇群体系方向发展。由若干个城镇联合组成的城镇群在总体上体现了多种功能的综合性；各个成员城市则既是生产、生活能相对平衡的独立城镇，又体现出在城市群体系内的有机联系上各有自己的特色。

（二）流动性与连续性

城镇群体系内各成员城市间的有机联系决定了城市空间结构的流动性。以综合服务交通枢纽站为中心并沿着交通线路向外呈枝（指）状发展的结构体现了这样的流动性。城市居民已不像农业时代那样植根于他们土生土长的地方，他们以较高的频率呈现出在更大地域上的流动，在更广的范围内寻找理想的职业与舒适的居住环境，进行休假、旅游和社交等活动。城市的空间结构必须适应这样的流动性，现在出现了"活动房屋"，将来也不排除出现"活动城市"的可能。

城市间的有机联系又决定了城市空间与物质环境的连续性，城市间以及城市各分区间的高速交通系统与良好的绿地环境体现了这样的连续性。高速交通线路与绿地系统既把各成员城市及城市各分区妥善地分隔开来，又把它们有机地联系起来。

（三）社会性与传统性

生活、生产的高度社会化是现代城市的一个特征。城市空间结构与用地组织将体现出日益增强的社会性。将有越来越多和愈来愈大的共享空间，城市的各种活动在这样的共享空间中相互渗透与融合。它们既是工作地点，又是生活休息娱乐场所，也是进行信息交流和社会交往的天地。

在走向现代化的发展中，我们所应抛弃的是旧有的城市中一切已不适应现代社会需要的东西，即正在衰亡的东西，而应该继承和发扬适应生产、生活要求的以及有美学意义的东西。某些历史文化名城格局体现了优秀的文化历史传统，具有很高的科学和美学价值，在城市改建过程中必须予以十分小心地保护。

（四）选择性与多样性

人的兴趣和需求的多样性就表现为城市空间结构的多样化和对环境的选择性。城市规划应该提供人们以最大的选择自由，能够使生活尽量丰富多彩。城市的空间结构与用地组织应该体现出适应这种选择性与生活的多样性的要求。从静止封闭的单中心结构演变为灵活开放的多中心结构，以及从内向性向外向性的发展变化都体现了该方面的趋向。

（五）稳定性与灵活性

任何结构系统都有追求自身稳定的本能，而城市也总会力图保持其自身的稳定。城市的结构布局与形体既然必须与社会经济的发展和人类生活的要求相适应，因此它们在一定的时期内必然会具有相对的稳定性。这就要求城市规划者对城市的结构布局，必须以一定的发展阶段为依据进行具体的设计构思，以符合具体的城市发展阶段上人们社会生产与生活的需要。另一方面，不断发展着的社会生产力与人们的生活要求，又使确定性的城市空间结构与用地组织与之成为不相适应的矛盾关系，促使其变革和发展。这就要求城市规划的结构布局和用地组织又必须具有一定的灵活性（弹性），以能适应不断发展变化的要求。由生产、生活相对平衡的综合区所构成的组群式城市结构及带状城市就体现了这样的灵活性与适应性。城市的发展已由点、线、面的平面城市向多度空间的立体城市演变，给城市规划工作者提出了更高的综合技术的要求。

城市空间结构或规划布局的变革，主要是从城市的环境效益上体现提高城市质量的努力。城市的建设，不仅应该体现人对客观自然界进行能动改造的主体性，而且应该体现人与自然的统一性，体现人类认识和掌握客观规律的科学性与自觉性。城市规划与建设不仅是要创造一种新的环境，而且是要建立一种新的关系，一种人与人，人与自然以及这二者之间的平衡协调关系。这样的一种关系是在不断地发展变化的。它是随着物质世界的运动变化，随着人类社会的发展进步，随着人类认识世界与改造世界的创造能力的不断提高而发展变化的。因此，提高环境效益与对环境的保护，并不是恢复和保持原有各种平衡关系的消极的"复旧"运动，而应是创造更高的环境质量，建立新的平衡协调关系的"创新"运动。

城市的经济效益从另一个方面反映了城市质量的高低。城市不仅在环境构成上体现了科学性与合理性，而且从用地的效率上体现其经济性。城市用地价值与效能的提高，不仅在于人们在原始土地上的建设，而且还在于土地在新的形势下的合理组织和安排。

土地作为人类生存环境最基本的资源之一，它的价值是与开发利用的程度相关的。城市在其由小变大的发展过程中，由于城市质量的逐渐提高而吸引了越来越多的人口和工矿企业。同时，其自身一方面变得日益致密化和集约化，另一方面就不断地向外膨胀。这就是"城市质量规律"所引起的"城市黑洞现象"。城市的致密化与集约化伴随着科学技术的发展，使城市土地的复用率大为提高，成为促使城市经济效益不断提高的重要因素。

城市的膨胀与集约化也不能是无限制的。当这种膨胀与集约化达到一定的限度，就会使城市的各项功能活动引起紊乱，使城市质量下降，城市本身的发展也就呈现停滞和僵化状态。这是城市发展自我控制的反馈现象。这时只有对城市内部结构进行调整和改革，才能使其进一步地健康发展，于是促进和保持合理的集聚度，改善与调整城市空间结构和用地结构成了推动城市走向更高发展阶段的关键。展望城市的发展进程，城市质量的提高在用地结构上有日益向多样化、综合化、集约化、立体化、科技化、文娱化、外向化及信息化方向发展的趋势。

提高城市质量，不仅要为人们的生理需要创造高质量的物质环境，还要为人们的精神需要创造高质量的社会环境和心理环境。各类人们之间以及人们与周围环境之间在长期的生产、生活中结成了一定的密切而稳固的关系，这些关系构成了城市的社会环境与心理环境。在城市发展的过程中，创造良好文化传统与优美城市景观的城市社会环境与心理环境，这不仅是创造更高的精神文明，提高城市社会效益的基本保证，也是城市的环境效益与经济效益能得以充分发挥的重要保证。

创造更高的城市质量，全面提高人类社会的物质文明和精神文明，这是城市科学工作者的光荣职责。在这个问题上，我们社会主义制度较之资本主义制度有着不可比拟的优越性。

——本文原载于《城市发展战略研究》，新华出版社 1985 年版，第 502～514 页

南斯拉夫高等教育简介

我们在南斯拉夫进修和从事学术交流期间，了解到一些南斯拉夫的高等教育情况。总的印象是，南斯拉夫作为社会主义国家中最早实行开放政策的国家，其高等教育完全摆脱了苏联模式的影响，但也不完全与西方雷同，而是带有浓重自治特色的开放式高等教育体制。

一、高等学校的管理体制

南斯拉夫的大学没有条条块块的多种管理系统，而是按城市设置，即一个城市一所综合性大学，没有中央部属的单科性大学。大学设有文、理、工、法、农等若干学院，每个学院设有若干个系。

南斯拉夫的高校管理机构精干。大学设有校长一人，副校长二人。大学总部不设各部、处机构，仅有一个只有20来名秘书、打字员等办事人员的校长办公室。学院设有正副院长各一人，秘书一两人。系设正副主任各一人，秘书一人。

正如南斯拉夫整个社会强调自治原则一样，高等学校也实行高校自治。其大学总部的职能相当于我国的省、市高教局。主要负责制定学校办学的大政方针，协调各学院的办学计划、规模、学校的对外联系等项工作。对各学院的具体事务一律不管。学院是一级独立单位。相当于我国的大专院校，但没有我国大学校部那么大的职权，基本上是各系松散的"联邦自治"机构。由院长主持的院务委员会协调全院工作，审查决定教师的职称提升、学位的授予等项工作，对各系的具体教学、科研工作均不干预。系一级机构是有职有权的实体。系主任拥有人事权和财权。教师的招聘，教师工资的升降，奖金的发放。政府下达科研计划的安排实施，教学工作情况的考核，教学计划的制定等工作均由系主任负责和决定。

南斯拉夫高等学校的各级领导人员均不是由政府或上级部门委派，而是分别由校、院、系务委员会自己选举产生，实行任期制，每届任期二年。当选者均是群众威信高、学术造诣较深的教授。并且基本上是轮流坐庄，即校长职务基本上由各学院院长轮流担任，院长、系主任职务亦如此。部分政绩突出，深得人心的人可以连选连任。所以在南斯拉夫上台当校长、院长、系主任，下台当教授是很普遍的事情，不存在能上不能下的现象。

南斯拉夫的高等学校后勤管理实行社会化。尽管各大学均有学生公寓、学生食堂，但大学当局对学生的食宿问题。实际上是一律不管。这些后勤设施均有独立的管理机构，经费由政府拨给，独立经济核算。政府对大学生的房租和伙食实行补贴，一般学生公寓的房租都很低。由于各地自治，各大学的伙食补贴也不相同。比如贝尔格莱德大学的学生伙食补贴高达两倍，即学生付100第纳尔可以在学生食堂买到价值300第纳尔的食物，萨格勒布大学的补贴占50％，而卢布尔雅那大学补贴仅20％。

二、职称和学位制

南斯拉夫的高校教师职称分为教学或科研助理、讲师、助理教授、副教授、教授五级。南斯拉夫对教师的职责规定很严格，助理不能开课，只能指导学生做实验或作教授的助手；讲师只能为一二年级学生讲课；助理教授以上的人才能为高年级学生和研究生开课。毕业硕士生经考核录用后，担任助理工作，一般要五六年后才能提升讲师。从讲师提助理教授比较严格，并不是所有的讲师都可以提升为助理教授，必须根据教学情况和科研成果全面审查，没有相当水平的学术论文，资历再深也不能提升。

南斯拉夫的学位分为学士、硕士、博士三级。本科生中约有一半的人可以毕业并获得学士学位。没有取得学士学位的人照样可以以其一定的专门知识和技能获得技术职称。如没有学士学位的建筑系毕业生或肄业生，仍然可以当建筑师，但他们与有学士学位的建筑师相比，收入上有所差别。

他们的硕士生和博士生的培养方式与我国有较大差异。硕士研究生在攻读学位期间，并不是仅跟着自己的导师做本专业的工作，还必须分阶段跟系里若干其他研究方向的教授做工作。这种培养方式使硕士生知识面广，适应能力强，受到毕业后必须自寻出路的硕士生的欢迎。

南斯拉夫的博士生基本上都是从在职人员中培养。硕士生毕业六七年，在工作中已表现出较强的科研能力和相当的业务水平之后，经院务委员会审查，通过其资格，每年缴纳500美元的费用，即可撰写博士论文。所以在南斯拉夫50多岁拿博士学位的大有人在。

三、开放式的学校和教学

南斯拉夫的大学对教师实行招聘制，择优选用，来去自由，不存在人才难于交流问题。他们的国际学术联系相当广泛，十分注意迅速地从各种渠道获取信息，所以教师的学术思想比较活跃，教学内容更新很快。教师必须经常自己编写教材，及时补充新内容，由学校出版使用。他们的专业课教材很少有使用五年以上而一成不变的。

南斯拉夫的大学生有很大的学习自主权。首先没有严格的入学考试，而是按中学成绩和报名志愿结合录取（个别报名者过多的系除外）。但入学后的淘汰率很高，只有约50%的学生可以毕业。大学毕业生不包分配。大学生因各种原因中途退学，自寻出路是很平常的现象。

南斯拉夫的大学学制为四年半，其中半年是完成毕业论文时间。学校实行学分制，规定了四年必须修满的学分和必修课程，学生可以自由选择听课。学校从早到晚（中午不间断）都排有课，学生可以自己安排自己的听课时间。

南斯拉夫的考试方式也很独特。他们的考试安排在假期中进行，即2月、3月和6月、9月为考试月。他们不举行统一的考试，而是一个个学生单独考试，所以教师在学生考试方面所花精力很大，必须建立试题库。考试的形式是笔试和口试相结合，口试旨在训练学生的口头表达能力和考查学生的知识掌握的程度和临场思维能力。考试的具体时间由学生决定后书面通知教师。考试不及格者，有两次补考机会，时间仍由学生自己定。有的人临毕业时，还在补考一年级的课程。

南斯拉夫很注意培养学生的能力。学校设有专供学生使用的计算机房，全天开放，无人管理，放手让学生上机实习、计算。他们二年级大学生一般都能相当熟练地使用计算机。学生的毕业实习也由学生自己联系，自己安排，经费也是自己筹集。由于毕业实习也是大学生寻找毕业后工作单位的一个好机会，所以学生们对毕业实习都很重视，早就在学生劳动中心找活干，挣够实习费用。如在较为理想的公司实习，还要努力挣表现。本科生的毕业论文题目一般都与指导教师的科研工作有关，往往是真刀真枪的工程项目。我们看过几本土木系本科生的毕业论文，均是300页左右的精装本，不仅有对问题的全貌叙述和理论推导，还有一个较大的计算程序和计算结果分析。

四、大学的科研情况

南斯拉夫高等学校的科研总的特点是面向工程实际问题，重视应用科学研究。

高校的科研课题来源主要有两种，一种是政府下达的科研课题，另一种是公司或工厂提供的课题。政府下达的课题不多，审查严格。要根据申报学校的科研能力，学术水平和科研成果而决定。尽管有时政府下达课题所拨经费不多，但它却是学校学术地位的标志之一，各大学均不遗余力地争取。与公司、工厂合作进行的科研，是高校主要的研究课题。除了可以出科研成果外，学校还可以获取大量经费，增加教师的收入。目前南斯拉夫物价飞涨，科研奖金已成为教师收入中很重要的一部分，达到总收入的40%～50%。科研奖金的发放完全根据每个人的贡献，按月由系主任确定。搞纯理论研究的教师就享受不到这种好处。有时同一个系的教师，收入差别就很大。不少学校都与一些公司、工厂有长期的协作关系。

南斯拉夫高校的研究工作中，计算机应用技术水平比较高。他们的应用软件是配套成龙的，形成了一个有机的程序系统，并具有前处理和后处理功能，使用起来十分方便，可以直接得到所需的图表，节省大量时间。目前南斯拉夫大学土木系的抗震工程和 CAD（计算机辅助设计）的研究十分活跃，建筑系在城市规划中已开始使用电子计算机。

（本文与王玟瑜共同完成）

——本文原载于《高等教育》1987年第2期

陈旧落后的规划观念必须改变

城市规划学科发展到现在已从一门工程技术性的学科发展为综合性的科学了。现在的城市科学是包括多种门类的学科纵横交叉组成的横断科学。笔者认为有关城市科学方面的学科体系大概可以分成四个方面的层次。

（1）工程技术方面的学科。可以包括如房屋建筑学、城市道路工程、城市管线工程、城市园林绿地、城市设计等这些分支学科。

（2）应用科学方面的学科。如城市规划学、城市环境学、城市管理学、城市经济学、城市社会学、城市心理学、城市美学、交通工程学等等。

（3）基础理论学科层。如城市学、人文地理学（城市地理、人口地理）、比较城市学、城市规划史、城市建设史、城市规划技术学等。

（4）城市哲学。它是辩证唯物主义哲学与城市科学学科群之间的中介环节，是具体的城市科学方面有关世界观与方法论的学科。

我们所谓的"城市规划"，实际上它既是城市科学中的一个分支学科，又是一个部门的工作或职业，它的本身也在不断地发展变化，形成了规划工作的新特点。

随着社会的发展变化，城市也已经从简单到复杂，从单功能到多功能，发生了多方面的深刻变化。人们对城市的认识也在不断深化，城市规划的工作也已经从物质规划、技术性的规划向社会规划、环境规划的方向发展了。规划的深度和难度都在加强，城市规划已不是某一个方面的专门人才（如建筑师、城市规划师）所能胜任，而必须进行多学科人才的协作。建筑师、规划师们已经丧失了他们在城市规划领域居于独霸一方的地位了。如南斯拉夫斯洛文尼亚城市规划研究院的工作人员中，建筑师、城市规划师大概只占1/3，其他的成员由社会学家、管理学家、地理学家、心理学家、经济学家、人口学家、法学家、园林师、市政工程师、交通工程师、电子工程师等等所组成。如果我们还把城市规划仅仅看作建筑师的业务范围，看作为工程技术性的工作，就必然行不通，必然要失败。

——本文原载于《城市规划》1988年第4期

高层住宅问题之浅见

■ 高层住宅在解决世界范围的房荒方面立下了汗马功劳。

■ 高层住宅在一定条件下提高了土地利用率。

■ 高层住宅在我国盛行是有其历史必然性的。

半个世纪以来，高层住宅在世界各地普遍出现是有其原因的。首先，第二次世界大战以后不少国家为医治战争的创伤，迅速解决居民住房的需要，在较短的时期内兴建了大量高层住宅摆脱了住房短缺的困境。20世纪60年代后，新加坡、中国香港等地经济崛起，也以大量的高层住宅解决了房荒的难题。可以说高层住宅在这方面是立下了汗马功劳的。

其次，高层住宅在一定的条件下提高了土地利用率，特别是在地价昂贵的大都市中，高层住宅使房地产开发者的投资能获得更大的经济效益，这也是不少国家和地区高层住宅风靡一时的原因之一。

再者，不可否认，高层建筑的出现也在一定程度上打破了原有城市的沉闷感，给城市面貌的更新带来了新机。高层建筑最早出现于美国的芝加哥，随着电梯的发明及建筑技术的发展，高层建筑成为一种人类文明和科技发达的象征而被引向了全世界。城市居民以一种新奇感和愉悦感接受并欢呼了它们的出现。这在现代城市的形象上是有一定美学意义的。高层建筑技术在住宅建设上的推广和应用也是新技术的发展所必然的。当然，高层住宅的流行还有其他一些原因，但我以为以上三个方面是基本的。也可以说，高层住宅的出现在社会、经济和环境效益三方面都还有其一定作用的。

时至今日，高层住宅也已暴露出了不少弊病，很多专家对此已有论述，但它还不至于使高层住宅在世界上绝迹。尽管在已解决了住房问题的经济发达国家，大多数居民都愿意有一幢带花园的小别墅（我想只要可能，中国人也不会拒绝住进这样的房子里去），但多数不发达的国家还不得不靠建高层住宅来解决住房问题。难道这是一个偶然的现象吗？

我在南斯拉夫考察期间直到1986年回国前还见到不少新的高层住宅区在卢布尔雅那市拔地而起，其中有不少无论在居住条件、室外环境和公共服务设施或建筑形象等方面都是值得称道的。人是多种多样的，人们的爱好也是多样化的。有的人喜欢住低层，也有人爱好高层，在经济发达国家里偏爱高层的也不乏其人，甚至连老人也不例外。法国巴黎的埃夫里新城就有不少安居于高层的居民。去年我到加拿大访问，在温尼伯市还见到一幢20多层的老人公寓。据住在里面的老人说，公寓提供了很好的设施条件，因此他们是乐意居住的，公寓里充满了生活气息和交往的乐趣。

高层住宅在我国的盛行是有其历史的必然性的，虽然某些人确实有追求"气派"之嫌，但也不能一概而论。据我的管见，高层住宅虽不是发展的方向，特别是对于"未来"，但就目前而言，在不少城市特别是大城市则还是不得已而为之。至于将来高层住宅有会被炸毁的危险，我想如果我国已发展到能对它们炸毁之时，正如现在拆掉低矮的棚户房而盖起高层一样，那么毫不留情地炸毁它们也将是值得庆幸的。

——本文原载于《城市规划》1989年第4期（题目有改动）

1990~1999 年

论城市特色

一、城市特色是城市的审美特征

所谓特色，从一般的意义上说是指一事物所具有的突出的或独有的性质、特征。它往往是该事物在外部象征上所具有的特殊性，能使人们由此而容易地识别该事物并与其他事物相区别，因此它往往也是某事物能引起人们的注意、并使之感兴趣的某些感性特征。

例如，中国的江浙、京津、四川、广东四大名菜，它们在色、香、味上都具有各自的风味特点。我国的地方戏曲有360余种之多，它们也各自有独特的音韵和表演艺术特色。再如我国的园林，北方宫苑、江南私家园林、广东岭南庭园以及各地的寺庙园林，在布局手法及构思情趣上也都自成一派，各领风骚。即便是天然的风景名胜之地，如长江三峡、漓江烟雨、庐山瀑市、西湖秋月等也都是风貌各异，情趣迥然。凡此种种，不胜枚举。这些所谓的特色，有的是反映了不同的地方风俗、生活习惯等方面的社会特征，有的反映了不同的兴趣爱好、理想追求的文化特征，有的是不同的自然环境、地理形态的生态特征的突出反映。其实，我们细细分析起来，这里所谓的特色都是对审美经验而言的事物的审美属性或审美特征。凭借它们，同一类事物中具有不同的审美特征条件的不同对象，以它们的多样性特征满足了具有各种不同的风俗习惯、文化意识和生活情趣等不同的人们的审美要求，给人以丰富多彩的审美享受。

城市特色也是这样，它不是指各个城市在功能性质上的差异特征，而是对人们的审美经验而言的审美特征的差异性，是每个城市在其外部形态上所反映出来的审美特征。千姿百态、各具特色的城市，不仅以其良好的功能满足人们生活、生产的物质需要，而且以美好的艺术形象满足人们的审美需要。

二、城市特色的双重特征

各类不同的事物是从不同的方面来反映审美属性的，因而不同类型的事物的所谓"特色"也就有不同的反映特征。由于审美反映特征的不同，各种不同事物的美就有"自然美""社会美"和"艺术美"这些不同的美学范畴之分。城市从其审美特征上来说具有生活美和艺术美的双重特征。❶ 因此它也具有双重的反映特征，由此也就决定了城市特色的双重特性。它既有由特定的自然地理环境等条件所决定的特征性因素，又有由社会文化方面所决定的特征性因素。

对于城市特色在第一个方面的特征性因素即自然地理等条件方面的特征比较好理解，我们往往也比较容易注意到这方面条件，注意对它们的利用和引导。例如对江南水乡城市苏州、绍兴，对海滨城市青岛、大连、厦门，对高原明珠拉萨或对著名的山城重庆，在规划、建设时会充分利用它们各自的自然地理条件，创造各具特色的外部形态。

然而对于第二个方面的特征，即社会文化方面的特征，就比较难以理解也往往容易被忽视。尽管我们对城市有各种不同的理解和定义，但城市与人的关系，城市作为一种人类社会活动的载体，是人类社会生活的场所这一点是不容置疑的。城市从它诞生的第一天起就不是一种客观的自然之物，而是一种与人不可分离的社会之物。城市和城市建设是人类对物质环境进行能动性改造的手段和成果，是

---

❶ 参见：马武定，城市艺术形象的美学特征初探 [J]．建筑师，1985（22）。

一种物质生产方式，是生产物质生活本身的历史活动。城市与城市建设的发展变化反映了生产方式和生活方式的发展与变化。城市的外部形态特征是社会生活方式最直接的反映，是社会生产方式和生活方式最确切的记录。从这个意义上来说，城市的形态，城市的艺术形象就是生活的形象，就是各个时代、各个民族、各个地方各种不同的政治和经济地位的人们的生活方式的直接反映。城市的形态特征反映了社会发展不同的历史阶段生产力和生活方式的社会特征。

城市是一种文化现象与文化过程。城市是人类文化积淀的物质形式，城市从其产生的一开始就带上了文化的烙印和文化的色彩，因此城市就具有十分强烈的文化特征。城市建设发展的各个阶段都是与科学、技术、文化的发展相同步的，它客观地反映了人类科技文化的进步与发展。从古代农业社会至近代工业社会以及目前正在步入的现代信息社会，城市由产生到城市化的发展以及城市群、城市带的出现；城市由封闭到开放、由单中心到多中心，由单个独立到综合性组合式等等的演变、城市的发展变化都与科学技术的发现、发明一一相对应。城市的面貌和建设水平可以说是科学技术及文化发展水平的温度表。

城市环境从本质上说就是人类的文化环境。我们知道，人类行为的一个显著特征，即与其他动物形成鲜明对照的显著特征，就是人类生活于一个早就为他安排好的文化环境之中。这种文化环境是在历史的长河中不断积累起来的，并以生活方式的各个方面表现出来。自婴儿出生之日起，人们就被处于这种无处无时不在的文化影响之中。这也就决定了他们从中学会如何思维、行为和情感，文化渗透到了社会交往的方式，特殊的发音，甚至时间和空间的观念，并由此一代代往下传，并不断加进新的积累。而其中城市的文化环境就扮演了一个十分重要的角色，人们在城市中生活，无时无刻不在受着城市文化的熏陶。从这个意义上说，有什么样的城市，就有什么样的居民。另一方面，一个城市的服务水平，城市的社会指标体系，城市居民的居住分布形态，城市服务设施的使用率和完好率，以及环境卫生的面貌等等，都无一不反映出城市居民的文化修养、思想情操和对生活的态度。因此沙里宁说："让我看看你的城市，我就能说出这个城市的居民在文化上追求的是什么。"从这个意义上说，有什么样的居民，就有什么样的城市。以上两个方面都反映了城市的物质文明与精神文明的辩证关系。

不同的文化决定了不同的城市形态。城市的形态虽然在很大程度上取决于其所在的地理位置、自然地形特点和气候条件，但文化的决定作用往往超出了这些自然条件的影响。

被称为"东方威尼斯"的中国城市苏州，与意大利的威尼斯虽然同为水乡城市，但它们所具有的特色是截然相异的。到过威尼斯的人会感到它犹如一个热情奔放、性格开朗的西方城市姑娘，富于动态变化的城市轮廓线和强烈的色彩对比使你感到她浓妆艳抹、生机盎然。而中国的苏州城，给人的印象则是一个温文尔雅、素静而害羞的东方乡村小姑娘的形象，舒展的轮廓线和白粉墙、小青瓦给人以不施粉黛、含蓄而富有朴素之美的魅力。再如作为罗马帝国象征的罗马城和大唐帝国的首府长安，虽同为强大的政治中心，又各自显露出很大的文化差异。罗马城内充满着征服的战利品和骄傲的象征物，以示帝国的强盛和武功的荣耀。而长安城却以街、市、坊、里的严谨布局显出治国安民的雄韬大略。维也纳与布达佩斯，虽分别为两国的首都，但从其城市形象与建筑风貌的同一可以知道它们的文化渊源关系。希腊的雅典，这个具有巨大文化历史跨度的名城，融合着古代文化与现代文明的结晶，激发出诱人的光环。而土耳其的伊斯坦布尔则弥漫着阿拉伯人特殊的神秘色彩。这些具有不同文化特征的城市各自闪烁着奇异的光彩，成为人类文明的骄傲。

三、创造各具特色的城市文化

在建筑和城市出现的初期，城市和建筑主要是服从与外部环境即自然环境相适应的需要，如遮风避雨、御敌防灾等等。因而它们的形态结构都是以与之相适应为主要目标。时至今日，城市和建筑适应自然环境的问题已隐退为"内容"，主要作为"功能"问题而存在。而其外部形态、外部形象问题则主要是与人类社会的内部环境，即与已经建立起来的社会模式是否相适应为主要目标。

例如，在自然条件相仿的同一地区，我们从城市与农村在建筑形式上所感到的差异甚至比不同地区城市间的差别更大，这反映了城市文化的同构及城乡文化的异质。在加拿大的一些城市里，同一个城市的法语区与英语区在各种象征上会给你以截然相异的感觉，具有明显的文化性差异。许多国家的不少城市里都有华人街（ChinaTown），这些不同国度的不同城市华人街相互之间的相似程度，以及它们与各自所在城市的其他部分的差异之大，都令人感到吃惊。

城市是历史文化的"化石"，城市和建筑形态从审美特征上说，它们所表现和表达的主要是民族、地区和时代的文化特征。作为文化和"文化符号"的城市和城市艺术形象，它们所表现和表达的是生活方式的特征即文化的民族性与地方性，是科学技术所达到的高度与水平，即文化的时代性。

城市具有生活美和艺术美的双重特征，随着城市的发展，城市的艺术美的特征显得越来越突出了。生活水平的提高、科学技术的发展，使人们对城市的审美要求日益增强，城市规划和设计不仅是解决满足居民生产和生活活动的使用功能问题，对满足人们的审美要求也日益显得重要和迫切。这也就是城市特色问题日益受到重视的根本原因。

城市已不仅是人们在其间进行生产、生活活动的社会载体，而且日益成为人们创造性劳动成果的巨大艺术产品，成为人们审美活动的一个重要对象。城市的规划与建设活动已不仅是一种创造物质生活本身的生产活动，而且已是创造灿烂的精神文明的文化艺术活动。作为一种文化艺术，它的表现方法、表现手段和表现形式就集中体现在所谓的"城市特色"上。城市特色就是城市艺术形象的美学语义。城市特色是城市的物质形态特征和社会文化特征的综合反映，它是特定条件下的城市符号系统（即城市艺术形象构成要素）所提供的差异性特征和关系。通过对这些特征和关系的感知以及在此基础上展开的联想和想象，观赏者能获得对该城市作为文化所特有的意义的理解和解释。

创造各具特色的城市文化，城市规划与设计一方面要充分调动城市在自然、环境、地理等方面的特征性因素，而且更要充分了解和把握城市的文化性特征因素，创造出具有民族性、地方性和时代性的文化符号，使每一个城市以它独有的艺术形象成为人类文化艺术宝库中的重要财富。

城市规划师和建筑师不仅要成为杰出的工程师，而且要成为杰出的艺术家，要深入社会、了解生活，把握时代的脉博，明了生活的真谛，使城市不仅是历史文化的"化石"，更要成为现实生活的"透镜"。使每一个到这里的人都能感受到现代生活的激情，体味到民族文化和地方文化的奥秘，获得意味深刻的美学享受。我想这就是创造各具特色的城市文化的真正含义。

——本文原载于《城市规划》1990年第1期

城市规划设计的特点与城市规划教育

　　城市规划与建筑设计并不是一回事，城市规划也并不是建筑设计的扩大化。在很多方面，城市规划有着与建筑设计截然不同的特点。如果我们以培养建筑师的方法来培养城市规划师，以建筑设计的理论与方法来对待城市的规划与设计问题，必然会出现不少弊端。

　　我认为，我国的城市规划教育工作必须结合城市规划工作的特点，在培养目标、教学内容和教学方法等方面进行一系列的改革和调整，才能培养出合格的城市规划专门人才。

一、设计目标的不确定性

　　一般的建筑设计总是由委托者提出设计任务即设计目标，建筑设计者所做的就是利用有关建筑的专业知识和技能来发现和提供各种达到设计目标的备选方案，并根据各种事实条件和价值偏好体系去评价和选择方案。我们可以说建筑设计技能实质上就是问题求解"找方案"的技能，或者说是一种"答案搜索"的技能。因此对建筑设计"人才的培养就是围绕着培养他们进行生成和检验方案的技能进行的，重点在'方案能力'的培养"。

　　然而城市规划往往没有明确的任务、目标，提不出具体的"任务书"。建筑设计的委托者一般说来就是该建筑的拥有者、使用者或开发承包者。而城市规划就不可能有这样以拥有者、使用者的身份出现的委托者，即使有所谓的委托者往往也只是该城市的建设管理部门来充当。他们并不是真正的拥有者或使用者，因此他们也无法提出类似设计任务书那样的"规划目标"。

　　我们城市的拥有者和使用者是人民，是城市居民。他们到底需要什么？他们应该需要什么、拥有什么？这些作为城市规划目标和任务的本身，就是城市规划工作的对象和工作内容，就是城市规划所面临的任务。因此城市规划的过程并不是一个问题求解的过程，而首先是一个发现问题和提出问题的过程。它并不是为达到目标而寻找和选择途径的过程，而首先是提出任务、寻找目标的过程。由此，城市规划师并不是"答案搜索型"的人才，而是一种"问题研究型"或"目标分析型"的人才。而这样的人才应该与"答案搜索型"的人才培养是有所区别的。

　　如果说建筑设计可以根据设计目标从可供选择的方案中挑选出一个"理想"或者"满意"的方案来的话，那么城市规划就无法有这样一个最终目标来作出选择和评价，城市规划的目标和标准处于一个不断变化的过程中，因此城市规划是一种不断调整和改造的过程，是一种无终极目标的设计活动。然而对于每一个具体的规划方案，则总是一种"短期行为"。而这种"短期行为"的可靠性如何，则由"规划年限"来衡量。所以"规划年限"几乎是城市规划工作即目标选择的最主要的依据。

　　目前在我们的学校里，对城市规划专业人员的培养还是一种对理想方案追求的传统，看来是很不恰当的。

二、规划设计过程的多目标综合性

　　建筑设计的过程是答案的启发式搜索过程，建筑设计程序遵循从一般到特殊演绎推理过程。

　　建筑设计的教学过程基本上就是培训学生掌握各种类型建筑的设计模式的过程。这种学习，实际上是对于"样式"的掌握，即古代的师傅带徒弟式的"营造法式"的传授，用现代的词汇来说就是"建筑模式语言"的教学和实践活动。

　　城市规划则不同了。城市规划并不是从一般到特殊的过程，而是在同一规划过程中考虑多目标的权衡过程，是城市各基本要素之间关系的建立与处理的过程。它并不是一个推理、演绎的过程，而是系统分析与综合的过程。城市规划所面对的是城市居民的多方面、多种类、多层次的需要，并且存在着彼此矛盾的价值判断。因此规划的目标是一个相互矛盾的多目标系统，它们之间的关系是错综复杂的，并且是变化无常的。

世界上没有两座城市是一样的，并且对于规划来说各种制约因素也不可能有完全雷同的情况。因此，城市规划就无法找到"类"的模式，无法应用"法式"通过推论、演绎出具体城市的规划来，当然就更无法套用其他城市的规划图纸了。

三、城市规划设计目标的超前性

一般来说，每幢建筑的性质和使用功能都是较为明确和稳定的。每一个建筑设计基本上都是一次"终极目标"的静态设计。但城市规划不是有终极目标的稳定性系统，城市规划的整个过程都是对未来目标的探讨与修改、调整的过程，是必须顾及发展变化的动态设计。

从总体上讲建筑设计还是着重于内部体系的完善，可以说得上是"独善其身"的自封闭系统。而这样一种系统的设计，对于建筑师来讲是完全可以用图解的模式语言来表达，并在图纸上完成的。因此图面工作就成了建筑师的职业性的"看家本领"，而我们对建筑师的培养也是围绕着这一看家本领进行的。

城市规划则不然，城市各子系统之间以及它们与外部环境之间的错综复杂关系，使城市对于规划者来说是一个很难用图解的语言所能把握的"灰色系统"或"黑色系统"。城市的功能关系不仅仅取决于内部的结构，还取决于它与外部环境的适应性关系，这样的适应性系统要求内部结构必须随着不断变化的外部环境有所改进、变化，才能"适者生存"。因此仅仅图面的作业就很难胜任城市规划的工作，分析透彻的文字、表格等等其他的表达手段甚至比图纸更重要。

四、规划设计构思的概略性与统摄性

建筑设计以其具象性强为主要特征，对建筑师的教育是培养和提高他们形象思维的能力。

城市规划师所从事的是城市结构（空间、用地、环境、社区、部门经济、产业、科技文化、人口、基础设施等等）的组织与调整的建构工作，因此城市规划师不仅要有形象思维的能力，而且培养把各种城市要素高度抽象化进行逻辑思维的能力更为重要。

现代的城市规划已不仅是物质规划和工程规划，而且是社会发展规划与环境规划。被称为"信息丰富域"的城市规划，所涉及的专业知识面相当广，具有极大的信息量。（城市规划工作一般不是一个人所能胜任，需要各种专业人员的分工合作才能完成。城市规划师需要有合作的精神、社会活动的才干和统观全面、综合处理的高度统摄的能力。

当然，城市规划工作以及教育从内容到方法，在很多方面是产生于建筑设计及建筑学的摇篮之中的。但随着社会的发展和科学技术的进步，城市规划与建筑设计的差异性也日见明显和扩大。因此结合城市规划与设计的特点，走出一条城市规划工作以及专业人才培养的新路子来就显得十分必要。

　　——本文原载于《城市规划》1990年第3期

城市规划观念的更新与规划技术的发展

城市建设是人类改造客观世界的主体性能动作用的综合反映，城市的建设和发展是与科学技术的进步密切联系在一起的，城市规划学科的形成和城市规划理论的产生和发展，也是与科学技术的进步密切相关的。

一、城市规划观念与规划技术的发展简况

人类的城市建设活动已有 5000 多年的历史。据《竹书纪年》《史记》等史书的记载，我国自奴隶社会的夏代就已开始有计划地营建城邑。城市规划作为一种技术性的工作在古代已有专人承担，但城市规划作为一门科学技术还是近百年来的事，这大概可以从 19 世纪的奥斯曼（Haussmann）的巴黎改建规划算起。而城市规划的专门化即从建筑师的工作中分化出来，城市规划学科从建筑学中分化出来则是近几十年的事。1910 年英国第一本城市规划杂志《城镇规划评论》（The Town Planning Review）的问世和 1914 年正式成立城市规划协会，可以算作划时代的标志。

可以说自从人类社会有了城市和城市建设活动就开始有了城市的规划。城市规划的观念与技术的发展也已经走过了一个漫长的历程，笔者认为可以把它分为以下五个阶段。

（一）营建制度的建立

在我国，城市规划的传统至少可以追溯到商朝及周朝开国之初。春秋晚年的齐国官书《考工记》就记载了周代营国制度的情况。贺业矩同志在他的论文中指出，周代的营国制度体系是由城邑建设体制、礼制营建制度及城邑规划制度三项制度所组成的。❶

奴隶社会鼎盛时代的西周推行宗法分封制度，因此在开国之初就开始进行大规模的城邑营建活动。当时的城邑是体现王权的政治城堡，因此这时的建城活动是为宗法分封的政体服务的，建城就是"治国"。这时的规划当然也就是为这个目的服务的，主要是体现"礼制"。周朝所建立的城邑建设制度规定了全国的城邑分为三级：王城、诸侯城（诸侯封国国都）和都（卿大夫的采邑城），同时对各级城邑的建置、数量以及分布布局等问题也都有严格的约束规定。例如对城的规模、城垣、城门以至道路的等级等均有明确规定。这种用量的概念来表达城邑建设的礼制等级差别，开始了以数量化的方式来表达城市建设有序化的规划指导思想。当时的城是属于奴隶主的，主要是政治和军事上的功能，城的建设规划完全是按奴隶主的意图进行的，意图明确，问题简单。因此相应的规划技术就是以原则性的描述来表达礼制的理想制度："匠人营国，方九里、旁三门，国中九经九纬，经涂九轨，左祖右社，前朝后市，市朝一夫。"而这样的原则性的描述方法比具象的图示法在当时更有普遍的指导意义，因此它也是适应了当时的封建统治者等级礼制的规划体制要求的。周朝在建立城邑建设制度的基础上还创立了一套以"里""轨""夫"为单位的统一模数制系统，用以进行城邑的规划，这是当时用量的概念来表达城邑建设的礼制等级差别的具体的规划技术。此外，当时还采用了经纬涂制的方格网坐标制规划系统来进行城市的总体布局和道路网的规划。我国的城市规划观念与技术基本上是在这样的营建体制的传统上一脉相承逐步发展的，它一直延续了 3000 多年，直到帝国主义列强用大炮打开中国的大门，出现了半殖民地半封建时代的城市建设为止。

---

❶ 贺业矩. 中国古代城市规划史论丛 [M]. 北京：中国建筑工业出版社，1986.

再看看国外的情况。古希腊是欧洲文明的发祥地，古希腊的城市在很早的时期就有较快的发展，公元前 5 世纪曾出现了欧洲城市发展的第一次高潮的古希腊城邦社会。当时的哲学家柏拉图和他的学生亚里士多德在他们的著作中都谈到过希腊城邦的问题。特别是亚里士多德在他的著作《政治篇》中讨论了城市的各个方面，包括社会、人口、家庭、政治、宗教、伦理、行政、组织、贸易、边防等等。《政治篇》的实质内容是对城市进行社会分析和提出社会治理。❶ 公元前 1 世纪，意大利的维特鲁威总结了前人在建筑与城市建设上的经验写成了《建筑十书》，该书中对有关城市的选址、道路走向及防风、气候与住宅的布局、城市的给水与排水，以及星占学都有详细的阐述。

统观我国与欧洲这一时期的城市建设与规划的情况，可以把这一时期称为城市规划上的"原始期"。当时的城市建设与规划的技术主要有 3 个目的：①为封建奴隶主的分尊卑等级制的政体服务；② 适应及利用自然条件以利人类的生存；③ 防御外敌的攻击。规划思想主要在于一个"营"字。城市规划的主要技术性工作是用占卜术及有关天文学的知识观天象、择"风水"，进行城址的选择以及城市的总体布局构思。这一时期，对城市建设及规划技术上的要求主要是辨别方位与丈量土地的精确性。因此该时期在中国除了在西周出现了阴阳五行学说的占卜术外，战国时期也相应地有指南针的发明，并创立了以上述的统一模数制和方格网坐标系统的规划方法。在欧洲则出现了欧几里得几何学。

（二）城市管理制度的进步

春秋战国时期以后中国进入封建社会。秦汉以来商品经济有了长足的发展，"城"与"市"结合。这时，城市的性质起了变化，由较单纯的政治中心逐渐向政治与经济并重的中心演变。由此，城市在布局上就有城廓分工的功能布局，"城"为政治活动中心，"廓"为经济活动中心，在城市规划体制上出现了分区规划及市、坊、里制的建立，城市布局划分为宫廷区、官署区、宗庙区、市区、手工业区、居住（闾里）区等。

由于城市的日益发展及复杂化，对于城市的规划布局已不是早期的原始的原则性描述的规划技术所能胜任。于是这一时期在规划技术上就相应出现了文字注释图及简约具象示意图。我们可以从"汉三辅示意图"（元·李好文《长安志图》）、"南朝都建康图"（《金陵古今图考》）及"宋平江城图碑"与"清明上河图"可以看出，这一时期规划技术从文字注释→文字＋示意简图→简约具象图的演变过程。同样，在西方国家也有类似的发展，在博物馆里也保存有不少这一时期的王宫、花园等简约具象布置图。

另一方面，欧洲在中世纪初曾经历了一个城市衰落的阶段，北方民族的南下侵略使罗马时代的城市被破坏殆尽。11 世纪意大利的米兰城爆发了城市起义，开始了欧洲的城市复兴时期，大量城市被重新建设。由于建设和规划的需要，维特鲁威的《建筑十书》在湮没了 1000 多年后被重新发现、流行，亚里士多德的《政治篇》也被重新受到重视。

文艺复兴以后，随着轴测、透视画法的产生，使建筑、规划图的表达技术有了新的突破，测绘方法也日益完善，城市规划技术的发展达到了一个新的时期。这一时期可以称为城市规划的早期阶段，这一阶段在规划思想上主要是体现一个"管"字，规划的意图主要是为了便于城市的管理。

（三）城市法规的发展、完善及理想规划的出现

文艺复兴以后，城市逐渐显出与现代生活不相适应之处，迫切要求中世纪的城市面貌有所改观。为使城市的改造不至于乱套，16 世纪末法国国王亨利四世在修整巴黎市容的时候规定了建筑的高度控制，开创了制定城市建设法规的先例。

工业革命的爆发使原来没有基本的城市基础设施的中世纪城市与城市生产、生活不相适应的状况更为突出。1832 年、1848 年和 1866 年英国三次爆发霍乱病，直接导致了 1848 年的《公众卫生法》《工人住宅法》，1855 年的《消除污染法》和 1866 年的《环境卫生法》的诞生。工业的发展、城市的

---

❶ 宋俊岭．西方城市科学的发展概况和我国城市学的开创工作［J］．北京城市学院学报 2007（2）．

蔓延与建设的无政府状态使人们称之为"城市病"的各种问题相继出现。1865 年意大利立法限制城市的盲目扩展，对空地、街道密度分区等都作出了相应的规定。1875 年瑞典和德国也公布了类似的法律条款。1909 年英国公布《城市规划法》，至此以立法为主要手段的城市规划技术已基本完善。

这一时期在城市规划上的另一方面发展就是大量的理论著作的出现及理想规划思想的形成。文艺复兴以后，在英国、法国、意大利先后出现了托马斯·莫尔（Thomas More），罗伯特·欧文（Robert Owen）和托马佐·康帕内拉（Tommaso Companella）等空想社会主义者，他们的《乌托邦》《太阳城》等著作为后来的理想规划思想的形成奠定了基础。随后，出现了 E·霍华德（Ebenezer Howard）、B·帕克（Berry Parker）、P·格迪斯（Patrick Geddes）、索里亚·马塔（Soria Y Mata）、C·西特（Camillo Sitte）、C·佩里（Clarence Perry）、赖特（Frank Lloyd Wright）、勒柯布西耶等一大批城市规划理论家、思想家与实践家。在他们的理论著作与规划实践中涌现了花园城市、带状城市、邻里单位、广亩城、阳光城等等的理想城市的规划思想，开始了城市科学方面的理论研究，对后人的影响是十分大的。

我们可以把这一时期称为城市规划观念与技术发展上的"理论准备期"。这一时期在城市规划技术方面的发展主要是出现大量的理论著作、文字法规和半抽象达意图纸。

（四）城市改建规划的实施及卫星城、新城规划的盛行

城市的改建规划可以以 G·奥斯曼的巴黎改建规划和 P·阿伯克龙比的伦敦规划为代表。巴黎赛纳区行政长官 G·奥斯曼所主持的巴黎市中心大规模的改建工程可以说是试图解决资本主义社会大城市矛盾的先声。巴黎的改建规划对欧美的城市规划运动起了重要的先导作用，对后来欧美的城市规划与城市改建影响很大。阿伯克龙比于 1944 年发表的大伦敦规划所带动的英国卫星城和新城的规划与建设运动波及了全世界，开始了为期 30 年左右的大城市更新、改建规划及大量的卫星城与新城的规划浪潮。

这一时期可以称为城市规划上的"经典期"，是城市规划理论与实践的繁荣阶段。从规划技术上讲，由 P·格迪斯所创立的调查—分析—规划方案的城市规划方法已成为经典程序，城市规划也以一整套有比例的规划图纸、详细的调查报告、规划说明书以及鸟瞰图、规划模型等形式的表达手法作为规划的最后成果。这种经典的规划程序、技术与方法成为典型的程式一直沿用至今。

（五）环境规划、社会规划的发展及对城市设计的重视

上一阶段以及第二次世界大战以来 30 年左右的规划浪潮主要进行的是物质规划（Physical Planning）或称空间规划（Spacial Planning），到了 20 世纪 60 年代以后情况发生了新的变化。城市带（City Cluster）、城市群（City Group）、大都市区（Metropolitan Region）的出现，城市向更广大地区蔓延的郊区化现象日趋严重，大量社会与环境问题的产生，使人们认识到城市问题的解决必须从区域的角度、整个国家的角度乃至全世界的范围来考虑。环境科学和一般系统论的产生与发展更扩大了人们观察、思考问题的视域，于是城市规划的内容就从经典时期的物质规划和形态规划发展到了环境规划与社会规划（Social Planning）。人们开始更加注意城市的社会环境与心理环境的问题，更为关注社会的安定与社区的发展，城市规划也从空想主义走向现实主义，由因循教条转为向社会负责。同时以提高城市环境质量为目标的城市设计（Urban Design）的工作也进一步受到了重视。

电子计算机的飞速发展以及它在建筑设计与城市规划领域的推广应用，使城市规划的技术手段也有了很大的突破。对城市的物质、社会、经济、环境等问题已可进行定量化的分析与评价，规划的成果出现以抽象的符号达意的方式如结构模式图、数字化地图、一系列的平衡图表，社会指标体系，以及电脑软盘、城市信息库等等。城市规划的观念与技术进入了一个更新的发展阶段。

二、城市规划概念的新发展

老三论（系统论、信息论、控制论）与新三论（耗散结构理论、突变论、协同论）的产生与发

展，特别是控制论的发展使城市规划的概念发生了根本性的变化。

美国社会科学家托马斯·库恩（Thomas S. Kuhn）对"科学"的概念问题进行了新的考察与论证，提出了著名的"范式"概念。认为"科学"是人类探求知识的活动，是人类认识世界探求真理的一个过程。一改过去那种把科学当作是现有知识的堆砌或是知识的代名词的旧概念，推动了对科学本身的发展规律进行科学研究的科学——"科学学"的产生与发展，从而也引起了所有学术界对自己所研究的学科本身进行了反思。这个对"科学"概念的新认识，对学科本身的反思也反映在对"城市规划"概念的新考察上。

"规划（Pianning）作为一项普遍活动是指编制一个有条理的行动顺序，使预定目标得以实现。"❶在规划的概念上应有两个基本要素，一是指刻意去实现的某些任务，二是指为实现这些任务把各种行动纳入到某些有条理的顺序中去。即一是内容，二是手段。而过去的城市规划的旧观念却只包含了"规划"概念的一个方面，把城市规划仅仅看作是编制某一城市或地区未来的理想蓝图，它所关注的是提出一个详细的未来的土地利用或空间形态的理想方案。而对于如何使任务和目标得以实现，或理想蓝图是否能实现，以及使之实现的行动的顺序与实行的过程，城市规划的编制者们是并不关心的。他们的注意力只是放在追求最终理想状态的方案设计与表达上。如前所述，这种追求最终理想状态的城市规划是从理想规划到经典规划的城市规划的"经典期"所形成的一种规划传统。这种陈旧的城市规划观念是不全面和不科学的，它是不符合作为人类认识与改造客观世界的普遍科学的一个分支——"城市规划"应有的科学含义的。

现代城市问题的综合性与复杂性不但使城市规划工作的难度大为增加，而科学技术的进步与发展又使城市规划工作的日趋科学化成为可能。城市规划概念的更新，城市规划观念的现代化、科学化则是城市规划工作现代化、科学化的关键。城市规划既要合乎城市自身发展变化的规律性，因势利导，又要根据人类社会发展的需要，合乎人类生存与发展的目的性，还得具有随着人们的价值观念的发展变化而变化的适应性与远见性，并需要有最佳化的多样选择性与灵活性。城市规划工作者，必须掌握丰富的信息，在正确的方法论的指导下凭借现代先进的科学技术知识，应用现代化的科学方法与技术手段，对城市的历史、现状与未来进行分析、判断，作出预测与评价，提出指导城市合理、科学地发展的各种可能的设想与建议，为城市建设的决策者的最佳选择提供条件。

由城市规划的经典期所产生的城市规划的旧观念长期以来支配着我国的城市规划工作，因而我国的城市规划也只是局限于追求理想状态的方案设计与表达工作上，对规划目标的如何实现以及科学、合理的实施顺序，则很少关心。从客观上说这也是造成城市规划"纸上画画、墙上挂挂"的局面的重要因素之一。

城市的发展是一个由多因素影响的动态变化过程，因此对城市的发展变化的认识也不可能是一次完成的，而必然是一个连续的过程。城市规划也必须是一个连续的过程，而不是一次性的规划方案的设计。目前，人们已经逐步认识到追求最终理想状态的静止观念的弊病，分期规划和对原有规划进行不断修改，以及"弹性规划""滚动规划"的提出，就是对"城市规划应该是一种过程"的新认识的反应。

然而城市规划的新观念还不仅仅在于此。城市规划不仅是一个过程，还是一个科学活动的过程。从控制论的观点来看，城市规划是在对城市的发展变化客观规律的科学认识的基础上，所进行的一种有目的性的反馈控制机制。这也就是说，城市规划应该是人类在对城市的客观发展规律的正确认识的基础上，发挥主观能动作用，对之进行合乎科学性的控制与调节，使城市朝着所选定的合理方向发展。这就是"对某一地区的发展施加一系列连续管理和控制，并借助于寻求模拟发展过程的手段，使

---

❶ P. 霍尔. 城市和区域规划 [M]. 北京：中国建筑工业出版社，1985.

这种管理和控制得以实施"❶。城市规划的新概念更强调的是过程，是达到目的的方法与手段，而不是捉摸不定的终极的理想设计方案。

三、我国城市规划工作所面临的挑战

我国的城市建设正面临着一次新的飞跃，这给我国的城市规划工作带来了良好的契机，但也使我们的规划工作面临新的问题和挑战。

（一）城市规划工作的规范化与规划内容和规划方法的改革

《中华人民共和国城市规划法》的公布和实施使我国的城市规划与建设工作走上了法制的轨道。新中国成立以后，特别是近十年来我国的城市建设有了飞速的发展，全国绝大部分的大、中、小城市相继都开展了城市规划工作。但从前一时期城市规划的实际情况来看，情况并不是很令人满意的。可以说不少地方，特别是一些中小城镇的规划，往往是出于形势所迫采取的临时应付性的短期行为，规划的质量是不高的。不少城市的总体规划只是作了一些建设项目的安排和用地的划分，有的是对现有工业、居住等用地的"扩展规划"或污染工业的"搬迁规划"，对城市本身如何科学合理地发展以及未来目标的探讨，并没有进行认真的研究和切合实际的工作。还有不少详细规划，其内容实质上是沿道路摆房子的"建筑规划"，着重点多在于道路红线的控制和房屋建筑的排列与组合及建筑的具体形态与位置。由于我国长期存在的规划与计划脱节的情况，这样的建筑布置规划形式上越是"详细"，越是"具体"，其结果却越是不可靠，越是脆弱。只要项目计划有所变更或投资不落实，往往造成建设的情况与规划图纸完全风马牛不相及的局面，而使规划只能是一纸空文"墙上挂挂"。

现行的"城市规划法"对城市总体规划与详细规划的内容与要求都作了规定，"六图一书"的统一要求也能使规划工作逐步走向规范化，这对于治理和整顿前一时期在规划设计领域里的混乱局面无疑是十分必要的。随着城市规划观念的更新和改革的深化，城市规划所面临的工作内容和方法已出现了新的发展。以前所推行的"总体规划"与"详细规划"，或仅限于"六图一书"的规划成果，已经越来越显示出很大的弊病。传统的规划工作在内容上和方法、技术、手段上都亟待改革，规划工作的科学性亟须提高。我国的城市规划工作目前正面临着既须"规范化"，又需改革、更新的挑战。

（二）城市经济发展与城市现代化

近代城市的发展是与工业的发展分不开的。从世界城市化的进程看，各个国家在城市化的初期发展阶段，都是以工业的大发展为原动力的。我国目前正处于社会主义的初级阶段，城市的发展也处于城市化的初期，工业的高速度发展和现代化无疑是目前我国经济发展与城市发展的主要推动力，但由于新中国成立以来我们对城市的"消费性"与"生产性"的片面理解，以及"先治坡、后治窝"、"先生产、后生活"口号的影响，造成了我国城市建设和基础设施长期落后的状况。我国城市的住宅短缺、交通拥挤、用地紧张、环境污染的问题十分突出，城市的生活质量和环境质量低下，亟待改善和提高。

然而城市建设的发展又必须以城市经济的发展为基础和前提，否则就成为无本之木。处于社会主义初级阶段的我国城市经济的发展，又必须以工业的发展为主体。工业发展的集聚效应和规模效应，在我国目前城市现代化进程还较为缓慢的情况下，又往往加剧了前述各种城市问题的严重性，使我国的城市建设陷入了一种"面多了加水，水多了加面"的怪圈。这是目前我国城市规划工作所面临的又一挑战。

（三）城市发展战略与全面的城市化

多少年来，由于忽视城市的中心作用，致使我国的城市化水平较为低下。这不仅表现为设市的城市数量少和城市人口的比重小，还表现在我国人民的生活方式还是以自然经济为基础，社会化程度不

---

❶ P. 霍尔. 城市和区域规划［M］. 北京：中国建筑工业出版社，1985.

高，生活质量较低。即使在设市的 400 多个城市中，城市的服务水平也是不高的。

现阶段我国经济和社会发展的战略目标，是在 20 世纪末由温饱型达到小康型的水平，21 世纪逐步向发达型社会发展。而这个战略目标的实现是与全面的城市化紧密地联系在一起的。全面的城市化，不仅意味着城市人口比重的增加，更意味着大部分人口的生产方式和生活方式从农村的自然经济型向城市的高度社会化方向的实质性改变。这不仅要进一步提高现有城市居民的生活质量，而且要使更为广泛的大部分农村居民都能逐步享受和使用上城市的各种设施。

因此，我国的城市规划工作目前所面临的，不仅要努力提高现有城镇的城市现代化水平，而且还要着眼于促进更广大区域的全面城市化。在我国目前资金和物力都有限的具体情况下，我们的建设重点又不能不放在经济效益、社会效益和环境效益都较好的某些城市上，以充分发挥它们的中心城市的功能作用。如何处理好重点建设与全面城市化的关系，这是我们所面临的新的挑战。

——本文原载于《城市问题》1990 年第 5 期

多姿多彩的南斯拉夫小城镇风貌

　　南斯拉夫社会主义联邦共和国位于欧洲巴尔干半岛西北部，面积 255804km²，是巴尔干诸国中面积最大的国家。南斯拉夫是由 6 个共和国组成的联邦，它们是：塞尔维亚、克罗地亚，斯洛文尼亚，波斯尼亚——黑塞哥维那、黑山（门的内哥罗）和马其顿。第二次世界大战以前，南斯拉夫经济落后，农业人口约占总人口的 3/4。战后，由于工业的发展，农业人口已降至不足 30%。南斯拉夫一直注意控制大城市的规模，积极建设和发展小城市。全国 10 万人口以上的大、中城市只有 9 个，而 1 万~10 万人口的小城市有 126 个，不足 1 万人的小城镇更是不计其数。最大的城市，首都贝尔格莱德 20 世纪 80 年代初市区人口约 80 万左右。之外，除了克罗地亚共和国首都萨格勒布外，其他 4 个共和国首都及 2 个自治省的首府，人口均在 50 万以下。

　　南斯拉夫的小城市建设是相当有特点的。特别是在斯洛文尼亚共和国和克罗地亚共和国境内，一些具有悠久历史文化传统的小城镇风貌十分令人注目。这些小城镇，有的濒临亚得里亚海湾，有的在风景如画的山区，环境优美，景色宜人。它们以其各具特色的城市风貌，成为南斯拉夫历史文化遗产中绚丽夺目的瑰宝；吸引着来自世界各地的旅游者。

　　下面介绍几座我到过的不同类型的小城镇。

一、工业小城市

　　这种城市虽为数不很多，但占有相当重要的地位。

　　（1）位于南斯拉夫西北部斯洛文尼亚共和国境内，距奥地利边境 18km 处的马里博尔（Mairbor），可称是斯洛文尼亚仅次于卢布尔亚那的第二大城了。马里博尔是斯洛文尼亚共和国的主要工业城市之一。以机车车辆、冶金和金属加工业为主。辖区内（包括 6 个社区）总人口为 19 万。城区人口 12.9 万，其中产业工人为 4 万。

　　马里博尔的城堡建于公元 11 世纪，后来作为市场的所在地发展起来，13 世纪下半叶建成由城墙所包围的城镇。马里博尔环境十分优美，城市坐落在美丽的达拉瓦（Drava）河岸边，两岸的坡地上散布着葡萄园，远处是山丘和散发着芳香的树林。达拉瓦河把城市分为两部分，联系河两岸的数座古朴风格或现代新结构的桥梁，是该城市迷人的景色之一。作为一个中世纪建立起来的古老的城市，建筑和街道具有宜人的尺度和古朴的风格。旧城中不少破旧的房屋已被新建筑所取代，但由于这个城市的政府在规划和建设中十分注意保护原有城市的历史风貌，因此在新老建筑之间维系着一种十分和谐的良好关系，保持了马里博尔令人喜爱的怡静、素雅的格调。

　　马里博尔的市中心是十分吸引人的。走出火车站，首先映入眼帘的就是站前广场上一片色彩艳丽的鲜花和饶有趣味的雕塑。城市中心用斯洛文尼亚所特有的工艺雕铸而成的圆球形铜雕人物画像；富有地方特色。中心广场四周有不少现代新建筑，但丝毫没有追求气派的炫耀之感。为了与整个城市的格调相协调，大型的商场也采用一组平易近人的小尺度的低层坡顶建筑组合而成。达拉瓦河边有一座十分幽静的城市公园，盛开的鲜花和浓郁的树木使你感到仿佛离开喧闹的城市生活很远很远。城市的外围有大片以地方材料建成的舒适的小住宅，为城市居民提供了高质量的生活居住环境。

　　（2）位于奥地利至卢布尔雅那的高速公路线上，距卢布尔雅那 25km 的克拉涅（Krani）在斯洛文尼亚的工业生产中也占有相当重要的地位，可称是共和国的首都卢布尔雅那的工业卫星城，是机械和电器产品大企业公司的主要工厂企业所在地，城市居民 7 万人左右。

现在克拉涅的城区分为两部分。老城是由沿着萨瓦河（Sava）河岸的居民点发展而成的，新区大部分在较高的台地上进行建设。有一个相当有趣的小广场，通过拱券围廊和一个中间设有跌落式水池的梯道，把城市的上下两部分巧妙地联结起来，成为这个城市十分有特色的一个景观。现在的城市中心在较高的台地上，中心广场一侧有一个大型的超级市场，广场中心矗立着革命题材的雕像。市政厅是一幢具有文艺复兴时期风格的门廊的建筑，前面形成了一个尺度感很好的小广场。城市街道保持着良好的传统风貌，具有浓厚的乡土气息。

二、居住型小城镇

遍布于南斯拉夫境内有许多具有一定的历史文化传统的居住型小城镇。

（1）卡姆尼克（Kamnik）位于卢布尔雅那以北 23km 处，12 世纪时这里是一个集市场所，1267 年成为城镇，历史上曾经是克拉尼斯卡地区的主要城市，是该地区的工商业中心。并发行自己的货币。到 16～17 世纪逐渐衰落，现有人口不足 3 万。在卡姆尼克有许多 15～16 世纪的具有哥特式的入口和浮雕的建筑。城边的高地上矗立着保护相当完好的 2 层的罗马风格小教堂，下层的小教堂建于 11～12 世纪，上层建于 13 世纪，这是斯洛文尼亚境内最重要的罗马风格的建筑之一。城中心是一条尺度十分得宜的街道，虽然现在也有现代化的汽车交通，但并不繁忙，显出一派宁静和悠然自得的气氛。

（2）斯柯菲亚·洛卡（Skofja Laka）是一座十分令人喜爱的小城镇，位于卢布尔雅那西北 20 多公里。建于 1274 年，城市曾毁于 1511 年的一次地震，但很快就被重建起来并保持了原来的城市布局。现在只有数千名居民。洛卡具有中世纪欧洲小城镇的典型特征，它的魅力在于宜人的尺度。对于访问者来说，这简直是一个袖珍式的城市，你可以在从卢布尔雅那方向来的公路边把它一览无余。如果沿着城墙散步，15 分钟内就可以轻松地绕行一周。

一条十分幽静而美丽的小河从城边缓缓流过，过境的公路在小河对面通过，使整个城市保持了没有汽车交通干扰的十分宁静的居住环境。一座只能通行自行车和行人的小桥把城市与外部相连接，通过十分简朴的入口就进入了主要街道，主要街道不通行汽车，完全是一种步行的尺度，是一个使人感到心情舒畅的步行天堂。两边是一些小商店、饭店和酒吧。街上设有座椅和建筑小品，居民可以随时坐在这里喝饮料、聊天。街上人不多，虽没有大城市商业街那种喧闹的景象，却给人一种田园城市坦然的舒适感。城中心的广场周围散布着不少建于 16 世纪前后的文艺复兴时期的建筑和巴洛克式的建筑。位于城边高坡上的城堡是 11 世纪的罗马风格的遗留物，现在是该城的历史文化博物馆，供外来游客和本城居民重温当年的历史。该城的居民十分满意自己城镇的居住环境，外来的游客也无不赞赏，俨然是到了世外桃源式的人间乐园。

三、旅游小城镇

特别使人感兴趣的是，南斯拉夫的主要风景旅游城市几乎全是人口在 10 万以下的小城市和小城镇。其中大部分是人口不足 1 万的小城镇。与中国有名的历史文化名城或风景游览城市往往都是些大城市决然不同。

（1）如果说威尼斯是亚得里亚海的皇后，那么杜布罗夫尼克（Dubrovnik）就是亚得里亚海的王子，杜布罗夫尼克位于亚得里亚海南部海滨达尔马提亚海岸石灰岩半岛上，是南斯拉夫最负盛名的旅游中心和疗养胜地。当地的居民自豪地说，世人可能不知道有南斯拉夫，但肯定知道杜布罗夫尼克。杜布罗夫尼克城建于公元 7 世纪，曾一度受拜占庭和威尼斯的统治，14 世纪成为匈牙利——克罗地亚国王庇护下的杜布罗夫尼克城市共和国的中心。曾被拿破仑所灭，后又归属于奥地利。直到1918年成为南斯拉夫的一部分。

杜布罗夫尼克是一个半岛城市，背靠塞尔茅也山，三面临海。城市由海港、旧城和新城三部分组成。海港在城市北部，一条海拔数十米高的山脉由西南向西北伸展，形成良好的海湾。新城在沿海的坡地上，这里原来是斯拉夫民族的一个居民村，杜布罗夫尼克的名称由此而来。新城的街道两旁长着高大的棕榈树和槟榔树，建筑庭院里有茂盛的龙舌兰和枝叶肥大的橡树，使整个城市郁郁葱葱、生机勃勃。建筑物散布其间，与山石、林木相映，浑然一体，景色十分美丽、和谐。

旧城位于城市的南部，由一条狭窄的水道把它与陆地部分隔开，整个旧城由高高的石头城墙所包围。城墙初建于12世纪，主城墙长1940m，高达25m，靠陆地的一边墙厚4～6m，临海面墙厚1.5～3m，并有3个圆形的，12个矩形的塔楼，5个碉堡和3个角堡。名为波卡的炮台是欧洲现存炮垒中最古老的。城市的东西临海峭壁上有2个46m高的堡垒卫护。在堡垒入口的岩壁上刻有一句格言：倾全球之金也难买自由。

杜布罗夫尼克之所以闻名全球，是由于它最完整地保存着欧洲中世纪的城市面貌，整个旧城可以说是欧洲中世纪古城堡的历史博物馆。这个城市早在公元10世纪时，就作了城市发展规划，并在1272年形成法令，指导着城市一步步的建设。

在早期，杜布罗夫尼克的公共生活中心是罗扎广场。罗扎广场中心有一座15世纪建立的独立自由纪念碑。

杜布罗夫尼克由于它的极高的历史文化价值，现已成为南斯拉夫最负盛名的旅游胜地，被誉为亚得里亚海上的明珠。

（2）在达尔马提亚海岸的风景旅游城市中斯伯利特（Split）算是最大的一个城市了。居住着3000居民。19世纪中叶，城市的经济开始发展，20世纪初斯伯利特成为特尔马提亚海岸最大的港口。

现代的生活冲击着这个古老的城市，赋予了它新的生命力。这里既是克罗地亚历史文化的荟萃之地，又是现代生活的一个重要中心。

（3）在南斯拉夫沿亚得里亚海岸众多的旅游城市中，位于伊斯特利亚海岸西北的科佩尔（Koper）、依佐拉（Izola）、波特洛希（Portroz）和彼朗（Piran）可以说是斯洛文尼亚境内，在20多公里范围内相互毗邻的一组相当有特色的海滨旅游小城镇群。

（4）位于伊斯特利亚海岸北部，克罗地亚共和国境内的乌玛格（Umag）在中世纪时是一个小镇，现在也已发展成为一个很出名的度假、旅游胜地了。大规模的旅游度假村在这里建了起来，既有旅游野营地、有活动房屋构成的临时旅游村；也有别墅式、乡村民居式或公寓式的度假村；还有设施齐全，服务周到的假日旅馆。各种旅游活动形式多样、内容丰富多彩。每到度假的季节，热闹非凡、生机盎然。当度假旅游旺季一过，在这里留下的就只有近千名当地居民了。

这个城市的所有建筑都是小尺度的，包括海滩边豪华的假日旅馆也是用一组小尺度的建筑来组成，以此与它秀丽的环境和小城镇的风貌相协调。

（5）最后我们再来领略一个风景如画，十分迷人的小村镇——布莱德（Bled）的风采。该村镇的名字因它坐落在美丽的布莱德湖边而得名。

湖边陡峭的山岩上有一座白墙红顶的城堡，建于10世纪末、11世纪初。16世纪初受到地震较大的损坏，现在的面貌是16世纪重建后的形式。它有厚实的围墙和一个圆形的塔楼，城堡的最高处有一庭院和一个小教室，从这里可以俯瞰整个湖泊和周围迷人的景色。与古堡相对，在一个尺度十分动人的湖心小岛上也有一所白墙红顶的小教堂，在深蓝色的湖面和周围苍翠的群山与树林的衬托下显得十分艳丽。远处可见皑皑白雪的阿尔卑斯山特里格拉乌山峰直插云端。使整个景色既壮观又秀丽，显出一派十分宁静的交响乐的画意，使人心旷神怡。

以上这些多姿多彩的小城镇风貌给人的印象十分强烈，它们星罗棋布地镶嵌在南斯拉夫的国土上，使得这个濒临亚得里亚海的巴尔干国家成为一个具有浓郁的地方特色和民族特点的十分美丽的国度。

——本文原载于《国外城市规划》1990 年第 4 期

"城市特色"问题再议

魏士衡同志发表的《漫谈城市特色》一文❶（《城市规则》1990年第6期），有不少很好的见解，但也有一些我觉得可以商讨的地方。本文不揣冒昧，提出一些意见愿与之商榷，并求教于专家、学长们。

一、关于城市特色的概念范畴

对于"特色"和"城市特色"在我国权威性的辞典《辞海》上找不到解释。就我们的理解，一般大家都认为"特色"是指事物所具有的突出的或独有的性质、特征。这是一种广义的理解。

人类的语言、文字是一种约定俗成的东西，不少字和词既有一般广义的语义，也有在一定专业领域内所特有的概念。例如对"艺术"这个词，从广义来讲可以泛指术数技艺，也就是所谓的技巧、方法和手段，因此就有人们通常说的"生活的艺术""领导艺术""外交艺术"等等。但是在一定的专业范围内"艺术"是指"通过塑造形象具体地反映社会生活，表现作者思想感情的一种社会意识形态"。就此而言，艺术被分为"表演艺术"、"造型艺术"、"语言艺术"和"综合艺术"等。因此，"艺术"虽然有前面所说的广义的意义，但在一定的专业领域内讨论问题时，大家都还是明白它所指的概念范畴的。所以，讨论问题时究竟以什么为前提，就显得十分重要。

由此可知，"特色"一词虽然从普遍的意义上说是一个事物的个性特征，但是当我们说到具体的事物的特色时都是有一定的概念范畴的。例如，我们说上海淮海路上的各家服装商店有各自的经营特色，并不是说这些服装店所出售的衣服在其使用功能上或布料的化学构成上有绝然不同的差异，而是指在做工、款式等方面的不同特点，并且它们各自的特色表现在什么方面也是说得清楚，顾客们也是能鉴赏得出来的。

那么，城市特色又是什么呢？它是否应是泛指城市一切方面的基本特征而包罗万象呢？魏士衡同志的文中说："所谓城市特色，很自然是说城市的整体特色，而不能只看到城市的物象特征。"因为城市实在太复杂了，城市的方方面面实在太多了，我想没有一个人能把城市的各种物质构成、各种关系都罗列得一清二楚的。那么，我想对于"城市的整体特色"，或者"城市社会和物质环境的总特征"究竟是什么，恐怕谁也说不清楚。讨论问题时如果以此为前提确实可以减少不必要的分歧，因为我们无话可说，我们只能看到具体的、每一个具有各自个性的、活生生的人，而永远也无法看到一个具有完整的全面人性特点的"人"。

对于"不同时代的城市特色总是这个时代统治阶级利益与文化的具体表现，这是它的本质特征"这样的提法，我们也感到很难理解。代表统治阶级利益的应该是执政党和国家机器，作为统治阶级利益与文化的具体表现应是每个时代占统治地位的社会意识形态，即政治、法律、道德、哲学、艺术、宗教等。城市的特色虽然要受到这些社会意识形态的影响并强烈地反映出来，特别是政治、哲学、艺术、宗教和审美观对城市特色的形成有十分重要的作用，但城市特色本身并不是一种社会意识形态。它是城市的内容与形式的特点，是一种能为人们的感觉器官所感受，并对之由感性认识上升到理性认识，获得对该城市所具有的个性风貌特点认识的一种感性特征。人们凭借对这种感性特征的认识，可以作出对城市审美性的评价，并且在这种审美性的评价中包含了对城市功利性的评价（关于这点，请

---

❶ 辞海 [M].上海：上海辞书出版社，1989。

参阅笔者拙文《城市美与美的城市》此处不详谈)。❶ 因此,从本质上说,城市特色是城市作为人们的审美对象的审美特征。❷

"为什么"的问题固然重要,但是"为什么"的问题是以"是什么"为基础的,假如我们在搞清楚"是什么"之前,便希望回答"为什么"时,那必然会把问题复杂化。

二、关于城市特色的评价标准

人们对同一事物不同方面的性质特征是用不同的度量标准来评判的。例如人们对于身高的评判,是以长度表示高矮,对于体重是以重量表示胖瘦。因此,我们不能以重量来评判一个人的高矮,不能以年岁来评判一个人的胖瘦。对于城市特色的评判也应该用相应的标准来衡量。魏士衡同志的文章提出:"只要人类社会还在继续不断地进取,城市的特色便不可能出现为任何时代、任何人都满意的状况。"那么,城市特色是否应用人们的满意程度来衡量呢?我们认为也是不恰当的。

一般来说对某一事物作出满意不满意的评价,通常是用于对其功能状况或服务水平而言的,即它是我们对事和物相对于人的价值体系的一种评判标准。例如,对一个几顿没吃饭而饿昏了头的人来说,2斤馒头就足以使他十分满意,但很难说这2斤馒头就很有特色。也许当他狼吞虎咽时,甚至连馒头是甜是咸都还没有很好的感觉。原始社会周口店山顶洞人的穴居者,也许对他们的洞穴很满意,当然他们根本不知道城市特色是怎么一回事。然而尽管威尼斯是世人都称道的特色城市,但是你若作个调查,很可能听到不少居民对他们居住的这个城市的满腹怨言。

笔者以为,对城市特色的评判取决于评判的主体(人)对被评判的客体(城市)的认知关系。一般是从以下几个方面进行的:

首先,城市本身在其特征性方面,有没有或有多少能足以引起人们注意的突出之处,以及得到人们认同的程度。当然,对于城市特色的感受是因人而异的,因而在对城市特色的认同上也表现出差异性。例如有不少人认为我国许多城市由于盛行"国际式""方盒子"建筑,搞得南北不分,千城一面,缺乏特色。但也有人却认为,没有特色本身就是一种特色,或认为盛行"国际式"就是我国现代城市的特色。因此"有"和"无","多"或"少",或者说对城市特色的认同感,便是评判城市特色的第一个标准。

其次,城市在其个性特征方面所提供的信息在其明晰性、丰富性和多样性等方面的程度,及由此而引起人们的兴趣和给予人们感受的广度与深度。世界上没有相同的城市,可以说每个城市都有自己独特的地方,然而有的城市能给人留下深刻的印象,有的城市却给人的印象淡漠,这说明不同的城市在其差异性的特征方面,引起人们感官的感知程度和层次上是不相同的。虽然世界上城市的千差万别是客观存在,但城市的差异性特征要由人们去感知、去比较,才能知其"特"而辨其"色"。当然,不同的人在感受能力上也是有差异的。对于一个从来没有涉足其他城市的人来说,他就很难说清自己的城市究竟"特色"在何处。不过由于科学技术的发达,现代的图片、电影、电视等影像资料与传播媒介,使足不出户的人也能获得其他城市的形象信息。然而道听途说与身临其境毕竟在对城市特色的感知程度上和层次上是有所区别的,前者肤浅后者深刻。因此城市的个性特征所提供信息的质量,以及被感受的程度或兴趣度,便是城市特色的第二个评判标准。

第三,城市个性特点所引起人们的欣赏程度或给予愉悦性程度。也许世界上最脏的城市以其脏得出奇,也能给人留下最深刻的印象。但我们却不能说它是最有特色的城市。否则的话,而今充斥市场的伪劣产品也都可称得上是最有特色的商品。

如前所述,语言文字是一种约定俗成的符号系统。因此"城市特色是人们对于一个城市的内容和

---

❶ 中国城市科学研究会编.中国环境美学研究.[M]北京:中国社会出版社,1991.
❷ 马武定.论城市特色[J].城市规划,1990(1).

形式特点，从褒义词上进行的形象性、艺术性的概括"❶，这表明人们对城市个性特点的选择与欣赏程度有一定的规定性，这并不是承认不承认城市中客观事实存在的"落后面"或"黑暗面"的问题。虽然自然界存在无数种色彩，但人们总有自己特别喜爱的颜色，不喜欢，并不等于不存在。存不存在是一回事，能不能被人们看作"特色"是另一回事。城市特色并不等于城市中存在的社会现象，也不是城市发展规律的同义词。有差异就有矛盾，差异与矛盾是始终存在的。如果城市中客观存在的差异性及矛盾的双方都全能算作城市特色的话，那么所有的城市都将永葆其"特色"之青春（尽管可以有发展、有变化，但将始终存在）。我们在这里津津乐道地讨论什么"城市特色不能丢"，或特色的"保护"和"创造"等问题，还有什么意义呢？因为无论怎么说，一个城市是绝对不会把差异性或矛盾性"丢"尽而与别的城市一模一样的！那么"建设有中国特色的社会主义现代化城市"不也是一句多余的笑话吗？因此人们在对城市的各种现象特征经过观照之后，进行一定的取其精华的筛选，作出有关城市特色方面的评价，是极其正常的。这样，城市的面貌，城市的个性特征能给人们留下多少美好的印象和回忆，唤起人们的愉悦感，得到人们的欣赏程度如何，便是人们评判城市特色的又一个标准。

第四，城市特色所具有的社会意义与文化意义。我十分同意魏士衡同志所说的研究城市特色的目的，绝非为了简单的现象描述，而是为了能指导城市建设，使城市具有合乎理想的对推动社会进步有利的个性特色。这也就是为什么越来越多的人重视城市特色问题的原因。事实上人们在观察、观照和欣赏城市的个性特色时，通过对这些特征和关系的感知以及在此基础上展开的联想和想象，人们能获得对该城市作为文化所特有的意义的理解和解释，人们能由此而理解生活，继承和发扬优秀的民族文化与地方文化传统，唤起人们热爱生活的激情和对理想的美好生活的追求。正如不少同志指出的，城市是一本打开的教科书。我们能从对城市的个性特征的认知上获得多少意味深长的教益，这便是人们评判城市特色的更深一层次的标准。

综上所述，对城市特色的评判是一种由浅入深，由表及里的对城市个性特征从感性认识到理性认识的认知过程。四个标准，代表着认知过程的不同层次和深度。从本质上说，对城市特色的认知，便是人们对城市所做的审美过程。

——本文原载于《城市规划》1991年第4期

---

❶ 宋启林.论城市特色［M］//中国自然辩证法研究会编.城市发展战略研究.新华出版社，1985。

我国城市规划工作所面临的挑战

一、规划观念从传统规划向现代规划的转变

这里所谓的规划观念，是指对城市规划工作本身的理性认识，它涉及对于城市规划的价值观与方法论，因而它是一个根本性的问题。思想是行动的指南，有什么样的观念，就有什么样的结果。这在城市规划工作上，同样也不例外。

现代城市问题的综合性与复杂性，不但使城市规划工作的难度大为增加。而且对城市规划的传统观念提出了挑战。城市规划概念的更新、城市规划观念的现代化、科学化，已是城市规划工作能否现代化、科学化以适应时代需要的关键。

科学技术的进步，"老三论"（系统论、信息论、控制论）与"新三论"（耗散结构理论、突变论、协同论）的产生与发展，特别是控制论的发展，使城市规划的概念发生了根本性的变化。一些城市规划专家、学者对城市规划工作和城市规划学科进行了反思，提出了一些新的认识。

"规划（Planning）作为一项普遍活动，是指编制一个有条理的行动顺序，使预定目标得以实现。"[1] 这里的规划工作，在概念上应有两个基本要素，一是指刻意去实现的某些任务，二是指为实现这些任务而把各种行动纳入到某些有条理的顺序中去，即一是内容，二是手段。这是与传统的规划观念完全不同的。较长时期以来，在城市规划领域里起主导作用的思想方法与基本概念，是在文艺复兴以后所出现的"理想规划"的思潮，19世纪由巴黎赛纳区行政长官奥斯曼（G. Haussmann）所主持的巴黎改建规划，以及以后以 P·阿伯克龙比（P·Abercrombie）所进行的大伦敦规划为代表的城市规划经典期所形成的。这种传统的规划观念却只包含了"规划"概念的一个方面。它只把城市规划仅仅看作编制某一城市或地区未来的理想蓝图，它所关注的是提出一个详细的未来的土地利用或城市空间形态的理想方案。而对于如何使任务和目标得以实现，或理想蓝图是否能实现，以及使之实现的行动的顺序与实行的过程，城市规划的编制者们是并不关心的。他们的注意力只是放在追求最终理想状态的方案设计与表达上。

由城市规划的经典期所产生的城市规划的旧观念，长期以来支配着我国的城市规划工作，因而，我国的城市规划也只是局限于追求理想状态的方案设计与表达工作上，对于规划目标的如何实现以及科学合理的实施顺序，则很少予以关注。从客观上说，这也是造成城市规划"纸上画画、墙上挂挂"局面的重要因素之一。

城市的发展是一个由多因素影响的动态变化过程，因此，对城市的发展变化的认识也不可能是一次完成的，而必然是一个连续的过程。城市规划也必须是一个连续的过程，而不是一次性的规划方案的设计。目前，我国的规划界已经逐步认识到追求最终理想状态的静止观念的弊病，分期规划和进行对原有规划的不断修改，以及"弹性规划""滚动规划"的提出，就是对"城市规划应该是一种过程"的新认识的反应。

然而，现代城市规划的新观念还不仅仅在于此。城市规划不仅是一个过程，还是一个科学活动的过程。从现代控制论的观点来看，城市规划是在对城市的发展变化客观规律的科学认识的基础上所进行的一种有目的性的反馈控制机制。这也就是说，城市规划应该是人类在对城市的客观发展规律的正

---

[1] P. 霍尔．城市和区域规划［M］．第3版．邹德慈，金经元译．北京：中国建筑工业出版社，1985。

确认识的基础上，发挥主观能动作用，对之进行合乎科学性的控制与调节，使城市朝着所选定的合理方向发展，这就是"对某一地区的发展施加一系列连续管理和控制，并借助于寻求模拟发展过程的手段，使这种管理和控制得以实施"❶。现代城市规划的新观念更强调的是过程，是达到目的的方法与手段。

由于我国的城市规划工作长期以来承袭传统的规划观念，我们的城市规划理论界也还未能跳出"理想规划"的圈子，还一直把"经典期"的城市规划理论与实践作为"现代城市规划的理论"进行介绍与宣传。而未能适应时代的发展更新观念，建立起符合中国国情的系统和完整的城市规划理论体系，以指导城市规划工作的更新与改革，致使我国的规划工作一直处于较为被动落后的状态。我国的城市建设要现代化，必须要有现代化的城市规划，而城市规划的现代化，首先要有城市规划观念的现代化。我国的城市规划工作首先面临着从传统规划观念向现代规划观念的转变。

二、规划内容从物质规划、形态规划和建筑规划向社会规划、发展规划和环境规划的转变

新中国成立以后，特别是近十年来我国的城市建设有了飞速的发展，全国绝大部分的大、中、小城市相继都开展了城市规划工作。但从前一时期城市规划的实践情况来看，状况并不是很令人满意的。可以说，不少地方，特别是一些中小城镇的规划，往往是出于形势所迫所采取的临时应付性的短期行为，规划的质量是不高的。不少城市的总体规划只是作了一些建设项目的安排和用地的划分，有的，实质上是对现有工业、居住等用地的"扩展规划"或污染工业的"搬迁规划"，对城市本身如何科学合理地发展以及未来目标的探讨，并没有进行认真的研究和切合实际的工作。还有不少详细规划，其内容实质上是沿道路摆房子的"建筑规划"，着重点多在于道路红线的控制和房屋建筑的排列与组合及建筑的具体形态与位置。由于我国长期存在的规划与计划脱节的情况，这样的建筑布置规划形式上越是"详细"，越是"具体"，其结果却越是不可靠，越是脆弱。只要项目、计划有所变更或投资不落实，往往造成建设的情况与规划图纸完全风马牛不相及的局面，而使规划只能是一纸空文，"墙上挂挂"。

现行的"城市规划法"对城市总体规划与详细规划的内容与要求都作了规定，"六图一书"的统一要求也能使规划工作逐步走向规范化，这对于治理和整顿前一时期在规划设计领域里的混乱局面无疑是十分重要的。随着城市规划观念的更新和改革的深化，城市规划所面临的工作内容和方法已出现了新的发展。以前所推行的"总体规划"与"详细规划"的规划内容和要求，或仅限于"六图一书"的规划成果，已开始越来越显示出很大的弊病与不足，规划工作内容的科学性急需提高。我国的城市规划工作内容目前正面临着既需"规范化"又需改革、更新的挑战。

我们必须从传统规划着重于物质规划，形态规划和建筑布置规划的圈子里跳出来，认识到城市的问题必须从区域的角度、整个国家的角度乃至全世界的范围来考虑。要重视对城市问题和城市科学的研究。城市规划既要合乎城市自身发展变化的规律性，因势利导，又要根据人类社会发展的需要，合乎人类生存与发展的目的性，还得具有随着人们的价值观念的发展变化而变化的适应性与远见性，并需要有最佳的选择性与灵活性。城市规划工作者，必须掌握丰富的信息，在正确的方法论的指导下，凭借现代先进的科学技术知识，应用现代化的科学方法与技术手段，对城市的历史、现状与未来进行分析和判断，作出预测与评价，提出指导城市合理、科学地发展的各种可能的设想与建议，为城市建设的决策者的最佳选择提供条件。

我国的城市规划领域也还存在着理论与实际脱节的情况，在学术界，我们是属于"理想主义"的，而在具体单位的工作上，却又是属于"实用主义"或"事务主义"的。怎样才能找到这两者的结

---

❶ P. 霍尔. 城市和区域规划［M］. 第3版. 邹德慈，金经元译. 北京：中国建筑工业出版社，1985。

合点，使城市规划的内容既要有远见性，又要切合实际，既要能把握城市的科学发展方向，制定城市合理发展的未来目标，又要能结合现状解决眼前迫切的问题，并使两者很好地衔接起来，使之成为一个连续的"过程"。这就是我们所面临的挑战。

三、规划路线从封闭性的专家规划向开放性的群众参与的转变

1990 年 4 月 1 日，全国各地配合"城市规划法"的正式实施，开展了对"规划法"的宣传活动，使不少群众对城市规划工作有了一些理解，收获不小。重庆的一些群众看了在市里街头展出的规划展览后说："以前我们对自己所居住的城市了解太少了，现在看了城市的发展前景，觉得城市有了希望，建设有了龙头，生活有了奔头，工作也有了劲头。"

长期以来，我国的城市规划工作一直走的是封闭性的专家规划的路线，对城市规划的讨论、定案也是在"高层次"进行的。"城市规划法"规定："任何单位和个人都有遵守城市规划的义务，并有权对违反城市规划的行为进行检举和控告。"要使居民做到知法、守法，不仅要宣传《城市规划法》的内容，让他们增强法律意识，更重要的是要让居民了解和理解已被市或区、县"人大"所批准通过的，以"法"的形式而出现的自己城市的规划内容，使他们真正成为城市的主人，积极参与建设和管理城市。唯其如此，才能改变以前规划工作冷冷清清，规划图纸"墙上挂挂"的局面。天津市的城市建设工作，这几年来搞得热火朝天，大有成效，我想与群众的自觉参与的主人翁态度是大有关系的。

守法、执法是重要的，但这还只是让广大居民群众处于"外围组织"的被动状态，更好的办法应该是让居民积极参与制定和讨论，真正成为"城市规划集团军"的正式成员。变"市政府的规划""市人大的规划"或"设计院的规划"为"我们的规划"，这才是真正的"城市的规划"。

"群众参与规划"这好像是一个多年常弹的"老调"了，但如何能真正做到这一点，使之不流于一句空话，这也是我们面临的挑战之一。

四、规划方法从"老三段式"向"新三段式"的转变

20 世纪初，由爱尔兰生物学家格迪斯（P·Gaddes）所创立的"调查—分析—规划方案"的所谓的"三段式"城市规划方法，已成为一种经典的程式一直沿用至今。这种规划方法与经典期所产生的追求理想方案的传统规划观念是相一致的。它使规划方案的产生能建立在对城市调查，研究的基础上，具有一定的科学性和预见性。但这种"老三段式"的方法，也只能使规划停留在方案阶段上，有了一个理想的方案也就大功告成了。这对于现代规划更强调过程和实现规划目标的方法与手段就显得很不适应了。

笔者认为，现代的规划方法应实现从"老三段式"向"新三段式"的转变。所谓"新三段"，由以下三个工作阶段所组成。

（1）目标分析阶段。这个阶段主要是分析城市的现状与发展条件，并对城市的发展目标进行探讨。城市规划的过程并不是如建筑设计那样是一个问题求解的过程，而首先是一个发现问题和提出问题的过程，是一个提出任务、寻找目标的过程，因此，分析条件（包括调查、收集资料）、寻找目标便是城市规划的第一个过程。

（2）方案阶段。对方案的理解不能停留在对目标的表达上，还要包括实现目标的步骤、方法、途径和顺序的制订。规划的意义并不在于目标的提出，不在于画一张"美丽的图画"，而更在于使目标得以实现，在于建设好"锦绣江山"。因此如何使"蓝图"转化成为行动，这是更为重要的一环。"规划，即长远的计划"❶ 其意义就在于此。

（3）实施及反馈阶段。规划的全过程还应当包括方案的实施与反馈。现代的城市规划新观念认为

---

❶ 参见《辞海》有关"规划"的条目

城市规划应是一种有目的性的反馈控制机制。因此，城市规划应在实施的过程中不断得到反馈信息并对之进行修改、调整和补充。这是一个更为困难，然而也是更为重要的阶段。这也是产生于"经典期"的"老三段式"的规划方法的局限之处。

我国现行的城市规划体制，规划与管理是分开的，规划属技术部门的工作，城市建设管理属政府行政部门的工作。规划师们对城市建设管理无权过问，而管理人员对规划的意图也并非能全然理解、了如指掌，因而，规划与管理脱节，如同规划与计划脱节一样，在我国恐怕是一个长期难以解决的问题。

在有一些国家和地区，城市规划师被他们所规划的城市聘为该城市建设的长期顾问，积极参与建设的管理和技术指导，并随时对实施过程中所出现的问题与矛盾进行商讨与解决，这应当是一个值得我们借鉴的好办法。

五、规划技术从工匠式的手工操作向现代信息技术与科学手段的转化

现代化的城市规划需要有现代化的规划技术与手段。

城市是一个由各种错综复杂的要素构成的综合有机体，被称为"信息丰富域"的城市规划，具有极大的信息量。城市与其所在的区域有着在政治、经济、文化等各方面的有机联系，形成了一个复杂的网络结构，因而，城市又被人们称为"灰色系统"或"黑色系统"。据国外的一些专家认为，制造一个宇宙飞船或航天飞机需要涉及几十万个数据，而对于一个大城市的规划来说，则需要涉及上百万其至上千万个数据。因而，现代化的城市规划必须要有能收集和处理这样极大数量的信息与数据的现代化技术与先进手段来作为基础。遥感技术、计算机技术以及城市信息系统已作为这方面的先进手段而被应用于城市规划领域。

城市又是一个发展变化的动态系统，现代城市已由封闭趋向开放，由单中心趋向多中心，由单层次的平面发展变为多层次的立体发展，由相对独立的单一性城市向网络化的群体城市（城市带、城市群）进化，由稳定型的城市结构向再生型的城市结构演变。以这样的动态体系作为工作对象的现代城市规划，必须用现代化的调查手段与预测技术来准确把握城市发展变化的客观规律，做到既能摸清现状又能运筹未来，对城市的发展趋势作出科学的预测，以制定城市合理发展的目标。先进的现代城市分析技术以及城市数学模型和计算机程序已日益成为这方面的重要技术手段。

现代城市规划的内容已不是传统的表达手段所能胜任，以前那种以平面色块图画表现的方法已越来越显示出很大的局限性。新型的表达手段，如规范化图形模纸、数字化地图、图像音像资料以及电脑软盘，已显示出巨大的优越性。

迄今为止，我国的城市规划领域还基本处于手工作坊式的落后状态之中，工作效率低下，城市问题及规划方案的分析、评价和论证往往也停留在直观的定性分析阶段，缺乏精确的定量化方法，科学性较差。虽然对于遥感和计算机技术的应用已开始重视，但尚处于刚刚起步的阶段，并由于资金、设备和技术人才的缺乏而步履十分艰难。摆脱落后手段，尽快采用先进技术，这也是我们正面临的挑战。

我国的城市规划工作正处于一个转折的重要关口，迎接挑战，冲出低谷，将我国的城市规划工作提高到一个崭新的水平，这是我们所面临的艰巨而光荣的任务。中国城市规划学会的成立，将标志着这样一个新的起点。

  ——本文原载于《城市规划汇刊》1991年第4期

热带滨海旅游城市的美学特征与特色

中国的海南省自 1988 年建省以来正以崭新的面貌崛起于华夏大地的南巅，其中尤其令人瞩目的是海南旅游业的飞速发展，在海南的社会、经济发展中起着越来越重要的作用。海南省的领导最近已明确提出了旅游业将作为海南省的龙头产业重点发展。因此，在不长的时间内，中国的南海之滨将出现一批新型的旅游城市和旅游城镇。探讨如何规划和建设好这些旅游城镇，使它们成为各具特色的南海明珠，这是一件十分有意义的事情。本文将从热带滨海旅游城市的美学特征与特色方面，谈谈一些不成熟的拙见，以期引起讨论。

一、旅游城市的美学功能与特征

旅游度假是现代社会生活的一个极其重要的内容。随着社会经济的发展和人们文化水平的提高，旅游活动和旅游业已越来越为人们所重视。在经济发达国家或地区的人们，已不再以丰盛的美餐或华贵的衣物而津津乐道，却是以曾到过大江名川，游历过世界奇观、风景名胜而感到荣耀。旅游业以其惊人的速度在世界各地崛起，成为现代社会产业的一个重要支柱，构成了一支年均十多亿人次的浩浩荡荡的旅游大军奔赴世界各旅游胜地，这并不是一种偶然的现象，而是有其深刻的美学意义的。

旅游、观光、度假从其本质上说是人们追求美的享受的一种活动，各类旅游城市因其能从不同的美学特征方面满足人们对美的追求的需要而形成了各具特色的旅游城市，形成了互为补充的旅游系统。

世界各地有着许多久负盛名的旅游城市吸引着大量的旅游者前去观光、游览。这些旅游城市从美学的特征上大致可分为三类。

第一类是以自然美为其主要特征的风景旅游城市。这类城市一般都具有得天独厚的自然地理环境，具备极为突出的自然景观优势。它们或是坐落大海之滨，或是位于大江、山川之上，都是以奇特的自然山水风光使人们饱览自然景色之美而获得自然美方面的高度享受。

第二类是以社会美和艺术美为主要特征的历史文化名城。这类城市或有其悠久的历史文化，或与著名的历史事件和历史人物相关而留名于世，旅游者来到这里主要是浏览、观光或瞻仰位于这些城市中的名胜古迹，以其丰富的人文景观为主要观赏内容，使人们获得社会美和艺术美的高度享受。

第三类旅游城市则是以各具特色的娱乐、消遣活动为其特点，满足人们的休闲、娱乐的需求。可以说是以社会景观为主要内容，使人们获得生活美的享受。

以上三类旅游城市构成了完整的旅游系统，分别从自然美、社会生活美和艺术美的不同领域满足人们的美学追求。

二、热带滨海旅游城市的自然美特征

热带滨海旅游城市从分类上说是属于以游览观赏自然景观为主的风景旅游城市，自然美是其主要的美学特征。

自然特征的多样性决定了自然美的丰富性。风景旅游城市尽管都是以自然美为其主要美学特征。但由于各个风景旅游城市具有各自不同的自然地理环境条件，因此不同自然地理环境条件的风景旅游城市也就从自然美的不同美学范畴形成自己的美学特征。

人们常说的阳光、海水、沙滩、气候、森林、动物、温泉、岩洞、风情、田园，十大风景旅游资源中海水、沙滩、阳光、气候是热带滨海旅游城市最基本的自然环境条件。这些条件也就构成了热带滨海旅游城市美学特征的主要方面。

旷、野、险、奇、秀，可以说是滨海旅游城市自然景观的基本特征。旷奥美也就成了滨海旅游城市最基本的美学特征。

大海的宽广无际与深不可测使多少文人骚客为之反复咏颂，大自然的博大使人类在它的面前显得渺小而感叹万分，大海的怒吼与惊涛骇浪的铺天盖地可以使人胆战心惊，由此而产生的崇高美能给人以强烈的感受。

处于纯自然状态的沙滩和海岸线又可以给人以回归大自然原始美的感受。热带滨海旅游城市又能使其清澈透明的海水、明媚的阳光、洁净新鲜的空气构成宜人的环境，再加上海天一色的碧蓝、金黄的沙滩与翠嫩的绿叶所构成的迷人的景色给人优美的感觉。

这样，由崇高美、原始美和优美所组成的旷奥美形成了滨海旅游城市自然美的基调。这也是滨海旅游城市规划所必须尊重的美学特征。

热带滨海旅游城市由于其地处热带自然地理环境，使其具有天气爽朗、阳光充足、色彩鲜艳明快、色差对比度大、四季常绿的气候特征和视觉环境特征，使由崇高美、原始美和优美所组成的旷奥美更具特征性和典型性。

综上所述，自然美的特征在热带滨海旅游城市的美学特征上占有十分重要的地位，因此在热带滨海旅游城市的规划和建设上必须十分注意对自然环境与自然景观的保护，认真地对每一个具有美学观赏价值的景观进行精心的研究和分析，确定对各个景点和景色的最佳观赏点，提供最有利的观赏和服务条件，城市的规划和建设要科学合理地组织景观和游览线，使旅游者能获得满意的美学感受。

三、热带滨海旅游城市的社会美特征

尽管自然美是热带滨海旅游城市的主要美学特征，但作为一个城市它必然也具有社会美的特征。

海水、沙滩、阳光、气候，本身是一些客观存在自然界物质状态，但一旦成为人们居住环境的一部分或成为人们为了进行有意义的观赏活动而作为风景旅游资源进行开发时，它们与人类的社会生活就发生了密不可分的联系，成为社会环境的一部分。这样，它们与当地聚居者所形成的其他文化因素一起构成了一种特有的乡土地理文化，这种乡土文化就成为热带滨海旅游城市社会美的极其重要的方面，也是构成各个旅游城市特色的重要方面。

世界各地的热带滨海旅游城市有不少在其自然景观资源方面是较为接近和相似的，如果没有其独特的乡土地理文化所构成的人文景观资源就不能形成其独具的魅力。浓郁纯朴的地方乡土风情与民俗文化使身临其境的外来旅游者在参与其间的活动中感受到不同国家、民族和地区的文化特征和社会生活的内在美。这种社会生活美的获得，由于是通过参与其间的活动，使主体和客体融为一体，它往往要比观赏自然景观时主体与客体相对分离所获得的自然美在更深的层次上引起旅游者的美感；从而它也具更高的意趣，具有更高的美学价值。

追求异国情调，感受不同国家、民族和地区的文化差异，体味乡土风情，这是国际旅游者游览观光意趣上更高层次的追求和享受。因此，越是民族的，就越是国际的，越是有独特的文化特征的，就越是高品位的旅游胜地。

一个旅游城市如果能把自然美与社会美很好地结合起来就能使旅游者获得更多和更高层次的美感，这样的旅游城市就具有更高的美学价值。

热带滨海旅游城市的阳光浴、海水浴及各类嬉水和水上活动比在一般风景旅游城市所进行的游览观赏活动在其活动方式上更具有社会生活的集群性，在各感官的投入程度上也更具有全面性和融入性，因而热带滨海旅游城市要比一般风景旅游城市具有更多的社会生活美的内容，从而也更具有吸引力。

四、热带滨海旅游城市的艺术美

风景旅游城市的建筑与街道景观风貌往往给外来的旅游者形成一个非常强烈的印象，通常成为人们回忆旅游经历的一个重要特征。独特风格的建筑文化与城市风貌是构成旅游城市艺术美的最为重要的方面，它们通常是由建筑艺术系统、园林艺术系统、风景点构筑物及城市雕塑与小品艺术系统、工艺美术系统等构成的综合的城市艺术形象大系统所体现的。一个出类拔萃的建筑可以成为一个游览名胜点，优秀的设计可以创造高质量的旅游度假区，然而一个设计的败笔会破坏整个风景点的景观质量。

风景旅游城市的建筑物，特别是风景点的建筑、构筑物，应当反映其自然地理特征，顺应其自然地理条件，在风格、体量、形式、色彩和布局上做到艺术美与自然美的融合与相互补充，使之为自然美更为增色而不能压倒和破坏自然美。

风景旅游城市的建筑与街道景观又应当反映当地的文化特征形成具有地方特色的建筑文化与城市文化。这种具有地方特色的建筑文化与城市文化能从艺术美的高度使外来的旅游者在游览、观赏的过程中获得美好的城市艺术形象，成为对该风景旅游城市审美活动的极其重要的部分。

热带滨海旅游城市的建筑与城市景观风貌首先要反映其热带地区的地理气候特征，即通透、明快、轻巧的建筑风格，色彩宜淡雅或冷色调，避免强反射眩光。沿海近水的建筑体量不宜太大，并尽量使其线条活泼与自然流畅的海岸曲线相协调，特别要避免过大的面宽，形成高墙而挡住观海的视线。作为一个旅游城市，城市的景观风貌和建筑形式又可以丰富多彩一些，不必拘泥于强求统一，以形成轻松、活泼的旅游气氛。同时，又要结合当地的文化特征，从现实生活、民俗文化与传统文化遗产中经过取舍、概括、提炼和艺术加工后，得出某些有典型意义的建筑符号，形成自己特有艺术形象。因此，热带滨海旅游城市的建筑文化可以是一种兼容性较强的文化，既有浓郁的乡土文化的特征，又有外来文化的介入，形成一种生活气息浓厚、绚丽多姿、令人激动与兴奋的城市艺术形象。综上所述，热带滨海旅游城市如果能在自然美、社会美和艺术美三个方面满足不同层次的人们的审美要求，那么它必将是一个具有永久魅力的旅游胜地。能像磁石一样吸引着络绎不绝的旅游者前来"朝圣"。

——本文原载于韦湘民、罗小未著《椰风海韵：热带滨海城市设计》，中国建筑工业出版社1994年版，第159-164页

关于中国城市规划教育改革之拙见

笔者曾在"城市规划工作的特点与城市规划教育"一文中谈过对我国城市规划教育的一些拙见。近几年来，我从教育工作转到从事城市规划管理工作，又有一些肤浅的体会。

一、培养目标与教学计划应更切合学生毕业后的工作实际去向。

据我所知，目前我国的城市规划专业毕业生主要的工作领域或分配去向有四个方面：①城市规划设计院或建筑设计院，从事规划设计或建筑设计工作，这大概是城市规划专业毕业生的主要去向。②有不小的一部分毕业生在各级政府的城市建设与规划行政管理部门，从事建设与规划管理工作。③另有一部分毕业生目前在一些企事业单位负责该单位的基建工作，也有一些人在房地产开发公司从事房地产项目的规划设计或管理工作。④较少的一部分毕业生被留在学校或研究单位从事教学或理论研究工作。当然，可能还有不少人在其他一些领域和部门从事工作，但从"对口"的情况看，以上四个方面算是城市规划专业的毕业生的主要去向。因此，我国城市规划专业的培养目标就应主要以使学生能胜任以上四个方面的工作为对象。然而这四个方面的工作，由于各自所处的地位、作用与职责很不相同，因而他们所实际需要掌握的知识与技能也应有一定的差别。尽管我们的学生在大学里所学的应当是本专业的基本知识与技能，也可以说是一种专业"通才"的教育，但从教育应"面向社会"、"面向未来"的要求看，我们的教学内容与方法也还应当有一定的针对性。实际上，这些年来学校对学生的毕业分配已普遍实行"双向选择"，我们的毕业生在毕业前的一、二年就已基本上有了定位或定向。因此，我们在临毕业前的最后一年的教学工作也可以更有效地施行有的放矢的定向教学，可以根据需要开设一些不同层次的选修课，让学生根据他们的工作去向及爱好，选择不同的选修科目。在毕业设计或毕业论文的选题上也应分成不同的类型进行有目的性的培养，而不应让学生清一色地成为教师们"创收"工程项目的绘图员或科研课题的"助手"。鉴于此，我们的大学里应该有更多的来自不同工作岗位的社会兼职教师，从事对最后一学年的毕业班学生的教学工作。

二、应增设市场经济与法律知识的教育内容。

随着改革开放的不断深入和社会主义市场经济的初步确立，已在我国社会经济的各个方面引起深刻的变化。这些变化也必然反映到城市规划的工作领域来，必将在城市规划设计与管理工作上引起一场深刻的变革。

随着计划经济向市场经济转化，我国的城市规划工作也已从指令性的政府行为向引导性的宏观指导与调控变化，成为一种社会发展的反馈调控机制。城市规划工作既要在宏观上体现政府的战略决策与长远目标，又要在微观上运用市场经济自我调节的杠杆作用，对城市的各项建设和房地产开发实现政策引导与调控，促进社会与经济的发展，成为经济建设主战场的一个极为重要的方面。因此城市规划工作者，无论是作为政府官员的机关工作者，还是作为企业雇员的规划设计师或项目经理人员，都是我国社会主义经济建设主战场的一个成员，都有一个必须遵循社会主义市场经济的客观规律办事的基本要求。因此在城市规划专业的教学内容上必须开设一些有关城市经济和市场经济知识的课程是相当重要的。另外，随着市场经济体制的确立和改革的深化，我国已先后出台了一系列有关城市规划和城市建设的法律、法规与规章。以法治市，以法办事，已使我国的城市规划与城市建设工作日益走上法制化的轨道。作为规划设计人员或规划管理人员，都必须十分熟悉和掌握如《城市规划法》《土地法》《房地产法》《环境保护法》等等有关的法律和法规的知识与条款才能胜任工作。因此，有关法律知识的课程也应列入城市规划专业的学科教学内容。

三、加强职业道德的教育

近几年来从事城市规划管理工作，使我深深地体会到城市规划工作者的职业道德十分重要。社会主义市场经济的建立，使我国的规划设计逐步走上了有偿服务与商品化的趋向，规划设计人员已从对政府负责转向为对"雇主"负责，对"顾客"负责。在经济利益的驱动下，一些单位和房地产开发商单纯追求经济效益，而不顾社会效益与环境效益的情况屡见不鲜，而我们的设计人员因为"受雇"于人也往往完全按照"雇主们"的不合理要求去做设计，置有关的设计规范和规划管理部门所规定的规划设计条件与技术指标而不顾，做出一些很为糟糕的设计来，如果按照这样的设计方案去实施的话，将会给社会带来较为严重的后患。更有甚者，有些设计者甚至违法设计，弄虚作假，毫无责任心，丧失了规划工作者应有的职业道德，所造成的后果是远比一般日常的假冒伪劣产品要严重得多的。当然，在规划管理部门中也会有一些人在市场经济的大潮下，经受不住诱惑而丧失对人民负责和对全社会负责的职业道德，所出现的一些违法乱纪行为和失误也是难以容忍的。因此我认为在城市规划专业的教学内容中加强职业道德的教育也极为重要。

——本文原载于《城市规划》1995年第6期（题目有改动）

构筑大城市框架，建设现代化"水都"

市第八次党代会已对厦门的未来作了定位。今后五年的任务就是，围绕这一宏伟目标，强化基础建设，构筑大城市框架。

厦门位于我国经济比较发达的长江三角洲与珠江三角洲之间，与我国经济最发达地区之一的台湾省隔海相望，具有我国东南沿海居中枢纽性的优势位置。随着 1997 年我国恢复行使香港主权，台湾海峡将成为人们注意的新热点。加快厦门城市建设现代化的步伐，对于尽快缩小两岸之间经济上的差距，增强大陆对台湾的吸引力，具有重要的政治和经济意义。同时，在把闽东南地区建设成为海峡两岸繁荣地带的战略目标中，厦门还应发挥举足轻重的中心城市的作用。厦门唯有形成足够的经济规模和城市规模，具有较强的经济实力，才能适应区域经济和对台关系对厦门提出的上述要求。

为实现厦门城市建设的宏伟目标，必须按照城市总体规划，构筑未来大城市的框架。历经五年、几经修改的厦门市城市总体规划提出，在规划期（2010 年）内，厦门市将跨过海湾向四周城镇拓展，其城市空间结构是"多核、单中心、集团式"，即以厦门本岛为中心，形成"一环数片、众星拱月"的城市形态。规划结构分成四大片区：本岛及鼓浪屿为中心片区，由中心区组团、北部组团、万石山风景区及岛东部开发区组团组成，是全市的政治、经济文化中心；北部片区包括集美组团、后溪组团和杏林组团；西部片区包括马銮组团、海沧组团；东部片区包括刘五店组团、马巷组团。总体规划确定以环海域的周边地区为城市的主要增长环，以该环为启动点，以岛内东西向干道及福厦路、集同路等为轴线向内陆发展。各组团要按产业导向分阶段集中发展，形成动态的时空发展序列。城市发展的总体战略为：保护优化鼓浪屿，适度控制本岛，积极发展海沧，充实配套杏林，完善提高集美，创造条件开发同安、刘五店。根据这样的城市空间结构和发展战略，厦门市将逐步建设成为环海湾型的"城在海上、海在城中"的现代化"水都"。

现代化的城市不仅要有高速发展的城市经济，而且必须要有现代化的城市基础设施和健全的城市功能。厦门在近期内要能构筑起大城市框架必须以建设现代化的城市基础设施作为先导，使其具备向内陆发展形成辐射能力，带动整个闽东南及东南沿海地区城市带的形成与发展。

厦门市首先应形成优越的对外交通能力，建成以铁路、水运、高速公路、大型国际机场为主的综合交通运输网，建立起陆、海、空三位一体协调发展的对外交通体系。其次，厦门还应努力解决将成为其下一步发展的主要制约因素的水资源问题，注意开源节流，除了保护和利用好石兜水库和杏林湾水库的水资源外，应将九龙江北溪作为厦门今后发展的主要供水源。

厦门风光瑰丽，素有"海上花园"之美誉。我们在搞好城市建设的同时，还应使厦门保持良好的生态环境，利用厦门山水相依的优越的自然条件，建成以环岛的东西海域为绿心，以万石山、狐尾山、仙岳山、杏林湾、马銮湾和蔡尖尾山等大片山林绿地和水石为楔入式城市绿带的"绿心城市"。融城市于山水之间，创造出可持续发展的人类居住环境。这样，未来的厦门将以一城多镇、中心放射、相对集中、有机分散的城市形态为特征，科学合理地逐步向四周拓展发展，建设成为景中有城、城中有景、城景相融的美丽的山水城市。

——本文原载于《厦门日报》1995 年 9 月 1 日第 1-2 版（题目有改动）

《厦门市城市规划管理技术规定》基本内容介绍

为了加强我市的城市规划管理，确保《城市规划法》和《厦门市城市规划条例》的贯彻实施，厦门市城市规划管理局依据《厦门市城市规划条例》第 25 条的有关规定制定了《厦门市城市规划管理技术规定（暂行）》（以下简称"技术规定"），经厦门市人民政府批准于 1995 年 7 月 1 日颁布执行。

该"技术规定"针对我市的具体情况在城市规划管理技术指标方面作了较为详细的规定。它有以下几个方面的意义和作用：

（1）使我市的城市总体规划和分区规划更具可操作性，减少规划执行过程中的随意性，维护作为各项城市建设龙头地位的城市规划的严肃性与科学性。

（2）作为《厦门市城市规划条例》在技术指标方面的补充而与《条例》一起出台施行的"技术规定"，可加强依法治市、依法办事的力度，避免人情大于法的现象，减少不正常的个人行为和干预，使城市规划的实施及日常的规划管理工作能顺利进行。

（3）"技术规定"的颁布执行提高了城市规划管理工作的透明度，有利于规划管理部门接受人大和广大群众的监督，实现廉政、勤政，杜绝不正当的"作为"与"不作为"的腐败现象。

（4）增强各有关部门、单位和广大群众对城市规划的了解和理解，使之具有可靠的群众基础，增强规划意识，从而能更好地自觉执法，减少规划的实施难度，使城市规划真正成为指导城市建设、促进社会发展的宝贵财富。

"技术规定"共分九章，主要包括以下内容：

第一章总则。阐述了制定"技术规定"的依据、目的及其适用范围。

第二章建设用地分类和适建范围。该章根据土地相容性的原则规定了在我市的各类规划用地上所允许和适宜的建设及不允许设置的项目，使各类用地各尽其能，建设项目相得益彰。保护了城市的环境质量和城市居民的生活质量，使城市中各类生产和社会活动的高质量、高效益与低消耗得到有效保证。

第三章至第七章根据我市具体情况，把我市城市规划区范围内的用地分三种类型的区域，分别指定了不同技术指标，使其更切合实际，增强可操作性。

第三章建筑容量控制指标。为使城市科学合理地健康发展，城市的各类用地必须要有一个适度的开发强度，城市的各项建设必须有一个合理的容量，这样才能使城市的各项设施能有效地发挥效能和效益，避免出现超负荷的状态而造成环境恶化、交通拥塞、城市功能低下等不良情况。因此，城市规划管理必须对不同的用地性质和不同建设条件的地区分别制定不同的用地开发强度加以管理和控制。对建筑容量的控制主要以土地的容积率和地上建构筑物的建筑密度来进行适度的控制。

第四章建筑间距控制。建筑物之间除必须符合消防、环保、工程管线和建筑保护等方面的要求外，居住建筑之间必须要有合理的间距才能满足通讯、采光、日照以及避免视线和噪音干扰等要求，以保证居住区的安全、舒适、卫生等环境质量和城市居民的生活质量。"技术规定"对居住建筑之间的间距控制按多层和多层以下，高层，以及平行或垂直等不同的布置形式分别制定了相应的控制指标。对于文、教、卫建筑之间，非居住建筑之间以及非居住建筑与居住建筑之间的间距也根据不同情况分别制定了不同的指标。

第五章建筑退让。沿建筑基地边界和沿城市道路、公路、河道、山体、铁路两侧以及电力线路保护区范围内的建筑物，除了应符合消防、防灾和交通安全、景观、环保等方面的要求保证一定的退让距离外，还要根据城市道路拓宽改造的可能以及地下管线埋设的要求，建筑群体空间环境及街道公共空间的要求，以及保证相邻用地进行建设的合理性要求。"技术规定"对此分后退用地红线和后退道路红线两种制定了相应的退让规定。

第六章建筑物的高度控制。在城市规划区范围内，对于处于不同区域不同地理环境和建设条件的地块，其所能允许建筑物的建设高度是不同的。"技术规定"除了规定有特殊要求的地区如航空港、气象台、电台和其他无线电通信等设施周围的建构筑物其控制高度应符合有关净空高度限制的规定外，对文物保护单位和建筑保护单位周围的建设控制地带内的建筑物高度也作了相应的规定。另外，对沿城市道路两侧的建筑物高度，则根据对人们的心理空间感觉，城市视觉空间和建筑群体空间艺术形象的要求，也作出了一定的控制规定。

第七章建筑绿地控制。为保证厦门市早日建设成为具有良好生态环境，景色优美的园林城市，城市规划区内必须保证有一定比例的绿化率。对此，"技术规定"对各种建设用地制定了相应的绿地控制指标。

第八章特别地区的补充规定。厦门市是港口、风景城市，保护好风景名胜区、风景资源地及有建筑风貌特色的城市街道具有特别重要的意义。对此，"技术规定"对鼓浪屿——万石山风景名胜区，中山路、思明路商业街和黄厝、曾厝海滩风景旅游区等地区和地段，在土地使用和建筑管理方面作了需要进行特别控制的规定。

第九章附则之后还附录了有关名词解释和计算规则及建筑间距及退让图示。

——本文原载于《厦门人大》1995年第4期

掌握法律武器，规划建设管理好城市

《城市规划法》颁布、实施至今已6年了。6年的实践表明，《城市规划法》对我国的城市科学地制定城市规划，并按照规划使之得以认真的组织实施和建设管理起到了法律上和制度上的保证作用。

城市是人类文化与文明的结晶，是人们进行各种生产、生活活动和社会交往的载体。自从城市产生以来，如何使自己居住的城市能更好地体现其满足人类的生产、生活活动的需要，健全其功能创造更高的城市质量，一直是人们苦苦追求的目标。从我国古代的《周礼·考工记》，希腊哲人柏拉图的《理想国》和古罗马建筑家维特鲁维斯的《建筑十书》开始，人们就在文史记载上开始了对城市进行科学合理规划与建设的不断探索。工业革命以后，随着工业化过程城市化的进程也步入了加速时期。城市的发展大大加剧，然而也使城市的建设出现了失控，所谓的"城市病"也相继出现，城市的盲目发展与失控走出了一条与人们的意愿相违背的异化之路。大自然的惩罚以及血的教训唤醒了人类的良知。1848年英国制订《公众卫生法》《工人住宅法》等法规，开始了以各种法制的手法和形式来对城市建设与发展中出现的问题进行限制性的解决办法，从此人们又走上了一条凭自己的理智驾驭城市建设和发展的道路。20世纪以来，世界上许多国家都制定了有关城市规划的法律，在实际中取得了显著的成效，并在长期的实践中不断加以完善。

1989年12月26日，七届全国人大常委会第十一次会议通过了《中华人民共和国城市规划法》，并从1990年4月1日起开始施行。这部《城市规划法》是我国在城市规划、城市建设和城市管理方面的第一部法律，它科学地总结了新中国成立四十年来城市规划和建设正反两个方面的经验，并吸取了国外城市规划的先进经验，是一部符合我国国情，比较完备的法律，为我国城市科学合理地建设和发展提供了法律保障。

《城市规划法》是我国法律体系的重要组成部分，是国家各级城市规划行政主管部门工作的法律依据，也是人们在有关的活动中必须遵守的行为准则。因此从根本上说《城市规划法》是具有强制性的法律约束手段。《城市规划法》和在它保证作用下所制定的城市规划所体现的是国家和人民大众的利益．是全局和长远的利益。它是从维护全民的利益出发，保证公正平等地利用土地资源，促进和实现城市建设的有序开发，完善社会环境，保护和开发生存的自然环境的前提和基础，是实现城市经济和社会发展目标的重要手段和基本保证。我国《城市规划法》从起草到出台颁布实施走过了整整十年的艰难历程，但自其颁布实施以来，就充分显示了其巨大的成效和生命力。

为了加强厦门市的城市规划管理，确保《城市规划法》的贯彻实施，1995年4月22日市十届人大常委会第十四次会议审议通过了《厦门市城市规划》并于同年7月1日起开始在我市施行。《厦门市城市规划条例》是一部从我市的实际出发，具有明显的地方特色和很强的可操作性的地方性法规，它是城市规划法规体系的组成部分。它既遵循了《城市规划法》所确定的的规范和原则，又根据我市的具体情况和实践，对《城市规划法》所确定的规范和原则作了进一步的具体化和完善、补充。《厦门市城市规划条例》的制定和颁布实施为我市的高起点规划、高标准建设、高效能管理提供了有力的法律保证。

值此《城市规划法》实施6周年和《厦门市城市规划条例》审议通过一周年之际，进一步掀起宣传、学习贯彻《城市规划法》和《厦门市城市规划条例》的高潮，增加各有关部门、单位和广大群众对城市规划的了解和理解，使之具有可靠的群众基础，增强全民的规划意识和法制意识，使《城市规划法》成为人人所掌握的城市规划建设管理实行法治的重要武器，保证我市城市规划的顺利实施，使城市规划真正成为指导城市建设，促进社会进步与发展的宝贵财富。

——本文原载于《海峡城市》1996年第5期

城市，人类文明的结晶

我们都会有这样的体验：当一位外地来的朋友赞誉我们所居住的城市街道整洁、环境宜人、城市建设秩序井然、具有现代化气息时，一种作为该城市居民的自豪感就会油然而生。但当我们听到的是对城市的批评之言，认为我们居住的城市垃圾满地、环境污染、建筑杂乱无章，我们就会觉得羞愧万分，无地自容。

正如芬兰著名建筑师伊利尔·沙里宁所说："让我看看你的城市，我就能说出这个城市的居民在文化上追求的是什么。"确实，城市是一本打开的书，从中可以看到它的目标与抱负。

城市是人类文明的结晶，是人类文化和科学技术的历史积淀的物化物，它是一部用石头写成的人类文明史，体现着人类文化与科学技术进步的历史。城市的建设与发展本身就反映了人类社会的物质文明与精神文明两个方面的成果，而城市的建筑风貌往往是人们感受城市文明程度的最直接的媒体。

我们曾经听到过有一种关于杭州是"美丽的西湖，破烂的城市"的评价，以前也曾有"洁白的沙滩，肮脏的厦门"的说法。可见，尽管一个城市具有得天独厚的自然环境和风景资源，如果没有科学合理的城市规划，没有有序的城市建设，没有健全的城市功能，它就并不能算是一个现代化的城市，一个具有高度文明的城市，一个美的城市。

城市又是一部教科书。有怎样的居民就有怎样的城市。同样，有什么样的城市，就会有什么样的居民。城市作为人们生活居住和工作的场所，作为社会环境，它无时无刻不在影响着人们的世界观、价值观和生活方式。一个缺水、断电、交通不畅、居住拥挤不堪、房屋破烂、街道肮脏的城市，人们就很难有良好的生活习惯及高尚的情操和道德水准。而一个设施齐全、空气清新、阳光充足、街道整洁、环境优美的城市，它能使人们爱护它、珍惜它、自觉遵守公共秩序、维护公众利益、养成良好的社会风尚。有人说："优美的地方人们不会随地吐痰，高雅的去处人们不会大声喧哗。"因此城市建设的物质文明与精神文明是休戚相关，互为基础的。而作为城市建设的龙头作用的城市规划与管理工作，在其中就起着十分重要的作用。没有科学合理的城市规划，就不会有健康发展的城市，不会有科学有序的城市建设，不会有健全的城市功能，城市的两个文明建设也就失去了重要的基础。因此，抓住城市规划这个龙头制订科学合理的城市规划，切实加强城市规划管理工作，是搞好城市两个文明建设的十分重要的方面。

——本文原载于《厦门日报》1996 年 11 月 12 日第 6 版

发挥城市规划的调控作用
实现城市的可持续发展

　　《城市规划法》颁布实施已 7 周年了。7 年以来，以法治城已日见成效，《规划法》日益深入人心。党的十四届五中全会所提出的两个根本性转变正在我国引起一场深刻的变革，它必须也将在城市规划工作领域引起一场深刻的变革。国务院国发［1996］18 号文的下达进一步加深了我们对城市规划工作的地位与作用的认识。

　　城市规划工作从本质上说是一种政府行为，在不同的政治体制和经济体制下，它有不同的手段和组织形式，它都是以政府部门的管理或干预的形式体现维护公众利益的一种社会力量。

　　土地、资金、建筑材料、劳动力及设计方案是城市建设活动的几个基本资源要素。资本主义制度下西方国家城市建设的基本资源要素都置于市场经济的机制下，政府的干预和调控手段主要是通过法规，以及具有雄厚的政府财力对某些建设项目实行财政补贴或贷款支持的办法来实现政策性的指导。

　　新中国成立以后，我国在计划经济的体制下政府控制了城市建设的所有基本要素。在这样的体制下，几乎所有的城市建设项目都是由政府按计划进行投资建设的，而城市规划则是"国民经济计划的继续与具体化"。

　　在这里，城市建设的"龙头"是国民经济计划而不是城市规划，规划只是计划实施的中介物，或者只是作为一种"规划设计方案"成为城市建设的智力资源要素而出现在整个城市建设的过程之中。因此在这个时期中，城市规划管理部门对城市土地的使用管理和宏观调控的职能作用并不显得那么重要，或者是不那么明显，城市规划也还不可能成为一种城市建设和发展的合理性与科学性的反馈、调控机制。

　　改革开放和社会主义市场经济体制的逐步建立，我国的城市建设情况已发生了根本性的变化。在城市建设的基本资源要素方面，政府除了对土地的一级市场实行垄断和控制以外，对其他几个方面的资源要素都已进入市场机制，政府则是通过政策、法规和价格等手段来实现对市场机制的干预和调控。在这种体制下，城市规划管理部门对土地资源的合理利用与配置的管理职能就显得十分重要而突出起来。

　　土地有偿使用的市场机制，虽然能改善土地资源的合理配置，使城市土地在一定的程度上达到高效益的利用，在集约化的道路上跨上了一个新的台阶（当然不是最高的台阶）。但是城市的建设与发展并不仅仅是土地的开发与利用，城市的高质量与可持续发展也不仅仅是土地利用的高效益与土地利用的可持续发展。我们只要看一看在全世界范围内所普遍发生的"城市病"现象，就可以略为领略其中之奥秘。如果说，西方国家的"城市病"是由其私有制的资本主义制度所造成的，那么"公有制"的社会主义中国也出现了严重的"城市病"症候不是令人大感不解吗？其实，不管是资本主义的私有制还是社会主义的公用制，"城市病"的出现，都是由其初级阶段的"粗放型"的城市建设与土地开发引起。

　　城市规划设计与管理一方面作为政府行为是对城市资源的合理利用与配置进行有效的控制，体现了政府对城市建设与发展的科学性与合理性的宏观调控与指导作用。城市资源不仅是土地和空间，还包括阳光（日照、采光）、空气（通风）、水、电、信息、能源、绿化、风景等资源。另一方面，城市规划管理部门通过其对建设项目的审批管理职能（核发一书二证），也是政府实现对具体建设项目的微观指导，规范城市中有关社会力量的社会活动的方式以克服"市场失灵"的弊病，维护公众利益，体现"公平、合理、高效"的原则。因此，在社会主义市场经济体制下，城市规划既作为一种政府行为对城市的建设与发展进行干预和指导，又作为一种对城市建设与发展的合理性与科学性作出反馈和调控的社会机制，其双重功能的地位与作用已显得日益突出了。

我国社会主义市场经济体制下城市规划的任务就是：科学地制定城市的合理发展目标，利用市场经济条件下各种有利机制和合理成分，达到对各种城市资源的合理配置，使之公平、合理与高效益，并采用控制城市土地使用和空间利用的模式与标准的手段来规范城市中的有关社会力量的社会活动方式，以及对城市发展的时空程序作出合理的安排与调控，使城市逐步由低级向高级，由粗放型向集约化的发展与进步。这就是城市建设与发展的可持续发展之路，就是城市规划与城市建设的集约化之路。

      ——本文原载于《厦门日报》1997 年 4 月 1 日第 9 版

走向集约型的城市规划与建设（一）
——困惑、奋争与历史的选择

市场经济的浪潮席卷着中国大地，冲击着城市与乡村的各行各业，冲击着政府、企业与个人，冲击着人们的行为模式和价值观。市场经济的浪潮对城市规划、建设与管理的冲击也是十分巨大的。

一、城市规划的危机与规划师的困惑

正如有人提出："计划生育是计划经济的产物，进入市场经济就不应再提倡计划生育"一样，也有人说"城市规划是计划经济的产物"。于是城市规划又一次面临着生死存亡的挑战。

当城市规划受到了市场经济的挑战之际，却有人为规划的计划经济"病根"开了一剂良方："市场要求：强化规划的可接受性"，提出了"以用户为中心"的规划观念，按照这个新观念，"规划师必须针对不同用户的要求来制定相应的规划，抛弃那种'抽象公众的综合意见'的所谓'中立'立场，尊重用户的理性和价值观，这样才能体现规划师满足现实社会需要所应有的职业道德"。

按照这种"以用户为中心"的理论，我们是否就可以说因为要尊重贩毒者和吸毒者的理性和价值观，生产毒品就成了天经地义而具有了"满足现实社会需要所应有的职业道德"！诚然，产品的消费者和用户存在着区别，消费者是产品的最终使用者，它不一定直接与生产者发生联系，而用户在产品从生产到消费者的所有中间的环节都是存在的。用具体的例子来说，在我国目前的房地产市场上，居住区规划设计的最终消费者是住户，是居民，而房地产开发商是规划师的规划设计的产品与居民之间的中间环节，即所谓的"用户"。那么按照这剂良方，我们必须"抛弃抽象公众的综合意见的所谓：'中立'的立场"，置住户的公众利益而不顾，以房地产开发商的意愿为"最高指示"，老板就是"上帝"，老板叫怎么干就怎么干，而不管这个"上帝"有什么样的理性与价值观。这就是其有全新的"职业道德"观念的规划师！

我在海南工作时曾遇到过一些十分"诚实"的开发商。当我向他们指出拿来审批的方案密度太高，日照间距不足，通风不良，环境恶劣，照此实施，住进去的居民会骂娘的。他们却十分坦率地说："反正我是炒地皮，炒项目的，我捞到钱就走了，等到他们骂娘时，我根本不会听到。"

我也接触过不少处于困惑之中的规划师，他们十分清楚"老板们"的一些要求是不合理的，但他们好像十分无奈。因为如果不照老板的意图去画，老板就拒付设计费，这可是"性命攸关"的事，他们不无感叹地说"上帝太贪心！"痛苦之情溢于言表。

殊不知，当我们的规划师在促销这样的产品之时，他们的良知和人格也就随之而被廉价拍卖掉了。当我们众多的规划师的工作对象由"物"向"钱"转变时，还有什么"规划的权威性"可言呢！以前我们往往指责"长官意志"，说什么"规划、规划，墙上挂挂，纸上画画，不如领导一句话"。而今是"规划，规划，纸上画画，钞票哗哗，全靠老板一句话"。当前，城市规划的危机并不是社会对规划的不尊重，而恰恰是我们规划师对自己的不尊重！当大量的不关心城市的整体利益，不为公众（即消费者）的利益着想的伪劣产品和假货充斥我们的规划设计市场时，我真担心市场经济的大潮会不会淹没我们规划师的"职业"？

二、市场经济的漩涡与管理者的奋争

20 世纪 80 年代以后，土地的有偿使用市场化首先在几个经济特区试行，随后又在全国其他城市

推广。土地使用权的有偿出让给原本十分拮据的城市财政带来了一笔数目可观的资金，土地的有偿使用和市场化给中国的城市建设带来了勃勃生机。因此自20世纪80年代开始实行土地有偿使用制度以来，城市政府对土地的开发和使用权的有偿转让都给予了极大的关注，不少城市都把它作为"头等大事"来抓，甚至出现了"五套班子齐抓共管"的现象。

在土地身价百倍的情况下，土地出让的"超前"现象十分严重。一些人口仅一二十万，现有建成区面积不过十多平方公里的小城市，一两年之内出让土地竟有六七十平方公里之多，足够开发建设几十年的。许多根本没有做任何规划或处于城市规划区以外的地方，土地也被哄抢完毕。"画得快不如卖得快"，土地出让的"超前"使得城市规划不得不被动地沦为"滞后"；城市规划的功能与作用被极度地扭曲。正如有人把土地市场比作布店那样，城市规划成了一切围着土地市场转的赶制各种款式（包括假冒、伪劣产品）的服装加工厂和印染厂。"总而言之，只有当规划者主动为土地商业性经营服务而编制用地规划时，才谈得上规划遵循和自觉运用价值规律。"于是乎为了让土地充分进入市场、占领市场，一些城市的领导除了在土地出让让金上竞相压价以外，以随机提高容积率的办法来抛售土地吸引投资似乎是理所当然的了。然而"弹性规划"或"规划的弹性"也成了毫无科学依据的"朝令夕改"的规划的代名词。

城市建设与土地开发不能不讲经济效益，但更不能不讲社会效益和环境效益。土地利用的最佳效益，并不是看它为城市政府带来了多少土地出让金和税收等财政收入，更不是看给开发商带来了多少利润，而应该看它是否能使城市的各项建设的用地要求能得到合理的安排，是否能保证城市得到合理、健康的发展，是否能实现城市经济与社会相互协调的可持续发展。土地有偿使用的市场机制为城市建设和开发的高效益提供了有利条件，但市场机制本身并不能保证城市经济与社会相互协调的可持续发展。世界各国市场经济的发展史已证明，市场对资源配置，满足人们需要和提高效率等都能有效地发挥作用。同时也表明，市场并不是万能的，也存在缺陷，即所谓的"市场失灵"。由于市场经济的利益驱动，土地的使用者或开发商往往会单纯追求经济效益而视社会效益与环境效益于不顾。最明显的情况就是不合理地追求土地开发的高强度，即高容积率和高密度，而导致出现较为严重的社会和环境问题。例如，某市一个总面积达 $2km^2$ 的成片开发用地，开发商竟然要求把容积率定为10~15！试想如果照此实现的话，在这 $2km^2$ 的土地上将集中2000万~3000万 m^2 的建筑量（相当于一个50万人口以上的大城市的建筑量）这将会是一种什么样的状况？这样的大片钢筋混凝土森林将会带来什么样的社会与环境问题，后果不堪设想！

城市建设用地每个地块的容积率都是与该地块及整个城市的基础设施（交通、供水、供电、排水、通信、燃气等）的服务能力和承受能力密切相关的。容积率的增加，意味着对基础设施服务能力和承受能力要求的增大，意味着城市市政设施投资的增加，意味着全社会负担的加重，而且其所带来的在社会效益与环境效益方面的损失是无法用金钱计算和补偿的。而这些严重的社会、环境问题的出现并不是轻松地说一句"市场会作出快速反应，政府会及时调整"就可以放心地睡觉了。要知道，"自发性""盲目性"和"滞后性"正是市场经济的弱点和消极面。而"市场失灵"在社会主义市场经济条件下同样存在。我们不是看到了不少土地由于基础设施等等条件尚不具备而使出让的土地无法进行开发建设而长期在那里"晒地皮"么？我们不是也看到了一方面急需的项目找不到合理的用地安排，而另一方面被不合理"圈定"的十地却长期闲置而望地兴叹么？我们不是还看到了大量仓促上马的"三边工程"所留下的后患么？那么"市场"在这里究竟起了什么作用呢？有一位深圳的同志告诉我，在他们那里，原来建的三排商品房现在只有拆掉一排才能卖得出去，于是现在已开始大拆新建的房子。而这就是市场的"滞后性"作用。

那么，我们真的束手无策了么？于是政府凭借其特殊地位进行及时的宏观调控和管理就显得十分必要。而这正是城市规划管理的功能与作用。在市场经济体制下，保护全体市民的公众和长远的利益是政府部门的基本职能。因此，在土地利用和城市建设方面的政府的宏观调控和管理就责无旁贷地落到了城市规划管理机构的身上。为了维护公众和全局的利益，它既要与开发商们单纯追逐经济利益的自发倾向作奋争，又要为抵制某些决策者的短期行为而抗争。在"容积率"的问题上，城市规划管理部门所处的就是这样"四面楚歌"的不利境地，这就是当今中国城市规划管理工作者的悲哀。而在"规划是向权力讲授真理"的任务面前，中国的规划师与规划管理者却显得特别的苍白、无力。

三、努力实现从粗放型向集约型的转变

当我国的改革开放深入到由传统的计划经济向社会主义市场经济转轨的时候，一开始我们有点彷徨和犹豫，甚至迷茫。城市规划工作似乎已走到了黄河的断流之处。然而当土地有偿使用和房地产的开发热潮呼啸而过、推进到了其高潮线时，我们又给了市场经济以太高的期望值。但是当泡沫开始退去，我国的经济建设在国家的宏观调控的有力措施下开始走上持续发展的正常轨道之际，冷静思考的头脑使我们认识到，城市规划的改革与发展尚需找到其通向大海的地下暗河。

从经济地理学的观点来看，"城市是土地利用的一种经济形式"。然而，城市的特征还不仅仅于此。城市化从乡村变化为城市的过程，实质上就是土地等自然资源和社会资源的利用从粗放型向集约型进化的过程，是生产方式和社会生活方式从粗放型向集约型转化的社会过程。城市的进步与发展，同样也是资源利用与生产、生活方式的集约化程度由低级向高级的进步与发展的过程。

土地有偿使用的市场机制，虽然能改善土地资源的合理配置，使城市土地在一定的程度上达到高效益的利用，在集约化的道路上跨上了一个新的台阶（当然不是最高的台阶）但是城市的建设与发展并不仅仅是土地的开发与利用，城市的高质量与可持续发展也不仅仅是土地利用的高效益与土地利用的可持续发展。我们只要看一看在全世界范围内所普遍发生的"城市病"现象，就可以略为领略其中之奥秘。如果说，西方国家的"城市病"是由其私有制的资本主义制度所造成的，那么"公有制"的社会主义中国也出现了严重的"城市病"症候不是令人大惑不解么？其实，不管是资本主义的私有制还是社会主义的公有制，"城市病"的出现，都是由其初级阶段的"粗放型"的城市建设与土地开发使然。

20世纪80年代以前，我国在城市建设和土地开发上实行的是一种完全的计划经济的模式，城市建设与土地开发几乎完全由政府包下来，造成了城市建设与土地开发的投入与其效能及效益相脱节的状况。建设与开发的经济效益处于一种隐性的状态，无法对建设与开发的投入作科学合理的客观效能评价，从而也无从进行有效的调节与调整。"城市规划是国民经济计划的继续与具体化"，由此决定了城市规划是国民经济计划实现的手段，是计划实施的中介物。城市规划没能真正成为一种城市建设与发展的合理性与科学性的反馈、调控机制，或者说这种机制的功能十分微弱。在这样的体制下，或者是效能与效益低下的投入的大量浪费，或者是城市建设投入的长期大量欠账，使城市建设长期处于与生产力的发展及社会的进步的要求不相适应的状况。这种"计划经济"下的城市建设的非计划现象，造成的后果是城市布局不合理，城市基础设施和服务体系的效能低下，城市功能软弱的状态，出现了人口、资源和环境之间的一系列矛盾问题的"城市病"。正是这种城市开发与建设的粗放型模式，造成了我国城市化进程长期处于低迷与徘徊的局面。

然而，市场机制（不管是资本主义的，还是社会主义的）也不能完全避免城市建设与开发的粗放型模式。由于"市场失灵"，特别在公共事业方面的无能，它并不能有效地保证城市的合理发展和城市社会、经济与环境的高效益与高质量。西方国家所走过的城市化道路已经证明了这一点，这就是近代城市规划应运而生的社会基础，它是政府为克服"市场失灵"而进行公共干预的行为机制。然而它也没有能克服"城市病"的发生。

因此，无论是社会主义制度还是资本主义制度，无论是计划经济体制还是市场经济体制，城市规划的产生与存在是城市发展和社会发展本身的需要，是城市发展由低级向高级，由粗放型向集约型逐步发展、进步的需要，而不是一种什么"制度的需要"。城市规划是社会进步和完善的反馈调控机制，

而不是什么"制度完善的反馈调控机制"。因此，它不论在社会主义制度下还是资本主义制度下，不论在计划经济体制下还是市场经济体制下，城市规划都有其存在的客观基础，它所体现的是社会的需求和社会的力量，而不是一种"制度的需求和制度的力量"。城市规划是城市社会的发展需求与其发展的可能性之间的一种导向与反馈机制，是城市列车的"导向探测仪"与"制动器"。

因此，我国社会主义市场经济体制下城市规划的任务是：科学地制定城市的合理发展目标，利用市场经济条件下各种有利机制和合理成分，达到对各种城市资源（包括自然资源与社会资源）的合理配置，使之公平、合理与高效益，并采用控制城市土地使用和空间利用的模式与标准的手段来规范城市中的有关社会力量的社会活动方式，以及对城市发展的时空程序作出合理的安排与调控，使城市逐步由低级向高级，由粗放型向集约化的发展与进步。这就是城市建设与发展的可持续发展之路，就是城市规划与建设的集约化之路。

　　——本文原载于《城市规则》1997年第1期

走向集约型的城市规划与建设（二）
——变革中的规划观念与体制

一、规划观念的转变：市场化与换脑子

说起转变观念似乎早已不是什么新鲜话题了。不是么？我们早已在设计市场上学会了十八般武艺相互拼杀了，我们也已经逐渐锻炼出了一副经济的头脑能按经济规律来进行建设项目的建设和管理。"社会效益、经济效益、环境效益相统一"好像也已无可非议地作为众所周知的准则了。那么，我们还要转变什么？我们还要怎样"换脑子"？

城市规划观念的转变之根本任务是使我们的规划设计工作和管理工作如何能适应"两个根本转变"的时代要求，使我国的城市建设走上"集约化"的持续发展之路。因此，首要的问题应该是先要弄清"我们是谁？"，"我们应该干什么？"也即是对城市规划的地位与作用必须进行重新认识。

无论何种体制，城市规划工作从本质上说是一种政府行为，都是以政府部门的管理或干预的形式体现维护公众利益的一种社会力量。

土地、资金、建筑材料、劳动力及设计方案是城市建设活动的几个基本资源要素。资本主义制度下西方国家城市建设的基本资源要素都置于市场经济的机制下，政府的干预和调控手段主要是通过法规，以及具有雄厚经济实力的政府财力对某些建设项目实行财政补贴或贷款支持的办法来实现政策性的指导。

新中国成立以后，我国在计划经济的体制下政府控制和垄断了城市建设的所有基本资源要素。城市规划则是"国民经济计划的继续与具体化"。在这里，城市建设的"龙头"是国民经济计划而不是规划，规划只是计划实施的中介物，不可能成为一种城市建设和发展的合理性与科学性的反馈、调控机制。

改革开放和社会主义市场经济体制的逐步建立，我国的城市建设情况已发生了根本性的变化。在城市建设的基本资源要素方面，政府除了对土地的一级市场实行垄断和控制以外。对其他几个方面的资源要素都已放开进入市场机制，政府则是通过政策、法规和价格指导等手段来实现对市场机制的干预和调控。在这种体制下，城市规划管理部门对土地资源的合理利用与配置的管理职能就显得十分重要而突出起来。

城市规划（包括设计与管理）一方面作为一种政府行为是对城市资源的合理利用与配置进行有效的管理，体现了政府对城市建设与发展的科学性与合理性的宏观调控与指导作用。需要说明的是，这里所说的城市资源不仅是土地和空间，还包括阳光（日照、采光）、空气（通风）、水、电、信息、能源（燃气）、绿化、风景、生态环境等资源。另一方面，城市规划管理部门通过其对建设项目的审批管理职能（核发一书二证），也是政府实现对具体建设项目的微观指导，规范城市中有关社会力量的社会活动的方式以克服"市场失灵"的弊病，维护公众利益体现"公平、合理、高效"的原则。因此，在社会主义市场经济体制下，城市规划既作为一种政府行为对城市的建设与发展进行干预和指导，又作为一种对城市建设与发展的合理性与科学性作出反馈和调控的社会机制，其双重功能的地位与作用已显得日益突出了。

城市规划观念的转变，首先应该是对城市规划的地位与作用的认识的转变。

二、规划体制的改革："法规制"与"契约制"

在计划经济的体制下。我国城市规划的编制、审批和管理体制是一种自上而下的集权管理体制。可以说，在计划经济的体制下城市规划是指令性的，带有强制性的特征。

由于目前城市规划的编制与审批只是少数人在那里忙碌，基本上没有公众的参与。因此公众并不把这样的城市规划当作代表了包括他们在内的公众利益的"我们的规划"。试问，一个城市的总体规划经过反复修改、历经数年编制，如果没能获得最后的批准，又会怎么样呢？难道城市就停止建设、停止发展了么？非也！城市照样在进行建设。因而这种规划也就失去了"权威性"。因此"有权"的人一出来说话，规划的命运也就惨了——不如领导一句话！我们往往不能理解，具有法律地位的规划为什么不如领导一句话呢？因为没有公众参与和公众支持的规划，即使被否定、被破坏了，心痛的也只是少数几个为此曾辛苦忙碌了一阵的人，于广大公众来讲只是"偷了别人家的东西，毫不心痛"（虽然有时也会对偷盗行为表示愤慨，但不会心痛）。也正因为如此，面对屡见不鲜的违法建设行为，只要不是明显地与自己的切身利益相矛盾的话，大家也都相安无事。

城市居民、城市里的各种企事业单位及社团组织，是城市社会的基本要素，是城市的主体。他们在城市中的各种政治、经济和社会生活活动是城市得以产生与发展的最基本的动力。正是这些活动推动了城市的发展与变化。而城市规划是以政府的行政手段的方式所体现的一种公众利益的力量，通过规范和协调城市中各种社会成员的建设行为以保证城市功能的最佳运行。而要做到这一点，城市规划就必须得到了广大市民和社会群体的认可与尊重，并成为规范他们各自建设行为的自觉行动。

我国《城市规划法》所规定的城市规划编制与审批制度，保证了城市规划与建设有法可依，并确立了城市总体规划的法律地位，有很强的约束力。但在执行过程中。如前所述由于没有公众参与的基础（尽管人大审议具有一定的代表性，但这种代议制度毕竟公众性较弱），反而有效性极低。实际上在城市建设管理中，真正起作用的是分区规划和控制性详细规划，事实上许多城市的分区规划和详细规划与总体规划是很不一致的。而对于这一层次的规划，处于权力决策地位的市领导则给予了更多的关注。但在目前的体制下，"权力人物"关注得越多，则按他们意志行事的情况就越多，而市民、公众的意志力量则几乎等于零。

在"公众参与"方面，我国的一些城市已作了一些十分有意义的探索工作。如深圳市采用"公众意见咨询展"的办法收集公众对规划的反馈意见❶。北京市通过竖立建设项目"告示牌"及举办"公众听证会"的办法广泛听取当地居民群众对具体建设项目及审批的意见❷。北海、厦门等不少城市普遍采取对规划成果进行广泛宣传、咨询的办法，也都取得了一定的成效。但总的来说。我国城市规划的"公众参与"基本上还是处于规划已经批准后的实施管理阶段，即"规划后"的参与，属于较低层次的参与。香港西贡区旅游及休憩发展研究的例子，恰恰反应了市民们参与规划制定和决策的必要与可能❸。

笔者认为，在我国由计划经济向社会主义市场经济转轨的时机，有必要在城市规划的单纯"法规制"的体系中加入"契约制"的机制。

所谓的"契约制"即是一种须承担义务和责任的参与制。20 世纪 80 年代中，我曾在欧洲的一些国家访问和工作。发现他们那里的城市规划是一种与我国的自上而下的"法规制"体系不同的"契约制"的规划体系。他们的城市规划除了城市发展战略规则（Strategy Plan）、总体规划（Master Planning）这种高层次的规划是由各级政府制定以外，地区性的具体的建设规划，都是由该地区内的公众

❶ 王富海. 经济体制转型期的深圳总体规划实践［J］. 城市规划. 1996（6）.
❷ 北京市城市规划管理局. 如何组织公众参与城市规划管理［C］. 中国城市规划协会规划管理委员会第三次年会，1996.
❸ 谭小莹，罗达邦. 私营机构在香港规范中扮演重要角色［J］. 城市规划，1996（6）.

团体和组织联合委托职业城市规划师或规划设计院作出规划方案，经由这些共同联合委托的团体和组织的代表进行讨论、审议、表决通过并达成协议。凡是在协议上签字的团体、组织与个人，都必须承担遵守规划进行合作建设的义务和责任，并以此来规范自己的建设行为维护共同利益。没有参加或拒绝参加协议签字的团体、组织或个人，可不受该协议的约束。但与协议相关的规划内容在实施时也将不考虑他们的利益。虽然从法律地位的角度讲，这样的"契约式"的规划并没有"法规制"的规划具有更高法律地位，但它却往往更为有效。因为凡是签约者都把协议所规定的规划内容看作是"我的规划""我们的规划"而自觉遵守，并竭尽全力与其他的协议参与者"共建家园"。而这正是我们所期望的规划的力量与作用。

三、规划师的角色与职责的转变：参谋、代理人与桥梁

随着我国社会主义市场经济体制的逐步确立，我国的城市规划设计也已进入市场机制。城市规划设计单位从原来单纯接受政府的指令性规划任务，只对政府负责，变为既接受政府的指令性规划任务（如城市总体规划、分区规划、控制性详规等）向政府负责外，又接受已进入设计市场的各种项目规划（修建性详规、修建性设计等）而对项目建设者、开发商负责。但至今还没有真正面对广大市民公众即城市中大部分各类设施的真正所有者或最终使用者，认真听取他们的意见，按他们的意愿进行设计，并对他们负责。在这方面，国外的不少规划师自称其为"赤脚规划师"，表达了他们直接面向公众的服务方式。在不少国家，规划师被城市政府或社区聘为规划顾问，进行常年的规划策划与设计，参与规划的编制与实施的全过程。他们植根于民间，随时听取公众的要求与意愿并及时反馈给市镇当局，起到沟通政府与市民之间双向信息反馈的中介桥梁作用。当发生利益纠纷时，他们又作为协议代理人及时进行协商和调整，使规划能在确保公众利益得以维护而各方又都可以接受的情况下顺利实施。规划师的工作，既体现了政府行为，维护公众利益，又充当了各个利益集团的直接代理人，起到了一种磨合与黏合剂的作用。

目前我国的规划师是处于一种"单位所有制"的体制之下，所扮演的角色是有权者（市委、市政府领导人及管理部门）或雇主（房地产开发商及企事业单位等）的议案信息库及绘图打印机，而不是政府与市民共享的参谋和双向信息沟通的桥梁。

为改变这种状态，必须加快推行我国的注册规划师制度的步伐，给执业规划师以更广阔的活动空间和工作天地。城市规划工作既是一种技术性极强的工作，又是一种政策性极强的社会工作，使得以此为职业的城市规划师必须具有广博的知识、掌握大量的信息，并要具备科学技术人才和社会活动家双重能力的素质。这无疑是对需胜任工作的规划师提出了更高的要求，因此对规划师的培养与教育的工作也必须有一个根本的改革。

规划观念的转变与规划体制的变革是走向集约型的城市规划与建设的基本保证。

——本文原载于《城市规划》1997年第2期

走向集约型的城市规划与建设（三）
——高质量、高效能与可持续发展

一、高起点规划与高水平管理

什么是高起点规划？我在海南工作时，一位市领导对我说："我们城市的规划起点要高一些，我们要有 100 层楼的高楼，要建 100m 宽的大街，要建成 100 万人口的大城市"，而该城市却是现状城市人口为 10 万人的滨海旅游城市。确实在不少人的头脑中有这样一个公式：现代化城市＝高楼大厦＋立交桥；也有人提出现代化城市就是"国际城市"或"国际化城市"，"城市的国际化是城市化与城市现代化的高级阶段"。

实现城市基础设施和各类建筑物等物质环境的现代化无可非议地是现代城市规划与建设的一个重要内容，但它仅仅是城市现代化的一个方面，即物质环境的现代化。因此它也只是现代城市规划的一个方面的内容，即城市的物质建设规划。从世界上一些发达国家所走过的路程来看。城市规划已从早期的建筑规划发展到形态规划和物质建设规划，又发展到了现在的环境规划与社会发展规划。城市规划已包含了物质建设、经济发展、文化进步、社会发展及社会安全与福利保障等多方面的内容。俗话说"站得高，看得远"，高起点就是看得全面一些，看得远一些。

近几年来，我国的规划工作者在探索城市规划内容的变革方面做了不少努力，如控制性详细规划的普遍推行，城市设计的大力提倡，"远景规划""容量规划"和"极限规划"的尝试，以及"弹性规划""滚动规划"的提出，都有不少好的经验，反映了我国的城市规划也正在逐步走出"建筑规划"和"形态规划"的物质规划的圈子，开始走向了环境规划与社会发展规划的广阔天地。城市并不是建筑的扩大化，城市社会也不是家庭和社区的扩大或叠加。系统论关于"整体大于部分之和"的观点早已为大家所熟悉，那么对城市的规划而言，也就需要对城市的社会发展进行全面研究和整体的把握，才能做到对城市的发展与建设起到科学的预测与合理的引导及调控作用。

从我国城市规划工作的现状来看，我们在总体规划阶段已开始走向较为全面的社会发展规划，作了一些探索和努力，对未来的发展也留有弹性和余地。但在详细规划阶段，我们还是基本上没有跳出"物质形态规划"的内容，没有对未来社区的发展进行全面的思考和精心的策划与安排。例如，随着信息社会的到来，我们的居住区及住宅与公共服务设施的规划与设计，应如何来适应社区结构和社会生产、生活活动的内容与方式的变化？基础设施的超前，城市人口与用地规模的预测固然必要，但对城市社会发展所将引起的变革与需要做出前瞻性的安排与引导，也许是我们目前详细规划工作更需要研究和落实的内容。而要做到这一点，则要求我们的规划师在做规划时应进行更为广泛和深入的社会调查与研究，了解和掌握社区生活中正在发生和将要发生的变化与需求，同时也要求我们的规划也应有更多的"公众参与"性。因此，高起点的规划就是高度科学性与前瞻性的规划，就是高度"公众性"的规划。

那么什么又是城市规划的"高水平管理"呢？目前我国城市规划行政管理部门对城市建设的管理大致可分为项目管理（立项、选址），资源配置管理（技术指标的控制与用地审批），和形态、形象管理（设计方案审批）三个方面的内容，这些管理工作都是以现有的法律和法规为依据，通过对"一书二证"的核发进行依法办事、依法管理的。

城市规划管理作为城市整体利益和市民公众权益的综合代表与维护者，必须在宏观调控和微观协调两个层面上进行工作，即"管理"与"服务"的双重功能，规划管理作为一种政府行为，它既要体现国家的有关方针、政策，制定和执行各种法规及技术标准，采取各种强制性的行政命令和干预手段以规范不同利益集团和个人的建设行为，来维护城市的整体利益和公众权益。作为一种城市发展建设的反馈、调控机制，它又需对城市规划实施过程中出现的具体问题与利益冲突进行及时的协调与整合。而目前我们的工作则偏重于在前一个层面上进行，对后一个层面的工作尚为不足或很少顾及。

城市规划管理部门往往是政府、利益集团和市民三者之间的利益冲突点，最近一段时间以来，我们接待了不少来访、咨询和投诉的市民。有关土地纠纷、要求维护合理间距及通风、采光、控制噪声、消除污染等合理权益等问题已日益增多。这充分说明居民和有关单位要求维护其合法权益的问题已十分突出了，而这正是城市规划部门应为之"服务"的内容。

在计划经济的体制下，官僚主义是"公仆"们最需解决的弊病，然而在市场经济的体制下，体现"公平"则已经成为极为重要的问题了。因此，城市规划管理部门将面临越来越多的利益纠纷。处理矛盾、平衡利益、进行磨合和协调工作，这个城市规划管理第四个方面的工作内容，将在日常的管理工作中占据日显增大的比重。"体现公平、合理和高效益"，这就是城市规划的服务，就是城市规划的高水平管理。

二、城市资源的合理配置与利用

市场经济和土地的有偿使用正在使我国城市的用地结构和布局发生较大的变化，特别是在被称为"旧城"的市中心或老市区。随着"旧城改造"或"老城更新"的浪潮，我国的许多城市中正在出现一场"土地置换"和城市资源重新配置的结构性变革。

市场经济和土地的有偿使用对土地资源配置的经济效益起到了有效的作用，这是有目共睹的。但我们也不能不看到，在土地的经济效益被提高的同时，也出现了因土地开发强度过大而使城市基础设施不堪负担，以及城市资源的其他一些要素（如阳光、空气、绿化、历史文化遗产、风景景观等）的效益被降低或被破坏的情况。而且包括土地与空间在内的城市资源的分配贫富不均的不公平现象也突出起来。市场经济在强制"合理配置"的同时却扩大了富人与穷人之间对资源占有的不平等，因为市场经济的所谓"合理配置"主要是以经济效量为衡量标准的，因而也就造成了社会的不平等和不稳定。

城市规划所面对的不仅仅是土地配置的经济效益问题，它应当是对各种城市资源配置的经济效益、社会效益和环境效益进行协调的综合安排，并力求达到公平、合理和高效益。

事实上，已有很长时间市场经济历史的西方发达国家在城市化的进程中已走过了城市中心区的土地经济价值的"优化"过程。然而这些国家"城市病"的出现也已经向人们表明，仅仅土地使用的集约化并不能带来高质量的城市环境和健全的城市功能。从我国城市人口与建成区面积的相对增长的统计关系来看，呈现的是一种稳定的负的异速增长，而大城市人口密度又远远高于小城市。从这个意义上说，大城市在用地配置上比中、小城市有更高的集约性和经济性，然而我们不是也经常说，城市大了并不好，城市大了问题很多吗？就像物理学上的重量与质量是不同的两个度量概念与标准，城市的规模大小，只代表该城市的重量，而并不是其质量的反映。城市质量，则是城市的集约化程度的全面反映，是包括人口质量、用地结构、经济水平、生活质量、环境质量、基础设施状况、科学文化水平、城市服务功能、社区结构、社会安定与治安状况等等指标的全面反映。因此，城市的高质量与可持续发展必须是城市系统的全面优化，即城市各种资源要素的全面优化配置和利用。而这正是城市规划对城市发展起调控作用的主要手段，这也正是城市规划的重要社会意义之所在。

鉴于以上的认识，我们想到，对于旧城改造和土地置换是否不应该"以金钱论英雄"，而是应该按照建设高质量的城市环境、健全的城市功能、合理的社区结构、高效的城市经济、安定的社会秩序和可持续发展的原则，来进行用地结构和空间布局的组织。

当前，对城市生态环境与资源的"透支"现象也应引起高度的重视。因此，可持续发展的战略的提出，即对环境和资源的保护与珍惜，是对城市资源的合理配置与利用的最基本的保证。对于土地利用和资源配置，我们应该冷静地思考和研究，每个城市应根据自己城市的性质、地位和作用，结合具体的各种资源环境条件，提出科学合理和切合实际的用地结构和资源配置的优化模型。

城市用地结构和资源配置的合理化并不是城市中心区的商务化与非居住化，也不是工厂企业和城市居民大迁徙的"郊区化"。城市用地和空间的集约化也不能理解为土地利用的高强度开发，而应该是用地结构与空间结构的高度有机化的合理组织，使以土地为载体的各类建筑和城市设施相互之间以及与外部环境之间，无论从使用功能上、效益上、后续发展或形象景观上，都能达到结构严谨、组织有序、相容性好、功能互补，并能自我修复、完善的互补、共生状态、因此，一个城市不仅应该是投入与产出的高效益的城市，而且应该是具有优质环境和高水平服务和最宜于生活的聚居地。

从城市发展与社会整体发展的高度来看待城市资源的合理配置问题，正是一些发达国家从"旧城更新"到"城市复兴"的观念变化所反映的教训与觉醒，城市资源配置的优化或城市发展与建设的集约化，并不是对局部地区的改良，它应当是对整个城市范围甚至是区域性的土地、空间等等资源作统筹安排、实现资源配置的整体化合理调配。

随着科学技术的发展与信息社会的到来，城市用地与建筑物在性质和使用功能上的兼容性越来越强，多功能、综合性已成为土地利用和建筑等活动空间组织与设计的一种趋向，城市空间的相互渗透与流动，使城市布局与结构逐渐趋向有机化、均质化与网络化，这就是城市的城乡一体化和区域化发展的城市化道路。

——本文原载于《城市规划》1997 年第 3 期

完善总体规划编制方法
——转变观念，讲求实效

　　"城市性质"不是桂冠，是该城市的优势与特色，应着重定性和定量的分析，抓住要领，突出重点，不需"大而全"，更无必要戴上"社会主义的"、"现代化"等帽子。

　　数字游戏式的"城市规模"的计算实际上已没有多大意义。"人口规模"并不是"发展目标"而是"基础资料"，是"参照系"。人口规模是发展的结果，只能预测，无法确定，也不可能冻结。市场经济体制的运作已使大部分的"公共建筑"走向了市场，按"千人指标"配置的公建只有少量的公益性项目，如中、小学，幼托、青少年活动中心等尚能在居住区规划中起一定的指导性作用，大部分的商业服务设施已完全走向市场，由市场来调节配置而不是按人口确定。而道路、供电、给水排水等市政设施也基本上是由城市的经济实力所决定其配置，而非人口所决定。"城市用地规模"目前已由土地部门所做的"土地利用总体规划"决定并进行总量控制，城市规划应处于服从地位，无须再费心。

　　"规划年限"的概念应模糊。城市的发展并不是以"年限"来划分阶段的。一个泡沫四溅的房地产开发热潮可以使城市迅速膨胀，一个几十亿投资的"重大项目"的引进可以左右一个中、小城市的发展方向与城市结构，谁知道哪个大款巨商会在何时何地"发烧"呢？而一个措施有力的调控政策的出台又能使建设步入正常轨道。规划师在这方面并没有"预测"的能力。因此，应以"门槛"的概念代替"年限"，以城市发展的合理性与可能性来划分阶段。"近期规划"应深化、细化，"远期规划"应战略化、统摄化，"远景规划"应淡化。

　　——本文原载于《城市规划汇刊》1997年第5期（题目有改动）

城市化与农业现代化
——中国城市化的危机与希望

1994 年 9 月美国世界观察研究所所长莱斯特·布朗发表了一份长达 141 页的报告:《谁将养活中国——来自一个小行星的醒世报告》,于是拉开了"下世纪谁来养活 16 亿中国人"论争的序幕。早在 20 多年前的 70 年代初,罗马俱乐部曾以《增长的极限》和《只有一个地球》为题的报告,敲响了醒世呼唤的警钟,认为人类将面对世纪末日的审判。"布朗报告"则认为中国人缩短了末日审判的期限。因为如果中国人走日本、韩国或中国台湾工业化的发展道路,中国将要失去大量农田,粮食将无法自给,而这将带来全球性的粮食危机的灾难。"布朗报告"发表后即引起了整个世界的广泛关注和强烈的反响。根据布朗的推论,正在迅速发展的中国经济已经带来了人均收入的快速增长和生活的改善,从而将引起中国人民对粮食、肉、蛋制品需求的增长,最后必然造成整个世界都负担不起的粮食缺口,而整个世界都将为之付出代价。对此有人提出"中国人肉吃多了,美国人就得勒紧裤腰带吗?"

无独有偶,最近一段时间以来,也有人认为中国的城市化正在大片吞食农业耕地,为此我们又将面临饥饿的厄运。对此我们也要问:加快城市化的步伐,中国人就会饿肚子吗?

一、现代化与城市化的关系

据统计,1995 年我国城乡居民点用地合计有 18.05 万 km^2,即 1805 万 hm^2,其中设市城市用地为 216.6 万 hm^2,占 12%;建制镇用地为 198.55 万 hm^2,占 11%,两者相加共 415.15 万 hm^2,占 23%。占全国国土总面积的 0.43%。1994 年,我国共有 622 个城市,其人口(含市辖县,下同)占全国的 73%,工业总产值占 97%,固定资产投资占 53%,社会消费品零售额占 91%,居民储蓄存款余额占 89%。其中 622 个城市的建成区面积为 190 万 hm^2,占全国国土总面积的 0.2%,非农业产值为 2734 亿元,占全国的 77%。可见,国民经济的一切活动,其主要阵地都在城市或城市地区。我们经常说,中国以占世界 7% 的耕地养活了占世界 22% 的人口。我们难道不该说,中国的城市以占全国 0.43% 的国土面积承载着全国 29% 人口的生存空间(以 1994 年我国的城市化水平为 29% 计),并集聚着占全国 70% 以上的非农业产值的经济活动。在我国现代化的进程中,城市化的作用功不可没。

然而只要我们对世界的城市化进程进行横向比较,我们就不难发现,我国的城市化严重滞后于工业化和整个经济发展的水平。从世界城市化的普遍规律来看,工业化与城市化是同步推进的甚至超过工业化的速度(表 1、表 2)。例如,美国在 1870 年时工业化率为 16%,其城市化水平为 26%,到 1940 年,其工业化水平为 30.3%,而城市化水平已达 56%。发展中国家在人均 GNP 超过 300 美元之后城市化发展都很快,往往都超过工业化率(表 3)。

日本、韩国工业化与城市化关系比较 表1

	工业化加速年代	工业化水平提高幅度(%)	城市化水平提高幅度(%)
日本	1947~1957	28~36	28~57
韩国	1960~1981	20~39	20~56

1993 年一些发展中国家城市化水平　　　　　　　　　　　　　表 2

	巴基斯坦	蒙古	加纳	莫桑比克	津巴布韦	埃及	印尼	菲律宾	罗马尼亚	希腊
城市化(%)	34	60	35	31	31	44	33	52	55	64

1989 年世界 168 个国家和地区城市化与人均 GNP 分组的关系　　　　　　表 3

城市化水平(%)	5~19	20~29	30~39	40~49	50~59	60~69	70~79	80~89	90 以上
人均 GNP(美元)	372	374	820	1087	3621	6424	9960	8569	10757

我国到 1992 年工业化率已高达 48%，而城市化率仅 27.6%，说明我国经济已开始从传统型向现代型转变，但并没有带动我国社会从传统型向现代型的转变，经济发展与社会发展缺乏协调性。这种城市化水平明显偏低的情况，将反过来制约我国社会经济的发展。我国的人均 GNP 长期在 300 美元左右徘徊的情况，正是与我国的城市化进程长期处于低迷的发展速度的现状密切相关的。

我国的工业化发展并没有拉动城市化的快速发展相应地促进农村人口向城镇的集中，因而使我国大部分的就业人口仍滞留在粗放型的生产方式之下，阻碍了社会与经济的进一步发展。因为城市化的过程不仅仅是农村人口变为城市人口的过程，而更是土地等自然资源和社会资源的利用从粗放型向集约型的进化过程，是生产方式和社会生活从粗放型向集约型转化的社会过程。

二、我国城市化的前景与困境

1995 年底我国设市城市总数为 640 个，建制镇总数 16922 个，城市化水平为 28.85%。据有关方面预测，至 2010 年，我国设市城市将超过 1000 个，建制镇将超过 2 万个，城市化水平达 40% 以上，预计到 21 世纪中叶我国城市化水平将达到 60%，21 世纪末达 70%。目前我国正处于城市化的快速发展时期，但在 20 世纪末到 21 世纪中叶的几十年时间里要基本完成城市化的进程，却面临着极大的困难。

（一）我国人口总量庞大，转移任务艰巨

目前，我国人口总量已达 12.3 亿，据专家预测我国人口在下世纪的 30 年代将达到 16 亿左右，而城市化的水平届时应达到 55% 左右。这将意味着我国的城镇人口将从目前的 3.6 亿增长到 8.8 亿，净增 5 亿多，其中需从农村中转移出来的人口就达 4 亿左右，比我国目前现有城镇人口还多，任务十分艰巨。

（二）二元结构的传统困境

据统计这几年我国城市中的流动人口达 8000 万，对城市管理的压力十分巨大。预计 2000 年和 2010 年，我国农业劳力累计剩余量将分别达到 3.7 亿和 4.5 亿。任何一个国家在从农业社会向工业社会的转型过程中，都必然伴随着大量农民离开土地由第一产业流向第二、第三产业。近几年出现的"民工潮"反映了中国社会转型的"阵痛"，它是我国长期推行城乡二元结构的传统体制的后遗症，也是我国工业化、城市化与现代化步伐滞后的结果。

预计中国劳动年龄人口到 2020 年达到高峰为 8.93 亿人，预测 2020 年我国三大产业从业人数为 33.76：28.67：37.57，大体各占 1/3，从业人员分别为 3.01 亿、2.56 亿和 3.36 亿，即 2020 年第二、三产业的从业人员总和比目前净增 3.12 亿人，也就是说在今后的 20 多年时间内，平均每年需增加 1200 万个二、三产业的就业岗位，而这些将主要集中在城市内解决，形成巨大的就业压力和基本建设的压力。

（三）城市基础设施的投入严重不足，欠账太多

1995 年全国用于城市基本建设的投入不足 400 亿元，而实际需要 1000 亿左右，预计"九五"期间，城市市政公用基础设施投资需 4800 亿～6000 亿元，而实际最多可筹措 3000 亿，缺口很大。我

国水资源总量约 2.8 亿 m³，居世界第 5 位，但人均占有量 2500m³，仅为全球平均水平的 1/4，农业与城市用水的矛盾很突出。目前我国 600 多座城市中 300 多个城市缺水，100 余城市严重缺水，4000 万城市居民用水困难，每年因此而影响工业产值 2000 多亿元。

（四）城市用地紧缺，社会环境效益低下

长期以来我国城市用地的发展控制较严，使我国城市用地总体偏紧（表 4、表 5）。

1990 年全国城市建设用地状况 表 4

		特大城市	大城市	中等城市	小城市	全国城市
建设用地（km²）		3655.4	1673.2	3003.5	3276.2	11608.3
未考虑暂住人口	总人口（万人）	6004.1	2089.9	3487.3	3170.8	14752.1
	人均用地（m²/人）	60.9	80.1	86.1	103.2	78.7
考虑暂住人口	总人口（万人）	6999.4	2436.4	4065.4	3696.4	17197.6
	人均用地（m²/人）	52.2	68.7	73.0	88.6	67.5

中外城市建设用地状况比较 表 5

指　标	中国	发展中国家	发达国家	世界
人口密度（人/hm²）	148	120	121	120
人均建设用地（m²/人）	67.5	83.3	82.4	83.3

城市用地的拮据使得我国大部分城市人满为患，引发了住房拥挤、交通堵塞、环境恶化、绿地缺乏等一系列的城市问题。以道路交通为例，"八五"期间全国汽车保有量由 551 万辆增至 1100 万辆，年均增长 14.83%，而同期道路年均增长 5%～7%，车辆增长率是道路增长率的 2 倍多。我国小汽车数量已从 1990 年的 115 万辆增长到 1994 年的 185 万辆，预计到 2010 年将达到 2200 万辆，将需占用数以百万公顷的土地来建道路和停车场，而 1994 年全国所有设市城市的建成区面积总共才 190 万 hm²。

（五）错误的思想认识

我国城市化发展的困境除了客观的因素以外，对城市化的错误认识也不容忽视。虽然我国城市建设地十分拮据，1995 年全国所有设市城市和建制镇的用地总共才为 415hm²，仅占全国国土面积的 0.43%，所有设市城市建成区的面积才占全国国土面积的 0.2%，然而却有人认为城市化必然要吞食大量的耕地，使我国仅占世界人均拥有量 1/3 的耕地数更为雪上加霜。于是城市化与吃饭问题似乎成为二者不可兼得的难题。

那么，我国城市化的高速发展真的会使中国人饿肚子吗？

三、可持续发展与耕地保护

（一）我国耕地流失的情况与原因

国际组织规定，人均耕地 0.795 亩即为"危险点"，我国的人均耕地数正在日益向此危险点滑落，这不能不说是个严峻的事实。然而造成我国人均耕地量日益减少的最根本原因是人口的剧增。

我国自新中国成立以来耕地虽有所流失，但通过开荒与围垦等各种努力使耕地面积从 1949 年的 14.6 亿亩增加为 20.89 亿亩，净增 42.8%，但由于我国同期人口数由 5.42 亿剧增到 12.3 亿，使人均的耕地占有量从 2.7 亩/人降至 1.7 亩/人，这是造成我国人均耕地量剧减的根本原因。

不容忽视的是，在我国耕地数量净增的同时，耕地也在大量地流失，而粮食播种面积的减少则更为严重。1977～1984 年，我国粮食播种面积共计减少 2880 万 hm²，平均每年减少 411.4 万 hm²，

1984～1994 年播种面积减少 1053 万 hm²，平均每年减少 105.3 万 hm²，数字确实是令人担忧的。

但据有关统计资料分析，目前耕地流失的第一位原因是退耕造林，占当年耕地减少量的 29.7%，第二位原因是退耕还牧，占 18.4%，因农村基本建设和农民建房占 12%，为第三，因国家基本建设占用为第四位，占 11.8%，尚有情况不明的其他被占为 28%，然而在国家基本建设中，真正属于城市建设用地的约占 1/3，因此城市建设新增用地实际占用耕地减少量为 3%～5%。

从我国历年耕地减少的情况与城市化发展情况的分析比较中可以看出，我国的城市化发展速度与耕地的减少呈现的是一种负相关的关系。从 1957 年至改革开放前的 20 年，是我国城市化长期处于停滞徘徊的时期，城市化水平从 1957 年的 15.39% 上升到 1977 年的 17.55%，20 年共计增长 2.16 个百分点，平均每年增长 0.108 个百分点；同期全国耕地共流失 2907 万 hm²，平均每年减少 147 万 hm²。而 1978 年以后至 1993 年，我国城市化的发展有了较快的增长，城市化水平从 1978 年的 17.92% 上升至 1993 年 28.14%，15 年共计增长 10.22 个百分点，平均每年增长 0.681 个百分点，是前 20 年的 6.3 倍，然而据统计，1986、1987、1990、1991、1992 和 1993 年，耕地面积减少量分别为 64 万 hm²、47 万 hm²、47 万 hm²、50 万 hm²、75 万 hm² 和 66 万 hm²，年均为 58 万 hm²，仅为 1957～1977 年年均 147 万 hm² 的 40%。可见城市化的加速并没有引起耕地减少量的增加，反而使耕地流失趋向缓和。据有关专家对 1996 年初所拍摄的气象卫星照片的判读和分析，我国 31 个大城市自 1983～1995 年人口从 5210 万增长为 6833 万人口，增长率为 131.14%，用地从 3592km² 增长为 4906km²，用地增长率为 136.56%，得出的用地弹性系数为 1.15，与国内土地专家提出的 1.12 的合理弹性系数十分接近。这也说明，我国城市用地的增长并没有超出正常的范围而出现恶性膨胀和肆意滥占耕地的情况。

除了前面所述的使耕地流失的四种原因以外，我们再来看看属于"情况不明"的其他的 28% 的耕地流失的几个因素。据统计，我国土地沙漠化每年正以 2100km² 的速度推进，目前我国有 33 万 km² 土地受到沙漠化的威胁，西北、华北、东北地区受风沙危害的耕地已达 1330 多万 hm²。我国每年因水土流失的表土约 50 亿 t，占全球 254 亿 t 的 19.7%，1992 年我国水土流失面积为 367 万 km²，占国土面积的 38.23%，新中国成立以来共流失土壤达 2000 多亿吨，因水土流失而毁掉的耕地约达 267 万 hm²，为我国所有设市城市建成区面积的 1.4 倍。由于我国非农业部门收入明显的快速提高，农民"厌农"的现象日益严重，导致许多耕地的"撂荒"。据湖南省安乡县调查，有 5%～8% 的农民要求退出；湖北省对新洲县 30 个村的调查，至 1993 年 8 月共有 928 户撂荒土地 165.4hm²，分别占农户和耕地总数的 9.6% 和 4.6%。由于以上这些原因使全国粮食播种面积在 1991 年、1992 年和 1993 年分别减少 133 万 hm²、160 万 hm² 和 260 万 hm²。

除了大面积的耕地流失以外，尚有一些更为令人咋舌的数字可以使我们清醒地看到威胁我国粮食生产的"达摩克利斯之剑"究竟还有一些什么样的"元凶"。

我国耕地污染问题日趋严重，目前全国受污染的农田已达 1000 万 hm²，每年因此而损失的粮食约 120 亿 kg。以我国平均亩产粮食 240kg 计，相当于损失耕地 5000 万亩，计 333 万 hm²。

我国每年因水旱灾害损失的粮食都在 100 亿 kg 左右，每年因病虫、鼠害损失的粮食约占全年粮食总产的 10%～15%，约达 500 亿 kg，相当于损失耕地 2.08 亿亩，计 1389 万 hm²。

全国粮食在产后的收割、脱粒、干燥、储存、运输和加工中的损失率达 15% 左右，大大超过联合国粮食组织提出的粮食产后损失 5% 的标准，即实际多损失 10%，约 400 亿 kg 粮食，相当于损失耕地 1.6 亿亩，计 1067 万 hm²。

某新闻媒体最近一段时间以来播出了保护耕地的公益广告，意为唤醒人们珍惜和保护耕地的良知。但在公益广告之后却大做其白酒的广告。就让我们来看看，这样的"酒文化"一年又吃掉了多少耕地。1994 年我国年产白酒 651 万 t（也许在广告的大力推动下，这 2 年的产量更为增加），以平均生产每公斤白酒耗粮约 2.2kg 计，一年中仅仅白酒一项我们就喝掉了 1432.2 万 t 粮食，相当于 358 万 hm² 耕地。

以上 4 项合计，相当于每年损失耕地 3147 万 hm²，为全国城市建成区面积的 16.56 倍！

（二）对资源的永续利用和可持续发展的理解

从前述的情形中我们可以看出，一方面我国的耕地资源十分紧缺，另一方面由于各种失误和人为的因素造成大量耕地资源的损失与浪费，因此对资源的永续利用与可持续发展不能仅仅体现在消极的保护上，更应该体现在积极的防治灾害和合理开发与综合利用上，才能事半而功倍。

另外，对耕地的永续利用和可持续发展也应该以实现动态平衡的办法来达到。例如，发达国家的土地复垦率一般在 50％以上，而我国仅为 6％，据估测我国的复垦耕地至少可以达到 9500 万亩，即 633 万 hm²。

鉴于以上的认识，要实现我国对耕地的永续利用与可持续发展，根本解决我国的粮食危机问题，必须从以下几个方面着手：

（1）加强全国人民对环境保护与可持续发展的认识，使保护环境与耕地的基本国策和可持续发展的基本战略深入人心。

（2）坚定不移地继续实行"计划生育"，切实控制人口增长。

（3）依靠科技进步，全面推行科学种田，实现农业生产从粗放型向集约型的转变。

（4）正确的政策引导，努力缩小剪刀差，改变城乡二元结构。

（5）加快城市化的进程，促进经济、社会、环境的协调发展，增强综合国力，确保增大对农业的投入。

四、社会发展与农业现代化

一要吃饭，二要发展。"发展才是硬道理"。不发展，耕地再多也会流失，不发展土地再多也要饿肚子。比英格兰的土地面积大多少倍的大清帝国不是连国土都保不住吗？"落后是最大的危机"。世界上处于饥饿和极度贫困状态之中的国家并不一定是资源匮乏的国家。

工业化与城市化会带来粮食需求的增长，但工业化与城市化也会给贫困地区带来农业生产潜力的发展，带来粮食的增长。工业化与城市化当然需要发展用地，但工业化与城市化能提高土地利用的集约化程度，使土地资源发挥更大的效益、促进经济发展。而只有经济的发展、国力增强才能增加对科技的投入，增加对农业的投入，才能从根本上保证实现农业的现代化。

（一）可持续发展与集约化生产和建设

要实现社会、经济、资源与环境的可持续发展，就必须走集约化的生产与建设之路。而城市化的本质就是生产与建设的集约化发展之路。

例如，建设部于 1990 年颁布施行的城市用地标准规定，城市人均的居住用地为 18~20m²，这比我国农村目前按平均每户宅基地 0.25 亩来建房的人均 41m²，节约 21m²/人。我们按到 2030 年我国城市化水平达到 55％，需从农村中转移出来的人口达 4 亿左右算，光这一项就可以腾出用地 82 万 hm²，相当于目前全国城市建成区总面积的一半左右。

另据统计，1994 年我国城市中第二产业的从业人员平均所需的生产用地约 52m²/人，而目前我国现有乡镇企业从业人员 1.2 亿人，乡镇企业占地为 1 亿亩，平均每人占地为 555m²。如果这些乡镇企业都能走城市工业的集约化用地的道路，那么就可腾出用地 600 万 hm²，相当于全国城市建成区用地的 3 倍还多！

20 世纪 80 年代一位日本学者算了这么一笔账，日本每公顷水田可收 5000kg 粮食，如按 1kg 300 日元计算，共计可得 150 万日元的毛收入。但如果用这 1hm² 土地开工厂，则每年可完成 50 亿日元的生产额。前者只能维护一个四五口之家的生计，而后者可养活 400 名职工和他们的家庭。

如果我们仅用乡镇企业集约化所腾出的 600 万 hm² 用地来建城市，以人均城市用地 100m² 计算则可安排 6 亿城市人口，加上目前的 3.6 亿城市人口，这样我们以 2030 年总人口达 16 亿计，城市化水平就可以达到 60%，而并不需要占用一寸新的耕地！

（二）搞好城市规划和村镇规划就是为了节约用地和可持续发展

"八五"期间，将近 43% 的设市城市在城市规划的引导下，合理调整城市用地结构，提高土地利用的集约化程度，使人均城市用地平均减少 14.3m²，其中 61.5% 是小城市，平均人均用地减少 29.6m²。如果我们能做好全国大部分城乡居民点的规划，使乡村逐步走上城镇化的集约型建设之路，就能达到社会、经济、环境与资源的协调发展和可持续发展的目的。

（三）关键的问题在于农业的集约化与现代化

工业化、城市化就能促进和实现农业现代化，而农业的现代化却是工业化、城市化的根本保证。不改变我国农业落后的现状，不从根本上提高产粮的水平，耕地即使不再减少，随着人口增长的压力，我们将无法消除笼罩在我们头顶上的饥饿的阴影，我国的城市化之路始终将十分艰难。

据统计，全国有成片可垦荒地 5 亿亩左右，其中近期可以开垦为耕地的约有 1.2 亿亩；另有零星荒地 1 亿亩，近期可以开垦为耕地的约为 5000 万亩。如果我们能在 2030 年前将这近期可以开垦的土地逐步转化为耕地的话，只要保持现有耕地数的动态平衡，那么在 2030 年前我们就有 1133 万 hm²（相当于现有城市建成区的 6 倍）的土地可以用于城市建设，就可以接纳 11.3 亿城市人口，这对于达到 60% 的城市化目标是绰绰有余的，我国的城市化将是十分有希望的。农业现代化是我国城市化与现代化的根本希望。

——本文原载于《城市规划》1997 年第 6 期

21 世纪城市的文化功能

城市从它产生的那一天起就与人类的文化结下了不解之缘。城市的建设与发展始终是与人类文明的进步联结在一起的，它是人类文化的荟萃之地，是人类文化成果的最大的博物馆。城市是人类文明的结晶，是人类文化和科学技术的历史积淀的物化物，它是一部用石头写成的人类文明史，体现着人类文化与科学技术进步的历史。

从尼罗河畔的金字塔到巴比伦神庙，从雅典卫城到佛罗伦萨的西格诺利亚广场，从巴黎的罗浮宫到北京紫禁城。这些标志着人类文明伟大成就的文化瑰宝，使得与它们的名字连在一起的城市在人类文化的发展史上占有着十分重要的地位。

当人类的文明史将翻开新的一页，当我们走完 20 世纪最后的几个台阶迈向新世纪之际，文明已不再仅仅是一个外在的标识，它已经成为世界上每个国家和民族内在的需要与真正的力量所在，它将决定在即将到来的新纪元中各个国家和民族的命运。那么作为与文明共存的城市，在即将到来的新世纪中又将扮演怎样的角色呢？毫无疑问，作为人类文明的象征和每个时代先进文化载体的城市，必将在人类文明的发展史上发挥新的功能。

一、城市作为文化发展与进步的基因库

文明发展的前提是文明的保存。人类只有将自己置于已有的文明成果的基础之上并进行有效的创造，才能使人类社会与文明获得进步与发展。

作为 20 世纪人类认识世界的重大成果之一的"可持续发展"理念的确立，是人类文明史上一个重要的里程碑。"可持续发展"的观念，不仅应体现在物质资源和自然资源的永续利用与可持续发展上，更重要的应体现在人类精神文明与文化知识的可持续发展上。在即将到来的未来社会中，城市中所蕴藏的文化遗产与艺术瑰宝，将为人类的物质文明与精神文明的新创造提供文化资源，而这将是未来城市的最基本的功能。

目前在我国房地产开发的浪潮中，在"旧貌换新颜"的旧城改造热流中，一批批低矮破旧的房屋被拆除，大量的高楼大厦正拔地而起。然而可惜的是，在不少城市呈现出一片崭新的城市面貌的同时，不少历史文化遗产和艺术瑰宝也随之而惨遭破坏，或濒临"灭种"，或面目全非失去昔日的文化价值。也许这是我们在走向现代化中所必须忍痛付出的代价，然而在走向人类更高的文明过程中，城市文化资源的保存、保护和发展是至关重要的。它将是当代人给后代所留下的最可珍贵的遗产。

二、城市作为文化知识产业的主要生产基地

世界上只有一种资源是不能自然地在宇宙中产生和获得的，这就是科学知识和科学认识。这是只有通过人类的创造性活动才能人为地产生的最可宝贵的资源。

对应于人类社会从农业社会进入工业社会再开始步入信息社会的发展历程，城市的发展史也走过了从政治中心到经济中心又到文化信息中心的演变过程。随着信息社会的到来，作为进行科学文化知识和信息的生产与传播的"第四产业"——知识产业，将在城市产业中占据越来越重要的地位和与日俱增的比重。

科学研究、文化的创作与传播及全民终身教育将是 21 世纪城市的主要功能。因而科研机构、大

专院校及进行全民教育和终身教育的各类学校，以及图书馆、博物馆、科技馆、信息交流中心、体育健身运动中心、文化艺术中心、会议展览中心等等的文化设施将作为城市文化知识产业的主要活动场所而成为城市的主要风景线。

我国目前正处于工业化和城市化的快速发展期，大部分城市的领导都把引进多少投资，新建多少工业项目，年均增长多少工业产值作为显示自己政绩的主要指标，而对科学研究等知识产业的发展尚未给予足够的重视。在前一时期"炒地"的泡沫浪潮中，有的城市已将 3～4 倍于现有建成区面积的土地都已卖了出去，准备进行商品房的大开发。然而却没有留下一块作为学校、科研和文化活动场所的用地，不能不说是一场悲剧。面对即将到来的新世纪，我们的城市究竟应以什么样的姿态迎接新纪元的到来，我们究竟为即将步入的"信息社会"做了什么样的准备呢？

三、城市作为文化知识产业的大市场

城市历来是与市场联系在一起的。农业社会，城市的市场功能主要是作为生存物资的农业产品的交易地。工业社会，城市则是原材料、矿产品和工业品等生产、生活物资的交易场所。到了知识信息社会，城市的交易功能应集中反映为金融、证券和知识、信息的大批发、大交易的市场，是金融市场、人才市场，文化信息市场等诸如此类的社会发展与人类自身发展的物资和资源的市场。

目前，我国的不少城市正在经历一场土地置换和工厂、居民大迁移的运动。一大批原有的工厂、仓库、企事业单位及居民住宅从城市中心被拆迁至城市边缘地带，取而代之的是大型商场、豪华酒店、星级宾馆和高档写字楼等。也许这在近期能使城市中心区达到一定的繁华程度，但这样的繁华又能维持多久呢？

人们正在开始告别拥挤的城市。近 20 年以来，随着西方发达国家城市的"郊区化"发展，不少大型企业和办事机构纷纷迁往郊区，"超级市场"和连锁店随即跟踪而至郊区落户，使得不少城市出现了中心区衰落的现象，城市政府不得不来动员市民们回到城市中心区居住和生活，以恢复城市中心区的活力。那么我们是否还有必要经历城市中心由兴盛到衰落再努力使之复兴的过程？这是摆在我们面前值得深思的问题。

四、城市作为文化知识产品的消费空间

随着信息社会的到来，信息技术的应用和服务日趋广泛，大部分的社会职能已转向信息化，可以随便在任何地方设置办公室、学校及其他知识产业机构。人们将可以在家里通过电脑进行办公、购物、求医、受教育等等各种活动，家庭生活也可能发生变革而重新恢复住宅作为生产和生活中心双重功能的传统作用。人们将通过信息网络与外部世界取得广泛的密切联系，从而把更多的时间和兴趣用于居住社区、家庭生活和邻里关系的和睦相处。

不少国家甚至已提出准备实现每周三天休息日制，不少居民已拥有在城内和城外两套住宅，将一半时间在城内的住宅兼办公地居住，而另一半时间在风光秀丽、环境更为舒适的郊外休闲地度过。未来的城市中心区将是人们偶尔光顾的"历史文化遗迹胜地"。

信息时代，人们可以坐在家里通过与世界联网的信息高速公路与任何地方的任何人进行联系、对话，互通信息，他们可以干绝大部分现在需要出门干的事情。然而，直接投身于大自然尽情享受大自然之美，以及与亲朋好友见面聚会，交流感情却是电脑所无法给予的乐趣。因此，在人们的闲暇时间里人们将或是去远足，捕捉大自然的野趣，或是奔向新的市中心享受亲朋聚会的天伦之乐。因此今后的城市中心最吸引人的地方就是作为人们进行社会交往、过"类"的生活的公共空间了。那么我们现在不就应该在城市中心多留下一些充满阳光、空气和绿色植物的公共开放空间么？以前到北京去天安

门广场，看到过很多大人、小孩或全家人在那里放风筝的张张笑脸，后来在上海的人民广场看到了市民在那里喂鸽子时的欢乐景象。最近，地处厦门新市中心区的白鹭洲也为市民开辟了一片绿化空间，每到双休日，市民们带上全家老小或与亲朋好友相约而行，拥向那里，当夜幕来临随着音乐喷泉的节奏翩翩起舞，那种乐趣真是难于言表。这使我们深深地感到城市中心的绿地和公共空间比高楼大厦更可贵，更可珍惜。今后作为市民们相聚，交往场所的城市中心应该是给人们带来更多的欢乐、更多的忘情之游的地方，而不是充满着金钱味的灯红酒绿之处。

　　——本文原载于《城市规划汇刊》1998年第1期

新时期规划师的职责与作用

随着我国社会主义市场经济体制的确立和信息时代的到来，我国的城市规划师将实现角色与职责的转变，以崭新的姿态进入 21 世纪。

一、作为知识产业与高附加值的生产者

有人把即将到来的新时代称为知识社会，即在这样的社会中的主导产业将是被称为"第四产业"的知识产业。而城市规划师则首先是知识产业中的重要一员，他们将是社会财富中高附加值的生产者，其意义从"一个科学的总体规划本身就是财富"这个论断中可以得到深刻的解析。因为城市规划所追求的就是社会效益、经济效益和环境效益三个最佳的统一。

二、作为各级政府对建设行为进行行政管理和宏观调控的"软件"制作者

规划师将根据城市科学合理的发展需要对城市建设中的各种反馈信息进行综合，按照政府宏观调控的意图对规划不断进行修正以指导建设活动。他们是一支使政府的意图由"精神变物质"的产业化队伍。

三、作为房地产开发商实现经济效益获得丰厚利润的智力投资合作者

规划师以其高附加值的知识产品积极参与房地产项目从内容到形式的策划，并努力使其成为低投入、高产出的优质产品。他们是"自觉的经营者与合伙人"，而并不是"雇工"。

四、作为消费、使用者的服务者与代理人

城市规划是一种社会需求与资源本配置的合理规划，而市民公众应是他们真正的服务对象。规划师应采取直接面向公众的服务方式，真正面对广大市民公众，即城市中的大部分各类设施的真正所有者或最终使用者，认真听取他们的意见，按他们的意愿进行设计，并对他们负责。

五、作为政府、开发经营者与市民大众三者共享的参谋与信息沟通者

规划师应当好三者间信息沟通的桥梁作用。他们应植根于民间，随时听取公众的要求与意见并及时反馈给市镇当局和开发经营者。他们的设计作品在兼顾"三个效益"的前提下，应力求做到能在确保公众利益得以维护，而各方面又都可以接受的情况下得以顺利实施。规划师的工作既体现政府行为，维护公众利益，又充当包括开发商在内的各个利益集团的直接代理人。

六、可持续发展的积极参与者和推行者

保证我们的城市与人类社会的可持续发展，这是城市规划师最根本的历史使命和社会责任。从本质上说，可持续发展就是在满足需求的可能性与合理性之间谋求一种适度的结合点。因此可持续发展的城市规划就是社会需求的合理规划与城市资源的科学配置规划的有机结合。城市规划师将以自己的精心规划为人类社会的可持续发展作出应有的贡献。

——本文原载于《规划师》1998 年第 1 期

《城市规划法》的修改
——充实内容，强化可操作性

1. 准确阐述城市规划的地位与作用

城市规划不仅仅是"城市建设的龙头"，而且是国家和城市政府对社会和经济的发展实现宏观调控与微观管理的重要手段。应明确和强调城市规划管理对土地、空间、水源、能源、信息、风景等等城市资源实现合理配置与利用的宏观调控和管理的作用。

2. 明确控制性详细规划与修建性详细规划不同的作用与编制内容

目前我国规划管理部门基本上都是通过编制控制性详规来作为日常管理的依据，它主要是确定用地性质、功能，提出对资源配置和土地开发强度及建筑空间形态的控制管理要求。修建性详规主要是针对具体的开发建设项目和用地进行的规划设计，它是设计单位依据规划管理部门按照控制性详规所提出的规划设计条件所做的具体的项目规划与土地和空间利用的形态设计。现有的《城市规划法》有关"详细规划"的条款太笼统，应根据二者不同的作用和要求制定相应的条款。

3. 应增加有关城市设计的条款

4. 对"新区开发"和"旧区改建"的指导原则应更具体

新区开发必须对占而不用、多占少用和长期拖延工期的"圈地"现象给予明确的制裁措施。旧区改造必须提出保证环境质量的要求，避免单纯追求"经济效益"和"土地利用率"等过度开发的现象。

5. 制定对城市规划区范围内村镇建设的管理规定

城市发展用地和城市规划区内的村镇建设必须纳入"城市化"的轨道，合理控制村镇建设用地，规范村镇建设行为。"乡镇企业用地"应集中布局和合理建设，避免遍地开花、污染漫延。

6. 明确"法人代表"的法律责任

"法人"违法或集体违法是当前城市规划管理上最为头痛的问题。由于有各种各样的"关系"和原因而使对违法建设行为的纠正与处罚无法落实，更有通过"罚款"而使违法行为"合法"的倾向。应提出对法人违法的"法人代表"予以处罚，追究个人责任的规定。

——本文原载于《城市规划》1998年4期（题目有改动）

对出现大型高级商场过剩的规划应对建议

有人把市场力的作用称为一只"无形的手",那么政府的宏观调控就是一只"有形的手"。而城市规划管理就是这只有形的手的组成部分。它既可以是一架"导向探测仪",也可以是一柄"刹车闸"。前一阵,在我国不少城市中刮过兴建高档大商厦、购物中心的狂风至今似乎还未平息,但已传来了一些城市中大商场已过剩、萧条而面临倒闭的消息,高档写字楼和别墅也处于长期滞销积压的状况。当然,被称为"无形的手"的市场机制可能会起作用,但作为政府宏观调控手段的城市规划管理更应发挥积极作用。对所在城市的各类建筑的建设量究竟多大才适度、合理(包括市场需求量和环境容量等),规划管理部门应做到心中有数,对照已审批的数量及时向决策者和开发商作出通报,给予建议和忠告,积极引导房地产开发建设的正确投向。因为开发商或建设单位或许会了解市场需求及已建建筑量的情况,但对于已批出还未建的"隐形"建筑量是不甚清楚的。对他们来说,这是一只市场的"黑箱",因此很容易出现盲目追随市场、赶潮流的现象。但当过剩的现象已显现时,可能为时已晚。而规划管理部门信息的及时反馈也许就能起到防微杜渐的"导向"与"制动"的作用。这也是规划管理与服务的双重作用的体现。

——本文原载于《城市规划汇刊》1998年第4期(题目有改动)

新世纪的城市规划与建设
——兼论 21 世纪厦门的城市发展前景

我们都在期盼 21 世纪的到来，当新世纪的脚步声在前奏曲的伴奏下变得越来越近时，我们不能仅仅限于期盼和等待，我们必须做点什么。作为城市的规划、建设和管理者来说，对即将到来的世纪，对即将面对的城市发展前景，我们究竟了解了多少？我们已经准备好了么？

一、对新时期城市发展的展望

纵观城市发展变化的轨迹，由渐变到剧变，由量变到质变，由粗放到集约，由简单到复杂。在促成城市发展变化的诸多因素中，有 4 个方面的因素是特别引人注目的，它们也必将决定未来的城市发展与变化。

（一）科技进步与城市的变革

由工业革命、电子革命和信息革命所代表的科技进步，使人类社会由机械化时代进入电气化时代又迈入了信息化时代。以经济活动为主线的社会阶段，则由农业社会进入工业社会又将进入智业社会。在社会转型的过程中，乡村的城市化和城市的现代化已成为人类社会生活的聚居地演变和进化的主旋律。

1957 年人类的第一颗人造卫星上天，标志着一个新时期的到来。在人类的活动空间开始向地球的外层空间延伸、拓展的同时，地球上城市的发展也变为多维度、多层面。水上城市、水下城市、空中城市的构想方案频频出现，利用地下空间建设的地下城已成时尚。科技的发展完全改变了原有的城市概念，城市已从有形的地域性的城市发展为无形的空间性的城市。这使得城市规划的内容和范围必须向空间化和多向度发展，由强调时间维的计划型（Planning）向强调空间维的设计型（Design）方向延伸和拓展。

超大规模集成电路芯片的产生及光导纤维、微波通信的出现，使电脑进入家庭逐渐成为现实。随之而来的是人们居住生活的科技化程度日趋提高。电脑购物、电子学校、电子银行、电子医院相继诞生，被称为"虚拟社区"的新的社会生活组织形式，已开始重新建构社会生活的物质形态环境，这已对居住区的规划设计提出了新的挑战。

（二）社会生活的变化对城市变革的需求

随着生活水平的提高和医疗科学的发达，城市人口的老龄化与人口下降已成为发达国家和地区的普遍现象。根据联合国对我国的预测，20 世纪末，中国大致步入或接近老年型社会，60 岁以上的老年人口占 10%，65 岁以上接近 7%。到 2040 年，我国将达到老龄化的峰值，60 岁以上老年人口占 23.7%，65 岁以上占 18.3%，老龄程度将超过目前发达国家中老龄化最严重的程度。人口的老龄化趋势，对城市的服务设施需求的变化及社区生活的发展都将有较大的影响。此外，我国城市的家庭结构已由传统的东方型大家庭改变为以核心家庭为主，近些年来独身主义的流行以及单亲家庭的比例，也在不断增加。据有关方面的调查，上海、北京等一些大城市，目前已婚夫妇的离婚率已达到 25%。所有这些家庭生活的变化趋势，都要求在加强其家庭生活的"私密性"，热衷于营造其"自得其乐的小天地"的同时，发展社区的公共性的交往与群体生活。他们希望，既能独享"躲进小楼成一统，管它春夏与秋冬"的仙境闲情，又有分享"与众同欢，其乐无穷"的人间温情。因而社区生活的内容与场所应成为规划师们精心设计所关注的重点。

生产时间的减少，生活享受时间的增加，已成为一种必然趋势。双休日以及公休假制度的推行，已使我们的城市规划与管理者们大伤了一番脑筋；新闻媒体也曾一度大炒"如何让城市居民消磨掉这悠闲的两天时光"的热门话题。我们的城市似乎对这种新的生活节奏与时间表还来不及准备。可是西方某些发达国家已提出每周两天半甚至 3 天休息，每天上班 6 小时的新倡议。那么这"6 小时以外"人们将去哪里渡过呢？

健身、美容、接受终身教育的进修学习等等诸如此类有益于自身素质（包括生理、心理和智力）提高的项目，已成为人们欣然倾心的活动。近些年来，我国城市中不少地方的城市居民自发举行的邻里歌咏比赛、家庭体育竞赛、菊花展、绘画书法展等群众文化体育活动层出不穷。广州海珠广场有人每天早晨自发集体"大家唱"，杭州西子湖畔每逢休息日围圈拉琴唱越剧，闽南泉州等地公园内南音不绝，上海外滩和厦门的白鹭洲市政广场星期天都有广场音乐会。人们已经从重视饮食、子女教育和求医看病（即对商店、中小学和医院门诊所等公建配套的要求），转向追求各种物质消费（即对室内装修和家用电器、成套家具的热衷），又转向追求户外的休闲，旅游度假与高水平的医疗保健（即对城市环境质量与景观的关注）。在城市和生活区中如何为城市居民创造出更多的休闲空间，更多的公共交往场所和更多的自我实现的发展空间，应成为规划师和建设者的奋斗目标。

1986 年召开的第一次世界人类居住与环境国际会议，提出"居者有其屋"的口号，把成套住房作为解决居住问题的目标。时过 10 年，1996 年在伊斯坦布尔召开的"人居二"国际会议，提出"适宜居住的城市"，则把高质量的城市居住环境的整体创造作为奋斗的目标。舒适、卫生、环境优美、富有人情味和乡土气息的文化内涵，接近大自然的城市生活环境已成为全社会的追求。

智业社会、信息社会的到来，第四产业的兴起，信息高速公路的飞速发展，使得"在家上班"成为时尚。在美国，已有 1/4 的上班族全部或部分在家中办公。生产、生活内容的重新融合，使得住区的功能发生质的变化。新型住区的"公建配套"将不再是商场、邮局、银行等，而将是"信息站""钟点租赁式办公室""因特网咖啡屋"和"网吧"，居住区规划的内容将"面目全非"。

（三）经济发展对城市变革的影响

从欧共体到亚太经合组织，从世界贸易组织到欧元的诞生，整个世界经济一体化趋向正在加剧。跨国公司利用信息网已可使其生产和营销消除国界的障碍。消费者可以通过电脑购物和网上订货，直接向厂家订购完全个性化的产品。厂家根据其要求进行个性化生产或在遍布世界各地的分支机构寻找其需要的零部件进行组装。原有的沟通生产与消费之间的批发与零售的中介环节，将变得多余而逐渐退出市场，从而实现生产与消费的一体化。企业和政府的网络化，企业已不属于哪个"城市"，城市政府之间也已经"你中有我，我中有你"，城市中"飞地"比比皆是。现在的城市已经是开放式的城市，世界化的城市。以前那种以靠近原材料供应地和消费市场，要求形成在生产协作上的相互配套依存关系而组织"工业区"的原则将成为历史。工厂设在什么地方的"工业区"已不十分重要了，在哪儿投资建厂将主要取决于土地价格、环境要求、交通条件、知识劳动力市场的情况，以及该城市的生活质量等等投资软环境的好坏。这对城市规划中"工业用地"的概念及"工业区"的选址与用地组织将起到实质性的变化。

随着工业现代化及智业社会的到来，城市产业结构的调整已引起了城市用地结构与空间结构的调整，用地资源的配置也随之发生较大的变化。原处于城市中心地区的工业、仓库及一些居住用地逐渐被商业贸易、金融信息、文化娱乐等第三、四产业的用地及公共活动空间所取代，形成新一代的城市商务、信息、文化中心地区。

（四）人们价值观的变化与城市的发展

"可持续发展"是近几年来被人们使用频率最高的词汇之一。生态意识、环境意识、资源意识日益深入人心，"留一个什么样的城市给未来？"已成为人们的热门话题。建设"绿色城市""生态城市"或者什么"山水城市"已成为城市规划和建设者追求的理想。虽然还没有人能确切地描绘出这样的城市的容貌，但至少有一点是人们普遍相信的：它应该是城市发展史上的一大进步，将是比以往的城市更为有利于人类自身的生存与发展的生产、生活的聚居场所。

二、厦门城市发展前景探索

（一）目前厦门城市的发展阶段

1998 年厦门市的国内生产总值为 420 亿元，人均 3.3 万元（约 4000 美元）。根据发展规划，厦门市 2010 年的人均国内生产总值将达到 10 万元（约 1.2 万美元）。可以说 21 世纪的第一个十年期间，厦门市将从工业化的快速发展期进入成熟期，即步入后工业化时期，从小康型社会进入初级富裕型社会。

从目前厦门市所引进的外资企业及产业结构调整的趋势来看，厦门市的产业已从建特区之初的建材、制鞋、服装加工业转向电子、精细化工、有独特优势的机械工业（如飞机维修、林德叉车等）已逐步从劳动密集型产业升级换代为技术密集型产业，由此而引起了城市用地结构与空间结构的调整，带动了土地置换与资源的重新配置。原处于鼓浪屿和旧城中心的工业被迁到新区或岛外，新建工业项目由特区初建期的湖里逐渐移向岛外的杏林、集美和海沧等地，岛内主要发展风景旅游、港口及高新技术产业，形成了环员当湖的金融、信息和商贸新中心区的雏形。厦门的城市形态已由原来的封闭式单中心的海岛型城市发展演变为开放式、多核组团式的海湾型城市，由原来的城市人口不足 20 万的海防城市发展成为我国东南沿海的中心城市之一。

（二）发展目标：现代化、国际性港口风景城市

厦门市的建设目标是现代化、国际性港口风景城市。先来看看厦门市是否有条件和可能朝这个目标发展呢？

1. 现代化城市的特征

有关现代化城市的定义和特征的描述众说纷纭。笔者认为以下几个方面应该是基本的条件。

（1）功能健全。从城市的生产、生活、交通、游憩的 4 个基本功能来看，一个城市要被认为功能健全，首先要具备功能完善、服务高效的城市基础设施。特区建设以来，厦门市共投入 235 亿元大搞基础设施建设，使基础设施与经济发展的关系由滞后制约向基本适应和适度超前转变。在人均生活用水、用电、居住面积、道路面积、绿地面积、商业网点数、电话普及率、污水处理率、燃气普及率、万人公交车辆数及垃圾处理率等一系列指标方面都已达到国内较高的水平，已进入我国大、中城市投资硬环境排序的前十位。

（2）经济发达。尽管厦门市的人均 GDP 与国际上发达国家相比还差距甚远，但在国内已处于领先地位。自 1978 年至今的 20 年，国内生产总值的年均增长率为 18.4%，财政收入年均递增 19.7%，从一系列指标的评比来看，厦门也已跻身于国内城市的综合实力前十位。

（3）社会稳定。通过几年的努力，厦门市已基本建立了在医疗、养老、失业、贫困救济等方面的比较健全的社会保障体系。厦门市所规定的最低生活保障线在全国相关城市中是最高的。1998 年，厦门市城市居民人均可支配收入为 9179 元，农民人均纯收入 3826 元。

（4）管理有序。厦门市自 1994 年被全国人大授予立法权以来，共制定各项地方法律和法规约 40 项，逐步建立起依法治市的科学管理体系。

（5）人才充足。改革开放以前，由于两岸关系紧张，地处边防前沿的厦门市长期处于经济建设发展缓慢的局面，人才也极为贫乏。建立特区以后，优惠的政策吸引了大量的人才，市委、市政府也采取积极措施招聘引进人才。目前厦门市每百人口大专以上文化程度的人口已超过 10 人。科技人才众多，为城市发展创造了良好的智力资源条件。

（6）环境优美。自 1995 年以来，厦门市已先后获得国家卫生城市、国家园林城市、国家环境保护模范城市和中国优秀旅游城市的桂冠。优美的环境质量不仅为城市居民的生产、生活创造了良好的

条件，而且已经成为吸引外资的重要软环境。

（7）高度文明。不仅要有高度的物质文明，而且要有高度的精神文明，这是衡量一个城市现代化程度的极为重要的方面。厦门全市已普及九年制义务教育、市民的文化素质和文明程度人为提高，遵守《厦门市民文明公约》和《十不准规定》已成为市民的自觉行动。厦门市已连续三次获"双拥模范城"称号。

（8）科技领先。1997 年厦门市荣获"全国科教兴市先进城市"称号，科技对经济增长的贡献率达 47％。厦门市的信息港建设不断加快，"金卡"、"金关"、"金桥"工程建设已居全国前列。

综合上述的 8 个方面，厦门市已具现代化城市的雏形。

2. 国际性城市的基本特点与标准

城市国际化是城市现代化的延续。在全球经济日趋一体化的今天，城市的国际化也成必然趋势。但并不是所有的城市都能够得上国际性城市的称谓的，也并不是所有的城市都必将成为国际性城市的。与"国际性城市"的称号有缘的城市大概要具备以下这些条件。

（1）基础设施国际化。这样的城市要有高度现代化的城市基础设施与市政服务系统，在能源、交通、通信信息服务等方面的各项设施都要能达到国际标准。应具有国际性航空港或海港及与世界联网的高度发达的信息网系统。

（2）社会、经济、生态环境的国际化。有良好的生活居住环境和自然生态环境、市场化体系发达，生产、生活的社会化程度高，经济实力和生活质量达到一定的国际水准。

（3）生产国际化。一般是大量跨国公司总部的所在地，吸引了大量的外资企业和国际性投资，具有大量的国际意义的加工工业，生产品的外销程度高。在资本、人才、信息、科技等方面能进行广泛的国际交流。

（4）流通国际化。为主要的金融中心，经济贸易的国际化程度高，进出口贸易在城市经济的总量中占有相当大的比例。

（5）消费国际化。有比较完善的市场经济体系，市场开放程度高，第三产业高度国际化。有国际知名度高的文化历史胜迹或娱乐场所与购物中心，一般为国际旅游者和国际会议云集的地点。

3. 厦门的地位与优势

从以上 5 个条件来看，厦门也具有一定的地位与优势。

于 1996 年底扩建完成投入使用的厦门高崎国际机场具有 1000 万人次/年的客运设计能力，目前的旅客吞吐量为 350 万人次，居全国第六位，出入境旅客量已连续多年居全国第四位。厦门海港，1998 年的货物吞吐量约 1700 万 t，跻身全国十大港口行列，集装箱吞吐量 65 万标箱。厦门已跻身于全国大、中城市综合实力前十位和全国投资环境十佳城市的行列。至 1998 年年底，全市累计批准外商直接投资项目 4523 项，总投资 181.47 亿美元。目前已同世界上 152 个国家和地区建立了贸易往来，1998 年全市完成外贸进出口总值 75.47 亿美元，其中外贸出口总值 42.55 亿美元，居全国大中城市第四位。一年一度的"9·8"中国投资贸易洽谈会已成为全国最大的国际投资洽谈招商中心。1998 年接待海外旅游者 39 万余人次，为全国十大旅游创汇城市之一。

厦门以其优美的自然环境，洁净的大气质量，得天独厚的气候地理特点，舒适宜人的生活居住条件，已被世人评为"最温馨的城市"。

以上这些都是厦门朝着现代化、国际性的港口风景城市的目标而奋斗创造了良好的条件。只要我们充分珍惜和利用已有的条件，倍加努力，在全市人民的共同努力下，完全有希望使厦门成为国际性的重要交通枢纽城市、国际性的会议和展览中心，国际性的旅游、度假城市。厦门市将成为镶嵌于我国东南沿海之滨的一颗璀璨的现代化、国际性城市的明珠。

——本文原载于《海峡城市》1999 年第 1 期

城市化与城市现代化

一、我国是否正处于城市化的快速发展期

新中国成立以来，我国的城市化走过了一段十分坎坷的道路，城市化水平由新中国成立初的 10.6% 上升到现在的 30% 左右，增长了近 20 个百分点。同期，世界城市化水平由 28.8% 上升至 1995 年的 48.1%，也增长了近 20 个百分点。虽然在速度上几乎相近，但在指标水平上我国仍落后于世界平均水平近 20 个百分点。特别是在新中国成立后至改革开放前的近 30 年间（1949～1978 年），我国的城镇人口比重仅由 10.6% 提高到 12.5%，29 年才增长 1.9 个百分点，由此而造成了我国城市化长期滞后的局面。造成我国城市化进程缓慢的因素，大概有如下一些原因：

（1）新中国成立以后，我国长期实行优先发展重工业的政策，虽然这是在当时条件下迫不得已的选择，但长期的抑制"非生产性"建设，致使城市劳动力需求长期处于较低的状态。

（2）严格的户籍制度使中国不但存在着"二元经济结构"，还存在着"二元社会结构"，使占总人口近 90% 的"农民"难以改变其身份。

（3）人口众多，农业落后，生产力低下，8 亿人口弄饭吃，"温饱"尚难以维持，就无法提供足够的商品粮以满足不断增长的城市人口。新中国成立以来，我国的粮食产量从 1000 多亿 kg 增加到 70 年代末的 3000 亿 kg 左右，但人口也从 4.5 亿猛增至 10 亿左右，从而导致人均粮食占有水平增长缓慢。直到 20 世纪 70 年代初才恢复到清朝后期的水平，70 年代末达到人均 300kg 左右。

（4）1973 年我国推行计划生育，但计划生育的二极化现象严重。"超生"现象的 70% 以上发生在农村，由此农村人口的增长率大为超过城市与总人口的增长率，使得农业人口的基数呈增长趋势。

（5）我国城市用地紧缺，城市基础设施建设长期滞后，城市容量有限。改革开放前的二十多年中，由于不适当地片面强调"见缝插针"，使我国城市人均用地水平迅速降低，由 1958 年的 94.9m²/人，下降为 1981 年的 72.7m²/人，远低于世界的平均水平，使城市长期处于人满为患的局面。受"先生产，后生活"指导思想的影响，城市基础设施的投资严重不足，现有城市居民尚处于低水平的生活服务水准，更无法接纳"农转非"的大量人口。

改革开放所带来的我国社会经济发展的诸多变化，使以上所列的造成我国城市化进程缓慢的主要因素已经或正在得到改观，已促成了我国的城市化步入了快速发展期。

（1）改革开放及土地的联产承包责任制打破了农业发展的桎梏，大大地解放了农业的劳动生产力，使广大农民的生产积极性大为提高。1995 年全年粮食总产量达到 46.622 万 t，人均粮食产量 385.3kg，与世界平均水平相近。粮食的商品率自 20 世纪 80 年代以来达到 30%～50%，粮食问题已基本解决。副食品供应也根本改变短缺的状况，城市中以"粮票"等票证式的计划供应情况已废止，使得从土地上被解放出来的农民冲破城乡壁垒的限制大举进城成为可能。

（2）农业生产力的提高，使得大量原来被束缚在土地上的农村劳动力解放了出来，突破了农村就是农业的传统农村经济格局，实现了农村经济的综合发展。1993 年，全国已有各类乡镇企业约 2321 万家，企业总产值 2.9 万亿元。农村工业和第三次产业的发展，不仅解决了上亿劳动力的就业问题，

提高了农民收入，而且奠定了农村现代化的基础，促进了城市经济的繁荣，为我国的工业化和城市化创造了具有中国特色的新路。

（3）产业结构的调整，带来了就业结构的变化。随着我国农业劳动生产率的提高，大批农村剩余劳动力迫切要求转移，而此时第二和第三产业的迅速发展，使得农村劳动力的大量转移已成为现实。1978～1993 年，第一产业劳动力迅速转移，其劳动力占全体劳动力的比重由70.5％降为 56.4％，第二产业比重由 17.4％增至 22.4％，第三产业劳动力比重由 12.1％上升到 21.2％。

（4）改革开放以来，我国加大对城市基础设施的投资力度，城市基础设施建设步伐加快（表1）服务水平大为改观，城市功能提高，为城市化的快速发展创造了条件（表2）。

历年市政公用基础设施投资情况 表1

	年份	"一五" 1953～1957 年	"二五" 1958～1962 年	"调整" 1963～1965 年	"三五" 1966～1970 年	"四五" 1971～1975 年	"五五" 1976～1980 年	"六五" 1981～1985 年	"七五" 1986～1990 年	"八五" 1991～1995 年
市政公用基础设施投资比重	投资额（亿元）	14.27	25.63	9.02	13.17	19.26	51.25	180.99	511.79	2449.56
	占GDP比重	0.27	0.40	0.22	0.14	0.15	0.29	0.61		
	占固定资产投资（%）	2.33	1.96	1.81	1.09	0.85	1.61	3.40	5.8	3.5
	占基本建设投资（%）	2.42	2.13	2.14	1.35	1.09	2.19	5.31		

资料来源：根据《中国城市化道路初探》第 265 页及有关资料整理。

1997 年全国城市设施水平 表2

项目	人均日生活用水量（L）	用水普及率（%）	每万人拥有公交车辆（标台）	用气普及率（%）	人均拥有道路面积（m²）	污水处理率（%）	人均公共绿地面积（m²）	垃圾粪便无害化处理率（%）	人均居住面积（m²）
1997 年	213.49	95.16	8.57	75.71	7.84	25.84	5.54	55.41	8.83

资料来源：《城市规划通讯》1998 年第 12 期第 10 页。

"九五"前两年，我国完成基础设施投资 2091.3 亿元，其中 1996 年完成投资 948.6 亿元，比1995 年增长 17.5％，1997 年完成投资 1142.7 亿元，比 1996 年增长 20.5％。

（5）城市产业结构调整和多元化经济的发展，使各种经济成分的中、小企业大量诞生，创造了大量新的就业岗位。1978～1994 年，全国城乡创造的新就业机会累计达 2.2 亿个左右，比改革开放前 30 多年多出大约 2000 万个。在乡镇企业对劳动力的需求容量变小的同时，城市经济改革带来了城市门户开放的新形势，农业剩余劳动力转移的重点指向了城市。这种"离土又离乡"式的转移，已构成中国 20 世纪 90 年代劳动力流动的主题。据估计，现在城市就业岗位大约有 28％是由"农民工"拥有。

（6）房地产事业的发展对我国的城市建设起到了巨大的推进作用，特别是对缓解我国城市住房紧张的问题作出了不可忽视的贡献。20 世纪 90 年代以来，我国每年的住宅竣工量均在 2 亿 m² 以上，其中通过房地产开发竣工的面积约占一半多一点。

（7）由城市产业结构调整和市场经济及房地产业的发展所带动的城市土地置换，在使城市用地得到适当扩大发展的同时，城市的用地结构和空间结构正在发生变化。城市功能与结构也在逐步"升级"，城市环境得到一定改善，城市质量有所提高（表3）。

城市人均用地分类指标变化情况 表3

	1981年		1991年		1995年	
	面积(m²)	比重(%)	面积(m²)	比重(%)	面积(m²)	比重(%)
合计	72.7	100	87.08	100	101.2	100
居住用地	27.8	38.21	29.8	34.2	32.9	32.5
公共设施用地			7.7	8.8	11.0	10.9
工业用地	20.1	27.71	21.9	25.2	23.6	23.3
仓储用地	4.6	6.25	5.2	6.0	5.5	5.4
对外交通用地	5.1	7.07	5.4	6.2	5.9	5.8
道路广场用地			5.0	5.7	7.5	7.4
市政公用设施用地	15.1	20.76	2.4	2.8	3.4	3.4
绿地			4.9	5.6	7.4	7.3
特殊用地			4.8	5.5	3.6	3.6

资料来源：根据《城市规划》1997年第2期第36页及《中国城市化道路初探》第218页整理。

由于上述的改革开放所带来的巨大变化，使我国的城市化进程大为加快，城市化水平由1978年的12.5%提高到1995年的29%左右，17年共提高16.5个百分点，平均每年提高0.97个百分点，比同期（1970～1995年）世界城市化发展水平由36.6%提高至48.1%，平均每年提高0.46个百分点高出一倍以上。不少专家认为，由于受我国户籍管理制度的统计口径影响，我国城市化水平的统计数偏低，若按实际居住在城镇的常住人口统计的话，我国城市化的实际水平目前应为33%～35%。而英、法、德、美、苏这几个工业发达国家在其城市化水平从20%提高至40%，则分别用了120年、100年、80年、40年和30年（表4）。

几个发达国家城市化发展情况比较 表4

国家	英国	法国	德国	美国	苏联
达20%的年份	约1720年	1800年	约1785年	1860年	约1920年
达40%的年份	1840年	1900年	约1865年	1900年	1950年
经历的时间(年)	120	100	80	40	30

资料来源：《中国城市化道路初探》第74页。

可见我国近期以来的城市化进程确实已进入了快速发展期，这是不容否认的事实。中国政府在向联合国人类住区第二次大会提交的报告中提出，我国的城市化水平在2000年和2010年将分别达到35%左右和45%左右。根据目前的趋势来看，应该说这个报告所作出的承诺是切合实际的。

二、我们别无选择

我国的城市化快车终于在重重困难之中启动了。它的车厢里满满地挤载着十亿人口，这是一个占世界总人口22%的巨大数字，而其中的农民却是世界的40%。面对如此沉重的现实，中国的城市化是否还能走"工业城市化"的道路呢？

（一）沉重的人口话题

我国现有的12.3亿人口中，将近9亿是农业人口。改革开放以来，在基本解决了"吃饭"问题以后，数量可观的农业劳动力被从土地上解脱了出来。据估计，1995年在4.5亿农村劳动力中，以现有的农业劳动生产率水平已有2亿多剩余劳动力。除了已被乡镇企业吸纳的1.2亿外，至少还有1亿多农业劳动力处于隐蔽失业状态。其中的一半以上已成为"流动人口"进城打工，形成了巨大的"民工潮"。

据《中国 21 世纪议程》估计，到 2000 年农村剩余劳动力将达 2 亿左右。按照"九五"计划和 2010 年远景目标《纲要》提出的"九五"期间，向非农业转移 4000 万农业劳动力，即使顺利实现，尚有 1.6 亿左右农村剩余劳动力，而到 2010 年农村的剩余劳动力将至少在 3 亿左右。农民的就业问题并不比城市剩余劳动力的再就业来得轻松。我们不能置对将达到 2 亿以上的隐性农村失业人口于不顾，来空谈什么"后工业城市化"。我们不能设想，进入信息社会或后工业社会的国家和地区，还会有 50％甚至是 70％的人口还远离城市化的现代生产与生活方式。如何消化这些农村的剩余劳动力，让卸掉人口重负的农业生产能走上现代化的道路，从根本上提高农民的生活水平，这是我们必须面对的现实问题。

（二）面临困境的乡镇企业

中国农民所创造的乡镇企业是对走中国特色的工业化之路的一个突破。它是中国农民在为自身的大量剩余劳动力寻找出路。而城市的大门尚未敞开的形势之下，所选择的乡村工业化的道路。它既是一个伟大的创举，然而又是一个无奈的选择。1984 年以后，乡镇企业的发展已成了农村经济发展的主要因素。然而乡镇企业并没有能完全解决农业剩余劳动力的就业问题，直至今日它只吸纳了 1 亿多农村劳动力。并且，乡镇企业从其诞生之日起就隐含了众多的缺陷，而这些缺陷已日趋明显。据有关资料统计，在 1992 年的 2079 万个乡镇企业中，92％分布在自然村，7％在建制镇，1％在县城。从全国的乡镇企业情况看，每个企业平均只有 5 人。这种"村村点火，户户冒烟"的分散布局，无法形成规模经营。乡镇企业由于其自身的结构因素影响着其吸纳农村剩余劳动力的能力。我国乡镇企业产值就业弹性系数自 1984 年以来一直趋于下降状态，使其吸纳劳动力的能力呈下降趋势。据调查，全国 80％以上的乡镇企业因缺乏资金无法进行技术改造，只能使用落后的设备和陈旧的技术，造成生产效率低、消耗高、产品质量差，而缺乏市场竞争力。当我国已形成有效需求不足的买方市场时，以前以价格低廉而占领市场的"假冒伪劣"产品居多的乡镇企业，很快就陷入困境。据 1996 年 4 月 30 日统计，浙江省乡镇企业增长速度降至 21％～24％，与上年同期相比下降了 25～32 个百分点，乡镇企业职工就业人数减少 37.1 万人，下降 4.67％，乡镇企业亏损面比上年增加 4.02％。另据江苏省无锡市调查，1996 年全市有 5 万名劳动力在乡镇企业中失业，全市 100 个乡镇，有 17 个陷入全面亏损。当前在经济增长方式由粗放型向集约型转变的新形势下，乡镇企业也面临升级换代的考验，这必然带来技术构成提高后对劳动力排斥的趋势。

现代化的生产必须要有现代化的社会组织和生产组织与之相适应，必须要有现代化的分配和流通渠道。走规模经营之路和依托城镇基础设施的有利条件，逐渐向城镇集中布局，并且加快发展乡镇的第三产业，这将是我国乡镇企业进一步发展的必由之路，而这势必将引起我国小城镇建设的高潮。

经济的转轨必须要以社会的转型为保证。市场化与集约化程度高正是城市优于农村的根本点。因此，要实现两个转变，实质上就是要实现由乡村社会向城市社会的转型。1997 年，我国劳动力第一次产业的就业人口比率下降至 50％以下，这是一个具有里程碑性质意义的变化。它表明目前及今后的一段时期内，将是我国社会转型的加速期，而这也就决定了是我国城市化进程的加速期。

（三）滞后的城市化与民工潮

由于中国的工业化进程与劳动力转移的不同步，致使大量的剩余劳动力滞留在农村。当改革的巨浪冲破了城乡二元化结构的樊篱，农民进城寻求生存和发展的机会就成为理所当然的事，这就是所谓的"民工潮"。

据统计，目前我国城市的流动人口达 8000 万，占其中 70％～80％的是进城打工的农民。这些既没有"城市户口"，又不享受各种社会保险的"暂住人口"，实际上也在使用着城市的水、电、道路、交通、邮电通信、绿化等城市公用设施，也同样产生出粪便、垃圾和污水；同样也可以看电影、逛商场、跳迪斯科，他们已成为实际城市居民的一个组成部分。尽管从 1995 年开始，一些大城市对"外来工"采取了一些限制的措施，但想要把这些已经"离土又离乡"的"暂住人口"统统赶回去已不可能和不现实。据北京和上海等一些大城市所做的抽样调查，滞留时间在半年以上的约占流动人口的50％～60％。其中半年至一年，一年至三年，三年以上的各占20％左右。实际上这些大城市也已经离不开这些吃苦耐劳、承担了城市大部分脏活、重活的"农民工"。正是因为有了大批农民的进城，才使城镇中的建筑、纺织、环卫、搬家、服务、废品回收等苦、脏、累、险岗位空缺适时地得以填补。在北京的建筑市场上，每年都有 40 万农民工在为约 1000 万 m² 的建筑任务奋斗着。上海市有100 万个建筑工人在 1 万个工地上干活，而其中 76 万是"外来工"。试想如果这些农民工撤出北京和上海等大城市，这些城市的建筑业将会怎么样？作为我国新的经济增长点的住宅建设将会怎么样？实际上，只要我国的户籍管理制度一改革，这些常住的"暂住人口"马上就可以变为"城市人口"。我们要做的是如何妥善地接纳和安置他们，使他们真正成为安居乐业的城市居民。

（四）失衡的工业化与第三产业

1957 年我国的第二次产业占国民经济总产值的比重就已经达到 50％以上，然而直到 1978 年，我国第一次产业从业人员仍占 70.5％，第二次产业从业人员仅占 17.3％，第三次产业从业人员占 12.2％。

当世界主要发达国家已进入"后工业社会"时，中国才正面临着加速工业化和城市化阶段的到来。1995 年末，中国的国内生产总值为 5583 亿美元，相当于美国的 8.3％，日本的 12.2％；人均国内生产总值为 460 美元，而美国为 25600 美元，日本为 36445 美元。虽然这种简单的直观对比有不仅合理的地方，但仍然能说明中国距"后工业化社会"还有多远。中国只是到了 20 世纪 80 年代，伴随着以市场为导向的经济体制改革，从而以满足人民物质文化需要为特征的全面工业化才真正开始。有关专家认为，到 2010 年之前，中国将处在完成工业化与进行工业现代化两个阶段重叠进行的时期。著名世界经济学家钱纳里等人根据世界各国统计的资料将经济发展与经济结构的转变过程划分为 3 个阶段 6 个时期（表5）。中国目前正处在工业化阶段的第 2 个时期。表 6 是根据 100 多个国家统计资料计算出来的结果。我国目前所处的工业化阶段的第 2 个时期对应于表中的人均 CNP 400～1000 美元的阶段，其三次产业的劳动力比重将分别从 43.6：23.4：33.0 变为 28.6：30.7：40.7。

增长阶段的划分　　　　　　　　　　　　　　　　　　表 5

收入水平（人均美元，1970 年美元）	时期	阶　段
140～280	1	第 1 阶段　初级产品生产
280～560	2	第 2 阶段　工业化
560～1120	3	
1120～2100	4	
2100～3360	5	第 3 阶段　发达经济
3360～5040	6	

资料来源：《走向 21 世纪的中国经济》第 114 页。

人均 GNP 和产业结构的变化　　　　　　　　　　　表 6

指标名称　　人均 GNP（美元）	100	200	300	400	600	1000	2000	3000
第一次产业占 GNP 的份额	46.4	36.0	30.4	26.7	21.8	18.6	16.3	9.8
第二次产业占 GNP 的份额	13.5	19.6	23.1	25.5	29.0	31.4	33.2	38.9
第三次产业占 GNP 的份额	40.1	44.4	46.5	47.8	49.2	50.0	50.5	51.3
劳动力在第一次产业中的比重	68.1	58.7	49.9	43.6	34.8	28.6	23.7	8.3
劳动力在第二次产业中的比重	9.6	16.6	20.5	23.4	27.6	30.7	33.2	40.1
劳动力在第三次产业中的比重	22.3	24.7	29.6	33.0	37.6	40.7	43.1	51.6

资料来源：《走向 21 世纪的中国经济》第 66 页。

1995 年，我国三次产业的产值构成为 19.6％、49.1％、31.3％，三次产业的劳动力构成为 52.2％、23.0％、24.8％。我国的产业结构中，第三次产业的产值构成和劳动力构成均偏低。在今后的十多年的经济发展中，中国要继续完成工业化过程，我国第二次产业的产值比重将基本不变，而从业人员将适当增加，第三次产业则须有较大的发展。第二、第三次产业从业人员的增长都将主要吸纳从第一次产业转移出来的劳动力。

在现代社会中，第三次产业的情况如何是衡量一个国家经济社会发展程度的重要标志。1989 年，世界各国的国内生产总值总计为 178389.3 亿美元，产业构成为第一次产业占 6％，第二次产业占 34％，第三次产业占 60％。第三次产业已成为世界经济的重要产业。我国的第三次产业的发展将取决于我国人口城市化程度的提高。作为服务业的第三次产业，同样有一个市场需求量和经营规模效益的问题，在大多数人口仍分散居住在农村，农民的生产和生活的商品化程度很低的情况下，第三次产业就难以有较快的发展。即使我国有众多的小城镇，由于其规模过小，也达不到适当的规模经济效益，也不能促成第三产业的大发展。从 1980～1995 年我国城市人口比重与第三次产业的发展情况看，这二者的增长呈同步的正相关关系（表 7）。在 1980～1995 年的 15 年里，我国城市人口比重每上升 1 个百分点，第三次产业的产值比重就上升 0.69 个百分点，从业人员的比重上升 0.76 个百分点。据专家测算，我国 2010 年第三次产业的产值比重与从业比重将达到 40％和 35％。以此推算，我国城市化的比重应在 42％左右。

城市人口与第三次产业的发展对比　　　　　　　　　　　　　　　　　　表 7

年份	城市人口比重(%)	第三次产业产值比重(%)	第三次产业从业人员比重(%)
1980	13.5	20.6	13.0
1985	16.8	24.9	16.7
1990		28.0	18.6
1995	29	31.3	24.8

资料来源：根据《走向 21 世纪的中国经济》第 186 页，《失业冲击波》第 141 页，《中国社会发展蓝皮书》第 149 页整理。

（五）智业社会与城市国际化

当"信息社会"叩响人类社会的大门时，我们为之欢呼、为之激动。激动之余，我们发现当人类进入信息时代时，大家并不都站在同一条起跑线上。站在最前面的第一集团几乎是清一色的工业先进国，他们已基本完成了高度的工业化、现代化的历程而步入了"后工业化时期"。处于中间层次的第二集团是那些正在快速进行工业现代化的国家，被称为是赶超型的新兴工业国家。这是一些尚有潜力跨进信息时代，经过努力有可能赶上和挤进发达国家行列的国家。最后的第三集团，尚处于工业化初级阶段或甚于根本还没有迈进工业化时代，则已经没有什么希望追赶前两个集团了。而我国有幸处于第二集团之中。

然而，城市化滞后是中国非典型化的工业化发展的一个严重缺陷。它并不像有些人认为的那样是落后多少个百分点的数字游戏，它使中国经济的快速发展面临许多矛盾和问题。城市化滞后使我国的二元经济矛盾不断拉大，使城乡居民收入差距扩大化。它使众多的乡镇企业长期徘徊在小型化、分散化的低层次上，难以进入现代化工业层次。它使人口和工业分布过度分散，又严重抑制了第三产业的发展，从而使中国的产业结构与就业结构变动，都大大偏离反映世界工业化发展一般规律的标准结构，而把中国的大多数人口排斥在现代工业文明之外。

当我们为发展知识经济准备进入"智业社会"的时候，我们面对的是大量的农业剩余劳动力的安排和产业结构的调整、升级与城市下岗职工再就业的三重压力。我们必须解开农业现代化与城市化这对互为制约因素的"二律背反"的连环扣，在快速的工业化进程中，同步解决农业现代化与城市化的问题。由此，我们不得不走一条有中国特色的"赶超之路"。有专家认为，快速城市化的负面影响是东南亚金融危机的一个不可忽视的因素。其实，东南亚的金融危机是这些国家和地区在金融体制及对资本市场的管理上的政策与决策的失误，再加上政府官员的腐败所引起的，而与城市化的进程并无什么直接的关系。如泰国和印尼的城市化进程，从1965年的13％和16％上升至1995年的29％和34％，几乎与我国同期的城市化进程速度相同，而我国并没有出现金融危机。相反，日本在1990年的城市化水平已达77％，至1995年其城市化水平为78％，仅增长一个百分点，而其不仅在80年代末出现了泡沫经济的危机，最近又受东南亚金融危机风暴的波及。另外，世界上发达国家首都人口占全国人口比重超过10％的也为数不少，然而这些国家并没有发生金融危机。可见，金融危机与城市化的进程和城市化水平的情况，或城市人口的集中程度并无什么必然的关系。

当我们正在为滞后的城市化而汗颜的关头，我们又听到了"国际性城市"的呼喊声。国际性大都市已成为世界各国在全球一体化的经济格局中竞相追逐的目标。目前，世界上公认的具有全球意义的"世界城市"，主要有纽约、东京、巴黎、伦敦、莫斯科、芝加哥、悉尼、墨西哥、法兰克福等十多个国际化大都市，它们大都位于经济发达的工业化国家。纵观这些国际性城市，都是人口规模在数百万以上的超级大城市。它们既具有很强的经济实力，是主要的金融中心或大量的跨国公司总部的所在地；也具备高度现代化的城市基础设施与市政服务系统，是世界交通的主要枢纽；并且均具有比较完善的市场经济体系，第三产业高度国际化。因此人口的超级规模，往往是极为重要的条件。那么，在城市用地紧缺和强调"控制大城市规模"的我国，是否能与"国际性城市"有缘呢？看来我们必须得走一条既要积极发展小城镇又得发展、提高现有的城市，还得创造条件让一部分基础较好的大城市去冲刺"国际性城市"，具有中国特色的城市化道路。

中国科学院国情分析研究小组在1989年发表的一份报告中指出，历史留给我们及后代的回旋余地是狭小的，调整时间是短暂的，基础条件是苛刻的，发展机会是最后的。40年前我们已失去了一次工业现代化和城市化的良机。当前在历史发展的又一个关键时刻，面对我国亟待解决的城市化进程，我们别无选择。

三、呼唤城市现代化

城市化进程不仅是城市数量和城市人口数量与比例的增长，更重要的是城市功能与质量的提高。因此我们所说的加快我国城市化的进程，就不仅是数量的增长，更重要的是质的提高。

据有关方面预测，至2010年，我国设市城市将超过1000个，建制镇将超过2万个。我们除了要大力发展小城镇，积极引导乡镇企业的发展，合理安置农村剩余劳动力，使众多的人口能逐步走向现代化的生产方式和生活方式，如何提高现有城市的质量，升华城市功能，改善城市生活环境，实现城市现代化是我们必须正视的重要历史使命。

积极发展小城镇并不能等同于城市化，也不能代替城市现代化。我们所面对的挑战与机会共存的缤纷世界，是一个竞争激烈而无情的世界。谁要是不发展，谁就会落后，就会被淘汰，被鄙视。由于我国近百年的落后，国人在新中国成立前被洋人称为"东亚病夫"。是我们靠奋发图强，既有广大群众的全民健身运动，又有一支能在奥运会夺金牌的国家队，我们才得以跻身于世界运动强国之列。同样，我们也只有既要大力发展众多的小城镇，又要能有一批现代化城市的"国家队"才能在世界经济日趋一体化的今天，有资格参与国际竞争。

在整个国家现代化的进程中，城市现代化起着先导性的作用。城市现代化是国家现代化的核心和主题，也是国家工业化、市场化、社会化在生产力高度发达时期的综合体现。目前我国的城市在现代化的历程上，正面临着从粗放型向集约型的优化和提高。

城市产业结构的调整正在引起我国城市用地结构与空间结构的重大调整与变化；城市建设投资的多元化及房地产业的兴起，也为城市土地资源的合理配置与调整创造了外部条件。老城区的更新改造，新市区的开发建设，以及城市郊区化的出现几乎同步进行。但由于对老城区的改造每单位面积的投入往往成倍于新区的开发建设，从老城区迁移出来的工业、仓储及居住等也要先在新区给予安置落户，因此大多数城市往往呈现城市用地超前扩展，新区建设热火朝天，而老城区尚千疮百孔更新改造滞后的局面。加快旧城改造，在建设大城市副都心的同时，形成新一代的核心区将是我国主要中心城市空间结构升级换代的重要任务。

除了经济的发展与科技的发展进步对城市的变化产生重大影响之外，生活方式的变革是推动城市结构与形态发展变化的一个重要因素。家庭结构的变化，以核心家庭为主和单亲家庭的增多，独身主义的流行以及人口老龄化趋势，使得城市居住生活既要求有私密性强的"自得其乐的小天地"，又要有更多的公共交往空间。城市广场和公共绿地及休闲娱乐场地等公共开放空间的增加，应成为城市用地结构调整的重点内容。

生产时间的减少，生活享受时间的增多，以及生活水平的提高和消费结构的优化，使得对诸如旅游度假、健身、美容、终身教育等自身素质提高的活动内容，成为城市居民新的热点。这些自我实现的发展空间不仅要求对住宅设计要有新的突破，而且对城市生活居住区的规划建设提出了根本性的改革要求。1997 年全国城镇居民人均可支配的收入约为 5140 元，消费支出的恩格尔系数为 46.8％，文化娱乐、教育消费比上年增长 28％。交通通信支出增长 16％。预计 2010 年，城市居民消费的恩格尔系数将降至 40％以下，消费支出中的非商品性支出将大为增长。人们已从重视饮食、子女教育和求医看病（即对商店、中小学和医院门诊所等公建配套的要求），转向追求各种物质消费（即对室内装修和家用电器、成套家具的热衷），又转向追求户外的休闲、旅游度假与高水平的医疗与保健（即对城市环境质量与景观的关注）。

人们价值观念的变化也影响着城市的发展。城市居民的生态意识、环境意识、资源意识日益增强，对城市的可持续发展的要求日趋明显。我们将从农业文明走向工业文明进而走向生态文明。而人类正跨入的信息时代和智业社会和科学技术的飞速发展，将为城市的可持续发展之路铺下基石。

我国社会正在进入一个十分特殊的历史性阶段。正经历着从传统社会向现代社会的转化，由自给半自给的产品经济社会向商品经济社会转化，由农业社会向工业社会转化，由封闭半封闭社会向开放社会转化，由乡村社会向城市社会转化。其中由乡村社会向城市社会的转化则是我国社会转型的主旋律。

21 世纪将是我国乡村城市化的世纪，也是我国城市现代化的世纪。

——本文原载于《城市规划》1999 年第 6 期

2000～2009 年

对福建省城市化发展的一些认识

一、我国城市化概况

（一）我国城市化进程步入快速发展期

新中国成立以来，我国的城市化走过了一段十分坎坷的道路，城市化水平由解放初的 10.6％上升到现在的 30％左右，增长了近 20 个百分点。同期，世界城市化水平由 28.8％上升至 1995 年的 48.1％，也增长了近 20 个百分点。虽然在速度上几乎相近，但在指标水平上我国仍落后于世界平均水平近 20 个百分点。特别是在新中国成立后至改革开放前的近 30 年间（1949～1978 年），我国的城镇人口比重仅由 10.6％提高到 12.5％。29 年才增长 1.9 个百分点，由此而造成了我国城市化长期滞后的局面。改革开放以后，我国的城市化进程大为加快，城市化水平由 1978 年的 12.5％提高到 1995 年的 29％左右，17 年共提高 16.5 个百分点，平均每年提高 0.97 个百分点，比同期（1970～1995 年）世界城市化发展水平由 36.6％提高至 48.1％，平均每年提高 0.46 个百分点高出一倍以上。不少专家认为，由于受我国户籍管理制度的统计口径影响，我国城市化水平的统计数偏低，若按实际居住在城镇的常住人口统计的话，我国城市化的实际水平目前应在 33％～35％左右。中国政府在向联合国人类住区第二次大会提交的报告中提出，我国的城市化水平在 2000 年和 2010 年将分别达到 35％左右和 45％左右。根据目前的趋势来看，应该说这个报告所作出的承诺是切合实际的。

（二）城市化滞后于工业化

我国的城市化发展，虽然在改革开放以后基本已开始进入快速发展期。然而只要我们对世界的城市化进程进行横向比较，我们就不难发现，我国的城市化严重滞后于工业化和整个经济发展的水平。从世界城市化的普遍规律来看，工业化与城市化是同步推进的甚至超过工业化的速度。例如，美国在 1870 年时工业化率为 16％，其城市化水平为 26％，到 1940 年，其工业化水平为 30.3％，而城市化水平已达 56％。发展中国家在人均 GNP 超过 300 美元之后城市化发展都很快，往往都超过工业化率（表 1～表 3）。

日本、韩国工业化与城市化关系比较　　　　表 1

	工业化加速年代	工业化水平提高幅度（％）	城市化水平提高幅度（％）
日本	1947～1957 年	28～36	28～57
韩国	1960～1981 年	20～39	20～56

我国到 1992 年工业化率已高达 48％，而城市化率仅 27.6％，说明我国经济已开始从传统型向现代型转变，但并没有带动我国社会从传统型向现代型的转变，经济发展与社会发展缺乏协调性。这种城市化水平明显偏低的情况，将反过来制约我国社会经济的发展。我国的 GNP 长期在 300 美元左右徘徊的情况，正是我国城市化进程长期处于低迷的发展速度的现状密切相关的。

城市化的进程不仅仅是农村人口变为城市人口的过程，而更是土地等自然资源和社会资源的利用从粗放型向集约型的进化过程，是生产方式和社会生活从粗放型向集约型转化的社会过程。

我国的工业化发展并没有拉动城市化的快速发展相应地促进农村人口向城镇的集中，因而使我国大部分的就业人口仍滞留在粗放型的生产方式之下，阻碍了社会与经济的进一步发展。

经济的转轨必须要以社会的转型为保证。市场化与集约化程度高正是城市优于农村的根本点。因此，要实现两个转变，实质上就是要实现由乡村社会向城市化社会的转型。1997年，我国劳动力第一次产业的就业人口比率下降至50%以下，这是一个具有里程碑性质意义的变化。它表明目前及今后的一段时期内，将是我国社会转型的加速期，而这也就决定了是我国城市化进程的加速期。

（三）小城镇建设的必由之路

中国农民所创造的乡镇企业是对走中国特色的工业化之路的一个突破。它是中国农民在为自身的大量剩余劳动力寻找出路，而城市的大门尚未敞开的形势之下，所选择的乡村工业化的道路。它既是一个伟大的创举，又是一个无奈的选择。1984年以后，乡镇企业的发展已成了农村经济发展的主要因素。它既吸纳了大量的农业剩余劳动力，为广大农民脱贫致富开辟了道路，又有力地支援和促进了农业生产，为实现农业现代化创造了有利条件。

然而，乡镇企业从其诞生之日起就隐含了众多的缺陷，而这些缺陷已日趋明显。据有关资料统计，在1992年的2079万个乡镇企业中，92%分布在自然村，7%在建制镇，1%在县城。从全国的乡镇企业情况看，每个企业平均只有5人。这种"村村点火，户户冒烟"的分散布局，无法形成规模经营。当前在经济增长方式由粗放型向集约型转变的新形势下，乡镇企业也面临升级换代的考验，这必然带来技术构成提高后对劳动力排斥的趋势。

现代化的生产必须要有现代化的社会组织和生产组织与之相适应，必须要有现代化的分配和流通渠道。走规模经营之路和依托城镇基础设施的有利条件，逐渐向城镇集中布局，并且加快发展乡镇的第三产业，这将是我国乡镇企业进一步发展的必由之路，而这势必将引起我国小城镇建设的高潮。

1998年，全国共有建制镇18800个。其中市辖建制镇7312个，总人口25785.77万人，非农业人口5277.65万人，城市化率为20.5%；县辖建制镇11488个，总人口36583.69万人，非农业人口7199.68万人，城市化率为19.7%。据有关方面预测，至2010年，我国设市城市将超过1000个，建制镇将超过2万个。

1993年一些发展中国家城市化水平 表2

	巴基斯坦	蒙古	加纳	莫桑比克	津巴布韦	埃及	印度尼西亚	菲律宾	罗马尼亚	希腊
城市化水平(%)	34	60	35	31	31	44	33	52	55	64

1989年世界168个国家和地区城市化与人均GNP分组的关系 表3

城市化水平(%)	5～19	20～29	30～39	40～49	50～59	60～69	70～79	80～89	90以上
人均GNP(美元)	372	374	820	1087	3621	6424	9960	8569	10757

二、福建的城市化发展

（一）我省的城市化发展总体水平不高

按市镇非农业人口占总人口的比重体现区域城镇化水平的统计口径，1997年全省城镇化水平为19.3%，为全国统计的31个省（区）、直辖市城市化水平的第20位，并低于按同一口径统计的全国城市化23.54%的平均水平。这与福建在全国经济发展中的地位（第11位）和作用是不相称的，也是与我省国内生产总值中二、三产业占80.8%，二、三产业就业人口占社会从业人口51.5%的实际情况不相适应的。若按照居住在市镇建成范围内的常住人口（不含暂住人口）来计算的话，全省城镇化的水平1997年为28%，尚低于全国城市30%的平均水平。1978～1997年全省城镇人口净增715万人，年均递增6%，城镇化水平年均提高近1个百分点，与全国同期平均增长水平基本持平。

（二）城镇化滞后于工业化

与全国的城市化滞后于工业化的情况一样，我省的城镇化发展也滞后于工业化。1978～1997年，我省国内生产总值平均递增率为13.8%，而工业增加值年均递增18%，1997年工业增加值占国内生产总值比重已达 43％，人口就业的非农化水平高达 51.5％，均大大高于 28％的城镇化水平。

（三）小城镇建设发展较快，但发展不平衡

1978～1997 年，全省新增建制镇 500 多个，小城镇人口由 60 万人迅速增加到 407 万人，年均递增 10.6％，高于全省城镇人口年增 6％的速度，小城镇人口占城镇总人口的比重也由 18％提高到 39％，城镇密度为每 1000km² 4.3 个。但小城镇的发展在地域空间分布上呈东密西疏的不均衡状态，东部地区小城镇占全省总数的 2/3，西部为 1/3。东部地区城镇密度为每 1000km² 6.2 个。西部地区为每 1000km² 2.6 个。另外，我省沿海地区城镇人口中，小城镇人口所占比重较大，一般占 42％以上，泉州、莆田两市的小城镇人口占城镇人口的比重高达 57％和 63％，而内地山区小城镇人口仅占城镇人口比重的 35％以下。

（四）城镇体系结构有待完善

全省现有设市城市 23 个，其中城镇人口在 100 万以上，200 万以下的大城市 1 个，50 万以上，100 万人口以下的大城市 1 个，20 万～50 万人口的中等城市 5 个，其余为 20 万人以下的小城市。大城市的首位度不高，经济辐射能力有限。中等城市数量少，规模偏小，除泉州的城市人口尚不足 40 万外，其余均在 30 万人以下，经济辐射能力均较弱。全省规模小于 5000 人的小城镇占小城镇总数的 46％，人口集聚程度偏低，难以形成较完善的城镇基础设施和规模经济效益。

三、努力提高城市现代化水平

积极发展小城镇并不能等同于城市化，也不能代替城市现代化。城市化进程不仅是城市数量和城市人口数量与比例的增长，更重要的是城市功能与质量的提高。因此我们所说的加快我国城市化的进程，就不仅是数量的增长，更重要的是质的提高。我们除了要大力发展小城镇，积极引导乡镇企业的发展，合理安置农村剩余劳动力，使众多的人口能逐步走向现代化的生产方式和生活方式，如何提高现有城市的质量，升华城市功能，改善城市生活环境，实现城市现代化是我们必须正视的重要历史使命。

目前，我省城市的基础设施水平与全国城市的平均水平相近，但与我国沿海其他省市相比较就显得较为落后，如与世界上较发达国家相比则差距更大（表 4）。因此，我们应十分重视对现有城市的城市设施的建设，提高城市的集约化程度和城市质量，以适应高速增长的经济和社会的进步与发展，不断满足人民生活的需要。

国内外若干城市市政基础设施水平对比　　　　　表 4

	国内指标（1998 年）					国外对比（1981 年前后）							
	全国城市平均	上海	江苏	浙江	广东	福建	墨西哥	布达佩斯	华沙	莫斯科	东京	伦敦	巴黎	纽约
人均道路面积（m²/人）	8.26	6.04	9.82	13.41	10.39	8.91		9.5	8.2	7.2	9.68	26.3	9.3	28
万人公交车辆（辆/万人）	8.60	19.98	8.73	11.89	7.85	8.25	9.14	15.31	14.6	13.58		30.7		
人均生活用水[L/（人·d）]	214.07	276.79	271.82	198.30	324.93	247.20	206	320	245	440～600	340～500	290～300		320
污水处理率（％）	29.99	77.06	49.33	34.36	19.09	19.80		39		95	90	95		93
燃气普及率（％）	78.79	99.00	92.65	96.49	92.63	83.29		71.5		98	85	100		
人均公共绿地（m²/人）	6.06	2.84	7.70	6.93	8.33	6.5		7.74	25.3	18.8	1.6	30.4	12.21	19.2
垃圾处理率（％）	58.41	74.91	91.58	79.71	86.84	54.60					100			100

四、关于城市化发展战略的建议

我省"十五"计划和福建省城镇体系规划（1997—2010 年）提出，到 2005 年全省城镇总人口达到 1500 万人，城市化水平达 42％左右，2010 年全省城镇人口 1730～1780 万人，城镇化水平达 45％～46％。这基本上与我国城市化平均水平的提高相同步，在"十五"期间略有超前，这应该说是可行的，也比较符合我省的实际情况。

在合理完善我省的城镇体系结构方面，应按照"突出重点，推进两头，完善基础，形成网络"的发展战略，重点提高福州、厦门两市的首位度，增强其辐射功能，努力使其从现在居全国城市体系中第三、第四级的城市地位，跃升为第二级位的中心城市。并以这两个城市为核心，在形成闽江口城镇密集区和闽南金三角城镇密集区的基础上，构成海峡西岸的沿海城镇带，以带动和形成全省的城镇网络体系。

另一方面，应努力提高全省小城镇的建设质量，明显增强人口集聚度，集中建设好乡镇企业，形成规模效益，合理调整小城镇的用地结构，提高土地利用集约化程度，形成较为完善的城镇基础设施，积极促使基础较好的中心城镇逐步升级为小城市。同时，还应注意提高和发挥现有中等城市作为地区中心城市的作用，适当扩大城市规模，增强其带动周边小城镇发展的辐射功能。对现状条件较好的泉州市，应使其升格为 50 万人以上的大城市，发挥其作为区域性中心城市的支撑作用。

我们所面对的挑战与机会共存的缤纷世界，是一个竞争激烈而无情的世界。谁要是不发展，谁就会落后，就会被淘汰，被鄙视。中国科学院国情分析研究小组在 1989 年发表的一份报告中指出，历史留给我们及后代的回旋余地是狭小的，调整时间是短暂的，基础条件是苛刻的，发展机会是最后的。40 年前我们已失去了一次工业现代化和城市化的良机，当前在历史发展的又一个关键时刻，面对我国亟待解决的城市化进程，我们必须得走一条既要积极发展小城镇又得发展、提高现有的城市，还得创造条件让一部分基础较好的大城市去冲刺"国际性城市"，具有中国特色的城市化道路。

——本文原载于《海峡城市》2000 年第 1 期

城市化与城市可持续发展的基本问题

"可持续发展"已不是新名词了。对于规划界和建筑界来说，每当出现一个新事物，总会有那么一番争论，而且往往无法达成共识。例如，对于"现代建筑""后现代主义""解构主义""高技派""分散主义""集中主义""新城运动""城市更新"等，都曾掀起波澜。然而对于"可持续发展"的出现，却出人意料的平静，好像没有"反对派"。这个现象可否说明，"可持续发展"问题在规划界或建筑界还没有展开认真深入的讨论。

人们往往把"绿色城市"、"生态城市"看作是可持续发展的城市代名词。实际上，可持续发展的概念远比生态平衡、环境保护和资源的可永续利用的含义广泛得多。

从 1972 年在瑞典的斯德哥尔摩召开"世界环境大会"，发出"只有一个地球"的惊世呼喊，敲响了唤醒人类良知的警钟，到 1987 年布伦特兰委员会《我们共同的未来》的报告，提出生态环境的全球一体化的概念；再到 1992 年在巴西里约热内卢的"世界环境与发展大会"，《地球宪章》达成对"可持续发展"这个全球策略的基本共识，世界各国，包括发达国家与发展中国家，从各自利益的不同角度走过了一场对"可持续发展"不同解释的吵吵嚷嚷的大争论，而这场争论至今还没有偃旗息鼓。据有关专家统计，有关"可持续发展"的定义不下 100 种之多。从众多的不同定义中，人们可以得出关于"可持续发展"概念的五个基本要素：①环境与经济是紧密联系的；②代际公平的原则；③实现代内公平的社会平等；④一方面要提高生活质量，另一方面要维护生态环境；⑤提倡公众参与的民主原则。从世界环境与发展大会发表的《21 世纪议程》宣言看，其中有三个突出的要点：①关注环境与资源的长期承载力；②相对于 1972 年的"世界环境大会"的认识，更倾斜于发展和经济变化；③强调三个方面的可持续发展：自然资源与生态环境的可持续发展，经济的可持续发展、社会的可持续发展。生态持续是基础，经济持续是条件，社会持续是目的。

由于此可见，"可持续发展"并不仅仅是生态平衡，环境保护及资源的可永续利用。同样，城市的可持续发展也不仅于此。

一、可持续发展的城市空间、用地与环境结构

城市与城市化是人类社会发展历史长河中的一种现象，因此它本身就是一个过程。这种过程既表现在人与自然、发展与资源环境相互关系的变化上，又表现在城市本身的内部结构的演变与跃迁上。

（一）城市的自我完善与合理发展：空间结构与用地结构的升级换代

从原始村落到城市产生的城乡分离，是人类社会聚居形态的一次革命性的多元化新基因的诞生。城市化进程则是多元化基因从数量到质量的变化与提高。于是城市的演变史就走出了一条从功能单一到多样化、综合化，再到职能化分工，进而又走向城市联合体的变化轨迹。城市的空间结构与用地结构也由封闭式向开放式演变，呈现出从单中心变为多中心及复合组团式结构，而后形成城市群与城市带，又走向国际化、全球一体化的"地球村"，成为网络式城市。

人类社会经济的发展形态，适应于农业社会的是等级分明的金字塔式结构的树型城市；适应于工业社会的是相对独立和各自发展的星座式城市以及组群式的星云状城市；而对应于智业社会的将是网络式城市。网络式城市既是城市体系结构的高级阶段，又是城市自身结构的高级形式。它既是历史的必然，也是社会的必要。

尽管对城市的定义可以有上百种之多，但它具有集约化的生产、生活方式的社会经济特征，是不

容置疑的。城市的可持续发展、离不开城市社会经济的可持续性的基本要求。

生命的奥秘在于其与外界进行交换的新陈代谢，城市经济的活力也在于其参与更大范围的经济循环与市场竞争。城市的空间结构与环境结构必须与这样的经济活动相适应，才能保持城市的青春常驻和可持续，否则就会走向老化和衰竭。

传统的工业生产是以其高能耗和高资源投入为特征的，以传统工业生产为基础的城市经济对传统意义上的"城市基础设施"（供水、供电、供热、道路交通、铁路、港口等）的依赖度很大。因此，工业社会的经济中心城市，都有较大的工业区及与之配套的"大而全"的市政设施。由于规模效应和集聚效应，这样的城市和工业区往往也就陷入"面多了加水，水多了加面"的摊煎饼式的膨胀怪圈，城市中心逐渐板结而变成难以敲开的硬核，而其边缘部分权显得十分脆弱。这种独立的自我封闭型的传统城市是以"线"的方式与外界连接的，通道狭窄，与外界的交换量较小。

全球经济的一体化趋势和智业社会与信息时代的到来，将使城市的经济活动与生产活动发生质的变化。城市生产，城市的经济活动更多地与外界相联系，能否参与跨地区、跨区域甚至国际性的市场竞争，能否在世界贸易中占有一席之地，已成为一个城市的经济发展机遇与动力的重要方面。这种开放的市场与开放的城市社会必须有开放的城市空间结构与之相适应，其生产和生活的组织应具备有更大的可变性和适应性，因而也才具有持续性。以前那种以靠近原材料供应地和消费市场，要求形成在生产协作上的相互配套依存关系，而使企业与营销、企业与协作企业之间形成"捆绑式"组合而成的"工业区"、"工业协作区"或"综合工业区"的空间和用地结构，将逐渐解体和重构。工厂设在什么地方的"工业区"已不十分重要了，在哪儿投资建厂、办企业将主要取决于土地价格、环境要求、交通条件、知识劳动力市场的情况，以及该城市的生活质量等投资软环境的好坏。代之而起的是诸如"工业园区"、"科学园区"、"科学工业园区"或"企业独联体"等之类的，集科研、开发、生产经营、信息管理等各要素优化组合的、形式多样的、松散联邦式的"经济合作单元"。这样的经济合作单元，具有开放式的空间结构，独立的企业可以方便地进入与迁出，或兼并，或联合，或分离迁移，具有适应企业集团化、国际化、网络化和国际市场相互竞争、相互关联的能力。

城市生活居住的组织形式将更多地与自然环境相融合。形成既可独立于生产园区之外的"生活园区"，也可与"生产"联合构成"综合园区"。城市的基础设施将全面地网络化和均质化，改变以前城市中"城市物质"由边缘向中心呈梯度密集的硬核化现象。城市中心的高密度肿块将被化解，形成新一代的文化、信息、休闲娱乐中心地区。而这样的城市与外界是以"面"和"网"的形式实现"蒸发"式的连接与交换。

（二）低消耗、高质量、高效益：城市环境结构升华

城市是人类社会发展的多媒体。城市作为人类社会活动的载体，它所提供的活动场所及环境对各项活动要求的满足程度，与人类日益发展的物质生活和精神生活的需求之间的矛盾运动，是推动城市发展变化的基本动力。从本质意义上说，城市规划就是探求如何科学、合理地创造和组织各类不同的城市空间、场所与环境，以满足不断发展的人类社会活动的需要（包括量和质两个方面的）。所谓城市的可持续发展，也就是城市发展与城市居民需求的可持续发展之间的统一。因此，可持续发展的城市规划也就是对城市居民需求发展的科学研究与合理安排，以及对不合理或不必要的需求的合理控制。

可持续消费是实现可持续发展的根本保证。改变落后的生产模式和不文明的生活消费方式，引导和实行城市生产、生活的可持续消费是实现城市可持续发展的城市规划的基本内容（图1）。

人们在走向集约型的城市规划与建设的道路上，既要注意合理调整城市的用地结构、优化城市布局，创造集约化的城市空间与用地结构，充分利用资源、节约用地，创造多维空间；还要努力提高城市建设。科技含量，进行新材料、新能源的研究、创新和推广应用，创建绿色工程和生态工程，实现无废物或少废物排放。在推进产业结构升级换代和实现低消耗、高产出、高质量的生产的同时，搞好

工业与旧城的改造、更新并避免污染源的转移与扩散。通过可持续发展的城市规划，努力降低城市的生产、生活消费的净增量和消费扩张率，缓解对自然资源和环境承载能力的负荷强度，以达到消费总需求与自然供给之间的平衡，保证城市环境的可持续发展。

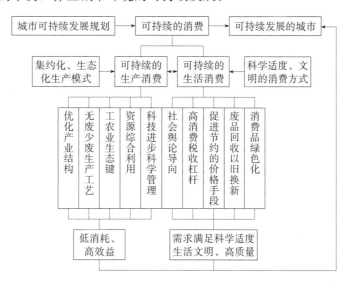

图 1　可持续的消费与可持续发展的城市

城市规划的发展，已经从传统规划的职能发展到近代规划的功能观，进而发展为现代规划的需求观。而可持续发展的规划，就是在满足需求的可能性与合理性之间谋求一种适度的结合点。因此，现代规划已经从刺激需求走向控制需求，即对需求的规划。从这个意义上说，可持续发展的城市规划也就是科学合理的资源配置规划与需求规划的有机结合。因此，现在的规划就不能停留在对用地、上下水、能源、交通，通信、绿地等城市资源的定量配置与空间布局的安排上，还必须根据效益与公平兼顾的原则进行有效的调控，以保证代际和代内的公平。

值得注意的是，当我国在经济转轨的时候，出现了城市环境与生态的透支现象。一些城市政府和决策人物，以牺牲环境与生态为代价搞了一些貌似节约用地和经济效益高的建设与开发项目。这实际上是一种当代人对后代人的环境与生态的透支现象，是对后代人的一种掠夺和剥削行为。而可持续发展战略和对环境与生态的保护则是当代人给后代多留下的一份最可贵的遗产。

二、可持续发展的城市聚居环境

不管城市怎么发展变化，作为人们生活聚居地这个基本功能是不会改变的。城市发展的过程始终是人类追求更高的生活质量的具体反映。

由 1987 年世界环发委员会的报告（即"布伦特兰报告"）提出，后来在 1992 年的世界环发大会得到普遍接受和传播的"可持续发展"的概念，强调了三点：①发展是立足点、是根本，离开发展谈环境，既不现实，也不公平。②满足人类的需求，是发展的目的，即社会持续是目的。③代际公平。既讲求当代人的利益，又必须顾及后代的利益。那么，就城市而言，作为人类社会活动的载体，它的发展就首先应保证人类社会自身的可持续性，并应满足人类对追求聚居的生活质量不断提高的需求。

（一）城市社会的可持续合理发展："类"的社会生活的延续与发展

社会的可持续首先是人类本身的可持续。人口规模、人口结构和人口素质问题，是目前困扰城市发展的几个基本问题。

城市的人口规模决定了城市生产与消费规模，进而决定着资源消耗与废弃物的规模。因而，探讨合理的人口规模与人口结构，成为城市可持续发展研究的一个重要课题。应根据城市的各种资源条件、合理确定城市的人口容量，相应地确定和控制城市的建筑、交通、基础设施及生态环境等方面的容量，以保证高水平的城市生活质量。

在城市人口容量问题上，不可能找到适合于一切城市的"合理规模"，它必须依据每个城市各自的特定条件而予以科学合理的确定，"削足适履"式的控制与"拔苗助长"式的扩大都是不可取的。

"类"的生活是人类社会延续与发展的基础。人类社会的持续，首先要求人类社会"类"的生活的持续与发展，城市社会的持续发展，也必须由城市中"类"的生活的持续与发展来保证。

从雅典卫城祭祀的神庙与广场，到古罗马的公共浴场与竞技场，再到现代城市中的公园、文化娱乐场所及购物步行街，都体现了城市所发展的有别于乡村生活的新的"类"的公共生活。公共生活与活动场所的发展演变，一直是城市社会自身持续发展的灵魂。

现代社会，人们在越来越强调个人自由的同时，也日益重视公共生活及与外界的交往。对于发达国家来说，家庭生活的舒适程度已不是规划师和建筑师们需操心的事了。需要规划师和政治家们费尽心机的是如何保证社会公共生活的健康与高质量，以及如何在满足不同的人对社会公共生活的各种需求的同时，又能做到社会公平。

提倡代际公平，这是可持续发展概念的一个重要原则。大量的专家、学者已从保护生态环境、自然环境和人类生存环境的角度发出了振聋发聩的呼喊。他们奔走呼号，为子孙后代的生存与发展争取"代际公平"的权利，这无疑是体现人类良知的极其重要的方面。然而，作为人类聚居场所的城市，保持其最能体现人类"类"的生活的文化活动及其场所的可持续发展，保持人类"文化基因"的可持续发展更值得关注呼号。如果说前一类的问题是生物性和生存性的环境问题，那么后一类的问题则是社会性与发展性的环境问题。我们这一代应该留给子孙和为后代人创造的又是一个什么样的人类聚居的"类"的生活环境呢？

随着信息社会的到来，现在城市中学校、医院、邮局、银行等诸如此类的"公共建筑"，以及作为城市公共社会生活的电影院、剧场、图书馆等，将逐渐成为历史文化遗迹。网络服务正在取代这些"公共建筑"的地位和作用，"数字化生存"将成为人类新的生活方式。城市的信息化与智能化将成为城市向着人类更高质量的聚居环境演变的必然趋势。

然而，整天蜷缩于显示屏幕前，全身心沉醉于"网上冲浪"的网虫们的"虚拟空间"式的生活，是否将是人类新的"类"的生活呢？

可持续发展的聚居环境，不仅应当有舒适宜人的居住空间，还应当有明媚的阳光、清新的空气、洁净的水、赏心悦目的绿色户外空间，更应该有令人流连忘返、心旷神怡，充满情趣和欢娱的公共活动场所。而这样的公共活动场所，正是终日在"虚拟空间"中生存的信息社会里的网民们最为倾心和乐于光顾的地方，这里才是真正实在的"类"的公共生活场所。

（二）每个城市居民个体的可持续合理发展：城市环境的多样化与个性化

1986年召开的第一次世界人类居住与环境国际会议，提出"居者有其屋"的口号，把成套住房作为解决居住区问题的目标。时过10年，1996年在伊斯坦布尔召开的"人居二"国际会议，提出"适宜于居住的城市"，把高质量的城市居住环境的整体创造作为奋斗的目标。舒适、卫生、环境优美、富有人情味和乡土气息的文化内涵，接近大自然的城市生活环境已成为全社会的追求。可以设想，再过10年，人们还将会提出"多样化，个性化的城市"作为口号。

"克隆人"的威胁不仅是伦理和道德意义上的，更主要的是人类自身的"种类"的生存与可持续发展意义上的"类"的生活的存在是以差异性和多样化与个性化生活为前提的。如果这个世界上的人，都是以"克隆"的方式复制出来的同一个人的翻版的话，那么人类还能延续吗？还有必要延续吗？同样，有差异性的人类的可持续发展也就不可能是"克隆"式的生活方式的延续。居住空间类型与形式的多样化和个性化，生活游憩空间的多样化与个性化，既是保证每个个体的人的可持续合理发展的必要，也是作为"个体集"的"类"的可持续发展的必要。

社会可持续发展的核心，是人的全面发展，是每个人的素质的提高。人们说，"有什么样的城市，就有什么样的人"，也有人说，"人的差别主要取决于业余生活的差别"。不管怎么说，可持续发展的城市聚居环境，应当是能够满足人的全面发展所包含的三个发展阶段的需要：即基本生活的需要，自身素质提高的需要，自我潜能的发挥与自我价值的实现的需要。

既要按照"需要层系"中不同层次的需要来创造多样化的城市空间与场所，又要按照不同的个体化"异质性"来创造个性化的城市空间与场所，这将是可持续发展的城市规划的基本原则。不断创造新的健康、文明的生活方式，以及对多样化和个性化要求的满足，这就是可持续发展的城市聚居环境。

三、可持续发展的城市文化环境

可持续发展的观念，不仅应体现在物质资源与自然资源的永续利用和可持续发展上，更重要的应体现在人类精神文明与文化知识的可持续发展上。

（一）"文化基因"的可持续发展

城市是人类文明的结晶，是人类文化和科学技术历史积淀的物化物，也是人类文化发展与进步的基因库和多媒体。作为文化基因库的城市，在走向人类更高文明的过程中，其文化资源的保存、保护和发展对于城市的可持续发展至关重要。

文化就是文明化，就是人类为进步和发展所从事的有目的性的创造性活动及其创造物。城市文化基因的可持续发展，不仅在于人们对城市中宝贵的文化遗产的保护，而且在于创造人们自己的当代的文化，包括当代的建筑文化。

（二）城市文化氛围的营造

一段时间以来，城市形象工程的热潮在我国不断升温。不少城市的领导纷纷带队走南闯北学习取经，出国考察寻求借鉴。于是高层建筑热红火了一阵，一大批摩天楼如雨后春笋，争雄斗奇。紧接着晋城、汉都、唐街、宋坊等的仿古热又神州尽染、遍地开花。时隔不久，"欧陆风"又悄然劲吹，"东方巴黎""罗马广场""威尼斯大街""维也纳花园"等等豪宅、名园、高尚住宅一时间竞相粉墨登场，让人眼花缭乱。当前，广场热、步行街热，夜景工程浪潮又正方兴未艾。所有这一切，既是我国在改革开放之后城市建设与建筑文化上所呈现出百花齐放、欣欣向荣、中外古今文化交融的现象，同时也反映出了在城市形象设计与建筑文化领域的"追星式"与"赶时髦"的大众化、商业化趋势。在这样的城市形象包装流行趋势下，较多地注意了政绩效益和广告效益，而适用性和深层次的文化意蕴则少了些。

当代中国城市的文化创造，不能以仿古和拟洋的东西作为它的典范，而应当以时代性、民族性和地方风格、个性特色作为它的旗帜。流行歌曲不可能成为传世经典之作，季节性的时装也不会盛行持久。

可持续发展的文化环境，应该是既能使民族的优秀文化传统得以继承、发扬和光大，又能不断营造出当代的传世之作的文化发展的环境。它应当既有民族的传统文化与国际的外来文化的兼容与交融，又有历史的遗产与时代的创新的继承与延续；既有物质形态层面的文化繁荣，又有深层次的文化底蕴的创新和发展。

当卡拉OK厅、夜总会、迪斯科舞厅和啤酒屋等大众娱乐场所在霓虹灯的变幻闪光下生意兴隆时，人们不应忽视对音乐厅、博物馆、艺术宫和歌剧院等高雅文化场所的关照。人们既要有兴旺的文化消费业，也必须有发达的知识产业。科研、教育、体育、文化事业单位的用地和场所应当有更多的发展余地。城市规划所创造的场所和空间，如何影响人们的闲暇时间的利用与业余时间的安排，已成为城市社会文化环境可持续发展的一个重要方面。

四、可持续发展的城市意识环境

人们似乎对自己的城市越来越陌生了。建筑形式与城市风貌"日新月异"，穿着打扮与行为举止"中外交融"，原有的社区结构被打破，融洽的邻里关系日渐淡化，人们在"孤独的狂欢"中享受着五花八门的消遣。城市规划必须克服和解决现代城市社会的离群、感情弱化、无集体意识行为和无公德责任感的倾向，防止社会控制的弱化。只有这样，才能保证人类社会健康的"类"的生活的进步和发展，才能称得上是城市与人类社会本身的可持续发展。

（一）创造有精神寄托和感情维系的城市环境

城市应当是一个温馨的家，而不是匆匆过客的旅店。城市应当是一个能使人们产生归属感、亲切感、认同感和安全感的欢乐伊甸园。

城市的格局与道路系统应该有很好的可识别性与亲近性。例如，上海市的里弄住宅，北京市的胡同和四合院，苏州、绍兴等江南水乡城市的前街后河，小桥流水的河路系统，它曾培育了多少"故乡人"的深情，即使客居他乡，还常常"梦断故里"。

城市的环境应能明白地告诉人们身居何地。例如，海口市街头成排的椰树，南京市中山陵前的层丛的塔松，杭州市西湖畔在清风中摇曳的一株桃花一株柳，洛阳城里随处可见的牡丹花，厦门市筼筜湖上翩翩起舞的白鹭。这些市树、市花、市鸟所构成的特色环境能给人以"城市与我同在"的归属感和认同感。

具有地方风貌特征的城市景观与建筑形象，能以其富有哲理的语言与人们对话，使人融入大文化的环境之中而入乡随俗，心态自如。行走于闽、粤一带的骑楼下，就想坐下来呷茶聊天。闲步于苏、锡、常的曲墙、水榭边，你就欲吟诗作画。当然，在京都的金色琉璃瓦下，你就得好好准备"功课"了。

那些拥有举世闻名的标志性建、构筑物的城市，往往能使自己的市民自信、自豪。巴黎的凯旋门，纽约的自由女神，布鲁塞尔的小尿童，上海市的东方明珠塔，悉尼的歌剧院、罗马的大斗兽场，大连市广场上的足球，广州市珠江边的五羊，它们既向你诉说着自己城市的骄傲，又向你表示诚挚的敬意，人们会为之而赞叹和动情。

不少城市创立了自己的品牌，既维系着本市居民的亲情，又唤起了外来者的景仰之情。如春城昆明市，甲天下桂林市，东方明珠香港，海上花园厦门市，不求最大但求最好的大连市，创造特区速度与效率的深圳市。

（二）创造可靠的安全保障环境

在有些城市中，人们很容易迷路，缺少安全感。而在有些城市中，你会感到有很强的方位感和方向感，能方便辨别出自己所在的位置和找到要去的地方。因为它有很强烈的空间布局特征（如明显的轴线或对称格局），或者有正东西、南北的方格网道路系统，或者有明显的标志性建、构筑物，或是设立了城市地图牌、路标和触摸式交通查询电脑。在荷兰的城市中，可以看到采用不同色彩的路面和交通信号系统来组织互不干扰的步行、自行车与机动交通，无论采用什么交通出行方式，你都会感到既方便、舒适，又安全。

地铁车站和人行地下过道，往往是城市治安的薄弱环节，夜幕降临后常成为善良人们惧怕的敏感区，于是不少城市的地下过道在夜晚是被关闭的。如何在规划设计上使它们成为有防卫的空间，是一个值得研究的课题。

（三）创造亲切、宜人的柔性化环境

现代的城市中，摩天楼、立交桥、高架路似乎成了必不可少的流行色，城市像吃了发泡剂似的疯长，失去了人的尺度，毫无亲切感可言。这已不是宜人居住的城市，而是汽车横行霸道的"利车"的城市。在大片的钢筋混凝土森林中，人们的精神被压抑，整天愤愤然，于是就在"文化衫"上大写

"别理我"、"烦着呢"！马路边刚装上几天的电话亭就被弄坏，林荫道上精致的园林灯罩被打破，甚至垃圾筒也无缘无故地被推倒……人们总想找个地方出出气，以寻回不断消失的人的尊严。

于是大楼的屋顶上开辟了花园，高架路的梁柱上挂起了花篮，城市的中心有了广场绿地，一些道路禁止车辆进入成了步行者的天堂。规划设计师们正在想办法把刚性的混凝土"巨无霸"柔性化，让环境变得更友善，让人们心情舒畅地活着，让大家心里充满着欢乐和爱，让城市真正成为温馨的家，成为人类可以继续繁衍生息的安乐窝。

五、可持续发展的制度环境

这里所说的制度环境，并不是指有关国家体制，所有制和社会政治制度等这些上层建筑方面的大问题，而是指在城市规划与建设中如何来既体现代际公平又保障代内公平的问题。

城市规划作为一种政府行为，是对空间、土地等社会资源进行合理配置的一种机制。它既要利用市场的手段，实现对社会资源配置的高效益化利用，还必须体现对社会资源配置的公平化原则。

无障碍设计的要求，是体现对残疾人和体弱者的关怀，以使这部分人也能公平地享受城市设施。公共交通优先、步行者优先的政策，不仅是节约能源、保护生态环境的手段，更重要的是它体现了对平民百姓的尊重与关怀。对购买别墅的富豪们应征收公共利益税，以作为对因他们超量占用城市的社会资源而为此作出牺牲的另一部分人的补偿，政府以此作为对改善后一部分人的生活环境所进行建设的投入。一切有风景资源的城市，应该维护这些风景景观资源和开放空间的公共性，使广大群众能得以共享而不被私人或某些团体侵占。

城市规划与建设的公众参与，则是可持续发展的制度环境的重要基础。

——本文原载于《城市规划汇刊》2000年第2期

厦门生态城市构想

《厦门市城市总体规划（1995—2010年）》已获国务院批准。在560km²的城市规划区范围内，21世纪的厦门要实现生态型现代化国际性港口风景城市的目标。

虽然目前国家对于生态城市没有明确概念，也没有具体指标，但在我们的城市总体规划中，生态城市的建设有一个大致模式。那就是：城市服务功能完善，经济和产业结构合理，绿化布局合理，环境质量一流，社会文明，法制健全。

应该看到，我市优越的环境资源，特别是在创建环保城市、园林城市、旅游城市中取得的成绩，使我市创建生态城市有了坚实的基础。

在总体规划中，我市城市结构为"众星拱月、一环数片"的格局。城市结构框架是以蓝色的海、绿色的山体渗透在城市之中为原则。规划概念是将各城镇镶嵌在大自然的绿色之中，使城在海中，海在城中，路在林中，楼在花园中，人在景观中，构成真正的生态型山水城市，使人、自然和谐共处。具体来说，人们从自然界中得到多少，就应该回报给自然界多少。

只有当一个城市的方方面面均符合生态规律的要求时，这个城市才能实现生态城市的目标。当前，我市与生态城市还有较大的差距，污染源仍然存在，城市绿色生态量不够，城区建筑密度以及人口密度有待控制，公共设施配套不足，文化生活不丰富，市民的生态观念较为滞后，等等。要实现生态城市的目标，我市还有很多工作要做。

为此，我市发挥规划的龙头作用，在总体规划的指导下，高起点、高标准地完成了分区规划、控制性详规、修建性详规以及交通、市政等专业规划。在"绿地系统规划"中，计划在5～10年内人均绿地达到12m²，绿地率达到37%以上，绿化覆盖率达到40%以上。在"环保规划"中，保证岛内工业为无污染的高科技工业。岛外工业污染治理做到"三同时"，即设计、施工、治污同时进行。在"控制性详细规划"中，对每一块地的建筑密度，容积率都有明确规定。尽量减少城市人口的居住密度。从1998年以后，我市原则上不再批建高层建筑，以避免建筑过密带来的生态副效益。

高素质的城市市民是一个生态城市的"内涵"，生态城市需要政府、市民及社会各阶层来共同"建筑"。

——本文原载于《海峡城市》2001年第23期

走向与管理接轨的城市设计

城市设计作为我国城市规划体系的重要组成部分，已日益受到重视。现代城市设计自引入我国以来，从翻译名著，介绍国外有关理论及设计实例，进行学术讨论等理论研究工作开始，已走向了广泛的设计实践和指导建设的应用。笔者有幸参加了一些城市的城市设计评审，所工作的厦门市近几年来也开展了城市设计的工作，从参加管理的实际工作中，感到包括厦门在内的不少城市，虽然已做了很多城市设计方案，甚至某些重点地段的城市设计已做了好几轮，但真正能按照城市设计的构思起到有效指导城市建设，达到提高城市环境质量和城市生活质量目标的，为数甚少。不少城市设计方案也确实堪称优秀，并在重视现状调查、结合实际方面下了不少功夫，但由于种种原因，往往也仅流于"墙上挂挂"，难于实施。或虽有分阶段的逐步实施，但离预期目标也相去甚远。通过几年来的实践，笔者以为有必要对我国的城市设计工作进行反思和重新认识。其中最为重要的是，城市设计必须为规划管理服务，必须与规划管理接轨，必须具有可供规划管理所用的可操作性。

一、规划管理需要城市设计

有关现代城市设计的产生、定义与本质，城市设计的对象、目标与内容及设计理论与方法等方面的理论探讨已旷日持久、论著甚丰，本文无意加以讨论。笔者注意到，在为数众多的论著中，真正谈及城市设计与规划管理关系的却寥若晨星。即使以"谈可操作性"为题的文章，所谈的也只是如何进行具体设计的可操作性。而非实施的可操作性；或有谈及"城市设计管理"内容的文章，所论及的也仅是对城市设计的组织和管理，以及对设计的内容与设计质量的考评方法。可见，无论从理论方面或具体实践方面，我国的城市规划工作中，都缺乏对城市设计如何与规划管理紧密结合，使之具有切实有效的可操作性意义的探索。

（一）是理念，还是方法和手段？

我们经常可以听到这样一种说法："城市设计是一种理念。"或者说："城市设计的思想和原则，应贯穿于城市规划的全过程。"那么，他们强调的"理念"或思想和原则是什么呢？是"以人为本"。我们赞成城市设计要以人为本。因为城市本身就是以人为主体的，是人们的生产、生活等各种社会活动的一种载体。城市规划的目标，就是为了创造更高的城市质量以满足日益丰富的人们的各项社会活动的需要。因此，以人为本，本来就是城市规划所遵循的指导思想和原则，它并不是从城市设计中移植过来的。进一步说，"以人为本"也并不是城市设计的发明和创造。以人为中心的学说思想最早可以追溯到古希腊时代。伯利克利就提出"人是第一重要的"，普罗塔哥拉也认为"人是万物的尺度"。因此，不应把城市设计看作是一种贯穿于城市规划全过程的提倡"以人为本"的理念。由于把城市设计错误地理解为仅是一种"理念"，有的规划师以为在城市规划的文本中只要写上"以人为木为指导思想"，就算把城市设计的理念融入了规划设计之中了，因此并没有在城市设计上真正下功夫。殊不知，这样的融入就真把城市设计"溶化"掉了，成了一种看不见、摸不着的纯理念。也有的因要强调城市设计应贯穿于城市规划的全过程，而反对在总体规划或详细规划的文本中出现有关"城市设计"的专门章节和条文，或否认单独进行重点地段城市设计的必要。结果城市设计成了无法落实的"悬念"。

从规划管理的角度而言，我们之所以需要有城市设计，并不是城市设计代表了"以人为本"的思想或理念，而是因为城市设计作为一种方法和手段。它既是设计城市、创造更高的城市质量和处理城市问题的思想方法，又是使城市规划得以深化和具体化，更便于操作管理的表达方法和手段。

20世纪60年代末，笔者曾在建筑工地劳动锻炼，当时笔者发现，建筑师们所画的建筑施工图并不能直接为施工工人所用，而必须经过"翻样师傅"的翻译、放大才能付诸施工。因为建筑师所使用的设计语言与符号带有约定俗成的抽象性。城市规划设计主要是以充满技术术语和数字的条款、文本，以及以色块为主的二维图像的图纸，来表达对被称为"世界上最复杂的事物"的城市的规划设计意图，实在是难以胜任的。尽管使用了诸如鸟瞰图、街景立面图、透视图、工作模型等方法、手段，对于规划管理者来说，仅靠规划文本与图纸，在具体的实施管理中，也是难于把握和控制的。因为规划成果所使用的语言与符号所能表达的，与城市实体的差别实在太大。尽管我国的城市规划管理工作，已日益强调其专业技术的特点，逐渐加重了管理人员中专业技术人员的比例，并要求他们应取得注册规划师的资格，但由于传统的城市规划设计的内容与表达手段的限制，再加上设计与管理的脱节，管理人员基本上还是以经验和自己的"理念"为依据在实施真正的管理，而规划图纸往往也只是"墙上挂挂"的。规划管理非常需要一种更贴近对城市实体的思考和观察城市问题的方法，而城市设计恰恰是对城市规划的深化和具体化。因此，城市设计决不能仅仅停留在理论探讨或"理念"的抽象上，而必须落实到对构成城市实体的各个要素的具体设计和表达上。

（二）既关注目标关注质量也关注过程关注效益

城市规划与建设要全面提高城市质量、提高人们的生活质量，就不仅要关注城市整体环境质量的提高，还必须关注城市整体效益的提高（包括社会效益、经济效益与环境效益）。城市不仅要为居民提供生产和生活活动的场所，城市还必须为居民提供维持其"衣、食、住、行"等活动的基本经济来源，必须为城市居民提高其生活质量而提供创造更多的物质财富和精神财富的条件。城市规划与建设必须满足经营城市、经营企业、经营家庭三者的需要。从规划管理的角度而言，城市规划就不仅要关注其科学性与合理性，同时还必须关注规范城市中的各项建设行为，兼顾政府、开发商（或企业经营者）、使用者（居民、业主）三者的利益，关注城市规划设计方案对协调三者之间的关系的作用与效果。规划管理不仅关注单项或局部地段的建设，还必须关注整个城市的发展过程，关注规划设计方案对整个城市的发展过程进行宏观调控和微观管理的可操作性。

这几年的规划管理实践，我体会到使规划管理者最头痛的事，并不是没有规划可据，并不是常被局外者所谴责的"规划滞后"，而是规划的多变和规划的过分超前。城市规划需要高起点、需要前瞻性，城市规划文本和图纸所规定和描述的也是规划期的目标达到后所呈现的理想状态。而如何分期分步实现规划目标，如何找到每一分期和分目标的可操作性的切入点，这就需要把总体规划或详细规划上所制定的总体目标进行分目标细化的工作。这种分目标的细化应当是以城市形态、城市形象和城市空间形体环境的基本完整性（至少在局部范围内）以及城市的基本功能发挥的有效性为其工作的阶段性目标。城市总体规划和控制性详细规划，由于刚性太强、终结味太浓，在日常的规划管理中往往无法一以贯之，经常出现随意变通、更改的情况。于是就出现了要么反复修改、调整规划、规划多变使管理人员不知所措，要么规划被束之高阁、失去效用的情况。深圳"先行先试"的法定图则的试行，作为对提高规划的法律地位、维护规划的严肃性的措施而出台。然而这种"法定"的做法，只是"锁定"目标的办法，它所控制和锁定的是与土地功能性质、总体建设容量、开发强度及环境质量和空间形态有关的技术指标，而对于具体的开发、建设或保护改造的模式、步骤、项目经营和分期分系统目标等是无法明确的。而这些则都可以和需要通过城市设计来进行策划和安排。

我们日常规划管理中所遇到的，是大量的与方方面面的人打交道的问题，是处理各种矛盾和利益冲突的问题，是保护有关当事人的权益和力求公平、公正的问题。城市用地的布局与安排，城市开发建设项目的组织和开发强度的确定，不仅与城市的科学、合理发展有关，与城市环境质量有关，还与方方面面的经济利益、社会权益和公平有关。城市规划管理部门作为政府的职能机构，既要维护城市的公共利益、为公众提供福利，又要考虑为政府当好管家、实现经营城市的利益目标，发展经济，增加财政收入，提高城市的综合实力。这就要求城市规划对土地的运作、安排要讲求经营方式和经济效益。如何在已确定的技术指标的情况下产生更好的土地效益，这就需要在项目的策划、组织安排和运作上进行深入的研究，对环境的营造进行精心的设计，有没有这样的研究和设计是大不一样的。例如厦门筼筜湖周围地区，在 20 世纪 90 年代初就把土地不加控制地仓促批租出去，拿到土地使用权的开发商却长期使土地闲置、不搞开发。然而当政府投入了大量资金、把筼筜湖治理改观并建起了环境优美的公共绿地以后，该地区的土地价格就陡然升值。于是，这些土地使用权拥有者或转手倒卖获取地价差，或以高容积率的条件建房，按高价出售获取暴利，政府却丢失了一大块本应该得到的土地增值的价格差，同时环境景观质量也未能得到有效控制。近几年，虽做了城市设计，但为时已晚，难以补救。

我们说的经济利益和合法权益，当然还应当包括建设单位、开发商、有关的企事业单位，以及实际的使用者和业主等的利益。我国从计划经济步入市场经济后，城市建设的投资由政府单一的投资体制转变为多元化的投、融资体制，城市建设和规划目标的实现将是政府和各种投资主体共同努力的结果。因此，吸收和鼓励多种形式的投资也是经营城市的重要方面。如何规范和引导投资经营者的建设行为，既使他们有利可图，保证他们的合法权益，又要把其利益的取得控制在合理的范围内，并以维护公共利益及不损害使用者的权益为原则，要做到使经营城市、经营企业、经营家庭三者兼顾，就必须在开发建设和环境的整合上有一个合理的度。还是以筼筜中心区为例。如果不在前期适量地批租土地，政府就没有资金可投入对筼筜湖的治理改造和绿地的建设，社会效益和环境效益也就无从谈起，但过量过早地批租土地又使政府损失了较多的地价差，事后为了保障社会效益和环境效益，有些地块政府还不得不以高价回购。因此，对城市土地的经营开发与城市整体环境的关系，必须进行认真研究与谋划。

（三）控规需要深化和具体化

从规划管理的角度而言，管理的重点内容主要是进行项目管理、城市资源配置管理和城市形象与空间形态管理 3 个方面。我国城市规划管理部门目前对城市建设进行规划管理的主要依据是控制性详细规划。可以说控制性详细规划是专门为了规划管理部门的管理需要而编制的，但从目前的应用效果来看，并不如意。控规所使用的表达方式，主要是以二维化平面表达的图则和数量化的控制指标体系，规划管理人员据此作为规划设计条件对建设用地与建设工程进行管理。当设计人员把这些指标转化成修建性详细规划，或建设项目的用地规划总平面图和建筑设计方案及施工图后，这些设计所具有的内容属性已远非原有的控制指标和设计条件所能涵盖。例如，涉及有关建筑的组群关系、外部空间的形体与心理环境、交通系统的组织、绿化系统的详细设计、地面的铺装效果、建筑第五立面（屋面）的要求，以及有关景观与艺术形象的美学和重点艺术处理内容等方面的要求，都无法在目前按常规所做的控规成果中找到管理依据。而这些方面的设计和建设的内容与效果，如果不能有效地加以引导和控制，建筑与城市环境的整体质量就无法得到保证，最终也就无法达到城市规划为创造更高的城市质量，提高人们的生活质量而努力的目标。

因此，控制性详细规划的内容必须进行深化和具体化，必须进行"翻样"，以供规划管理人员进行具象化的管理和为指导建设设计所用。在控制性详细规划与具体的建设设计之间也需要有一个中间的衔接环节把控规深化和具体化。目前在不少城市中已开展的控规阶段的城市设计，或单独进行的重点地区和地段的城市设计工作就起到了这样的作用（图 1）。

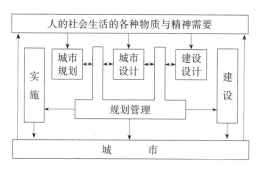

图1　城市设计的地位与作用示意

城市设计应与控制性详细规划既密切衔接，又有区别，既应遵守和服从总体规划、分区规划、控制性详细规划的基本原则和内容，又要有所反馈、修正。目前我国城市中大部分的城市设计是由城市规划管理部门委托编制的，也有由成片土地或大型项目的开发建设单位委托设计的。因此，可以有2种不同的城市设计思路分别为管理部门或开发建设单位服务。城市设计具有对规划管理与建设设计的双重指导作用。

二、规划管理需要什么样的城市设计

城市规划管理是政府对城市发展与城市资源的合理配置进行宏观调控和微观管理的一种手段。通过规划管理实施城市总体规划的城市发展战略目标，以创造更高的城市质量，达到满足城市居民生产、生活各种活动的需要，提高人们的生活质量的目标。在日常的规划管理中，则是以核发"一书二证"的行政许可形式来进行对项目管理、资源配置利用利环境质量控制，以及城市形象与空间形态整合3个方面为重点的管理目标的。

前文已论及目前我国大部分城市所编制的控规无法充分满足服务于规划管理的目标。因此，有必要加进城市设计的方法、手段和内容，来对控规进一步深化和具体化。那么，为规划管理而编制的城市设计，就应在上述的3个重点管理目标方面进行深化和具体化。

（一）建设项目要求的具体化与对象化

在城市总体规划与控制性详规的规划成果中，一般对城市用地规定使用性质，如"二类居住用地""公建用地""市政设施用地"等等。至于"公建用地"究竟是建会展中心，还是建行政办公楼、博物馆、体育馆，并不明确。因此，对于用地上建筑的具体空间形态特征和属性也就无法进行明确的规定，而只能以诸如"容积率""建筑密度""建筑高度"等技术指标来控制。在做城市设计时，就应当对设计地块的项目内容有一个基本明确的安排或建议，使用地性质的抽象概念对象化。只有在此基础上才能对建筑及空间环境作出定性、定量、定质的要求和表达。

（二）表达的三维化与视觉化

控规的成果主要是以二维平面图和抽象的数字指标为表达形式的。这往往使规划管理人员无法从感性上进行把握，容易造成在空间环境和形态及形象上的管理失控。对于不懂得专业知识和术语的市民来讲则更难以参与和监督。城市设计运用三维化与视觉化的表达手段，将在具象性方面对控规是一个有力的补偿，增强其可读性，并补充了在空间性特征方面的一些基本要素，更有利于规划管理的可操作性。需要指出的是，在对控规进行三维化与视觉化的"翻样"时，应该对控规所提出的定性与定量的规定与指标进行校核和验证，并提出合理的、具有可操作性的反馈修正意见。如果城市设计仅仅是把控规的内容在立面上"竖"起来，把控规的有关指标"下载""拷贝"一下，这样的城市设计就会失去其价值和意义。

（三）空间环境的感性化与情感化

空间环境的塑造是城市设计的主要内容，也是城市设计对控规进行补充和深化的主要方面。按照目前法定内容深度所编制的控规是难于对建筑的外部空间环境和城市空间环境进行感性化建构的。诸如城市空间的场所感、归属感、安全感、舒适感和可达性、多样性、公平性等等有关的社会与心理特征方面的要求，在控规的文本与图则中是难以表达的。因此，在城市的建设与规划管理中，就往往会忽视对这些有关城市生活质量的基本因素的要求，或虽有所意识，但却难于进行实时的把握控制，使得城市在其成长过程中失去了人性和人情。

因此，城市设计成果在这方面的表达方式，就不仅仅是条文式的定性描述，而应当以空间注记与节点图像的形式，对城市中各种不同的场所给人们的体验和感受予以标注，并对能形成这种场所感氛围的有关尺度、界面、体量和建筑材料、色彩、质地、铺装方式、绿化效果、小品等方面的规定性和引导性要求，进行恰当的表达，应做到图文并茂、一目了然。这样，规划管理人员在涉及具体建设项目的审批时，就可以提出较具体的设计要求，而不至于停留在"材料新颖""色彩淡雅""尺度宜人""形态活泼"等等空洞的词句上，甚至提不出任何要求来。

（四）城市形态与形象的审美化和艺术化

城市的建设与发展是一个不断成长的过程，城市面貌、城市形态与城市形象并不是以5年、10年或20年为阶段呈现在人们面前的，城市每时每刻都在展示自己。城市总体规划以5年、10年、20年为限的近期、中期、远期的图纸表达和没有时间表达期限的控规的图则成果，是无法对城市的形态与形象进行恰当描述的。作为对规划表达的深化与具体化的城市设计，就应当在时间的维度上对城市的形态与形象进行深入地研究。这就是我们所说的要研究城市发展的文脉，要从城市发展的纵向（过去、现在、未来）和横向（与相邻及周边地区、地段在空间与形象上的整合）两个轴上对城市的空间形态进行精心的设计，不但对整体上，也在相应的局部和重点地段上，形成审美化的城市风貌特色和个性化的艺术形象。因此，城市设计的成果对城市的立面与剖面，对城市的轮廓线，对有关的视点、视线的景观分析，对城市肌理和图底关系，就不应当是"终极"式的表达，而应当是"生成"式的表达，应当有时间维和空间维的因素。这样就使城市决策层、规划管理者、具体建设项目的设计人员、建设人员及广大市民，可以更全面地理解和领悟规划与设计的意图，通过共同地不懈地努力形成和谐、连续的城市特色风貌和个性化的城市艺术形象。

三、城市设计如何与管理接轨

（一）连续性与相容性

城市设计是控规的深化与具体化，城市设计首先应注意与控规的衔接，注意与控规的内容及指标互补的连续性和相容性。不要轻易变更控规已明确的重要原则、用地布局和道路骨架，特别是当控规已批准并已执行了一段时间，这就会引起用地的大调整，而给管理带来极大的困难。否则，不是控规前功尽弃，就是城市设计"虚拟化"，因丧失前提条件而难于被采纳。

另外，城市设计中的项目安排也应注意符合控规中用地性质的相容性规定，使之具有一定的可变性，既控制在允许的范围内，又有一定的可选择性。规划人员在用地和项目选址时，既能进行合目的性的引导，又有变通的适应性裁量，保障规划与设计方案的付诸实施。

（二）刚性与弹性

城市不仅是社会实体，也是经济实体。在城市的建设和规划管理中，必须考虑在经营城市、经营企业、经营家庭这3个方面的利益关系，力争达到三赢的效果。具体到用地的开发强度和城市资源的合理配置上，就是要权衡和处理好一个"度"的问题。控规虽然在用地开发强度和城市资源的合理配置下有一个比较明确的量的规定，但在实施管理的过程中，当落实到具体项目的审批时却往往会因各种原因而不得不对这些"刚性"指标进行修改。当然，对于技术指标的更改，有些是不合理的，但出于无奈不得已而为之，有些则是由于指标本身不切合实际或没有经过认真研究、依据不足，而所遇到的需要变更指标的实际情况却是合情合理的。这样的情况在实际的规划管理中是经常发生的，使得控制性详规或城市设计方案的预想结果完全走了样，造成根据城市轮廓线的设计要求，该高的建筑不高，该低的地方不低的效果。本人以为，城市设计方案就应当充分考虑到出现这种情况的可能性，设计出几种能符合景观和美学要求的不同的城市轮廓线，据此来明确哪几个作为特别重要的控制点，不允许有所变动，而哪一些控制点可以有一个变动的幅度，并做出对其建筑高度最高值利最低值的限制规定（容积率弹性幅度和容积率允许转移的上下限值），以及最佳高度的建议。这样就可以使得城市建设在规划管理的有效调控下，始终朝着在设计目标的合理范围内有序地发展，而不至于完全出乎意料地失控，使城市设计方案流于形式、毫无价值。

（三）理性与现实性

我所见到的城市设计方案中，有不少方案为了追求雄伟、壮观的效果，堆砌了大量的高层建筑，甚至频频出现数百米之长或世界高度之最的大体量建筑，有的动辄挖河、堆山，手笔之大令人叹为观止。我们赞赏有新意，推崇超前意识，我们也允许大胆设想，认可追求理想、搞点浪漫，但我们还必须面对现实，讲求实际。我们既要讲求土地的经济效益，还得讲求社会效益和环境效益，要考虑经营城市、经营企业、经营家庭三者的利益关系。城市和建筑是要有人来投资才能进行建设并建设好的。控规虽然规定了每个地块的开发强度（容积率、建筑密度），但是对于由谁来投入，由谁来开发建设是无法明确的。城市设计作为对控规的深化和具体化，就要基本明确每个地块的项目类型，并为土地和项目的建设进行开发模式与经营策略的研究与策划建议，使得所做的城市设计方案建立在有实施可能性的基础上。当然，我们不可能要求规划设计师代替经济师的作用，承担为政府和开发商进行开发策划的任务。但至少城市设计师应当对其方案中提出的项目，可能是政府行为还是市场行为做到心中有数。应当对自己方案中各种建筑性质、类型的总量与比例，以及它们的实施所需的投入和效益有个基本的估算，而对其中政府与开发商（或其他非政府投资者）的投入之比例大概是多少，也需有个基本的估计。据此，政府或开发商则可对投资和融资的可能性有个准确的评估，决定对方案的取舍。这样就可使城市设计"色、香、味"俱佳，而不至成为"鸡肋"。许多城市设计方案被遗弃或改得面目全非，成为"遗憾的艺术"，很多就是没有能找到理想与现实的结合点，没有经营城市、经营企业、经营家庭的最基本的观念。

（四）渐进性与统一性

一般来说，有一定规模用地的城市设计方案都有一个分期实施的问题。城市设计的方案和分期实施的建议。就应当尽可能做到城市形态、空间环境质量与景观效果的分期完整、积累完整和最终完整的渐进性与统一性。有的城市设计方案非常讲究自身的严谨性与整体性（如绝对对称与整体板块），但却无法进行分期实施或分块开发，可操作性很差。有的方案要体现分期分片实施的可操作性，可能就对空间形态与景观效果的局部完整性考虑不周，出现城市空间无法对话、形象混乱的状况，使每一个分期都不完整，给人以始终"有待完善"的感觉。因此，城市设计的景观表现图和街景立面图及剖面图，就应该如前文所述的不能只有一张"终结"的图纸，而应当有分期的渐进式图示，使得在分期建设的过程中，也能形成相对完整的城市形态和空间环境，形成较好的城市面貌与城市形象。

城市设计在我国尚处于方兴未艾的深入展开与推广阶段，关于城市设计与管理接轨问题的讨论有待深入，远非木文所能概全的。拙文只是提出一些须探讨的问题，以期引起讨论。

——本文原载于《城市规划》2002年第9期

透视后现代城市现象

当我们欢天喜地地高呼进入高科技时代、进入信息社会之际，当我们正在为建设现代化的城市而热血沸腾、壮志不已之时，却在不知不觉中滑入了后现代城市的魔袋。

我在这里所言的"后现代城市"，并不是现实存在的城市形态或城市发展的某一个历史阶段，也不是城市规划与设计的思想或理念，或者是被人们经常提及的一种什么"主义"，而是指目前在城市中所出现的一些带有后现代特征因素的现象和趋势，或可称为"城市中的后现代现象"。

到某个城市参加一个会议，汽车路过一个正在施工的工地，看到在工地的围墙上赫然写着一排大字："豪华的高尚型智能化绿色生态园林式住区"。因为它还没有建好，我想象不出它究竟会是什么模样。我只有一种感觉，这个地处该市闹市区边缘、用地并不算大的地块，既要"豪华"，又要"高尚"，还要"生态"，似乎很难。然而，只要你肯花点时间，到我们的城市里去走一走，在工地的"围墙文学"上，或随便翻一下报纸的"楼盘广告文学"，类似这样精彩的豪言壮语比比皆是！然而，岂止是"文字游戏"而已。你再看看我们的建筑、大厦、广场、街道等等各种场所，难道不是全都带有一股同样的"文化马戏"的味道吗？

先是有"××帽"，后来又流行"仿古一条街"，再后来又刮起了"欧陆风"，什么"罗马柱""希腊柱""凯旋门"，什么"古典主义""折中主义""结构主义""解构主义""现代主义""后现代主义"等等，应有尽有。上海甚至提出让郊区的9个城镇按9个不同国家的风格来建设"现代化"，以体现文化的多元化和高品位的追求。

原来属于好莱坞影城和迪士尼乐园里的东西，被搬到了城市的街头，而后在"向拉斯维加斯学习"的口号之下，又被普及到了世界各地。"真实的实在转化为各种影像，时间碎为一系列永恒的当下片断。"这个后现代文化的特征，已开始成为后现代城市的特征。城市、作为现实生活的场所已被影像化了，而所谓的"文脉"也仅是一系列历史碎片的"拼图"。世界文化的交融和城市文化的多元化并不是坏事，而是一种趋向。问题是，面对全球经济一体化和世界文化交融的大趋势，我们如何应对，我们准备好了吗？

当我们刚刚从"文革"的迷狂中醒来之时，我们所面对的是一片空白，然而当阻挡国人视线的铁幕被打开时，我们又看到了一个五彩缤纷的世界。各种西方国家的物质食品和精神食品大量拥入，一种饥不择食的急切感使人们丧失了谨慎和应有的理智。过分的吞食刺激导致了精神错乱、情感隔膜和消极被动，我们不自觉地变成了发达国家理论倾销的"超级市场"和"展销会"。而所有这些文化的舶来品，却都成了我国在改革开放以后所逐渐形成的一种与现代化、城市化及市场经济相联系的大众文化的"麻、辣、烫"火锅料。在引进西方"装配线"的同时，我们也试制出了大量的"国产替代品"，频频面市。各种各样的电视晚会、综艺大观、模仿秀、演唱会、交易会、博览会、选美大赛、时装展示、行为艺术展……，繁花盛开，星光灿烂。

大众文化的出现，填补了我国经"文革"扫荡之后所出现的精神空白。在对"康熙""乾隆"等皇宫秘史的随意戏说和解构中，满足了失去历史感的现代人寻根问祖的要求；以"金色池塘"和"红高粱"、"黄土地"的绚丽色彩，在现代都市人被冷漠包围的坚硬的心中吹进了一股自然恋情和田园风光的和风；以"泰坦尼克号"和"廊桥遗梦"等等的爱情故事，在只有欲望没有爱情的现代人干涸的心灵中洒上了几滴柔情的雨露。

大众文化的登场，并且已从舞台边缘走到了城市文化的舞台中心，这是一种社会发展趋势。当然，由此也在城市建设方面形成了一股"文化热潮"。深圳的"世界之窗"和"锦绣中华"首开了我国主题公园的先河，于是一大批"三国城"、"欧洲城"、"唐城"、"宋城"、"晋城"……纷纷冒出了地平线。各种各样以打着追求"高品位"和"儒雅文化"的招牌的什么"花园"、"山庄"、"广场"、"天地"之类的商品楼盘，其实也是大众文化在"居住文化"上的包装。

前几年，我有幸一睹上海"名人广场"的丰采，上万平方米的中心绿地和金碧辉煌豪华装修的会馆俱乐部使我大开眼界。最近，去了一趟广州、番禺，拜访了南国奥林匹克花园。住区中心为小区居民而设的占地达 7 万 m² 的三洞高尔夫球场的创意："设想一下日落日出时挥杆面朝绿色海洋的感受吧，设想一下谈笑鸿儒的自尊感受吧，最后，再设想一下新生活与健康、成功嫁接以后的感受吧！"真令人叫绝，是居住的大众文化最妙的注脚。目前在我国城市中流行的大众文化是一种贴近生活原生态的文化模式，它是"以现代大众传播媒介为依托，以此时此刻为关切中心，以吃喝玩为基本内涵的消费文化和通俗文化"。

"名人广场"或"奥林匹克花园"代表的是一种时尚：消费并不是对使用价值、实物用途的消费，而主要是对语言学意义上的符号的消费，是一种对身份的象征的消费。所谓的"体验经济"，就是这种新时尚的产物。这种全力关注于自己的生活方式的风格化和自我意识的确定的消费文化，把生活方式变成了一种包装生活的谋划，变成了对自己个性的展示与地位的感知途径，在日常生活和聚会时，他们不仅谈论和展示他们的服装，展示和谈论家居，他们还谈论和展示家中的陈设与装修，汽车及网球、高尔夫球等等的时尚。因为根据这些东西的有无品位，人们就可以对它们的主人予以解读和进行等级、类型的划分。人们在消费中的满足感，就有赖于自己是否拥有或消费被社会认可的"高档次"或"高品位"的"地位商品"。于是，对这些东西的追求就成了一种时尚。

尽管"名人广场"或"奥林匹克花园"只是极少的"白领"高薪者所能消费，但这些所谓的白领阶层往往是一个城市的消费潮流和风尚的领导者或倡导者，他们的追求和消费往往能左右整个城市社会的消费观念，形成社会性的消费文化潮流和趋势。当"地位商品"被推向市场，变为"大众化"后，白领阶层又会通过设计出新的品位，来重新建立自己的优势，拉开与大众的距离。于是"没有风格，有的只是种种时尚；没有规则，只有选择"，就成了我们城市生活的原则。这种原则，不仅表现在消费场合，也表现在城市规划与城市建设上，于是城市间的攀比风就造就了"广场热"、"夜景工程热"、"步行街热"、"会展中心热"、"歌剧院热"……规划设计的"国际招投标"也成了一种时尚，成了"国际性城市"的"地位商品"。而"形象设计""形象规划"与"形象工程"就成了当下城市规划与建设的主要内容；设计时尚，推销生活方式就成了以"形象设计"为目的的"城市设计"的目标。

作为商品文化和大众文化最重要标识的形象化，即形象脱离了它的内容，成为一种独立存在的因素，已成为城市文化的普遍性特征。模仿、复制、批量生产及翻新和重塑，使得城市景观到处似曾相识。另一方面，精神意蕴的平面化，以形式上的华美、离奇和紧张、刺激来取得效果，使得城市景观影像化，就像那些"搞笑艺术"的雕虫小技，往往如过眼烟云，看过就忘，或边看边忘。我们的城市已被弄得支离破碎、文化失序与风格的杂烩混合已成为基本的空间特征。从摩尔的新奥尔良意大利广场到上海浦东陆家嘴的"高层建筑动物园"，我们所看到的是一幅幅的城市景观的 MTV。从这些城市景观所反映出来的非深度、非完整性与零散化的趋向，以及多元共生性和思维的否定性等特征，都已呈现出后现代主义的现象与特征。

我国正处于一个社会转型的关键时期，在这个时期，我国将从农业社会转为工业社会，从封闭式社会变为开放式社会，从传统社会变为现代社会，从农村社会转向城市社会。全面的城市化和城市现代化将是这个时期我国社会发展的最基本的特征，而文化转型则是实现我国社会转型的最关键的条件。"单纯的经济增长并不一定体现为社会的发展，社会发展的最深刻的内涵是人自身的发展，是人自身的现代化。而人自身的现代化最终体现为深刻的文化转型。"文化转型是我国实现社会转型，走向现代化的最本质的核心内容。

刚刚打开国门并患有文化饥渴症的国人，把西方国家几百年中所经历和产生过的"主义"都拿来演练一番。这些前现代的，现代的和后现代的"主义"与文化精神，几乎同时在我国出现，使原本的"历时性"消解而成为"共时态"，它们同时包围和冲击着我们，使我们不知所措，使我们在实现社会转型和接受大众文化的过程中，滑入了"后现代城市"的魔袋，这就是我们的现实。1901年美国举办的潘神博览会的"景点简介"中有一句名言："请记住，当你一跨进门，你就已是被展示的一部分了!"对此，我们得加倍小心。

文化转型是人们的基本生存方式或行为模式的转变，它所体现的，是在最深刻意义上的人的生存的深层维度的转变，它涉及一个国家和时代的人们所普遍认同的由内在民族精神、时代精神、价值取向、习俗、伦理规范等构成的行为方式的转变。这种转变既是潜移默化式的，也是脱胎换骨式的。脱胎换骨式的文化转型以前所未有的方式把我们抛离了所有可知的社会秩序和轨道，使我们陷入了大量尚未理解的事件。我们所论及的后现代城市现象，既是我国在文化转型的过程中，所表现出来的各种文化精神和价值观念碰撞的现象，又反映了我国城市居民面对基本生存方式的改变所产生的无所适从的躁动感。

城市化与城市现代化是我们时代的要求，文化整合与文化转型是这个时代的必然趋势和艰巨的使命。后现代城市现象，既是一种困惑，又是一种启示；它不应当是一个结果，而应当是一个开端。

——本文原载于《建辛》2002年第1期

更新观念，建设人居环境优美的海湾型城市

21世纪的来临使我们充满了憧憬和希望。在21世纪之初，厦门市委、市政府提出建设海湾型城市的战略目标，这对厦门市的发展既是机遇，也是挑战。建设海湾型城市，意味着厦门的城市空间形态和用地的布局与结构将有较大的发展与调整。

厦门应当建设什么样的海湾型城市？厦门应该当经济赶超型城市，还是人居环境领先型城市？厦门应当在福建的经济发展中发挥制造、加工业的龙头作用，还是当高科技产业发展的龙头？厦门应当是发挥土地资源的优势、大兴房地产业，还是发挥科技人才的优势建好科学园区？厦门应当以大求强，还是以精求强？这些是我们在讨论实现建设海湾型城市的战略目标，进行城市的用地布局和空间结构调整时必须面对的具体策略。

厦门是一个地域面积小，城市人口也不多而生态敏感度较高的"娇小玲珑"的城市。目前在全国十五个副省级城市中，无论在人口、用地和GDP值上都排在最后。尽管在市委、市政府的领导下，全市人民共同努力，近十多年来的GDP值都以二位数的增长率飞速提高，但在经济总量上要缩小与这些城市的差距还得付出巨大的努力，而想要赶上和超过国内的排头城市则几乎是不可能的。即使与省内的泉州、福州相比，我们的经济总量与它们也差距较大，要想赶上也不容易。当然，在人均GDP值上，我市在全国是处于前列的，并已跻身全国城市综合实力10强市，位列全国首批投资硬环境40优城市。它说明了我们厦门城市虽小，但在不少方面却是有优势的。

城市从本质上说，是一种集约型的人类聚居方式，它是人类为了自身的生存和发展进行各种生产与生活活动的需要，而建设起来的各种场所的载体。城市的规划、建设与发展必须满足这些活动的需要，而人类的社会是在不断的发展与进步的，因此城市也必须随着生产力的发展、人类文化的进步和人民生活的提高而"与时俱进"。但每个城市有它各自的特点，每个城市在社会的发展与进步中，根据自己的特点与优势发挥着各自的作用，扮演着不同的角色。这种各个城市的地位与角色，由于其内因与外因的发展与变化，在不同的历史发展时期也是在发展变化的。曾经领先的城市，可能"无可奈何花落去"，而原来弱小的城市，也可能"于无声处听惊雷"。厦门市乘改革开放、建设特区的东风而异军突起，成为明星城市，曾在福建的经济发展中起过带头作用。但目前因特区政策优势的衰减而逐渐褪色。厦门市在建设经济特区后的第一轮城市建设高潮，是因外商投资建厂和房地产市场的兴起而引起的。时至今日，招商引资的优势已今非昔比，投资办厂的意向已非取决于地域、语言、政策甚至地价和劳动力的优势，而取决于人才、协作配套、市场管理、交通和生活环境、城市的文明程度等优势。显然，前者的优势在于"天时"和"地理"，而后者则在于"人"，在于城市环境的高质量和优质的社会化服务。而厦门市在"天时"与"地理"上的优势已不明显，应当在后者狠下功夫。厦门应当摆脱走经济赶超型城市的思路，力争成为人居环境领先型的城市。厦门不应当再争当制造业和加工业的明星城市，而应当发挥科技人才的优势，成为高新技术产业的明星城市。厦门应当着力在提高城市质量、完善城市功能上花大力气，以环境吸引人，以特色吸引力，以国际水平的服务和完善的城市功能吸引人，成为名副其实的"最温馨的城市"。

厦门城市地少、人口不算多，与上海、北京、广州这些数百万人口和数百平方公里乃至上千平方公里建成区的特大城市相比，仅为其1/10。我们在用地和市场力上都处于弱势，厦门本岛更是弹丸之地，几乎已无发展空间，在土地资源上是无法与其他城市相比的。厦门的房地产无论从开发规模和市场规模上都显得微小，这从进入厦门的房地产市场的开发公司的实力来看就可以说明这一点，国内

著名的、有实力的房地产公司几乎对厦门的市场不屑一顾。由于厦门岛内的生活和文化环境优于周边地区，因此岛内的房地产对周边城市的居民尚有一定的吸引力，但其市场规模也是有限的。而岛外目前的条件甚至还不如周边地区的城市，因而对于他们几乎也没有市场吸引力。只有当岛外的城市建设和环境条件有所改善，呈现超过周边地区的趋势时，才对他们开始具有吸引力。海沧大桥建成后海沧目前的趋势就是如此。对于投资建厂的企业家也是如此，这也就是我们必须冲出本岛，跨过海湾向岛外发展，由海岛型城市向海湾型城市发展的必然要求。但是，我们必须清醒地看到，其他城市，特别是那些实力强大的特大城市，在"筑巢引凤"方面的优势比我们大得多。我们必须十分珍视稀缺的土地资源，把有限的土地用好、用精，以精取胜，以精求强。我们不能再把有限的用地拿来用在盲目的房地产开发上了，我们也不能再把有限的用地拿来用在引进哪些附加值不高的一般的工业项目上了。"文化之城""科技之城"，这应当是有限的土地的用武之地。因此，建设海湾型的城市，着力点应当是"文化之城"和"科技之城"的建设。海湾型城市的建设，应当提高文化的集约度和科技的集约度，而不应当是房地产业的大进军和制造工业与加工工业的遍地开花。

最近，为了走乡村工业化与乡村城市化的路子，我市有关部门策划了 32 个工业区的建设，有遍地开花搞工业的趋向。而每个工业区的规模又都无法达到经济规模效应，这既对基础设施的建设带来高成本的压力，也将给今后的城市化建设带来用地结构、空间结构调整的困难，并在环境保护与治理方面留下后遗症。

由于我们经济总量小，可支配的财力少，我们在建设海湾型城市上，不能把架子拉得太大，不能搞全线作战，而只能集中优势，突破几点扬长补短。本人以为，厦门在近期 5～10 年内，除了继续搞好海沧的开发建设以外，应集中力量在治理西海域的基础上对马銮湾地区进行重点的开发建设。而这样的开发建设应当是经市政府严密组织的统一规划、统一开发，不应当是"分地到区"的分而治之的开发。

马銮湾地区地处西海域的中心地带，东联杏林，南接海沧，北为自然生态良好的天竺山林地，南靠城市森林公园蔡尖尾山，东临厦门的西海域大片水面，经整治后将形成环境优美、生态条件良好的滨海区。该地区的交通条件也是得天独厚的，贯穿我国南北沿海地区的铁路大动脉将在杏林与马銮湾间设站，是今后厦门的主要铁路客站与货运站，并在马銮湾西侧建铁路编组枢纽站。马銮湾地区东西西侧均有与高速公路及国道相连的连接线；即将建成通车的蔡尖尾山隧道直通海沧大桥与仙岳路相接，使马銮湾地区互论北经厦门大桥或南走海沧大桥，至高崎国际机场的路程均可在半小时左右。随着我市从海岛型城市转向海湾型城市，马銮湾地区将是我市发挥东南沿海重要中心城市的作用，向闽西、江西省及广东北部地区辐射的重要的通道和战略基地。对于这样一片自然环境优美，交通条件便利，有重要战略意义的用地，可以说是厦门西海域最具吸引力的地方。如果厦门要建科技城的话，这里应当是首选之地。马銮湾应当建设成为大学与高科技园区相结合，并兼有休闲度假旅游的厦门科技新城，绝对不应当把它作为一般的工业用地和房地产开发用地来对待。同时，马銮湾科技新城还应当成为厦门西海域西侧的城市文化中心。今后应当把一些文化、体育、科技方面的市级大型公共建筑放到该地区。

在近期的 5～10 年内，除了集中力量开发马銮湾科技新城外，还可以对同集路经济发展轴进行有限度的适当开发建设。重点应抓好集美文教区和同安同集高新产业区的建设。同集高新产业区应开发建设成为高新技术的产业区，它同时应当成为厦门本岛的高科技研发基地和马銮湾科技新城研发基地的科技成果的直接生产转化地，成为有科技优势的产业高地。

在这一时期内，还应着手东通道的建设，为下一个 10 年跨过东海域向刘五店和马巷地区的进发作战略准备。同时，厦门本岛、集美、杏林和同安的现有城镇建成区应着力提高城市的环境质量与生活质量，大力发展第三产业，改善城市功能。

我们相信，更新观念，明确思路，找准目标，努力实践，厦门必将迎来特区建设的新阶段。

——本文原载于厦门市经济学会 2002 年主编《海湾型城市——厦门发展的战略构想》

城市规划需要科学的评价标准

如何提高城市规划的科学性已成为各界人士关注的热点。这里，首先要解决一个难题：如何来评判规划的科学性？科学的问题，基本上是一个"证伪"的问题。在科学史上，如果某一个理论或某一项发现，不能证明在它以前的理论或有关的结论是错误的或部分是错误的，那它就不能确立自己的科学性。有一些尚无法被证实的东西，虽然被公认为是正确的，那也只能被称作为"猜想"。城市规划在这点上往往就遇上了无法"证伪"的难题。谁能给我一个城市规划的"ISO"？

例如，许多城市规划方案被中途修改，或在执行过程中由于各种原因而弄得面目全非，而这些规划却都是符合规划设计规范，并经过"专家评审"的。事后，我们就很难说得清，是原来的规划不科学，还是对规划的修改不科学。大家常说城市是一个超级巨系统，影响城市发展变化的因素可以说千变万化，难以计数。假如城市中的某条道路出现交通拥堵的情况，那么究竟是由于该条道路的规划设计的路幅宽度不够，还是整个道路网系统的不合理；是交通管理的不善，还是汽车增长的速度超出常规；是由于城市空间结构布局不合理，造成交通量的过分集中，还是城市用地性质的被改变，造成道路功能的紊乱；或是道路两侧土地容积率的提高，造成建设开发量过大，形成了交通压力……？然而，在很多情况下，"账"都被算在"规划滞后"或"规划不科学"的头上。"规划滞后"已成了一个"成语典故"，每当无法说清原因时，反正"都是规划惹的祸"。

市政府准备启动一个旧城改造项目。一位华侨从海外来信说，政府准备拆迁的房屋中有他们家的一幢祖屋，经他们家族众人的讨论作出一个决定：祖屋是家族的共同财产，决不能被拆除。另一家房屋的业主也反映，他的产业历史上曾作为旅馆，曾有某位名人寄宿过，因此该房屋有历史价值，不应拆除，……各种不能拆老房子的呼声频频传来；但专家们认为这些房子不具备作为历史风貌建筑的保护价值。一位领导说，破旧的危房应该拆除，以改善广大居民的生活质量和居住环境。另一位领导说，专家的意见要尊重，群众参与应提倡。于是规划师们就犯了愁。规划方案做出来，评审专家们也发了愁，投票结果没有优选方案。最后轮到领导和开发商发愁了：规划怎么搞的！

当然，我们也许要说实践是检验真理的标准。厦门有一条被大家称赞的"环岛路"，已成为厦门旅游的新亮点，甚至被众多兄弟城市竞相效仿。但现在建成的这条路，并不是按原来规划设计的方案实施和使用的。根据当时某位市领导的意见，主车道应双向 8 车道，再加两边慢车道，路幅宽度为 60m，道路红线为 100m，道路还应当"靠海、见海"。而专家论证的意见认为，作为风景区的旅游观光性道路，应注意保护生态，顺应地形、地貌，不宜占用沙滩，因此路幅不宜太宽，双向 4 车道就足够了。最后确定的方案维持了 100m 红线宽度，但主车道只修双向 4 车道，保留 6 车道，但两边还各有慢车道。由于车辆不多，几乎没有非机动车，建成后的慢车道就被改作为观光车道和停车带。由于道路靠海太近，没有防风林带保护，道路部分地段还侵占了沙滩，在 1999 年的 14 号台风侵袭时，道路受灾情况比较严重。在没有台风的日子里，该条路还是大受赞誉的。开车的司机都说道路顺畅、视线开阔，车速可以开得很快，年轻人也喜欢到这里来飙车、兜风。目前厦门岛的东西向主干道莲前路在上下班时容易堵车，不少司机也愿意绕道环岛路。由此而使我陷入困惑：真不知道现实所证明的究竟是领导的高明，还是专家们的无知？然而，现在这条路的最后实施既不是按原领导的意图做的，也不是规划师们的杰作，而是边设计边施工、边实施边修改、边使用边调整的"三边"的硕果。它是否证明：存在的，就是合理的？

某一个城市要开辟一条商业步行街。市领导选中了交通繁忙的过境交通干道，准备截取一段封闭改造为步行街，汽车就绕道而行吧。可是遭到了规划人员和专家们的反对，认为肯定会带来很大的交通问题。后来规划人员违心地按领导意图做了规划设计，接着也照此实施了。现在这条路成了该城市最热闹的地方，很受市民的欢迎，也成为外来者必游的"亮丽的风景线"。绕道而行的汽车交通也没有出问题，好像是皆大欢喜。那么这条步行街是否"科学"呢？有人说："不是不报，时候未到"。也许接下来规划人员的聪明才智又把交通问题通过其他的办法解决了（例如把过境交通完全改道）。那么，我们怎么才能等到它"报应"的时候，说这是由于步行街的"不科学"而引起的，或者"报应"在我们能预见的时间内就只能是一个"猜想"呢？"报应说"只是善良的人们的一种自慰，但并不是科学。

一位大领导说，这个城市高楼建得太多了，已经丧失了它的特色和魅力。一位中领导振振有词地说，中国人多地少，就应当像香港一样高楼林立，这才是东方城市的特色；房子低矮，遍地绿化，那是欧洲城市的特色。一位小领导说，大领导反对再建高楼；中领导说，如果换一个大领导他又喜欢建高楼了呢？小领导嘟哝了一句：如果换一个中领导，他又该怎么说呢？

城市规划需要科学，城市规划也必须加强科学性。但我想说的是，对于城市规划的科学性，首先要有一个科学的评判标准，对城市规划的评判还应当"公平"！

——本文原载于《城市规划》2003 年第 2 期

如何看规划设计评审的"万花筒"

随着城市规划工作日益受到重视，各方面对城市规划设计成果的要求和期望值也日见增高，提高城市规划科学性的呼声越来越强烈。城市规划设计评审被认为是把好规划质量关的重要环节，也是提高城市规划科学性的重要手段。笔者近10年来从事城市规划管理工作，曾组织、主持和参与各种规划设计评审活动数百次。据笔者体会，规划设计评审所涉及的因素很多，情况可谓错综复杂，评审结果也是气象万千，有的评审能获得较为满意的结果，有的则不尽如人意。本文略举几种情况以提供讨论。

一、规划设计内容与成果的差异性

大至城市发展的概念性规划、城市总体规划，小到一个建筑的总平面和单体设计，都可以列入规划评审的范围。其中，规划的内容性质可以是极其综合性的，如城市总体规划就包括了社会、经济、文化各个领域几乎城市生产、生活的一切内容，也可以是十分专业性的如城市防洪规划、城市加油站规划、城市户外广告规划、城市轨道交通规划等等。由于内容性质的不同，所用以表达的手段、成果的形式也是五彩缤纷的，有的图文并茂，还配以实体模型，有的就只有文字成果。面对如此五花八门的评审内容，有时简直找不到合适的专家来参与，那么这样的评审也只能以过得去为要旨了。因此对不同类型设计成果要有针对性地组织不同形式评审会或审查会。如按统一模式，以"常任"评审人员来进行评审，就很难都取得满意成果。

二、规划设计委托与评审组织单位的差异

随着社会主义市场经济逐步建立，城市建设和投资主体实现了多元化，相应地，规划设计的委托单位也出现了多元化的情况。政府的城市规划行政主管部门、政府的其他行政主管部门，进行项目建设投资的企事业单位，政府下属的土地综合开发公司，房地产开发商以及设计招投标中介机构等，都可以成为规划设计的委托单位和设计评审的组织单位。由于他们委托设计与评审的目的和要求是各不相同的，因此所拟定的设计任务书或设计招投标的标书内容与要求也会有很大的差异性。城市规划行政主管部门，由于其没有自身的部门利益，并且比较熟悉国家有关规划设计的规范等文件，由规划行政主管部门所拟定的设计任务书或标书就比较规范，规划指标等技术性要求也与有关的城市规划较一致，在设计评审时，专家们就不会遇到太大的"难题"。而其他单位，由于或多或少都带有一定的部门和单位利益，在任务书中或者任务书之外甚至在设计过程中都会给设计单位灌输一些自己的利益要求。于是在专家评审时，有时就会出现"难题"，甚至弄到难堪的地步。

有这么一次评审会，设计招投标的委托和评审都是由开发商组织的。在评审之前，评审的组织者向参加评审的专家们打招呼："我们老板喜欢 X 号方案。"在评审中，专家们发现所有参加投标的方案，与城市规划的要求及设计规范都有一定的差距和不相符合的情况，而"老板"所钦点的那个方案却是最糟糕的一个。最后专家一致认为，该次方案评审无法评出中标方案，甚至也选不出优胜方案，评选没有结果。本人以为这次评审是成功的，因为的确起到了专家"把关"的作用，专家们也没因为"老板"的打招呼而违背了自己的职业道德。

有的时候，问题并非出在设计方案，而是出在设计任务书或标书本身，结果设计评审就成了对标书的评论。有的单位或开发商其实本身并不愿意组织设计招投标，只是有关文件有规定或规划管理部

门的要求,不得已而为之。因此这样的招投标,可能仅仅是走形式应付而已,有的甚至进行操作,希望通过专家评审之名,以达到心中早就圈定的目标,当事与愿违时,就会弄得很不愉快。

有一些城市已成立了招投标中心这样的中介机构,按照有关部门的规定,规划与建筑设计方案的招投标和评审须由这些中介机构来组织进行。而有些这样的中介机构通过市场的手段,实际上已经变成了营利性的经营单位或就业谋生的职业性机构,评审也成了模式化运作的经营手段。从程序上看,这样的评审是十分规范的,有较为严格的审查手续和保密的规定,评审也是"中立"的,评审专家是从专家库中随机抽取的。然而这样的中介机构并非通晓各种专业特长的专业部门,对差异极大的不同的设计项目,他们无法弄清随机所抽出的专家们是否胜任每一次项目的评审,其效果也可想而知了。至于评审效果,对这样的中介机构来说并不重要,因为他们并不用对此负责,他们并不是审查和审批部门,而仅仅是"中介"而已,只要"程序"合法,有一个结果就行。这样由中介机构评选出来的方案,在规划行政主管部门审批时却往往通不过。由于有的城市硬性规定规划行政主管部门须接受中介机构评选出来的方案,这就造成评选的组织单位不对评选结果负责,而非评选单位(甚至无权参加评选)却应对评选结果负责的责权错位的奇怪现象。

有一次方案评选后,获得第二名的设计单位状告第一名的方案,理由是该方案在某方面不符规划设计条件,规划部门不应审批通过。规划主管部门即把中介机构推荐的方案退回,请该中介机构处理。中介机构回复,该评选结果是由专家评选出来的,而专家们是根据自己对设计条件的理解来评选的,认为评选没有错。那么这又究竟算谁的错呢?

可见,方案评审的目的与意义不但要明确,而且要正确和正当。

三、评审、评选与评标的差别

评审会一般是由政府主管部门召开、对某一个规划方案或研究课题所进行的审查会。这种评审会一般要对评审的对象(方案、研究成果或承担的单位)在充分讨论的基础上作出技术性的鉴定和评估,明确表示是否通过评审或同意申请,并提出一些建议和修改意见。最后形成的评审意见,将成为有关部门进行审批的依据。这样的评审会,除了邀请专家参加以外,一般还应有有关部门的代表参加,这些部门的意见,在最后形成评审意见时应得到充分的重视。这种评审会,一般由委托单位或主管部门组织召开,只要准备充分,组织规范,一般不会出现异常情况。

设计方案的征集或方案竞赛的评选,是对多个方案的择优评选,一般是由专家组成的专家组负责作出选择。方案征集或方案竞赛实际上是一种"头脑风暴法",其目的大多不是为了选出一个可以付诸实施的方案,而主要是集思广益,让参与设计的单位充分发挥创作才能,以期能发掘出有发展和深化价值的优秀方案。这种评选活动的最终结果与专家组的成员组成有很大的关系。

有一个城市公园的方案先后进行了多次评审和修改,一直无法取得满意的结果。由于几次评审邀请的专家不同,结果前后召开的评审会竟得出截然相反的意见。北方来的专家认为应当采用中国传统的古典园林的形式和手法,南方的专家认为应当采用西方现代主题公园的形式和手法,而当地的领导却喜欢带有高科技形象和内容的东西。这就使得委托单位和设计单位都不知所措。当然,这样的方案征集或方案竞赛能提供多方位,多视角的多维思路,就应当算是有成效的,如果能有令人耳目一新、众口叫绝的方案,那自然是大获成功了。只要是多方案比选,采取简单多数的办法,也总是可以排出一个秩序来的。因此,参加这样的方案竞赛和方案征集的设计单位,只要在创新上多下功夫,也会得到"功夫不负有心人"的结果的。

方案的招标和邀标,一般希望能选出一个基本可以付诸实施的方案。这种评选活动最难把握,有时无法评出结果,在方案评标时,有可能会使评委们觉得很为难,经常的情况是实在评不出一个可以付诸实施的方案。有的方案虽然出色,但却过于理想化,不具可操作性;有的方案虽然可操作性强,但实在无新意和特色可言,方案平庸,作为实施方案实在于心不忍。如非得要"选"出一个"优胜者"来，往往也要经几轮投票，才能"达成共识"。之后还得提上一大堆修改意见，结果评方案评成了"设计师"。有时也不得不来个折中主义，叫作"多方案综合"，最后"综合"得面目全非，毫无特色。当然，也有出现明显胜出、评委们意见非常一致的优秀方案，这样的评标会就会较令人满意，可是也经常出现专家们所中意的方案，却不被开发商看好的情况。

有一个中央直属单位的工程项目进行方案招投标，方案交来后，该甲方单位先请本单位的全体职工进行投票选择，得票少的即予淘汰，剩下的几个方案就交专家进行评选。专家们认为职工们所选的方案都是形象上十分"雄伟、壮观"，但功能上却不甚合理的方案。结果专家们是从被淘汰的方案中选取出一个功能与形象兼佳的方案。甲方领导将把评选的情况向上级部门的领导汇报，最后由上级领导确定。领导最终所选的是专家们认为方案无特色，却投资估算最少的一个。像这样的方案评选又究竟能起到什么作用呢？实在说不清。

还有一次，某个方案实在出众，专家们一致投票选取为第一，但相比较而言，投资会较其他方案高一些，开发商难以接受。结果第一名自然成了"荣誉奖"，实施方案由开发商自行确定后委托。

城市规划设计评审可以说学问很深，其中奥妙如"万花筒"般变化莫测。笔者认为，城市规划设计评审很难有一个"放之四海而皆准"的评价标准，被评为"第一"的方案，也很难说就是最佳方案。相对而言，只要真正能做到出发点正确，目的性强，所拟定的设计任务书规范，设计和评审的时间充分，评审公正、公平，并能尊重设计者的劳动创作，尊重专家意见，尊重甲方合理要求，一般都能获得较好效果。

——本文原载于《规划师》2003年第4期

国内城市规划设计国际竞赛的困境

一、引言

城市是市民享受文明生活的场所，是重大行为和表现人类高度文化的大舞台。城市在创造着被关注东西的同时，也表征着更加深层的价值取向，尤其在重要节点空间的建设项目通常成为一个城市形象的标志和美的象征，而且此类工程短平快的建设效应，极具视觉感染力的物质形态背后隐喻的是政府的执政绩效和城市的发展成就，因此各级城市政府往往极为重视项目的建设，举办高标准、高起点的国际招标也就成为创造高质量规划设计的理想抉择。毋庸置疑，希望通过国际竞赛为城市带来新的高度与经济机能，得到新颖的建设理念和发展思路，再经由地方设计机构进行方案综合和调整，这种精明策略从经济学解释就是完成了帕累托累进（Pareto Improvement）。然而，频繁的国际招标行为在活跃设计市场，推动竞争机制的同时诸多潜在的问题也开始暴露出来，竞赛本身也成为"形象工程"，并引起广泛的争议和质疑。

通过对城市重大项目建设国际招标的现状调查和问题解析，以 2 个具有广泛影响的国际竞赛中标方案进行案例研究，希望感性的看法和观点能够引起足够的重视和研究，展开广泛的讨论和思考，探索合理、科学的规划设计运作模式。

二、城市规划设计国际竞赛的误区

中国是今日世界建筑的中心，众多国外设计机构纷纷携带先进管理和技术抢滩，在北京奥运场馆建设的国际招标中就曾吸引了 177 家境外的设计单位来参与。然而悲哀的是，国家花费了大量的财力与精力，经典作品却屈指可数，特别是宏观性的国际招标，国外方案就很少有实现的，这里援引郑时龄院士的一段箴言小结："对于国外建筑大师的迷信和盲从，会丢失我们城市本来的风貌，因为他们不一定会善待我们的城市，不可能参悟中国文化的要义，中国建筑传统与现代的结合之路，不可能靠外国人帮助我们走通。"❶

如何有效地全面控制竞赛所提供的规划设计成果的质量已经成为国内学术界研究和争论的焦点。首先，标书编制的严谨性和合理性的缺乏客观上是造成方案问题的根源，例如设计周期就是影响规划设计国际招标系统整体绩效的最大约束因素，目前的国际招标无论项目类型和大小，设计周期大多为 3 个月甚至更少，而美国的建筑设计最短周期都要求 2.5 年（尽管两者之间有不可比的方面）。其次，国内许多城市普遍采用网上招标的方式，虽然能够迅速高效地发布和采集信息，但相应增加了招标主持部门的工作强度与抉择难度；同时，政府招标方式的本质是一种商业行为，从而也就决定了设计机构的参与和决策必然是以实现企业利益为根本出发点。纵观国内的项目管理实践和现象，以国家大剧院和郑州郑东新区国际竞赛的中标方案作为典型案例分析研究，总结和归纳为以下两大方面的问题：

（一）设计的质量控制

1. 设计的创新性

这是每个城市政府举办国际竞赛的初衷和愿望，但是经常沦为设计软肋授人以柄，信息社会的资

---

❶ 转引自陈瑜 . 中国建筑设计需要怎样的"外来实验"［N］. 解放日报，2004-06-10（5）。

讯传播也揭露出问题的复杂性和严肃性。以安德鲁的国家大剧院为例，有学者就指出是他在1993年所作的大阪水族馆竞赛投标方案的翻版，明显的突破就是用钛金属替代了玻璃外壳，很难想象一个失败的水族馆换上大剧院的行头居然就站在了领奖台上。黑川纪章的郑东新区规划和他在1994年中标的马来西亚新首都普特拉贾亚（Putra Jaya）规划如出一辙，相同的设计理念和类似的空间组织手法打造出2个不同版本的水城，所不同的是普特拉贾亚水城创意得益于其得天独厚的自然气候和生态资源的现实条件，而郑东水城创建"比威尼斯和阿姆斯特丹更完善"水系的构想依据竟然是历史上的郑州周边存在发达的水系，虽然现实中环境是干旱的（黑川纪章，2004）。此外，在24h城市功能的新区CBD，360m高的标志性建筑矗立在湖水中央，独特的全玻璃锥体造型和美妙的意境显然承袭了黑川纪章在日本爱媛县综合科学博物馆和久慈市琥珀厅中入口处光塔的构想，其中琥珀厅尖塔高43m，当尺度放大了近9倍以后，能指的仅是一个象征性符号标签，形式美学战胜了功能与规则。关于创新，美国著名经济学家杰弗里·萨克斯（Jeffrey Sachs）曾作了一个形象而寓意的比喻："没有什么包治百病的万能药，你必须对每个病人一一分析。"

2. 设计的可行性

这个问题目前已经成为规划设计国际竞赛成果难忍的创痛，按城市规划决策的科学性标准：社会标准、经济标准、国情标准、技术标准来衡量，大量设计方案与实际状况和可操作性之间存在相当的差距。以郑东新区规划设计为例，经济上，整个工程预计投资250亿元，而郑州市地处内陆，地方财政收入2003年度仅为72.5亿元，财政赤字高达18亿元，仅仅通过卖地和贷款来保证资金链稳定是艰巨的；规模上，整个新城规划总用地面积150多平方公里，比现在的郑州市面积还大（中心城建成区面积147.7km^2），且2003年城镇化水平已经达到57.0%，要实现"三年出形象，五年成规模"的目标，任重道远。可参照的是，普特拉贾亚建设了8年才初具规模，并且城市建设用地不足50km^2，实施难度和涉及问题的广度与深度明显低于郑东新区；技术上，700hm^{2}的人工湖和6km长的运河工程浩大，龙湖的设计总容积为1500万m^3，每次置换用水时间前后大约需要1个月的时间，每年需要将湖水整体置换4～5次，用水量比郑州市全年总用水量的1/5还多，然而郑州属于严重缺水城市，其人均水资源量仅为全国人均水资源量1/10，不足河南全省人均水资源量的1/2。而从黄河引水、南水北调的解决方案看上去很是牵强，黄河近年时常断流，自顾不暇；整个南水北调计划更是以强大经济实力为后盾的巨型工程。

（二）项目管理与组织程序

1. 全能设计师

一个在规划设计国际竞赛中经常被管理和组织者忽视的奇特而普遍的现象：同一设计机构能够同时在一个、多个城市或地区甚至全球范围内运作若干项目，而且设计类型极为多元化，通常的结局就是许多方案表现出雷同性，设计的质量和城市的特色很自然陷入危机当中。例如，著名的日本黑川纪章建筑与都市设计事务所全球雇员仅有127人，包括执行董事10人❶，却能够不断积极参与各类招标和咨询活动，郑东新区远景总体概念规划（2001）、长崎历史文化博物馆（2002）、昆明嵩明新城概念规划（2003）❷、南京艺兰斋美术馆（2004）等是其在短短3年间中标的大型城市建设项目，若把非中标项目统计在内，可以得出一个推论：高强度下的设计师仍然能够以高效率制造出高质量的产品。然而，现代管理大师彼得·德鲁克（Peter F. Drucker）发表在《哈佛商业评论》的一篇文章中就已经作出过论断："我还没有碰到过哪位经理人可以同时处理两个以上的任务，并且仍然保持高效。"

2. 贴牌设计与设计师的责任

---

❶ 资料来源KISHO KUROKAWA ARCHITECT&ASSOCIATES公司站点．http：//www．kisho．co．jp/index-ie．html。
❷ 黑川纪章建筑与都市设计事务所在昆明嵩明新城国际竞赛中同时提供了2套设计方案，分别是A．环型城市；B．线型城市。

中国有句俗语：外来的和尚好念经。国外设计机构在国内各种设计国际竞赛中屡屡得手，这是一个不争的事实。国内设计师坦承虽然在某些方面确实存在差距，但是他们更需要的是成长的机会，然而现实的无奈往往作出不对称的选择，也就使得中外合作投标模式在国际竞赛中逐渐成为主流，这种模式的最大优点在于能够充分发挥各自优势。但是，管理和监督缺位引发很多国内设计机构寻租国外大牌企业的名义参与竞赛，或者国外设计机构在中标后再分包给地方的设计机构等非合理现象已成为业内公开的游戏潜规则，用不太贴切的形象比较就像工商业中的贴牌制造（Original Equipment Manufacture）和特许加盟经营（Franchise Chain）模式，需要注明的是这种操作方法在建设部颁布的《城市规划编制单位资质管理规定》（2001）中第 21 条、第 23 条都明确规定是禁止的、非法的。

此外，设计师的职业道德和素质也是观阶段很突出的一个问题，他们往往在自觉和不经意间成为市场和权力的傀儡。笔者就曾在一次规划设计国际招标中目睹戏剧性的场面。为了避免出现设计贴牌现象，保证竞赛的国际水准，组织者专程到国外设计机构总部重金礼聘，然而直至方案评审时，竟然发现超过半数的汇报者是本地设计机构；在另一次国际竞赛中，一位颇有声望的资深设计师在评审汇报过程中破绽百出，直观上是反映了对竞赛的重视程度，潜在传达的信息是他确实太忙，更深层的理解是执业态度、责任感和道德水平的问题。

3. 决策与参与机制

目前国内的规划设计国际竞赛普遍采用专家评审委员会和地方政府合作决策机制，专家委员会一般聘请国内外顶级建筑设计与规划大师组成，大多采用 11 人表决制，名额可根据项目大小相应调整，评审时间通常为 1～2 天，期间专家们需要熟悉各种相关资料，听取汇报以及讨论评议。均质而单一的专业背景以及对当地实际情况和问题的理解不深致使其往往很难用客观、公允的标准作出理想的综合判断，进而导致规划设计目标的失效，这也就不难解释为什么在许多国际竞赛中屡屡出现大奖空缺的现象。例如 CCTV 新主楼方案长期以来都是关注和争议的热点，尽管 2 年前的竞赛中库哈斯的方案是以全票通过获得第一名的，然而缺乏专业结构工程师的有效参与，方案结构的可行性一直就成为广泛争端的切入点。

与国外普遍采用的参与式规划（Participatory Planning）不同，国内体现规划设计国际竞赛成果的民主性和公众参与的通行模式是在城市中心地段设展厅进行公开展示，同时通过各种媒介工具进行宣传和传送信息。以具有代表性的郑东新区为例，中标方案展示了一个月，参观者 8 万～9 万人，通过回收的问卷统计得出 90% 以上市民赞同的结论，并以此作为规划决策的科学性和民主化的证据。显然，统计结果成立的前提是整个抽样调查是科学操作的，而且被调查者能够代表郑州 220 万市民并充分体现不同阶层的利益和需求，同时由于大多数规划设计国际招标项目的公益性属性，投资主体基本上都是地方政府，正所谓"外行看热闹、内行看门道"，由没有直接利益关联和冲突的，缺乏专业知识背景，法律权利意识淡薄与信息不对称的公众，在某种主导环境影响下作出的判断就很难保证是客观、公正与科学的。

三、结语

城市规划设计国际竞赛的目标是创造出人性化的、舒适共享的城市环境空间，竞赛本身仅应该是手段，而不能作为目的。城市政府在接受国际竞赛新观念的同时，需要根据当地环境和执行者的理解对其进行阐释、修改、变通和调整。首先，国际招标的标书必须要按照城市政府的实质性要求和条件切实而缜密编制，保障充裕的设计周期和各阶段合理的时间分配，这是保证设计成果质量的最重要环节；其次，在发布招标信息和选择对象阶段，审慎选用适当的操作方式，事实上通过对国内外设计机构进行严格的资质审查和专业素质评估，有目的、有重点的小范围选择性邀标模式往往更行之有效；同时，评审委员会应结合地方实际以及项目的性质与特点来精心策划和组织，招标文件和资料尤其是各参标方案成果应提前送达给委员会专家，方便其作出全面和综合的认知；宜淡化项目的行政效能，调动执行部门的管理组织与控制的能动性，规范招标行为，加强项目前期建设论证并制定健全的管理投资体制和实施策略；规划设计的各阶段与设计方应保持良好的信息沟通和反馈，以便有效监督和达到目标。通过对城市规划设计国际竞赛模式在实践中暴露的问题与误区的揭露，作为更深层次的反思和讨论的起点，更重要的是创造性思考和探索科学的研究理论和解决方法，"在发展中调整，在调整中发展"❶，促进我国城市规划设计的健康化可持续发展。

——本文原载于《城市规划汇刊》2004年第6期

---

❶ 库哈斯在中国中央电视台新址的国际招标中提交的参选方案口号。

对城市文化的历史启迪与现代发展的思考

一、城市文化解读

（一）历史的启示

美国人类学家克鲁伯和克拉克洪曾在《文化：关于概念和定义的检讨》一书中，对在1871～1951年共80年间发表的各类文章进行了统计，发现对文化所下的定义达164种之多。可见文化是一种复杂的社会现象，因而对其的认识众说纷纭。

查阅我国的《辞海》，对文化的解释也有两种。第一种解释认为，文化是指人类的生产能力及其产品，有广义与狭义之分。广义文化指人类在社会实践过程中所获得的物质、精神的生产能力和创造的物质、精神财富的总和。狭义文化指精神生产能力和精神产品，包括一切社会意识形态：自然科学、技术科学、社会意识形态。第二种解释认为，文化"泛指一般知识，包括语文知识"。我国学者司马云杰在《文化社会学》一书中提出："文化乃是人类创造的不同形态的特质所构成的复合体。"

从各种对文化的小同定义和研究的情况看，笔者认为作为社会现象而存在的文化有3个基本特征：①文化是人类创造的东西，即通常说的：文化就是"人化"，是人类本质的对象化。②文化具有群体性，即文化是一种社会现象，而不是个人的行为。文化是历史积淀下来的被群体所共同遵循和认可的行为模式，是维系人与社会的存在关系的最本质的深层结构，是作为人的社会生存的类的本质的对象化。离开了人类所共同创造的文化，个人将陷入绝境。③文化具有历史传承性。文化是经过长期的历史积淀而形成的人类创造物的聚合体，每一代人既传承了历史积淀和遗存的物质、精神财富，又为后人的承传添加自己的创造物。在每一个时代生活的每一个个体和存在的每一种社会活动，都无可避免地会从文化模式的深层结构上受到历史所给定的生存方式的制约和影响。因此，不管人们是否自觉地意识到这一点，他们必将面对历史与现实两个方面的生存挑战。鉴于以上对于文化的认识，笔者认为，作为存在于社会的人，对待文化应当有3个最基本的态度：①应当有所作为，有所创造；②应当在社会的框架下，发挥主体性的能动作用；③应当既植根于历史，立足于现实，又面向未来。

（二）作为文化现象的城市

可以说，迄今为止，城市是人类在一定的地域范围内所创造的最大的文化聚合体。城市在以下几个方面体现了它的文化特征。

1. 城市首先是人类长期文化创造活动的结晶

城市是人类文化积淀的物质形态，是在一定的地域范围内聚集了各种不同形态的文化特质的承载体。作为一种自然界的存在之物，人与动物的最大差别，在于人能够在自然界留下其行为所造成的不可磨灭的印记，即人可以不断地创造出自然界原本没有的东西。人类在其漫长的发展历史中，创造了灿烂的历史和文化遗产，而人类所创造的众多物质和精神财富的样式，几乎都可以在城市中找到。城市中的一切，就是人类文化的方方面面的体现，是人类现实性生存的对象物。城市的建设活动，是人类为改善生存状况，为获得更高的生活质量而进行的一种改造自然的创造性活动。城市的发展史，是人类进入文明社会后的文化发展史中最重要的篇章。城市在其发展中所出现的种种问题和现象，也现实地反映出了作为人的生存方式的文化本身所存在的悖论。

2. 城市是人类文化活动的主要场所

城市是人们各类生产和生活活动的载体。城市的建筑、道路、桥梁、公园、广场等各类空间，不仅是人们衣、食、住、行的生存空间，还是人们进行文化的生产、传播和消费活动的主要场所。自从城市产生以来，城市作为在一定地域范围内，物质及精神财富密集的人类聚居地，其社会功能的演变已走过从以政治为主，到以经济为主，再到以文化为主的发展历程，城市的文化功能日益强化和凸显。随着信息时代的到来，城市中的各类文化活动，就像"信息爆炸"一样产生了聚合和裂变，并且这种现象与日俱增。

尼葛洛庞帝在他的《数字化生存》一书中说："未来将是个终身创造、制造与表现的年代"，"人类的每一代人都会比上一代更加数字化"。那么，应当说，未来将是个全息文化的年代，人类的每一代都会比上一代更加"文化"。

3. 城市是文化的基因库

城市不仅是每一代居民现实生活的场所，还担负着传承历史文化的功能。在公元前 4000～前 3000 年之间，生活在幼发拉底河与底格里斯河的两河流域居民，相继建起了数百个城邦，完成了从氏族社会到文明社会的过渡。两河流域之所以能成为人类文明的摇篮，是与城市的出现和城市作为文化基因库对历史文化的传承的功劳分不开的。两河文明中的文字、宗教、文学、法律、科学和艺术等文明成果的传承和传播，对于西方文明乃至世界文明的发展，都产生了无可估量的深远影响。

然而，曾在人类发展史上辉煌一时并发展到相当发达程度的玛雅文化，在公元 9 世纪由于遭到饥荒的威胁与战争的蹂躏、玛雅人的城市最终被遗弃，玛雅文化也在人们的记忆中消失了。10 个世纪以后，一队迷路的旅行家偶然钻进茂密的荆棘林，才发现了玛雅人的宫殿和庙宇遗迹。而恰恰又是这些仅存的城市遗迹，使后人重新发现了玛雅文化。所谓"成也萧何，败也萧何"，城市在文明的起源及文化的继承和发展中的作用由此可见一斑。由于玛雅人至今没有建设起自己的城市，因此其文明的进程始终是如此的缓慢。由此可见，文化遗产的保护对于人类文明的传承与发展是很重要的。同时，当代城市新文化的创造对于后人同样重要。城市文化不仅在于传承，还在于创造；城市文化不仅在于发现，还在于发展。毁坏自己的历史文化遗产是可耻的，迷失自己的现代文化方向是可悲的。

4. 城市代表着当代先进的生活方式与文化模式

有什么样的城市就有什么样的居民；同样，有什么样的居民也就有什么样的城市。文化发展与环境密切相关，作为文化发展的环境既包括自然生态环境、时间与空间环境，又包括社会环境。

（1）世界文化的千差万别首先是与人们聚居的自然环境有关。在一定的自然条件下生活的人群，为了适应特定的环境，创造了具有某种特征的文化，而这种文化随着自然环境的变迁又不断地发展变化。所谓"近山者仁，近水者智"，以采集、种植和放牧为生的内陆人群，在其特定的生活条件下发明了石器、农具和畜力车辆，并建起了房屋和营寨，过着刀耕火种或者游牧的生活，创造了所谓的大陆文化；而处于沼泽地、水边的人群则发明了舵、橹、桨、网，建造起码头和船屋，过着以捕捞为生的日子，创造了所谓的江河文化和海洋文化。

（2）任何文化的产生、发展、演化都离不开一定的时间与空间环境。公元 1870～1875 年，德国的考古学家海因利希·斯莱曼在其认定为特洛伊城址的地方，共先后挖出了代表着不同文化的 9 个古代城市。施莱曼的发现表明，不同时期的城市遗迹反映了该时期由各种文化要素所复合构成的文化特征。这是文化的时间因素，可称为文化的时间环境。在时间与空间因素的共同作用下，在较大的地域范围内可形成具有共同或相近的文化特征的文化群体和文化共同体，这一般被称为文化圈和文化区。文化圈和文化区明显地反映了文化特征上的空间环境因素。

（3）人类本质上是一种社会性的生存物，离开了具体的社会环境就无文化可言。宗族、民族、阶级、阶层等这些具有共同经济生活及共同心理素质的社会共同体，是文化的社会环境的最主要因素。不同的社会类型所维系的文化类型和文化模式，决定着属于这些社会共同体中的每一个成员的思维方式、价值取向、行为模式和生存样式。

人类进入文明时代以来，出现了两种最基本的社会类型和社会文化形态，即农村社会与城市社会、村落文化与城市文化。村落文化是人类由游牧、狩猎生活走向定居生活所产生的一种文化形态。村落文化第一次表现出人类对于自然环境的支配能力，人们已不仅仅是通过适应自然环境来达到生存目的，而是开始利用自然条件来创造自己的文化环境。村落文化是建立在以土地为基本关系之上的生活方式，主要是体现为以处理人与自然关系的工具性活动为主的对自然资源的支配权。

城市文化是随着社会劳动分工的加深而产生的，是一种比村落文化更为高级的文化形态。城市文化较之于村落文化，更大程度地采用了科学和技术的力量，更多地表现出人类在本质力革的对象化方面所创造出的文化环境。城市文化是建立在以产品交换为基本关系之上的生活方式，更多地体现为以处理人与人关系的交往性活动为主的对文化的支配权。城市的文化模式体现了当代更为先进的生产力与生产关系，是一种更为先进的生活方式。

始于20世纪70年代末的改革开放，使我国进入全面的社会转型阶段，即从传统社会向现代社会转型，从封闭性社会向开放性社会转型，从农业社会向工业社会转型，从乡村型社会向城市型社会转型。其中最重要的是乡村型社会向城市型社会的转变。而向城市型社会的转变最根本的在于文化模式的转型，即由乡村文化模式向城市文化模式的转变，由自然的文化模式向自由、自觉的文化模式的转变。文化模式的转变既是社会转型的根本点，又是最大的难点，因为文化模式是社会共同体在共同的生活环境中长期积淀而形成的，是由思维方式、价值取向、习俗、伦理规范等构成，是反映该群体共同精神的、相对稳定的行为模式和生活方式。文化模式涉及人们的深层次心理结构，涉及人的生存的深层次维度。文化模式的转变是价值取向、生活方式和生存样式的根本转变，这是城市化与城市现代化的最根本的意义。

二、关注城市文化的现代发展

（一）城市文化形态发展的简要回顾

在原始文明时代，人的精神世界与物质世界都处于发育的初期，人类的精神生活与物质生活尚没有分离。作为人类避难场所的原始聚落，既是人类精神的庇护所，又是人类物质生活的聚居地。刚具雏形的早期城市和城邦所体现的是人类最基本的生存精神。原始文明时代，由神话、图腾、巫术等文化形态构成了物我不分的表象化、直觉化的文化模式。

古代社会生产力低下，物质匮乏，民众为生计所累，以生产意义为目的的精神文化生产完全掌握在极少数的统治者手中。古代城市的主体文化形态，是以官方文化为导向的，官方掌握文化生产的控制权，主导着文化的发展方向。

进入农业文明时期，随着物质财富的日渐增多，人类初步摆脱了求生的艰难困境，人类的物质生活与精神生活也日趋分离。城市在民族性、地方性和历史性方面的社会文化特征日趋明显。但在当时的条件下，人们对精神文化方面的追求还离不开以物质生产为主的生产和文化模式。在农业文明时代，由经验、常识、习俗、天然情感等构成了自然主义和经验主义的文化模式。

农业社会以后，物质生产有所剩余，一部分不为生计所累的人士有闲暇从事精神文化的生产，成为"知书达理"的精英分子。在中、近代城市的文化形态上，精英文化的影响日渐明显，逐渐成为官方文化的代言者，并成为主导文化发展方向的中心文化。

文艺复兴使人类的主体性精神得到觉醒。作为工业社会思想基础的人文主义，把人的主体性描述为"人性"，以对抗宗教的"神性"，奠定了人处于主宰地位的根基。生产力的极大提高，工业社会物质的极大丰富，形成了精神生产与物质生产相对分离的可靠基础，并由此带来了制度文化与精神文化的独立、快速发展。工业文明时代所具有的是以科学、知识等为主要内涵的理性主义的文化模式。

在工业化时代，以资产阶级为代表的市民阶级走到了社会舞台的中心位置，他们对于自由、平等、博爱的向往，对于自然的偏爱，对于个人价值的追求，使得现代城市文化走出了精英知识分子的象牙塔，逐步走上了平民化、大众化、商业化之路，使城市的文化形态呈现出多元化发展的势态。

（二）当代城市的消费文化现象

城市开始步入信息社会与后工业社会，城市文化的后现代现象也日趋明显。后工业社会的到来，使城市从工业中心、生产中心转变为文化中心和消费中心。以大众文化为主导的城市文化形态，将日趋呈现消费文化的特征。物质产品的丰富及商品生产的多样化和个性化发展，使得"选择""时尚"成为人们生活的"必需品"。大众文化所遵循的就是追求时尚的原则。

法国社会学教授让·波特里亚在他的《消费社会》（1970 年）一书中指出："消费系统并非建立在对需求和享受的迫切要求之上，而是建立在某种符号和区分的编码之上。"消费已不再是对使用价值、实物用途的消费，而主要是对"符号"的消费，如"追风""追星"和对"名牌"的消费等。这时，城市与城市文化也就成了消费的和消费文化的符号。

符号的作用是具有某种意义、传达信息，对符号的消费实质上是追求一种意义。因此，当今的城市文化所提倡的需求瞄准的不是物，而是价值。"需求满足首先具有附着这些价值的意义"，这就是消费文化的特征。如果说，城市曾经首要的是生产及商品实现的场所，那么如今城市首要的是符号实现的场所。

从工业时代登上舞台的大众文化，在后工业时代已走到了舞台的中心，对城市文化形态起到了主导作用，这使得我们的城市正在变得"时尚"起来。现今城市政府进行城市建设的各项决策，是在"争创"诸如"花园城市""环境保护模范城市""卫生城市""优秀旅游城市""国际花园城市""最佳人居城市"等的名义下作出的，因为这些称号是"先进城市"和"现代化城市"的符号。于是相互攀比，"广场热""草坪热""雕塑热""步行街热""夜景工程热"等现象层出不穷，而大刮"欧陆风""仿古风"也就不足为奇了。

所谓的大众文化，其实质是文化的生产、传播和消费的大众化现象。以大众文化为主导的社会，必定出现文化的产业化，而组成这支产业大军的，是在城市中生活的每一个居民。他们热衷于以"体验经济"的方式参与各种各样的体育赛事、演唱会、选美大赛，观看时装展示会、好莱坞大片，在节假日时奔赴各种主题公园、博览会、交易会、狂欢节，或在购物中心闲逛。在朋友聚会闲聊时，大谈名牌汽车、高尔夫球赛、家庭装修和艺术品收藏。在这样消费文化的生产、传播与消费的过程中，他们品味着各自追求的生活的价值和意义。

目前在我国城市中流行的大众化的消费文化，是一种贴近生活的原生态的文化模式。它是以现代大众传播媒介为依托，以即时消费为关切中心，以吃、喝、玩为基本内涵的消费文化和通俗文化。对"地位商品"的追逐成了时尚，在生活方式的风格化和自我意识的确定中，把生活方式变成一种包装生活的策划和对自己个性的展示与地位的感知的途径。后现代的城市消费文化现象，既是在文化转型中各种文化精神和价值观念的碰撞现象，又反映了我国城市居民面对基本生活方式改变的尤所适从的躁动感。

三、规划师能做些什么

工业社会的到来，工业和技术的发展使人成为技术和物质的奴隶，城市成了居住的机器。城市的异化，反映了人的异化。人们在似乎有自我意识的城市的不断扩张面前束手无策。

以霍华德的"花园城市"理论为代表的理想城市的文化模式，走出了现代城市规划的精英文化之路。崇尚理性的规划师、建筑师成了指引城市居民走向理性生活的启蒙者和牧师，成了代替上帝为居民预设理想城市生活、为人类绘制未来理想蓝图的"神秘的钟表师"。然而，城市被机械地分割为不同的功能分区，规划师们以类似于外科大夫的眼光来看待城市，以结构主义来分析城市的构成，对城市进行外科手术式的改良，并以此解决城市的功能和空间的拓展问题。

高举理性主义大旗的现代城市规划，应用现代科学知识认识城市，在把城市分析、解剖为各个子系统的同时，用技术手段对城市的各个功能系统和空间结构进行整治、完善和建构，使现代城市的面貌有了巨大的改变。随着城市物质生活的丰富，人们的主体性意识再次觉醒。当今的人们已不满于少数精英分子为他们预设的通用型的生活模式，他们已开始追求和构筑自己的理想生活方式、个性化的生活。正如里斯曼所说："今天最需求的，既不是机器，也不是财富，更不是作品，而是一种个性。"于是，以批判现代主义为己任的后现代主义应运而生。后现代主义对于现代主义所崇拜的理性主义的反叛、对权威的蔑视、对中心的解构、对多元化的提倡、对个性的张扬，表现出对人类理性主义的历史性反思。当然，后现代主义的解构也给城市留下了一些支离破碎的断片。这就是当代城市规划应该从以精英文化为基础的理性主义向以大众义化为依托的方向转化的背景。

城市并不是自然之物，城市也不是机器，城市是一个社会，是人们聚居和生活的社会形式，或者说是人类的社会化存在与文化存在的形式。每个人都有自己"心中的城市"。不同时代、阶层的人，在他们各自的文化模式的指导下，都会对城市生活具有不同的理解，因而对城市建设与城市设施会有不同的需求。例如，"有车一族"与"步行族""公车族"对城市的交通政策和道路建设的认同感就会有差异："原住民"与"移民一族"会对当地的历史和文化遗产有不同的认同感；"贵族"与"平民族"对"名牌"符号的消费就有不同的态度。

当人们高举"以人为本"大旗的时候，是否想过这个"人"是什么样的"人"？在经典的理性主义的城市规划与城市设计的教育下，人们是把城市作为一种抽象的"人"（自然人），而不是现实的、具体的"社会人"的对象物，并常以自然的、科学技术的手段来解决社会科学的问题。因此，这样规划出来的城市就只能是一种"类象"的诸如"带状城市""指状城市""圈城式城市""组团式城市""星光放射式城市"的模式化城市，或以"邻里单位"和各功能分区拼装而成的模块城市。精英主义的规划，是以规划师和个人的价值尺度作为公共的尺度来绘制城市的未来蓝图。当这样的规划面对动态发展的社会和已趋多样化的价值取向时，往往不得不处于"墙上挂挂"的境遇了。

经典的现代主义的城市规划是一种精英文化，体现的是功能主义的工具理性的价值观，采取的是封闭式的模式化主导手段，追求的是理想规划的终极蓝图。而这恰恰是与城市的大众性、多元性、开放性和动态发展性相违背的。因此，公众参与，多学科、多价值观的合作与探索，连续过程的对话式引导，以及讲求实效的灵活性操作则是对理性主义的经典规划范式的一种修正。

城市是由自然环境、人工环境和社会环境有机构成的现实的人的对象物；城市规划的问题从根本上说是文化创造的问题，是生活方式的谋划问题。而文化的创造，涉及物质文明、制度文明和精神文明 3 个方面，即物质财富的生产、社会秩序的生产和生存意义的生产。具体的、现实的、各个阶层的人的需要，各种价值观的协调共处，是人们进行城市规划的最基本的尺度。

社会的转型，最根本的是文化模式的转型，是生存方式的转型。而文化模式和生存方式的转型，需要城市规划的转型。使经典的法令型的规划向通俗的契约性的规划转型，使精英的理想模式的规划向公众的实践模式的规划转型，使艺术型和技术型规划向大众文化型和公共政策型规划的转型，使功能评判型规划向价值导向型规划的转型，是当代规划师面临的历史任务。

——本文原载于《规划师》2004 年第 12 期

城市规划本质的回归

一、城市规划的"科学性"与本质的回归

随着我国经济体制的转轨，我国的城市规划工作（包括城市规划的编制、城市规划与建设的管理、城市规划教育与科研）也正在经历一场巨大的变革。这引发了专业人士对城市规划本质问题的深层思考。针对规划设计无法适应社会主义市场经济条件下我国城市发展和建设的现状，业内人士提出了城市规划亟须提高"科学性"的问题。但是，要解决城市规划的"科学性"问题，必须得弄清什么是城市规划的科学性和怎样提高科学性的问题，而这又涉及"什么是城市规划"这样一个有关城市规划的本体论的问题。为此，还得从城市规划的产生说起。

城市的诞生标志着人类从野蛮状态进入文明时代。城市是随着劳动的分工、阶级、国家和私有制的出现而产生的。阶级和私有制的出现，使人类的聚居状态出现了根本性的改变，结成聚居群体的人群不仅要抵御自然界（包括其他种类的动物）对人的侵害，要处理人与自然的关系（这是原始聚落也具有的），他们还要抵御该群居群体之外的其他群体的侵害，以及防备由群体之内的不同阶级、不同利益者之间的矛盾性冲突所引起的伤害，要处理人与人之间的关系。

由城市建设史可以看出，无论最初是由什么原因或在何时、何地诞生的城市，它们与原始人类聚落的最明显的区别在于：一是它的规模；二是它所具有的社会性"功能分区"的形制。就规模而言，只是数量上的差别，主要是为了提高抵御外力的能力；而社会性"功能分区"的形制则是城市与原始聚落的最本质的差别。❶ 由于劳动的社会分工和阶级与私有制的出现，聚居在一起的人们的不仅有原始聚落的血缘的差别，而且有了身份和地位的差别。原始聚落的居住分布形式是以血缘关系来划分的，而城市则是以身份和地位不同的社会生产关系进行划分的。

无论是古埃及的卡洪城、阿玛纳城，或是两河流域的乌尔城、巴比伦城，还是古印度的莫亨约·达罗城、哈巴拉城，乃至古希腊的诺索斯城和迈西尼城，在城市的结构布局上都有明确的"功能分区"。占统治地位的帝王和贵族的宫殿、卫城和庙宇都处于城市的中心和有利地形及环境的形胜之处，而拥挤的奴隶和平民的住区只是城市的附庸，有的城市还按职业分区聚居。可见，城市在建设之初就体现了统治者的"王权"和"神权"的思想意识，城市的空间结构和布局只是统治者"意识形态"的表达形式。我国的《周礼·考工记》所记载的"匠人营国，方九里，旁三门，国中九经九纬，经涂九轨，左祖右社，前朝后市。市朝一夫"，最为典型地表达了中国古代以封建"礼制"的明尊卑、分贵贱的城建指导思想，城制与政治体制是结为一体的。由此可见古代城市建设的权力是牢牢地掌握在统治者手中的，对于城市的"规划"，从根本上说是一种既处理人与自然的关系，又处理人与人的关系的法则和制度，所谓"筑城以卫君，造廓以守民"。

如果说在城市建设的工程技术方面主要是处理人与自然的关系的话，那么在城市的空间结构、布局和土地利用上，则主要是处理人与人之间的利益关系，是占统治地位的主流"价值观"的体现和表达。因此，作为被现代城市规划视作"核心"内容的城市空间结构布局与土地利用，从一开始就不是一个技术问题，而是一个社会和政治问题。城市的空间结构布局和土地利用并不取决于"科学性"，

---

❶ 从对半坡村等原始居住形态的考古发现，原始居住点也有以炊事睡眠、排泄等人的生理上的不同需求来划分的不同空间，但这些划分与城市中以社会身份与地位来划分不同的居住区域是不相同的。

而是取决于"利益冲突"和"价值判断"。从根本的意义上说，城市规划从一开始就是一种意识形态，而城市规划领域中那些可以被称作为"科学"的内容，只是使空间有序化的一种"工艺"，是权力在空间中实现的一种手段。

中世纪时期，由于生产的发展基本处于停滞状态，城市的形制并没有发生多大的变化，人与自然的关系维系在一个相对稳定的状态，而不同阶级和利益关系的群体之间的对抗却十分明显。刘易斯·芒福德在《城市发展史》一书中对中世纪城市规划的总结，也许对人们会有启迪。"每一个中世纪的城镇都是在一个非常好的地理位置上发展起来的，为各种力量提供了一个非常好的格局，在它的规划中产生了一个非常好的解决办法。""中世纪人们喜欢明显的界限，坚实的墙和有限的视界；甚至苍天和地狱也有它们的圆形边界。习惯像一堵墙一样，把经济水平不同的阶级围隔开，并使他们待在各自的地方。界限和分类分级是中世纪思想的精髓。"❶ 由此可见，无论是在古代，还是中世纪，决定城市的形态和空间布局的根本力量是维护等级次序，显示权力，避免利益冲突的政治要求和政策性措施。凯文·林奇在《城市形态》一书中说："聚落形态的产生总是人的企图和人的价值取向的结果，但它的复杂性和惰性常常隐藏在这些关系的下面。……以下这些是城市建造者永久的动机：稳定和秩序、控制人民和展示权力、融和与隔离、高效率的经济功能、控制资源的能力等。"❷

再来审视一下现代城市规划的产生与发展。P·霍尔指出"现代城市规划和区域规划的出现，是为了解决18世纪末产业革命所引起的特定的社会和经济问题。"❸ 工业革命对城市发展的影响是巨大的，它既使城市无序地膨胀，又在城市内部造成了居住条件恶劣、交通拥挤、环境污染等等问题。产业革命发源地的英国，自19世纪中叶开始政府首先以"公共卫生法"为先河，通过一系列法案试图控制和解决城市中所出现的问题。然而城市的无计划蔓延和所造成的后果并没有多少改善，于是城市规划作为一门专门的职业就应运而生。

从霍华德开始的理想主义的城市规划先驱思想家们，以通过积极主动的规划来限制城市增长、改善社会不良状态为目标，走出了一条精英规划和技术主义的道路。他们在城市规划理论到具体的试验性城市的创建，从城市规划编制的方法论到科学技术的具体应用，都有辉煌的建树，他们的思想成就对现代城市规划的理论和实践产生了至今还在继续的巨大影响。从托马斯摩尔的"乌托邦"到霍华德的"花园城市"，从欧文到阿伯克龙比和勒柯布西耶，他们的规划思想既包含了用理性的思考来对人类合理的社会制度和更美好的未来生活的追求，又体现了用技术手段来试图解决工业化以后的西方城市所出现的种种弊端的努力。但无可否认的是，先辈们（特别是后来的继承者）的理性主义的规划思想所包含的技术至上和环境决定论的成分，也深深地影响着迄今为止的每一代规划师，使得现代城市规划由原来的主体理性逐步滑向了工具理性，走出了一条伴随着人和城市的异化的城市规划的异化发展之路。

城市是人类社会实践的产物，人是城市的主体，城市的发展是人的主体行为的结果。城市发展所出现的问题是人的主体行为所出现的问题的反映，即城市的"异化"是人的"异化"的结果和反映。因此要解决城市所出现的问题，最根本的是要解决人的主体行为所出现的问题，纠正人的行为方式，扭转人的异化，达到人的本质的回归。

城市规划是一项与城市社会发展有关的主体性行为，它涉及人类活动的3种基本形式，是具有3方面内涵的主体性活动：①城市规划作为制定指导城市建设的蓝图的活动，与城市建设这种生产生活资料的经济活动有关，是处理人与自然的关系的主体性活动；②城市规划作为制定政策、确立法则以规范和控制人们的聚居形态与城市建设活动的规范性行为，与生产社会秩序的政治活动有关，是处理

❶ 刘易斯·芒福德. 城市发展史——起源、演变和前景 [M]. 倪文彦，宋俊岭译. 北京：中国建筑工业出版社，1989：230-231。

❷ 凯文·林奇. 城市形态 [M]. 林庆怡等译. 北京：华夏出版社，2001：25。

❸ P·霍尔. 城市和区域规划 [M]. 邹德慈，金经元译. 北京：中国建筑工业出版社，1985：14。

人际关系的主体性活动；③城市规划作为对人类的现状生存及未来的发展作出价值判断，并进行自由性选择的选择性行为，与生产生活意义的精神文化活动有关，是人处理与自身的发展关系的主体性活动。

人类首先是一种生物性存在。城市的物质环境作为人类改造自然的对象物，是人类生物性生存的一种形式，而这种形式是与动物的完全依赖于自然的生存形式迥然不同的。城市规划对城市物质环境的建构，体现出了人类能动的主体性。人类也是一种社会性存在。社会制度与法律规范及道德准则，是人类社会性生存的一种形式。城市规划对制度环境的建构，体现出了人类理智的主体性。人类还是一种精神性存在。对现状生存状态的思考，以及由此作出的对生存环境的改善和生活方式的价值取向与选择，表达了人类对生活意义的追求，是人类精神性生存的一种形式。城市规划对文化环境的建构，体现了人类自觉的主体性。

对应于人的生物性、社会性和精神性的人类本性的3个基本维度的，是人的物质生产资料、社会秩序和生活意义的3种基本需求。而人类在经济、政治、精神文化三大领域所从事的活动，则是为满足这3种基本需求而作出的主体性行为。这也是城市规划作为人的现实性存在的主体性行为的本质意义。

新中国成立之初，面对的是急需恢复的经济生产和保证人民基本生存环境的城市建设。在当时的计划经济体制条件下，作为政府职能的城市规划必然首先是成为在国家的计划指导下的经济活动的一部分，从事于重点处理人与自然关系的工具性活动。城市规划作为落实国家国民经济计划的手段和工具，其主体性突出地表现为工具理性和技术手段，建构城市的物质环境成为当时的城市规划压倒一切的目标和工作内容。

市场经济体制的逐步确立，市场成为调节经济活动的主要手段。国民经济计划逐步退出了经济活动的领域，作为具体落实国民经济计划的技术手段和工具的城市规划，其经济活动的属性也逐渐褪色，而原本被掩盖的进行制度生产的政治活动和进行生活意义生产的精神文化活动的属性便突显出来。

我国正在进行的体制改革，城市政府的主要工作已开始从抓经济建设、抓物质建设工作转向以抓制度建设为主。作为政府行为一个方面的城市规划，也将随之从以建构物质环境为主要目标和工作内容，转向以建构制度环境和文化环境为主要目标和工作内容。城市规划应在公共政策和意识形态的领域内为城市社会提供公共物品，维护公共利益，协调人际关系，保护弱势群体，谋求公平和正义，应在体现人的生存和社会价值的方面发挥更多的作用。城市规划将从工具理性走向主体理性的全面复归。由此人们也许会明白，所谓"提高城市规划的科学性"，应该意味着什么。

二、实现4个转型

规划师一直在力求能有一个"好的规划"，然而却不知道什么才是一个好的城市规划，甚至还不知道怎样做一个好的规划。再有，即使有了一个好的规划，规划师也不知道怎样才能让它实施成为一个"好的城市"。

改革开放以来，各级政府都对城市规划增加了人力与财力的投入，相继完成从概念（战略）规划、总体规划到详细规划、城市设计的大量的规划编制，可以称得上是"投入颇丰，硕果累累"，然而"规划滞后"、"规划无用"的言辞也总是不绝于耳。因为所编制的规划虽然数量巨大，但真正被有效地作为规划管理的依据和实施应用的，却是凤毛麟角、比例极小。问题究竟出在哪里？此其一。

然而真被实施的规划也不见得是"好的规划"。典型的例子可算巴西利亚的规划。巴西利亚由于其是完全按规划修建起来的城市而被联合国评为世界历史文化遗产，但是，对巴西利亚的规划所造成城市现实生活的诸多不便的责难也是令人难堪的。一个令规划精英们称道的规划，却不一定能被现实生活中的市民们所接受，因为市民们有自己心中的城市，这是经常有的事情。我国改革开放的明星城市深圳，也是在有权威性的规划设计单位编制的规划指导下建设起来的。但正如一位资深的规划专家所指出的，先前花了 5 年的时间建设了一个新深圳，随之又花了 5 年的时间把深圳建成了一个老城，今后恐怕还得花更长的时间再把深圳改造为新城。国内其他不少城市的规划实施的效果好像也总是不能令人满意。那么，为什么被实施的规划总是一些被认为是并不够"好的"规划，而一些被认为是"好的"规划，又往往无法实施？此其二。

元大都和明、清北京城，可以说是实现了以《周礼·考工记》的规划理念和"三礼图"为原型的规划理想。然而北京的城墙已在现代城市的发展建设中被拆掉，所谓的"九经九纬"的道路网体系似乎也已面目全非。古代的城池不能适应现代生活的需要，封建礼制不能拿来作为现代社会关系的准则。那么现代人根据的价值判断所构筑的理想的城市物质环境，是否也能符合后代人的价值观呢？满足当代人需要而不妨碍后代人满足其自身需要能力的发展，这是"可持续发展"概念的基本点。那么今天的规划是否真的能被"缺席"的后代人所接受呢？或者正相反，现在做得越多，给后代设置的障碍却越多。此其三。

城市的发展是由各种各样的因素促成的，这些错综复杂的因素又处于不断发展变化之中，偶然和突发的因素与事件有时也可能促成城市的巨变。虽然人们通过纵观几千年的历史发展，能理出城市的宏观发展的历史脉络，但却无法准确把握在当代科技高速发展和城市生活多样化的几十年间，城市将发生的事态。因此城市规划的方案并不具有唯一性，它具有无数的可选择性。被选中的方案仅仅是"供选"的方案之一，而"缺席"候选者，则有可能是暗中的得主，因为规划师不可能穷尽所有的可能性来做各选方案。此其四。

通过辛勤的劳动，城市终于有了一个规划。然而规划审批者的价值观可能与规划设计者的取向不一致，规划管理和实施者的价值观也可能与前两者的不一致，规划的最后"受益者"，即各种利益团体和市民，他们可能又有各不相同的价值观。这使得规划在"连续"的过程中不断地"变脸"，最后竟无法用之对原有的规划进行"实效"评价。这有点像现代美学对艺术作品的认识，艺术家所提供的只是一个"文本"，而艺术作品的意义取决于每一个欣赏者如何去"读"。另外，城市的建设与发展是无法逆转地重来一遍的，"我们不可能两次涉入同一条河中"。因此，城市的建设与发展往往无法通过实证来"证伪"。规划师只有在不知深浅的水里朝着自己认定的方向继续往前游，连石头都无法摸到。此其五。

城市的发展与变化是共同生活于城市中的各种群体和个体的各种行为（包括政治、经济、社会、文化的各种活动）所造成的，而城市规划只是其中的一个因素。试图以"1"来代替"n"，几乎是不可能的。在大多数情况下，城市规划只能在一定的范围内起有限的作用。当然，也不排斥在某种特定的条件下可能会起较有效的作用，规划师要做的就是努力让它起有效的作用。

正如未来学家尼葛洛庞蒂所说："预测未来的最好办法就是把它创造出来。"❶ 规划师应当为联合城市中的各种力量"创造我们共同的未来"而创造条件。为此，笔者认为城市规划应当实现四个转型。

（一）由经典的法令型规划向通俗的契约型规划的转型

城市并不是自然之物，城市的物质形态环境是由自然环境、人工环境和社会环境有机构成的现实的人的对象物，而人是城市的主体。城市是人类各种社会活动的载体，是人们聚居和现实生存的社会形式，或者说是人类的社会化存在与文化存在的形式。城市社会作为人类群体的一种结构系统，它有3 种功能：①促进其成员在自然和社会环境中生存的适应功能；②有助于其成员在一定的群体结构和秩序中相互作用的调节功能；③通过人与人之间的联系加强群体团结的整合功能。这 3 种功能发挥得越好，城市社会就越有生命力。反之，则城市社会面临着衰败和解体的危机。

---

❶ 尼葛洛庞蒂. 数字化生存 [M]. 胡泳，范海燕译. 海口：海南出版社，1997：9.

随着人和人类社会的"异化"，城市也出现了衰败的危机。现代城市规划的产生，则是城市社会共同体意图扭转城市衰败的一种社会性机制。作为管理者的城市政府，首先成了启动这种机制的主导性力量，而编制的城市规划的成果则以政约的形式而出现，即成为全体市民与政府之间的一种契约。

我国的城市规划法和以城市规划法为法理依据、经国家和城市政府主管部门批准的城市规划，就是这样一种政约。这种自上而下地带有强制性的政府契约，是与市场经济所需要的民主政治不相适应的。在以市民社会为范型的现代西方国家，以传统的政府契约形式而出现的城市规划在遭到了质疑之后，就出现了以全体成员之间的契约的民约来代替政约的改变。在我国经济体制转变的情况下，城市规划也有必要实现由政约向民约方向的转变，即由经典的法令型规划向通俗的契约型规划的转型。使城市规划变政府的规划为市民自己的规划；变由市政府公布而强制执行的政府行为，为由市民自愿签署因而自觉履约的、实现相互协调的团结整合的行为；成为既保障履约市民的权利、又明确他们的义务的"城市宣言"和"共同体宪章"。这就是实现市民自我管理和自制的所谓"城市管制"。

（二）由精英的理想模式规划向公众的实践模式规划转型

目前，我国的城市规划称得上是"精英主义"的规划，这不仅表现在规划师如何做规划上，而且表现在为什么做规划。正如 P·霍尔所指出的："这些规划师的绝大多数，关心的是编制蓝图；或者说，是陈述他们所设想（和期望）的城市（和地区）将来的最终状态。多数情况下，他们对于规划是一个受外部世界各种微妙的和变化着的力量所作用的连续进程这一点，是很不关心的。"❶ 城市规划的问题，既有理论问题，更是实践的问题。从根本上说，城市规划并不是为了"纸上画画"去编制文本，而主要的是要付诸实施，它是一个从编制到管理、再到实施和反馈的连续过程。

城市并不是可由人类认识的相对于人而独立存在的客观对象物，城市既是人的实践的创造物，又是与人的实践活动本身不可分离的、不断发展变化着的创造物。城市的发展不能离开人的自身实践的目的性和规律性，城市规划所要干预的城市的发展，归根结底是为了人的生存及其发展。人的生存及其发展的需求，既是城市的产生与发展的基本动力和最终的目标，也是衡量城市规划能否发挥作用的唯一尺度。城市规划遵循的并不只是认识论的原则，更重要的是实践论的原则。因此，评价一个城市规划的好坏，并不是按照一般意义上的是否"科学"、是否符合客观规律的"真理"作为标准，而应当是看其对于城市发展将产生的影响是否满足人的生存及其发展的需求，是否体现它应有的社会价值。

要做到这一点，就必须改变那种规划师视自己为指引城市居民走向理想生活的启蒙者和"牧师"的精英主义规划传统，实现由精英的理想模式规划向公众的实践模式规划的转型。城市规划应该走向"公众参与"，走向多学科、多价值观的合作与探索，进行连续过程的对话式引导，以及讲求实效的灵活性操作的道路。

（三）由高雅艺术型和技术型规划向大众文化型和公共政策型规划转型

近年来，规划设计市场上追求豪华、气派之风盛行；一些在国外不可能实施的怪诞方案却能在我国屡屡中标，大行其道；小区规划及城市设计追求轴线对称和几何形构图已成为公认的经典手法。规划设计方案离开现实生活越来越远，已经成为规划师和建筑师玩弄艺术灵感和技术手法与技巧的实验场，广大市民越来越摸不着头脑，究竟这些规划师"葫芦里卖的是什么药"。

城市规划的问题从根本上说是文化创造的问题，是涉及构筑影响人们的文化模式的城市文化环境，和对生活方式的谋划问题。市民们最关切的，是在现实生活中能实实在在地感受到的、对他们所居住的城市和住区的环境质量与生活质量的提高，而不是那些从空中鸟瞰时才能感觉的轴线、对称及几何形构图之类的"画着好看的东西"，或者"解构""后现代"之类的神话。从近年来的一些规划评审会的具体情况来看，也已反映出那些追求形式而不切实际、不讲可操作性、华而不实的方案已渐渐不受欢迎，并开始退潮。

---

❶ P·霍尔. 城市和区域规划［M］. 邹德慈，金经元译. 北京：中国建筑工业出版社，1985：76。

现代社会文化的大众化趋向和文化的多元化共存与发展，是当今这个时代的特征。正视大众文化的发展和正在成为主流文化的趋向，摆脱规划师、建筑师的"高雅艺术"与"传道师"的情结，确立以"人的现代化"为核心的社会文化发展观与平等化和平民化的理性精神，努力创造以提高城市居民生活质量为目标的多元文化融合、共存的文化环境，是实现规划转型以发挥其积极作用的必然趋势。

（四）由功能评判型规划向价值评判和导向型规划转型

人们一直在探索和寻求发现城市发展的规律，意图以此来作为评价城市规划"科学性"的标准。地球上除了人类有自身的目的性（主体性）以外，其他自然或人工物体都没有自己的目的性，而体现这些物体目的性的功能则是其与人类生存的关系的反映。同样，城市的发展并没有自身的目的性，所谓城市发展的规律，实际上取决于人类生存或人类存在的规律。城市的发展规律，就是人的需要的满足或人的本质、人类存在规律的实现，是城市对于人的价值的实现。人的生存和生活，不同于动物的"生存"的根本之处，就在于人的生存和生活是一种创造性的存在，是一种处于不断完善和发展之中的存在。而这种创造性存在就体现在人类对自己的生存和生活方式的自觉性（自由）选择上。人的需要是一种与其他物种的生存本能所完全不同的未完成的开敞式结构，因而人的存在形式和生活方式也就具有开敞式的结构。城市是人类的社会性存在和文化性存在的一种形式，是由人类存在规律所决定的创造性存在的形式。人类存在形式的开放性和生活方式的自由选择性，决定了城市发展的开放性和可选择性，而这种开放性和可选择性就决定了城市规划的多义性。

城市规划所勾画的世界，是一个可能的世界，它所指向的是一种"可能性"而不是"必然性"。正如人们可以用因果关系的决定论来描述分子和原子尺度上的变化规律，但是在次原子尺度上，复杂的不确定性使得从过去预测未来变得不可能，确定性在这里被概率所代替。尽管人们可以描述人类整体社会的发展规律，但却无法用确定性来描述每一个城市的发展规律。因为城市发展的可能性，在于每一个城市居民的创造性和选择性之中。

决定人们的行为、使人们作出各种选择的，是他们的价值观和价值判断。要使城市规划所提供的可能性，成为城市居民们达成基本共识的共同选择，以指导和规范他们的行动，使可能性转化为现实性，城市规划方案的价值取向就应当做到与"城市共同体"或大多数居民的基本价值取向相一致。

以功能评判为标准的体现自律发展的理性和技术，在一定条件下会变成一种控制人、奴役人，甚至毁灭人类的力量。以道路建设为例，如果只以交通功能作为评判道路建设的标准，那么宽马路、大立交、高架路将被视作为"理性"之举和成功之技术。这种体现汽车"霸道"原则的城市是汽车"居住"的城市，人成了渺小的爬行动物。而"以人为本"和"可持续发展"的价值观，就会使人们作出完全相反的选择。

以功利目标和技术手段为本质特征的工具合理性，构成了当代西方社会的主要文化特征，它在导致物质文明飞速发展的同时，也造成了人的异化和情感的缺失。因此，必须确立以人为本的"效率、公平、自由"的基本社会价值原则，维护协调不同利益群体与个人价值观的"正义"的价值原则。这种以体现对人类的生存与发展的基本权利与义务的尊重，体现对人的终极关怀为出发点的价值理性，将引导着人们走向更加美好的未来。马尔库塞指出："科学和技术的历史成就已使如下转化成为可能：把价值观念转化为技术的任务——价值观念的物化。其结果，重要的便是用技术的术语，把价值观念重新定义为技术过程的要素。"❶ 城市规划应当承担起这样的任务。

城市规划既不是万能的，也不是无能的；城市的发展既不都是城市规划的功劳，城市的问题也不"都是规划惹的祸"。城市规划本质的回归，既体现在认识论与方法论上，也体现在价值论和实践论中，这也许是城市规划哲学的要义。

——本文原载于《城市规划学刊》2005年第1期

---

❶ 转引自：衣俊卿. 文化哲学［M］. 昆明：云南出版社，2001：331.

直面后现代的城市文化现象

一、作为文化现象的城市

可以说迄今为止，城市是人类在一定的地域范围内所创造的最大的文化聚合体。城市在以下几个方面体现了它的文化特征。

（一）人类长期文化创造活动的结晶

城市是人类文化积淀的物质形态，是在一定的地域范围内聚集了各种不同形态的文化特质的承载体。作为一种自然界的存在之物，人与动物的最大差别在于人能够在自然界留下他们的行为所造成的无可磨灭的印记，即人可以不断地创造出自然界原本没有的东西。人类在其漫长的发展历史中创造了灿烂的历史和文化遗产，而人类所创造的众多物质和精神财富的样式几乎都可以在城市中找到。城市中的一切，就是人类文化的方方面面，是人类现实性生存的对象物。城市的建设活动是人类为改善生存状况，以获得更高的生活质量为目的的一种改造自然的创造性活动。城市的发展史是人类进入文明社会以后文化发展史最重要的篇章。城市在其发展中所出现的种种问题和现象也现实地反映出了作为人的生存方式的文化本身所存在的悖论。

（二）人类文化活动的主要场所

城市是人们各类生产和生活活动的载体。城市的建筑、道路、桥梁、公园、广场等室内、室外及地上和地下的各类空间，不但是人们衣、食、住、行的生存空间，也是人们进行文化生产、传播和消费活动的主要场所。自从城市产生以来，城市作为在一定地域范围内人口及物质与精神财富密集的人类聚居地，其社会功能的演变已走过了从以政治中心的职能为主，到经济中心为主，再到文化中心为主的发展历程。城市的文化功能日益强化和凸显。随着智业社会和信息时代的到来，城市中的各类文化活动，就像人们描述"信息爆炸"的状况一样产生聚合和裂变并与日俱增地快速增长。

尼葛洛庞蒂在他的《数字化生存》一书中说："未来将是个终身创造、制造与表现的年代"，"人类的每一代人都会比上一代更加数字化"❶。那么，我们应当说，未来将是个全息文化的年代，人类的每一代人都会比上一代更加"文化"。

（三）文化的基因库

城市不仅是每一代城市居民现实生活的场所，而且担负着传承历史文化的功能。生活在幼发拉底河与底格里斯河的两河流域居民，在公元前4000～前3000年间，相继建起数百个城邦，完成了从氏族社会到文明社会的过渡，在人类的文明史上发出了第一缕曙光，而苏美尔人也被视为人类文明的始作俑者。两河流域之所以能成为人类文明的摇篮，是与城市的出现而作为文化基因库对历史文化的传承的功劳分不开的。两河文明中的文字、宗教、文学、法律、科学和艺术等文明成就的传承和传播，对于西方文化乃至世界文明的发展都产生了无可估量的深远影响。❷

然而，曾在人类发展史上辉煌一时并发展到相当发达程度的玛雅文化，在公元9世纪由于惨遭饥荒与战争的蹂躏，玛雅人的城市最终被遗弃，湮没于大片森林之中，导致玛雅文化在人们的记忆中消失。10个世纪以后，一队迷路的旅行家偶然钻进茂密的荆棘，发现了已成废墟的宫殿和庙宇的遗址，

---

❶ 尼葛洛庞蒂. 数字化生存 [M]. 胡泳，范海燕译. 海口：海南出版社，1997。
❷ 徐新. 西方文化史 [M]. 北京：北京大学出版社，2002。

而恰恰又是这些仅存的城市遗迹，使后人重新发现了玛雅文化。所谓"成也萧何，败也萧何"，城市在文明的起源以及文化的继承和发展中的作用可见一斑。从尚存于世的一些原始部落的情况，我们可以认识到由于他们至今没有建设起自己的城市，因此对于他们而言，文明的进程终究是如此的缓慢。由此，我们也认识到文化遗产的保护对于人类的文明是何等的重要。同时，我们也应该认识到当代城市新文化的创造对于后人同样重要。城市文化不仅在于传承，还在于创造；城市文化不仅在于发现，还在于发扬。毁坏历史文化遗产是可耻的，迷失现代文化方向是可悲的。

（四）代表着当代先进的生活方式与文化模式

有什么样的城市就有什么样的居民；同样，有什么样的居民也就有什么样的城市。文化发展与环境密切相关，作为文化发展的环境既有自然生态环境，时间与空间环境，还有它的社会环境。

世界文化的千差万别首先是与人们聚居的自然环境有关。在一定的自然条件下生活的人群，为了适应特定的环境创造了某种特征的文化，而随着自然环境的变迁又不断的发展变化。所谓"近山者仁，近水者智"，以采集、种植和放牧为生的内陆人群在其特定的生活条件下发明了石器、农具和兽力车辆，建起房屋和营寨，进行着刀耕火种或者游牧的生活，创造了所谓的大陆文化。而处于沼泽地、水边的人群则发明了舵、橹、桨、网，建造起码头和船屋过着以捕捞为生的日子，创造了所谓的江河文化和海洋文化。

除了自然生态环境决定着文化上的特征以外，任何文化的产生、发展、演化都离不开一定的时间与空间环境。德国的考古学家海因利希·施莱曼在其 7 岁时听了父亲讲的有关《伊利亚特》的故事，立志寻找失落的"特洛伊城"。他在 1870~1875 年，在其认定为特洛伊城的城址的地方，共先后挖出了代表着不同文化的 9 个古代城市，这就是被人们称为不同文化历史层面的文化层。施莱曼的发现表明，不同时期的城市遗迹反映了该时期由各种文化要素所复合构成的文化特征。这是文化的时间因素，可称为文化的时间环境。形成不同文化特征的不仅有时间的因素，也还有地域空间的因素。在时间与空间因素的共同作用下，在较大的地域范围内可形成具有共同或相近的文化特征的文化群体和文化共同体，一般被称为文化圈和文化区。文化圈和文化区明显地反映了文化特征上的空间环境因素。

当我们讨论文化特征的时候，最不应该忽视的是文化的社会环境。人类最根本的是一种社会性的生存物，离开了具体的社会环境就无文化可言。氏族、民族、阶级、阶层等这些具有共同经济生活及共同心理素质的社会共同体是文化的社会环境的最主要因素。不同的社会类型所维系着的文化类型和文化模式，决定着属于这些社会共同体中的每一个成员的思维方式、价值取向、行为模式和生存样式。

人类进入文明时代以来，出现了两种最基本的社会类型和社会文化形态，即农村社会与城市社会和村落文化与城市文化。村落文化是人类由游牧、狩猎生活走向定居生活所产生的一种文化形态。村落文化第一次表现出了人类对于自然环境的支配，人们已不仅仅是适应自然环境而生存，而是开始利用自然条件来创造自己的文化环境了。村落文化是建立在以土地为基本关系之上的生活方式，主要是体现为以处理人与自然关系的工具性活动为主的对自然资源的支配权。

城市文化是随着社会劳动分工的加强而产生的，是一种比村落文化更为高级的文化形态。城市文化比之于村落文化在更大程度上采用了科技的力量，更多地表现出人类在本质力量的对象化方面创造自己的文化环境。城市文化是建立在以产品交换为基本关系之上的生活方式，更多地体现为以处理人与人关系的交往性活动为主的对文化的支配权。城市文化模式体现了当代更为先进的生产力与生产关系，是一种更为先进的生活方式。

二、城市文化形态发展的简要回顾

在原始文明时代，人的精神世界与物质世界都处于发育的初期，人类的精神生活与物质生活尚没有分离。作为人类避难场所的原始聚落，既是人类精神的庇护所，又是人类物质生活聚居地。刚具雏形的早期城市和城邦所体现的是人类最基本的生存精神。原始文明时代，由神话、图腾、巫术等文化形态构成了物我不分的表象化、直觉化的文化模式。

古代社会生产力低下，物质匮乏，民众窘迫于生计，以生产意义为目的的精神文化生产则完全掌握在极少数的统治者手中。古代城市的主体文化形态，是以官方文化为导向的，官方掌握文化生产的控制权，主导着文化的发展方向。

进入农业文明时期，随着物质财富的日渐增多，人类初步摆脱了求生的艰难困境，人类的物质生活与精神生活也日趋分离。城市在民族性、地方性和历史性方面的社会文化特征日趋明显。但在当时的条件下，在精神文化方面的追求还离不开农业时代以物质生产为主的生产和文化模式，人类精神世界的发展尚未摆脱对物质世界的依赖。在农业文明时代，由经验、常识、习俗、天然情感等构成了自然主义和经验主义的文化模式。

农业社会以后，物质生产有所积余，一部分不为生计所累的人士有暇顾及精神文化的生产，成为"知书达理"的精英分子。在中、近代城市文化形态上，精英文化的影响日渐明显，有时作为官方文化的代言者成为主导文化发展方向的中心文化。

文艺复兴使人类的主体性精神得到了觉醒。作为工业社会的思想基础的人文主义，把人的主体性描述为先在的"人性"，以对抗宗教的"神性"，奠定了人的主宰地位的根基。生产力的极大提高，使得工业社会的物质丰富性成为精神生产与物质生产相对分离的可靠基础，由此带来了制度文化与精神文化的独立化快速发展。工业文明时代，人们所具有的是以科学、知识等为主要内涵所构成的理性主义文化模式。

在工业化时代，以资产阶级为代表的市民阶级走到了社会舞台的中心位置，他们对于自由、平等、博爱的向往，对于自然的偏爱，对于实现个人价值的追求，使得现代城市文化走出了精英知识分子的象牙之塔，逐步走上了平民化、大众化和通俗化、商业化之路。大众文化始露头角，使城市的文化形态呈现出多元化发展势态。

三、后现代与城市消费文化

高科技时代与信息社会的到来使我们的城市发生了巨大变化，当我们正在为建设现代化城市而热血沸腾、壮志不已之时，却在不知不觉中滑入后现代城市的魔袋。我在这里所言的"后现代城市"，并不是现实存在的城市形态或城市发展的某一个历史阶段，也不是城市规划与设计思想或理念，或者是被人们经常提及的一种什么"主义"，而是指目前在城市中所出现的一些带有后现代特征因素的现象和趋势，因而更确切些，应称为"城市中的后现代现象"。

我家住房对面正在建一栋楼宇，工地的围墙上写道："总统级超大客厅，帝王级空中花园，世界级湖畔景观。"最近北京一家房地产商在杂志上大做广告，称他们将推出一个"七星级住区"，即在1.2km² 的用地上只建55栋别墅和一个6万m²的会所，并称其豪华程度可以与位于阿拉伯联合酋长国迪拜的"七星级宾馆"媲美。这就是房地产商向消费者推销的"级别"符号消费理念，这就是目前正在我国城市流行的消费文化。

随着电脑进入家庭、宽带网和信息高速公路的快速编织，城市社会开始步入信息社会与后工业社会，城市文化的后现代现象也日趋明显。后工业社会的到来，使城市从工业中心、生产中心转变为文化中心和消费中心。以大众文化为主导的城市文化形态将日趋呈现消费文化的特征。当我们欢呼"知识经济"时代到来之时，人们的价值观也已悄然发生变化。随着物质产品的丰富以及商品生产的多样化和个性化发展，市场上物品的五花八门，使得"选择"成为人们生活的"必需品"，而在大多数的情况下，"时尚"就成了这种必需品。大众文化所遵循的就是追求时尚的原则。

法国社会学教授让·波特里亚在其 1970 年出版的《消费社会》一书中指出："消费系统并非建立在对需求和享受的迫切要求之上，而是建立在某种符号和区分的编码之上。"❶ 消费已不再是对使用价值、实物用途的消费，而主要的是对"符号"的消费，"追风""追星"和对"名牌"的消费等等时尚，就是这样的符号消费。当商品和产品已成为符号的消费时，城市与城市文化也就成了消费的符号和消费文化的符码。

符号的作用是传达信息、具有意义，而对符号的消费实质上是追求一种意义。因此，当今的城市文化所提倡的需求瞄准的不是物，而是价值。"需求满足首先具有附着这些价值的意义"，这就是消费文化的特征。如果说，城市曾经首要的是生产以及商品实现的场所，那么如今城市首要的是符号实现的场所。

从工业时代登上舞台的大众文化，在后工业时代已走到了舞台的中心，对城市文化形态起到了控制的主导作用。这使得我们的城市正在变得"时尚"起来。原属于好莱坞影城和迪士尼乐园里的东西被搬到了城市的街头，而后在"向拉斯维加斯学习"的口号之下，又被普及到了世界各地。"真实的实在转化为各种影像，时间碎化为一系列永恒的当下片断。"❷ 这个后现代文化的特征，已开始成为后现代的城市文化特征。城市作为现实生活的场所已被影像化了，而所谓的"文脉"也仅是一系列历史碎片的"拼图"。世界文化的交融和城市文化的多元化并不是坏事而是一种趋向。问题是，面对全球经济一体化和世界文化交融的大趋势，我们如何应对，我们准备好了吗？

当刚刚从"文革"的迷狂中醒来之时，我们不知不觉地变成了发达国家理论倾销的"超级市场"和"展销会"。而所有这些文化的舶来品，却都成了我国在改革开放以后所逐渐形成的一种与现代化、城市化及市场经济相联系的大众文化的"麻、辣、烫"火锅料。在引进西方"装配线"的同时，我们也试制出了大量的"国产替代品"频频面市。各种各样的电视晚会、综艺大观、行为艺术展……繁花盛开，星光灿烂。

大众文化的出现，填补了我国经"文革"扫荡之后所出现的精神空白。在对"康熙""乾隆"等皇宫秘史的随意戏说和解构中，满足了失去历史感的现代人寻根问祖的要求；"金色池塘"和"红高粱""黄土地"的绚丽色彩，在现代都市人被冷漠包围的坚硬的心中吹进了一股自然恋情和田园风光的和风；"泰坦尼克号"和"廊桥遗梦"等等爱情故事，在只有欲望、没有爱情的现代人干涸的心灵中洒上了几滴柔情的雨露。

大众文化的登场，并已从边台走到城市文化的舞台中心，这是一种社会发展趋势。当然，由此也在城市建设方面形成了一股"文化热潮"。深圳的"世界之窗"和"锦绣中华"首开了我国主题公园的先河，于是一大批"三国城""欧洲城""唐城""宋城""晋城"……纷纷冒出地平线。各种各样打着追求"高品位"和"儒雅文化"招牌的什么"花园""山庄""广场""天地"之类的商品楼盘，其实也是大众文化在"居住文化"上的包装。

"七星级住区"或"总统级客厅""帝王级花园"等等，代表的是一种时尚：消费并不是对使用价值、实物用途的消费，而主要是对语言学意义上的符号的消费，是一种对身份的象征的消费。因为根据这些东西的"档次"和有无"品位"，人们就可以对其主人予以解读和进行等级、类型划分。人们在消费中的满足感，就有赖于自己是否拥有和消费被社会认可的"高档次"和"高品位"的"地位商品"。于是，对这些东西的追求就成了一种时尚。所谓的"体验经济"，就是这种新时尚的产物。

尽管"七星级住区"和"帝王级花园"只是极少数的"自领"高薪者或"暴富者"所能消费，但这些所谓的白领阶层往往是一个城市的消费潮流和风尚的领导者与倡导者，他们的追求和消费往往能

---

❶ 波德里亚．消费社会 [M]．刘成富，全成钢译．南京：南京大学出版社，2001。
❷ 费瑟斯通．消费文化与后现代主义 [M]．刘精明译．南京：译林出版社，2000。

左右整个城市社会的消费观念，形成社会性的消费文化潮流和趋势。于是"没有风格，有的只是种种时尚；没有规则，只有选择"就成了我们城市生活的原则。❶ 这种原则，不仅表现在消费场合，也表现在城市规划与城市建设上。

现今城市政府进行城市建设的各项决策，是在"争创"诸如"花园城市""环境保护模范城市""最佳人居城市"等等的名义下作出的，因为这些称号是"先进城市"和"现代化城市"的符号。于是相互攀比，热衷于广场热、草坪热、雕塑热、步行街热、夜景工程热，大刮什么"欧陆风""仿古风"也就不足为奇了。规划设计的"国际招标"也成了一种时尚，成了"国际性城市"的"地位商品"。而"形象设计""形象规划"与"形象工程"就成了当下城市规划与建设的主要内容。

作为商品文化和大众文化最重要标识的形象化，即形象脱离了它的内容，成为一种独立存在的因素，已成为城市文化的普遍性特征。模仿、复制、批量生产以及翻新和重塑，使得城市景观到处似曾相识。另一方面，精神意蕴的平面化，以形式上的华美、离奇和紧张、刺激来取得效果，使得城市景观影像化。我们的城市已被弄得支离破碎，文化失序与风格的杂烩混合已成为基本的空间特征。从摩尔的新奥尔良意大利广场到上海浦东陆家嘴的"高层建筑动物园"，我们所看到的是一幅幅城市景观的MTV。从这些城市景观所反映出来的非深度、非完整性与零散化的趋向，以及多元共生性和思维的否定性等特征，都已呈现出后现代的现象与特征。❷

刚刚打开国门并患有文化饥渴症的国人，把西方国家几百年中所经历和产生过的"主义"都拿来演练一番。这些前现代、现代和后现代的"主义"与文化精神，几乎同时在我国出现，使原本的"历时性"消解而成为"共时态"，它们同时包围和冲击着我们，使我们不知所措，使我们在实现社会转型和接受大众文化的过程中，滑入了"后现代城市"的魔袋，这就是我们的现实。❸

我国正处于一个社会转型的关键时刻，全面城市化和城市现代化将是这个时期我国社会发展最基本的特征，而文化转型则是实现我国社会转型的最关键的条件。"单纯的经济增长并不一定体现为社会的发展，社会发展的最深刻的内涵是人自身的发展，是人自身的现代化。而人自身的现代化最终体现为深刻的文化转型。"❹ 文化转型是我国实现社会转型、走向现代化的最本质的核心内容。

文化转型是人们的基本生存方式和行为模式的转变，它所体现的是在最深刻意义上的人的生存的深层维度的转变，它涉及一个国家和时代的人们所普遍认同的由内在民族精神、时代精神、价值取向、伦理规范等构成的行为方式的转变。这种转变既是潜移默化式的，也是脱胎换骨式的。

目前在我国城市中流行的大众化的消费文化是一种贴近生活原生态的文化模式。它是以现代大众传播媒介为依托、以此时此刻为关切中心、以吃喝玩乐为基本内涵的消费文化和通俗文化。对"地位商品"的追逐成了时尚，人们在生活方式的风格化和自我意识的确定中，把生活方式变成了一种包装生活的谋划和对自己个性的展示与地位的感知的途径。消费文化并不是魔鬼，对符号的消费体现了人们对文化所应具有的意义的追求。进入小康社会，脱胎换骨式的文化转型以前所未有的方式把我们抛离了所有可知的社会秩序和轨道，使我们陷入了大量尚未理解的事件。后现代的城市消费文化现象既是在文化转型过程中各种文化精神和价值观念的碰撞现象，又反映了我国城市居民面对基本生活方式改变的无所适从的躁动感。

城市化与城市现代化是我们时代的要求，文化整合与文化转型是这个时代的必然趋势和艰巨的使命。后现代城市文化现象既是一种困惑，又是一种启示；它不应当是一个结果，而应当是一个开端。

——本文原载于《新建筑》2005年第2期

---

❶ 同上。

❷ 约翰·多克. 后现代主义与大众文化［M］. 吴松江，张天飞译. 沈阳：辽宁教育出版社，2001。

❸ 黄楠森，龚书铎，陈先达. 有中国特色社会主义文化研究［M］. 济南：山东人民出版社，1999。

❹ 衣俊卿，文化哲学［M］. 昆明：云南人民出版社，2001。

厦泉漳城市联盟：一个组团式发展的生态型都市区

联合国秘书长科菲·A·安南指出："城市化和全球化结合的过程已经给城市政府增加了额外负担。公共管理和经济发展越来越紧密地同全球市场和投资联系在一起，但这也是一个机遇：在地方上建立民主政治，并同私人部门、市民组织和其他城市所面临的类似挑战建立新的合作关系。不仅是在财政上，而且在总体战略规划上和关键事务中（如正义、平等和社会凝聚力等方面），国家政府都将继续在城市管理中扮演关键的角色。"❶

厦泉漳地区是闽东南城镇密集带重要组成部分，是福建省经济发展最具活力的地区。改革开放以来这个地区的经济飞速发展，使厦门、泉州、漳州三个城市的城市面貌发生了巨大的变化，城市实力不断壮大。随着全球经济一体化的发展，以及我国其他城市地区的快速发展所带来的日益加剧的竞争，也给厦、泉、漳三地城市的发展产生了很大的压力。

联合国人居署执行主席安娜·卡琼穆罗·蒂贝朱卡认为："如同城市化一样，全球化既带来了机遇，也带来了问题，全球化所带来的影响日益明显，在城市中体现得更清楚。面临的挑战是在强化全球化积极影响的同时，找出全球化带来的问题的解决办法。"她还指出："城市规划不再是国家和地方政府的特权，他们以前声称拥有'公共利益'的特许知识。……引起争论的并非城市规划本身，而是如何协调高效、公平和适于居住等多重目标。"❷

在福建省政府的倡导下，2003年以来，厦门、泉州、漳州市人民政府建立了厦泉漳城市联盟，为实现城市和区域共同发展，以区域经济一体化为目标，加快发展壮大厦、泉、漳三个中心城市，以应对全球化和高速发展的城市化。那么，厦泉漳城市联盟的路子应该怎么走，厦泉漳城市联盟的空间形态应该怎样发展？是值得认真探讨的。

一、21世纪是城市圈的世纪

有人说21世纪是城市的世纪，但更准确地说，21世纪是城市圈的世纪。

"全球化不仅加剧了竞争，也加速了破碎化，给城市带来了负面影响。要想有效地参与竞争，城市必须作为一个集体单元来行动。但是，社会、政治、经济和物质的加速破碎化阻碍了建立联盟、动员资源和建立充分的管理结构的能力。大都市是全球竞争的首要竞技场，有必要在资源分配上赋予他们权力和自治，使之更强大。但是政府赋予能力的作用除了方便市场运行，还对社会凝聚、平等和解决冲突负有责任。"❸

（一）全球经济一体化下的区域合作与竞争

20世纪50年代以来，世界性的城市化进程大大加快，使得城市的空间和影响范围发生了根本性的变化，大城市逐步被城市化区域所取代，形成了规模宏大的大都市连绵区或连绵带。大都市连绵带首先出现在美国东部大西洋沿岸和五大湖南部各州以及欧洲国家和日本。随后，它也波及世界上许多发展中国家经济发达和城市化程度高的地区。这些巨大的城市化地区，以其宏大的集聚优势，对国家和地区的经济发展起着不可替代的重要作用，大大增强了这些国家和地区的竞争力。例如，20世纪

---

❶ 联合国人居署. 全球化世界中的城市［M］. 北京：中国建筑工业出版社，2004。

❷ 同上。

❸ 同上。

60 年代，仅占日本国土面积 12％的东京、大阪、名古屋、福冈四大城市圈的工业生产总值占了日本全国的 70％，而分布在四大城市圈中的"四大临海工业带"只占国土面积的 2％，而工业生产总值却占了全国的 30％以上。全球一体化使得过去以国家、民族、政府等方式割裂开来的经济体正以市场经济的方式重新整合和配置。全球范围内的分工、交流、合作与竞争日益强化，过去那种以行政区划确定地域特征和发展方式的模式面临极大的挑战。一个以特大城市为核心组成经济协作区和城市群，优化组合生产要素和资源、强化协作区和城市群内各城市的功能的新模式已显示出强大的势能。城市群的发展必将是 21 世纪世界城市发展的一个趋势。

（二）中国的三大城市群

1996 年 3 月，第八届全国人民代表大会第四次会议提出在全国建立 7 个跨省市区经济区域：①长江三角洲及沿江地区；②环渤海地区；③东南沿海地区；④西南和华南部分省区；⑤东北地区；⑥中部五省地区；⑦西北地区。由于我国地区差异的极其复杂性，使得经济区域的发展是极不平衡的，地域经济和地域空间的发展更多的体现在城市群的发展上。经过近十年的发展，我国三大城市群的发展特别引人注目。长江三角洲（简称长三角）、珠江三角洲（简称珠三角）和京津唐地区无论从人口和产业的集聚程度，还是从中心城市规模和总的城市数量方面都已具备大都市连绵带的基本特征。

长三角城市群的空间地域范围涉及苏、浙、沪两省一市 16 个地级以上城市组成的复合型区域。2003 年长三角的土地和人口分别占全国的 1.1％和 6.3％，但其生产总值已占全国的 20.3％。珠三角城市群包括广东省珠江流域的 14 个市县。其土地面积和人口分别占全国的 0.4％和 1.9％，而其生产总值占全国的 9.7％。2003 年长三角和珠三角的城市人均 GDP 分别已达到 29038 元和 47261 元。3 个城市群的快速发展，已对我国的经济发展格局产生举足轻重的影响。十分明显，21 世纪我国城市的竞争不再是简单的个体城市间的竞争，而是城市群之间的竞争，是区域与区域间的竞争。

（三）长三角？珠三角？何去何从？

长三角和珠三角的急剧发展使福建的发展处于十分尴尬的地位。因为只有构成以大城市为核心的城市群，才能形成足够的产业集聚和经济规模，才有资格参与全球性的竞争，才能在今后的区域发展和竞争中占有一席之地。福建省处于长三角和珠三角这二大城市群的中间地带，但其与长三角或珠三角形成区域一体化的特征不明显，而又尚未形成自己的城市群雏形。如在短期内福建不能形成强大的集聚优势的话，将很可能被边缘化和异向化。福建应当分别依附于长三角或珠三角成为它们的组成部分，或是发挥面向海峡东岸台湾省的独特区位优势，形成自己独特的城市群和城市圈？这是摆在我们面前的非常重要的战略问题。认清一体化特别是以大型城市为中心的城市群发展是大势所趋，及时调整城市定位，调整城市产业布局，在即将形成的城市群、城市圈中找到自己的位置，应当成为当前福建城市发展战略的一个着眼点。

现代的竞争模式已经完全不同于传统的对抗式的竞争模式，现代的竞争是一种合作式的竞争。北京国际城市发展研究院院长连玉明指出，现代的竞争态势有五大变化趋势：一是从市场竞争转向战略竞争；二是从人才竞争转向模式竞争；三是从资源竞争转向知识竞争；四是从权力竞争转向服务竞争；五是从对抗竞争转向合作竞争。竞争的内涵不再是单纯的行政权力的抗衡，而是对最有价值的生产要素的共享，只有在配置、利用生产要素方面优势互补，才能在发展中共享利益。从这个意义上来说，城市竞争力就是不同城市竞争者之间协调发展、优势互补的能力。福建的各个城市只有加强合作、实现优势互补形成强大的集聚能量，才能摆脱目前的困境。

二、福建：中国沿海发展带的塌陷区？

（一）与其他城市群的比较

2003 年，长三角地区的生产总值已突破人民币 2 万亿元，达到 23790 亿元，较上一年增长 12.6％；珠三角地区生产总值也超过人民币 1 万亿元达到 11341 亿元，增长 13.1％。相比之下，福建省生产总值为 5232 亿元不及珠三角的一半，长三角的 1/4，增幅也仅为 11.75％。长三角地区除了城市和人口数量较大之外，各城市经济发展水平相对较高且均衡。其中上海市就高达 6250.81 亿元，相当于福建全省 CDP 的 1.2 倍；长三角其他城市中 GDP 超过 1000 亿元的还有南京、苏州、杭州等 7 个城市；另外 8 个城市中，除了湖州和舟山，GDP 均超过 500 亿元。珠三角 9 个市县的生产总值也很高，基本都在 500 亿元以上。而福建只有 2 个城市的 GDP 超过 1000 亿元，一半以上以城市 GDP 低于 500 亿元。从地区人均生产总值角度来看，长三角、珠三角 2003 年的人均 GDP 分别为 29038 元和 47261 元。福建省的人均 GDP 为 14979 元，其中莆田、南平、宁德三市不足 10000 元。从出口贸易额来看，珠三角为 1450.56 亿元美元，占全国的 33.1％，与长三角 1413.34 亿美元基本持平，远远高于福建省的 211.32 亿美元。出口贸易额超过 100 亿美元的城市，长三角和珠三角各有 4 个，而福建省仅有厦门市 1 个。另外，从利用外资角度看，长三角实际利用外资为 257.86 亿美元，珠三角为 170.27 亿美元，两者合计占全国的 53.9％。福建省九地市 2003 年实际利用外资共是 49.93 亿美元，尚不及苏州（68.05 亿美元）和上海（58.50 亿美元）的水平。以地方财政收入而言，长三角 2003 年已达到 2217 亿元，其中地方财政收入超过 100 亿元的城市有 5 个；珠三角的地方财政收入为 848.03 亿元，地方财政收入超过 100 亿元的城市有 2 个；而福建省地方财政总收入为 304.65 亿元，没有一个城市地方财政收入超过 100 亿元。❶ 由此可见，长三角、珠三角在我国社会经济发展中具有举足轻重的地位；而福建省的经济规模尚无法与长三角和珠三角地区相比，并且福建省的各个城市之间的经济发展水平差距也较大。

（二）首位城市极化现象不明显

长三角的首位城市上海市，2004 年人口 1341.77 万人，其中非农人口已超过 1000 万，2003 年上海市的 GDP 为 6250.81 亿元；长三角的次级城市南京和杭州的非农人口也分别达到了 340 万和 250 万以上。珠三角的首位城市广州市，2004 年的人口为 722.7 万人其中非农人口超过 600 万人，2003 年广州市的 GDP 为 3496.88 亿元。京津冀地区的首位城市北京市，2000 年总人口约 1382 万人，其中城镇人口 1072 万人，当年的 GDP 为 2479 亿元；该地区次级城市天津市和唐山市的城镇人口也分别达到 721 万和 226 万。而 2004 年福建省各主要城市除福州的非农人口刚过 200 万以外，厦门、泉州、漳州均在 100 万～200 万之间。福建的首位城市极化现象不明显，尚没有一个实力特别强大的城市能担负起对全省域范围的带动和辐射作用。

（三）省内主要城市恶性竞争、缺乏协作和资源共享、错位发展

改革开放以来，福建省各主要城市的经济呈现出飞速发展的势态，特别是第二产业的发展有了长足的进步，但城市之间相互争项目、争投资的现象却非常严重，各个城市产业的重点基本上都放在加工工业上，而第三产业的发展较为滞后。2003 年福州、厦门、泉州、漳州的三产比例分别为 10.7∶50.6∶38.8，2.4∶58.5∶39.1，6.1∶53.2∶40.7，21.0∶39.3∶39.7；第三产业的比重基本都在 40％以下。而上海和广州的第三产业的比例则分别为 48.4％和 53.9％。福建的城市中尚没有一个城市有比较发达的高端服务业，因此也没有一个城市能形成强大的服务体系担当起辐射和为全区域服务的职能。

在"经营城市"的口号下，各个城市的政府会趋向于成为"自利的政府"，而"自利的政府行为对一个国家的城市化具有相当的阻碍作用"。这就解释了福建省城市化水平低下，大中城市比例偏低，建制镇多而小的现象的部分原因。据调查，当区域内的"经济单元"处于自然状态下，各个城市间若没有人为的创造条件，其协同效率最大值仅为 40％。在中国加入 WTO 背景下，区域一体化进程如果慢于全球化步伐，那么在可以预见的 5～10 年内，区域内企业将面临被边缘化和淘汰的巨大危险。城市、城市群下一步的竞争，将体现在区域经济一体化的进程和水平上。谁能在区域经济一体化的形成中占有先机，谁就能在经济全球化的竞争中获胜。实现区域一体化和强强联合迫在眉睫。

---

❶ 厦门城市规划设计研究院等．厦泉漳城市经济发展战略研究［Z］．厦门，2005。

三、实施城市群、城市圈战略是解决福建省目前大城市不大、中等城市不强的重要战略

（一）城市群—城市圈—城市带

我国的城市化目前最明显的问题就是大城市不大，中城市不强，小城市不特。这个问题强烈地反映在福建省的城市化特征上。由于大城市不大，就无法带动整个区域形成强大的城市集群，参与世界经济一体化的分工和竞争。由于中等城市不强，就无法与区内其他城市形成合力担当起支撑城市群的支柱，挟强势参与日趋激烈的竞争，赢得发展机遇。福建省要摆脱目前已被边缘化和异向化的困境，就必须改变目前大城市不大、中小城市不强的状态，走出一条迅速实现区域一体化的路子。福建省内首先应该有几个大城市担当起核心的作用，与邻近的一些城市构成具有一定特色的城市群体，形成人口和产业的密集区，并在地域空间上形成一个高密度、关联紧密的城市空间，使这些城市由集中化走向一体化，谋求城市集群在社会、经济和环境发展上的协调，取得互赢互利的共同发展。对于福建省内各个城市的城市化而言，其城市化的价值就在于寻找到自己在从城市群—城市圈—城市带的整个价值链上的独特的位置。

（二）城市圈是支撑城市群的支柱，起到强大的支柱作用和辅助推动作用

福建省内的主要城市目前最为紧迫的任务就是尽快把城市做强。而做强城市并不能单靠自身的力量，必须借助城市群联合邻近的城市构成具有一定强势的城市圈，并以此提升各个城市的实力。城市圈的目标不在于规模的扩张，而重点是经济的整合和做强，是利用城市群所产生的规模效应实现城市价值的深度体现，并反过来促进城市群规模效应的提高。

如果福建省能在短期内形成2～3个由若干个城市联合组成的城市圈，并由这些城市圈构成一体化的区域经济，形成具有较强实力的城市群，那么就有望改变福建在城市化的进程中处于大城市连绵带边缘的困境，取得参与世界经济一体化、参与区域和国际竞争的入场券。

（三）城市联盟（都市区）既可以产生规模效益，又能化解规模风险

有研究表明，城市人口在100万～1000万之间的规模范围内，城市运行效率曲线将呈增长的趋势。根据我国各种规模城市的统计，产出效益随着城市规模的增大而提高（表1）。

1996年中国各种规模城市的总产出效益　　　　　　　　　　表1

	市区人均GDP(元/人)	市区每平方公里土地创造的GDP(元/km²)
全国城市平均	9138.6	270.7
超大城市	15812.1	2674.1
特大城市	14456.4	1646.3
大城市	13060.5	802.1
中等城市	8400.2	325.8
小城市	6280.8	115.9

来源：杨重光，梁本凡主编．中国城市经济创新透视［M］．北京：中国社会科学出版社，2002。

但是从我国不同规模城市的居民生活环境质量的统计来看，处于特大城市和大城市这二级规模的城市，其居民的生活环境质量为最高（表2）。

1998年我国不同规模城市的居民生活环境质量　　　　　　　表2

	市区人均园林绿地面积(hm²/万人)	建成区绿化覆盖率(%)	市区人均铺装道路面积(m²/人)
全部城市平均	21.1	29.2	4.7
超大城市	20.1	29.0	4.3
特大城市	21.9	30.1	5.3

	市区人均园林绿地面积(hm²/万人)	建成区绿化覆盖率(%)	市区人均铺装道路面积(m²/人)
大城市	27.8	31.1	5.2
中等城市	17.8	28.5	4.3
小城市	19.1	21.0	4.2

来源：杨重光，梁本凡主编．中国城市经济创新透视［M］．北京：中国社会科学出版社，2002。

由此看来，如果我们能把现有的大城市加以联合组成具有特大城市规模的都市区，形成组团式的生态型都市区，则既可以产生规模效益，又能化解规模风险，避免由摊大饼式的特大城市所带来的"大城市病"的弊病。

厦门、泉州、漳州三个城市实现城市联盟，形成一个 500 万～800 万左右都市区人口的城市规模，将为形成具有较大综合实力的城市圈，并进一步建构福建城市群打下良好基础。

四、加强协作，资源共享，联动发展，构筑厦泉漳生态型都市区

构筑厦泉漳城市联盟的工作已经正式启动，由厦门、泉州、漳州三市的城市规划设计研究院等单位联合进行的《厦泉漳城市发展走廊规划研究》，对厦泉漳城市联盟的有关问题提出了很好的设想。笔者认为，厦泉漳城市联盟应该建设成为组团式发展的生态型都市区，在建设中应重点注意以下几个方面的问题。

（一）加速城际轨道交通的建设与发展是构建厦泉漳都市区的重要步骤

城市圈从一定的意义上来讲就是通勤圈。只有用便捷的快速通勤交通把相邻的城市连接起来，使之成为在生活和生产上具有紧密联系的一体化的共同生活圈，才能形成资源共享、生产协作、经济一体化、协同发展的共同体。厦泉漳城际快速轨道交通的建设对于城市联盟的建构至关重要，应该尽快予以建设。

（二）打造共同发展的产业经济链：港口、物流、出口加工、会展、度假旅游、高科技生态农业等新兴产业

厦、泉、漳三城市中，厦门在电子、机械、化工三大行业方面占有明显的优势，泉州在纺织鞋服、建筑材料、工艺制品、食品饮料、机械制造的五大传统产业方面有较大的优势，漳州在食品工业、机械工业和原材料工业方面也有一定的优势。历史的发展使这3个城市在产业方面具有互补性和梯度性，因此具有较好的整合和错位发展的基础。城市联盟的构筑，除了在已有的基础上做好各个城市的优势产业的整合和协作以外，应当努力打造具有共同发展前景的产业经济链，大力发展港口、物流、出口加工、会展、度假旅游、高科技生态农业等新兴产业。

（三）基础设施与公共文化设施的共享

组团式发展的都市区，不仅要做到机场、港口、铁路等大型公共基础设施的共享，而且在大型的公共文化设施方面也应当实现共享。例如，具有举办国家级和省级大型比赛能力的体育场馆、歌剧院、大型科技文化中心、国际会议中心和需占用大量土地的高尔夫球场等设施，都应当利用方便、快捷的城际交通实现资源共享，而不要盲目地进行重复建设。

（四）严格保护生态基质、生态斑块与生态廊道，控制城市无序蔓延，形成串珠式空间结构的生态型都市区

城市的空间结构与形态对于城市的可持续发展具有决定性的影响。一个城市的生产 GDP 可以通过引进项目、增加投资、扩大生产来追赶、来提高；但是，合理的城市空间结构和形态一旦遭到破坏，就将给以后的可持续发展带来不可弥补的后患。

厦泉漳组团式发展的生态型都市区，应当避免特大城市摊大饼、连片式发展的弊端，在土地利用

上必须严格保护生态基质、生态板块与生态廊道，控制城市建成区的无序蔓延，形成串珠式空间结构的生态型都市区。这样的城市空间结构与形态，将能保证厦泉漳都市区的建设建立在优良的生态环境的基础上，具有精明增长的可持续发展前景。

（五）营建和谐社会，为城市居民创造优质的人居环境

以人为本，这是一切城市建设的根本出发点；为城市居民创造优质的人居环境，这是城市功能的根本体现。厦泉漳城市联盟，不能仅仅只是作为加强经济协作、实现资源共享、达到优势互补、提升城市竞争力的手段；实现城市联盟，构筑厦泉漳生态型都市区，只有最终在创造优质的人居环境上胜出，才能最后实现它的基本价值。在建构厦泉漳组团式发展的生态型都市区的过程中，始终都应当十分注意对于社区的建设，使之真正成为人民安居乐业的温馨家园。

——本文原载于《海峡城市》2005 年总第 38 期。

制度变迁与规划师的职业道德

一个时期以来，规划师职业道德问题已引起了业内人士的极大关注，有关人士提出重建规划师的职业道德迫在眉睫。规划师到底怎么了？城市规划事业到底出了什么问题？是规划师的群体堕落，还是城市规划职业已走上了一条不归之路必须歇业整顿？这都是值得深思的问题。

道德是社会制度的一种补充，是以善恶评价的方式来评价和调节人的行为的规范手段和人类自我完善的一种社会价值形态。它的作用是维系社会秩序，以使社会成员之间保持一种合乎一定规范的关系，维持社会内部的稳定。职业道德是指从业人员在职业活动中应当遵循的道德，是一般的社会道德在职业活动中的体现。对于某种事业的从业者来说，职业道德具有约束和规范其社会行为的作用，它是在观念意识方面对有关法律和制度的一种补充，以调节职业活动中的特殊道德关系和利益矛盾。

作为一种社会伦理，职业道德是会随着社会的发展而发生变化的。在不同的社会和不同的历史阶段，某一职业道德所调解和处理的特殊关系与利益矛盾是有所不同的，因此在不同的社会和历史阶段中其内涵有所不同。

一、"再分配经济"与"政治社会"

在我国，城市规划被认为是"政府行为"和政府的职能，因此长期以来实行以行政主导为特征的城市规划编制与管理制度也就似乎天经地义、无可厚非。

从20世纪50年代以来，在我国的政治经济社会生活中，实行的是"计划经济"的制度，实际上这是一种被著名经济人类学家波拉尼（Karl Polanyi）定义为"再分配经济"的政治经济体制。❶ 这种体制最根本的特征是国家实行对资源的高度垄断，是一种国家控制一切的总体性社会体制。这种体制所实现的国家垄断不仅在于生产资料和生产过程的垄断上，而且还在于对生活资料的分配、交换和消费上，而这种生活资料包括物质生活和精神文化生活两个方面。国家不但垄断了社会中几乎所有重要的资源，甚至垄断了社会活动的空间，看起来无所不能的国家处于压倒一切的地位，在并非严格的意义上可以说，社会消失了。❷

在总体性社会体制的背景下，社会成员的基本生活资料和基本的社会活动都由国家（或通过国家的代理机构"单位"和"公社"）进行统一安排和管理，因而社会成员（包括城市居民和农村居民）对国家具有极大的依附性。从严格的意义上说，这样的社会是一种"政治社会"❸。在这种情况下，社会成员基本上丧失了个体的主体性，而维系这种政治社会运作的基础是全体人民与政府之间的契约，即一种关乎社会与统治者之间的相互义务与权利问题的"政府契约"。

"为了确保和平和实现自然法，人们之间有必要共同缔结一种契约，根据这一契约，每个人都同

---

❶ 波拉尼曾将人类社会中的经济体制划分为三种类型，即馈赠经济（即一般我们所说的传统的自然经济）、市场经济与再分配经济。根据这种分类，西方发达国家和发展中国家的现代化与发展都是从市场经济或市场经济与传统自然经济的基础上开始的，而中国及东欧等一些社会主义国家则建立了一种独特的经济体制，即再分配经济体制。

❷ 孙立平. 社会转型：发展社会学的新议题 [J]. 中国社会科学文摘，2005（3）：6-11.

❸ 政治社会，是一种以政治活动作为全部社会生活的基准，并从政治的角度来看待和处理全部人类活动的社会。在这种社会里，经济、政治、文化三大活动领域的功能已在很大程度上以政治为中心融合为了一体，并且在社会结构上表现为政治组织对于经济组织和文化组织的渗透，甚至政治组织同时就是经济组织、文化组织，或者说经济组织、文化组织同时具有政治组织的性质，并从属于政治组织。

意把其全部的权力和力量转让给一个人或一个议会，其条件是每个人都必须这样做。"● 新中国成立初期，由于劳动生产率极其低下，生活资料十分匮乏，为了保障广大人民最低限度的生活条件，国家实行了"再分配经济"制度。由于国家垄断了几乎所有的资源，以资源作为基础的物质生产（甚至于非物质生产）自然全由国家来统一安排。而生产所产出的"利润"全额上交由国家进行"再分配"到各级政府，直至每一个人。这就是人们称为"吃大锅饭"的计划经济。对于这种制度，国家计划部门和财政部门是最为关键的，而城市建设则应视求"温饱"的生存状况而必须由"计划"来决定。于是"城市规划是国民经济计划的继续和具体化"的定义应当是十分确切的。在"再分配经济"的体制下，城市规划所体现的处理人际关系的主体性活动，则主要体现在处理代表国家利益的城市政府与城市居民之间的关系。这样，城市规划就是为确立国家与城市居民间的行为关系而"生产"出来的制度和"契约"。

城市规划作为一种由政府（国家的代表）制定和执行的"政府契约"，其所反映的也就是城市中的人民与城市管理者之间的相互义务与权利的关系。实施城市规划和建设是政府的义务；根据城市规划和建设的需要作出决策则是政府的权利；而服从城市规划和建设的需要（包括被征地或占用及拆迁）只是人民的义务。在这种政治社会的制度安排下，城市规划就是国家的权力和意志的体现，它既是在国家的意志主导下对于"城市各项建设的综合部署与安排"，也是国家为城市的未来发展所进行的谋划，还是为城市人民的未来生活所安排的理想蓝图。而相对于国家所拥有的权威性的权力和意志而言，城市规划的相对人——市民只是处于必须服从的应尽义务的地位。

20世纪中叶以来，虽然我国已经出现了专门从事城市规划工作的"规划工作者"，但从严格的意义上说这些工作者还没有形成真正意义上的职业队伍，还没有具有指导自身主体性行为的职业意识，规划工作者所具有的还是作为受政府雇佣、为"政府行为"服务的"匠人意识"。因此，在当时也不可能出现"城市规划协会"和"规划师协会"这样的"职缘共同体"●，以维护内部团结及自身权益和规范自己的职业行为。

作为政府雇用者的规划工作者，其所扮演的角色是发挥其技术特长，在既定的方针、政策的条件下按照有关各级政府自上而下制订的计划，用专业的语言使之具体化为城市的空间布局和用地安排。因此城市规划在当时的条件下，只是一种进行技术性转译的"技术过程"。规划师作为一种"类职业化"的技术人员（或被称为"工程师"），应有的职业道德是：①必须对政府负责，维护国家利益，在受政府所委托编制的城市规划中保证政府的意志得以最大化的体现，使规划具有"权威性"；②必须"爱岗敬业"，精通专业技术和业务，保证产品的质量，使规划具有"科学性"；③必须具有良好的服务意识，服从安排、听从指挥，无条件地完成任务，使规划具有"可靠性"●。这样的职业道德的要求，对于规划师而言所具有的应当是一种工具理性，它与政治社会中人民对于国家（政府）具有极大的依附性是一致的。

在政治社会中，所谓的职业道德是国家采用非强制性的社会整合的方法，利用意识形态的力量，通过职缘关系来强化职缘共同体对于国家的依附关系，以达到维持社会团结、进行有效管理的目的。在政治社会中，职业道德除了作为职缘共同体中每个成员必须遵循的道德准则，以维护职缘共同体内部的团结和稳定的关系外，它还是国家作为社会整合的方法以强化其主体性的重要力量。因为在这样的社会中，群体的主体性最终是以国家的主体性的面目而出现的。维护国家利益，维护政府的权威和权力就是能使规划师们形成高度的同一性的意识形态的力量，也是这一时期规划师职业道德的最主要的内涵。

实际上，这样的职业道德在政治社会中是具有普遍意义的。因此，这一时期的规划师或从事其他

● 博登海默. 法理学——法哲学及其方法［M］. 北京，华夏出版社，1987：45。
❷ 职缘共同体是指由于职业关系或由从事于同一职业的成员所构成的人类群体。
❸ 其实，在当时的条件下并没有什么成文的"规划师职业道德"，文中所列的三条只是笔者根据想象而杜撰。

什么专业的从业人员，并不需要团结在真正意义上的职缘共同体的麾下，而是整个社会的从业人员都共同聚集在一个统一的"总工会"的旗帜下，就能达到社会团结的共同目的。而规划师作为职业，其职业特征也是不明显的，因而也就没有可能形成真正的职缘共同体，规划师像其他从业人员一样，只是分属于一个一个的"单位"。因而，在这样的社会时期中，实际上也还没有真正意义上的"规划师职业道德"，而只是"热爱党、热爱国家，拥护社会主义，勤勤恳恳工作，老老实实做人"的社会从业人员所共同遵守的社会职业道德的"规划版"而已。从根本上说，这样的道德标准实际上还是属于"个人伦理"的范畴。

二、市场经济与"市民社会"

改革开放以来，正在进行的社会转型，是一场从"再分配经济"转向市场经济，从"政治社会"转向"市民社会"的经济体制和政治体制的改革。❶ 城市规划作为处理人与人之间现实关系的制度的组成部分，同样也正在实现其制度化的转型。

社会转型，意味着人们结成的社会关系方式的转型和权力体系的转型。"市场经济破坏了传统社会中视为神圣的一切社会关系和社会组织，而代之以处于利益关系和基于契约关系的市民社会。"❷市场经济的建立，正在改变着我国社会中作为个体的每个成员对于国家和政府的依附关系，造成了社会成员自我意识、个体意识的觉醒，意味着社会的原子化。市场经济是一种普遍的分工与交换的经济形态，在这种经济形态下，随着个体意识的觉醒和社会的原子化，各个相对独立的主体间（包括群体与群体，群体与个体，个体与个体）出现以间接的物的依赖关系为基础的普遍化的交换关系。原本以国家为"再分配"的主体而存在的社会成员对于国家的直接依附关系，也开始转变为以交换为基础的间接的物的依赖关系，正在形成真正意义上的"市民社会"。国家和政府在市民的经济生活中主宰一切的力量已让位与市场的力量，国家、政府、社会对于每一个市民来说已成了其追求自身目的的外部条件。这已引起了国家与社会的关系上的根本变革，即变原来"政治社会"中的社会服务于政府为"市民社会"的政府服务于社会。

马克思指出："每个人行使支配别人的活动和支配社会财富的权力。就在于他是交换价值和货币的所有者。他在衣袋里装着自己的社会权力和自己同社会的联系。"❸ 在"再分配经济"的条件下，城市资源和财富的分配权力垄断于国家和政府手中，城市规划所反映的是国家和政府对资源垄断和分配的权力。城市建设所需要的各类用地由国家根据计划进行统筹安排和划拨，规划工作者所从事的城市规划只是"为无产阶级政治服务"的技术性服务工作，是按照计划和既定的政策进行各方面的技术性转译工作，它不可能、也无须体现每个个体社会成员的意愿和权力。

市场经济的逐步确立，市场成为调节经济的主要手段。对土地、空间等城市资源的分配和利用均交由市场来决定，使广大居民对"衣、食、住、行"等基本生活活动和社会财富的依存度建立在市场交换的基础之上，变"靠市长"为"靠市场"，从而产生了每个个体对于土地、空间等城市资源的占有、使用和支配权的主体意识。城市规划对于城市各类资源的分配和利用的安排，已变为体现交换价值的利益分配。城市规划的过程已由原来的"技术过程"转变为各利益主体（包括政府官员、开发商、市民、规划师及其他相关利益主体）之间利益冲突与平衡的"政治过程"，体现为各利益主体间进行互动的一场政治博弈。城市政府也由原来占压倒一切的绝对主导地位，蜕变为权力结构之中的一方参与互动。城市规划由此也将从只关乎社会与统治者之间的相互义务与权利问题的政府契约（政约），向关于社会全体成员之间的相互义务与权利问题的社会契约（民约）的转变。城市规划的制度

❶ 市民社会是一种以直接从事生产和交往中发展起来的社会组织为基础的社会。这种社会实行的社会管理体制，使社会成员大体能直接或间接地参与或可以参与影响全体成员的决策。

❷ 王南湜. 社会哲学 [M]. 昆明：云南人民出版社，2001：7.

❸《马克思恩格斯全集》第 46 卷（上），人民出版社，1979 年，P103.

安排也应当由政府决策转向"公共选择"的"公共政策"。

城市规划作为进行"公共选择"对城市资源的安排、利用及城市发展所作的公共决策的协商与互动过程，具有属于公共事务的性质。因此，在市场经济和市民社会里，城市规划作为"政府行为"应当有新的含义。由于政府相对于其他主体在掌握的社会资源和信息，以及在动员和组织社会力量等方面有绝对的优势，作为被推选出来的人们所组成的城市管理者，在组织编制涉及城市生产和生活活动各方面的城市规划上，应是其对全体市民应尽的一个义务，也是市民以纳税人的身份用价值交换所购得的一项服务。作为社会成员和主体的市民，参与涉及其自身利益分配的城市规划全过程的编制、决策、管理和实施，是一种应有的权利，他们应是以行为主体的方式参与，而不应以被"邀请"的方式参与的，而一旦他们同意、认可、并达成社会契约后，服从和遵守城市规划的约定，并以此规范自己的建设行为，便应是他们的应尽的义务。

在这场各利益主体互动、博弈的政治过程中，规划师处于一种比较特殊的地位。它作为参与市场经济价值交换的主体，既有作为个体主体性的各自的利益诉求，又有作为职缘共同体的群体主体性的利益诉求，他们还会因分别受雇于不同的利益主体（政府、开发商、其他相关利益主体、市民等）作为规划过程中互动的中介和代言人，分别代表不同的主体利益，并可能作为各利益主体间互动的桥梁。于是规划师有时候就得"向权力诉说真理"；有时就是"借权力诉说真理"；有时也可以是"与权力一起诉说真理"；有时候也不得不"向各方诉说真理"，在这种"诉说真理"的过程中，规划师并不是"价值中的"的。而是有自己的价值取向，也带有自己的利益诉求。

任何一个主体的价值观其实都是一个价值体系。在规划师的价值体系中，在最后的价值取向中起主要作用的大概可以包括：①自己的利益诉求（包括受雇主支配的经济利益）；②由职业教育所形成的理想追求和社会责任感；③社会认同感与成就感。这三者之中，第一个方面受到个人伦理的制约，后两者受到社会伦理的制约。由此可以看出，在市场经济条件下，所谓的规划师的职业道德是由个人伦理和社会伦理共同组成的。而这个时期的个人伦理与"再分配经济"条件下的个人伦理是截然不同的。因为在"再分配经济"与"政治社会"的制度安排下，规划工作者几乎没有作为个人和群体主体的主体性利益诉求，当时的个人伦理与社会伦理是合而为一的。

在市场经济和市民社会的条件下，当规划师作为一种职业性的群体形成群体性主体时，就需要一种制度化的伦理道德标准来规范群体内各个个体的行为，以维护群体的团结及群体利益、维护社会稳定，这就是被称为"职业道德"的制度伦理。目前，在我国还没有形成真正意义上的规划师职业道德，还没在约束和规范规划师的行为方面形成正式的制度和规则。因此在市场经济的大潮下，出现规划师行为的"失范"现象不足为奇。在制度伦理缺失的情况下，规划师还只能靠个人伦理和一般的社会伦理来约束自行，他们只是在没有"防鲨网"的条件下，凭自己的理性在海里畅游。而每个人的"理性"都是有限的，社会既没有把规划师打造为"圣人"，规划师也不可能都自己"修成正果"，更何况整个社会的道德伦理都尚处在市场经济条件下的重建之中，也不能要求规划师"先知先觉"。

面对社会转型的大环境，如何建立制度化的规划师职业道德，以适应角色转换后的现实性生存，完成规划师的历史使命，这是规划师群体所面临的共同任务，也是业内人士为此深感忧虑的原因。

三、"初级阶段"与"路径依赖"

我国的经济体制与政治体制的改革是在政体连续性背景下的渐进式改革，是一种柔性的转型过程。这既有能维持社会稳定达到平稳过渡的优点，但也有在原有的体制因素继续起作用条件下的"路径依赖"所带来的弊端。❶ 在市场经济的转型过程中，甚至是在市场机制已经成为整个社会中占主导

---

❶ 路径依赖的理论认为，在社会转型的过程中，原有社会的一整套制度的各种因素并不会在转型过程中完全终结，它将作为一种历史遗产和作为一种现实的制约条件，在转型过程中发挥着重要的作用。

地位的经济整合机制的情况下，政治权力仍然继续保持着对其他类型资本的控制和操纵能力。❶ 在我国，城市规划从编制、审批到管理和实施的运作过程，都是在政治权力所牢牢掌握的行政体制内运作完成的。从本质上说，现阶段我国的城市规划过程是一种"行政过程"。在《城市规划法》对于规划的编制、审批和采用行政许可的"一书两证"的规划管理的制度安排下，城市规划的所有程序和过程，几乎都是在各级政府及其各部门之间的"体制内"循环完成的。《城市规划法》甚至连市民最起码的"公众参与"权都没有给予顾及。

城市规划过程是在一定的规则结构下展开，规则限定了主体行为的可能。并构造了主体间的基本权力关系，进而在大体上界定规划过程结果的基本倾向。❷ 于改革开放十年以后的 1989 年出台的《城市规划法》，十分明显地具有原有"再分配经济"的痕迹。在这样的制度安排下，城市规划只是由政府主要领导（甚至是市委书记）进行决策的行政过程，社会各利益主体的正当利益诉求和主体利益间的矛盾协调与互动，是被排斥在这样的行政过程的运作程序之外的，仅仅只是在事后有一个安民告示式的"公布"，以接受既成事实，并且被告知必须遵守和服从。

路径依赖并不仅仅是阻碍制度变迁，它也会成为引发某种特定方向变迁的资源。❸ 由于《城市规划法》沿袭了政治权力的绝对强势地位，因此在我国现实的城市规划过程中，各种利益主体是处于相当不平等的境遇之中。这就是为什么人们虽然一直大声疾呼城市规划中公众参与的重要性，然而却始终只能流于形式、收效甚微的根本原因。

从经济学的意义上来看，公平应当贯穿于经济活动的全过程，即起点公平、过程公平、结果公平。由于《城市规划法》所决定了各利益主体在规划过程中的起点与过程的不公平状况，那么其结果也不可能保证是公平的。这就给某些掌握权力的"政治精英"人物进行权钱交易的"寻租"活动营造了客观有利条件。而属于"技术精英"的规划师，在现有的制度安排下，在规划过程中不能起决策的关键作用，由于其处于"中介"的特殊地位，"市场精英"和其他利益主体的利益诉求可以通过他们"向权力诉说真理"进行转达，因此有时规划师也会成为这场政治博弈的重要砝码，引得各方的青睐。

在现阶段，属于规划师自身素质的"个人伦理"的道德素养和价值取向就显得十分重要。但在现有制度安排下，规划师只是充当了绘图工具和"阐述者"的角色，他们所秉有的只能是以工具理性为主导的价值观。规划师道德素养的提高固然重要，但"解铃还须系铃人"，不能奢望靠规划师们个人的"道德魅力"来解决只有制度安排的根本改革才能解决的问题。

城市规划的改革，只有从根本上摆脱以"政约"的制度安排而继续强化政治权力在规划过程中的主导地位，采取以各个利益主体在规划过程中的互动协商而达成"民约"的方式，走出规划的编制、审批和管理在行政体制内循环的行政过程怪圈，走向公共选择的公共决策过程，才能发挥城市规划作为公共政策的激励功能、约束功能和协调功能，起到公平与效率兼顾的作用，成为建设和谐社会的重要保障，促进城市社会的健康发展。

城市规划只有能做到基本实现对各种主体利益要求的价值分配的合理性，城市规划也才能真正称得上是"公共政策"。

——本文原载于《城市规划学刊》2006 年第 1 期

❶ 孙立平. 社会转型：发展社会学的新议题 ［J］. 中国社会科学文摘 2005 (3)：6-11.
❷ 熊尪. 城市规划过程中权力结构的政治分析 ［D］. 上海：同济大学，2005.
❸ 孙立平. 社会转型：发展社会学的新议题 ［J］. 中国社会学文摘，2005 (3)：6-11.

空间—时间—度：城市更新的基本问题研究

当前我国的城市建设，既处于城市化的快速发展阶段，面临着城市规模与地域空间的急剧发展与拓展；又处于城市现代化的更新阶段，面临着城市质量的全面提高和城市空间与用地结构的调整。城市更新中出现的一些盲目性、随意性和急功近利或低效益的现象值得关注。对一个城市进行更新时首先需要判断哪里要更新、什么时候要更新、更新到什么程度合适。更新对象的时间、空间问题以及更新"度"的问题是城市更新过程中必须回答的首要的基本理论问题，也是集约化城市更新的理论基础，如图1所示。

图1　集约化城市更新框架图

城市更新空间、时间、度的基本问题归纳起来主要有6个：

空间问题：①如何判断对象要不要更新；②哪里先更新。

时间问题：①什么时候更新；②更新过程多长；

度的问题：①现状保留到什么程度；②改造后达到的什么程度。

一、更新空间的确定

城市及其内部组成部分的发展与比较优势息息相关，当城市或街区逐渐走向衰退时，与比较优势相对应的——比较劣势❶也就出现了。更新地就是具有比较劣势的地点；比较对象的不同，更新地有着不同的比较劣势，具体体现在以下3个方面：①经济效益的比较弱势，即该地块的产出低于相同区位的平均产出。比如产业更新换代促使原有工厂经济效益上的比较劣势导致用地的功能置换。②社会效益的比较劣势，比如拥挤、环境脏乱、治安恶化等。③环境效益的比较劣势，西方发达国家的城市发展经历了郊区化、内城衰落的过程，居民从内城往郊区迁移的原因之一就是内城在环境方面存在比较劣势。比较劣势的经济、社会、环境效益3个方面并不是分开的，往往同时存在于具体的更新地，而对于具体的项目而言，某方面的比较劣势则表现出主导作用。城中村在经济、社会、环境效益3个方面都表现出明显的比较弱势，就往往成为城市更新、改造的重点或首选之地。

每个城市的地理位置、发展过程、产业结构以及城市建设制度不同，使不同的城市之间缺乏可比性。美国城市更新地的确定标准，不一定适用于中国城市；上海更新地的确定也不一定适合于重庆；具体到一个城市内部，不同街区的状况也不尽相同。面对千差万别的城市建设状况，我们如何确定呢？从复杂多样的更新地中抽象出共性的特征、制定出一定的标准，然后在应用中结合各个城市及其内部街区的具体情况给予修正，这应当说是一个正确的思路，但要完成这种"具体—抽象—具体"的过程并不是件容易的事情。我们是否可以就"具体"论"具体"？通过对城市的更新地考察可以发现：一栋建筑或一片街区要不要更新是和周边的建设状况比较出来的。同周边比较才具有可比性，因为它们具有基本相同的区位、发展过程、城市建设制度。图2所示的是重庆沙坪坝某街道旁的一个废弃的厂房，与周边的建设情况比较，其经济、社会、环境的比较劣势是明显的，我们很容易得出该建筑需

---

❶　比较优势：比较优势是一个经济学的概念，指的是各国或区域生产要素相对禀赋的不同，各种生产要素组合和投入的相对价格构成了各国的比较优势。文中借用这个概念来阐述更新地的演变过程，比较的内容不仅仅限于经济效益，还包括社会、环境效益。
比较恶劣：与比较优势相对应，指的是在经济、社会、环境效益方面存在不足。

要更新的结论。

二、哪里先更新与什么时候更新？

哪里先更新与什么时候更新在实践中是同一个问题。哪里先更新是从空间的角度研究更新效益，什么时候更新是从时间的角度研究更新效益，二者的结合就是更新效益的最佳点，是优先改造的地方，如图 3 所示。

图 2　废弃的厂房（左图，摄于 2004 年 3 月）和拆毁中的厂房（右图，摄于 2005 年 5 月）

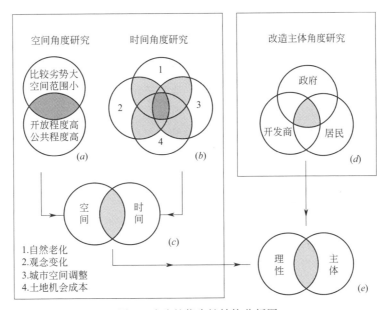

图 3　改造的优先性结构分析图

（一）哪里先更新？

城市中存在许多需要更新的城市空间，我们不可能同时进行改造，哪些应该优先改造呢？改造的优先性取决于需要更新的城市空间比较劣势大小及其范围的大小。通常来说，比较劣势越大更新越容易取得效益，范围越小越容易改造。这样就有 4 种可能：①比较劣势大，空间范围大，这种改造投入比较多、风险比较大；②比较劣势大，空间范围小，这种改造容易取得效益，也越容易改造；③比较劣势小、空间范围大，改造难以取得立竿见影的效果，可以对主要的节点、立面进行改造；④比较劣势小、空间范围小，改造容易，但效果不是很显著，是否改造主要看它所处位置的公共性。因此，优先改造的应该是比较劣势大、空间范围小这种类型。

改造的优先性还取决于需要更新的城市空间的开放程度、公共程度。个体的人对城市的感受是在其活动范围内对城市的感受，城市的公共空间是人活动频率比较高的地方，对城市的影响比较大。因此，需要更新的城市空间的开放程度、公共程度越高的地方（比如节点、标志、道路、边界），应该越是优先改造的地方。

以上两方面决定需要改造的空间存在着交集，也就是说，比较劣势大、空间范围小，且空间的开放程度、公共程度高的地方应该优先改造（图 3(a)）。

（二）什么时候更新？

什么时候更新是研究改造对象在时间矢量下更新效益最高的时间段。

影响更新有多种因素，不同的因素决定不同的更新时机，有的甚至是制约更新时机的"瓶颈"，主要体现在以下 4 个方面：①物理形态的自然老化。在当代社会，建筑的物理形态对更新的决定意义越来越小，大多数的建筑远在其自然破坏之前就已经更新、或拆除重建，但物理形态的自然老化而决定更新时间的因素依然存在，比如说具有历史文化价值的旧城区。物理形态对更新的制约，可以说是最低程度的制约。②人们需求观念的变化。比如，我国 20 世纪 80 年代初的住宅建筑面积小、"小厅大卧"的结构已不合时宜，虽然物理形态仍可以继续使用，但有时也进行更新。通常来说，观念的变化引起的更新先于物理形态自然老化引起的更新。③城市空间结构的调整。城市发展的不同阶段都存在着城市空间结构的调整，只是微调和大调的问题。在城市发展的高速期，人口的聚集、城市经济结构的调整和城市功能变化引起的城市空间结构调整，也必然引起街区及其组成部分建筑的更新。比如当代中国城市空间结构的调整成为决定更新时机的主导因素。④土地使用的机会成本。土地是不可再生的资源，土地上涨的趋势是不可避免的。建筑物建成以后便决定了的房地产价值，随着城市经济社会的发展，地块存在着潜在可能的房地产价值，也就是既定用途下的机会成本。研究表明：最佳的城市再开发时机是，当再开发后的土地地租与再开发前的土地地租之差等于再开发成本时。❶

通常来说，在城市发展缓慢的阶段，自然老化和观念的变化对更新时机起决定作用；在城市发展高速期，城市空间结构的调整、土地使用的机会成本成为决定更新时机的主导因素。不同的影响因素有着不同的更新时机，如果几次更新的目的能在一次再造中给予解决，无疑能大大提高更新效益。比如，我国 20 世纪 50 年代的建成区因为物理形态的自然老化而需要更新，现在也是我国城市空间结构调整的时间段，两个因素引起的更新如果在一次改造中完成，就可以避免二次更新。遗憾的是，我们常常看到在 20 世纪 80 年代，甚至是 20 世纪 90 年代由于居民、单位的自发更新，或者是开发商看到土地的机会成本而进行城市再开发，在随后的城市空间结构调整中有些不得不拆除，建设与毁弃的速度是惊人的！这也解释了当代中国城市更新低效益的现象，同时也说明了不同因素引起的更新时如果时间相距太近，则更新效益不高。所以，不同因素引起的更新时间的"同时性"是改造效益的最佳点（图 3(b)）。

哪里先更新是以某个时间段从城市整体空间的角度考虑改造的优先性，什么时候更新效益最高是以某个改造对象的发展动态过程来考察改造的优先性，二者的更新对象存在着交集——优先改造的城市空间（图 3(c)）。

此外，改造的主体有政府、开发商、居民。开发商代表的市场力以经济利益为主导，居民往往考虑既得利益而忽视自身所在地给城市带来的消极影响，作为政府为提高城市竞争力改造的同时，还应该以公共利益为重，同时把保护弱势群体、维护社会公平作为价值取向。三方面利益的博弈也是决定更新的重要因素，如果三方能达成共识，无疑也是优先改造的地方（图 3(d)）。

更新地改造优先性理性判断的结果与改造主体达成的共识也存在交集，这是最容易改造，也是改造效益最高的地方（图 3(e)）。基于空间、时间、改造主体对城市中哪里先更新有不同的范围，交

---

❶ 丁成日.中国城市土地利用，房地产发展，城市政策 [J].城市发展研究，2003（5）：58。

集越多的地方，也是越应该改造的地方。

三、更新过程多长？

目前我国的城市更新"粗放型"多于"集约型"，对城市及建筑空间"量"的需求多于对"质"的需求掩盖了更新中的许多问题，隐藏的问题或多或少的正暴露在我们面前。这些问题可能引发新一轮的更新，更新成本的增加，反过来影响了我国城市的发展和城市化的进程。随着我国经济增长方式从粗放型向集约式的转变，城市更新应做出相应的转型。更新过程是影响城市更新"粗放型"或"集约化"的一个重要因素，更新过程多长主要取决于：是否有利于改造目标的实现；是否有利于问题长期有效的解决；是否有利于改造效益的提高。

（一）是否有利于改造目标的实现

更新中有种误区是改造追求简单的终极状态、忽视项目的实施过程对改造目标实现的影响。比如说，改造前后差异太大是否需要一个"阶段性更新"过渡一下？城市的发展充满了不确定性，我们不可能准确地预测未来，对未来以确定性的现状来判断未免失去许多机遇。在城市快速发展期"跨越式"发展有许多积极的意义，可以避免开发强度太低和定位太低可能导致的更新；但是，"跨越式"发展有时也带来负面效应。比如，广州的"珠江新城"过高估计发展的可能性，计划由小渔村发展成CBD，结果不得不重新规划。对于不可预测的未来，更新过程时间具有一定的适应性。对于改造前后差异太大的"跨越式"发展可以实行阶段性更新，强调改造现状到目标实现过程的过渡性，可实现的阶段性更新也为进一步发展提供基础。比如，重庆的南滨路，抗战时期原是富人聚居区，新中国成立后修建了一些工厂，20世纪80年代以后日见萧条。南滨路在改造过程中并没有"一步到位"实现目标，而是先发展餐饮、酒吧聚集人气，修建的是2～3层的临时性建筑，然后逐步引进居住、休闲业，2005年南滨公园的建成也为进一步发展做好了准备。目前，南滨路已步入发展的第二个生命期，以美食为主题的时代已经过去，一个"升级版"的游憩商务区正在形成。

以上的两个例子说明更新过程对改造目标的实现与否起着至关重要的作用。广州"珠江新城"不成功的一个重要原因是因为更新过程缺少"过渡性"，导致被动的"二次更新"；而重庆南滨路的改造中主动引入"二次更新"，虽然延长了更新过程的时间段，但有利于目标的实现。

（二）是否有利于问题长期有效的解决

对于情况不同的改造地区，应采取不同的改造方法；在不同的城市发展阶段，对城市问题的解决方式也是不相同的。在我国这种城市发展的快速阶段，大规模的激进式改造或小规模渐进式更新对不同城市地区都各有疗效。更新过程的长短应依据具体的问题、看是否有利于问题长期有效的解决。比如说城中村问题，改造要解决的实质是低收入人员的居住、失地农民的收入问题。城市中社会、经济问题的长期性也决定了改造城市的长期性，这些问题的解决与社会的发展阶段有关，是难以短时间内解决的。因此，改造中要避免"一年内要铲除几个城中村"的做法，而是应该制定阶段性更新计划，逐步消除同周边的比较劣势，构筑"和谐城市"。改造虽然没有很高的速度与时效，更新过程也较长，但有利于问题长期有效的解决。

（三）是否有利于改造效益的提高

西方发达国家的城市更新经历了大规模推倒式重建的激进式更新，转向以多元参与、社区邻里规划为主要特征的小规模渐进式更新，更新过程经历了一个由短到长的转变。这种转变固然与城市发展阶段、经济环境、公众参与有关，但是更新过程长，客观上有利于改造效益的提高，主要体现在：①城市中一些不确定因素逐渐明确清晰起来，有利于对用地功能和空间关系的确定，避免盲目性；②有助于检验各个阶段的建设成果，在随后的项目选择上有"弹性"，避免一次性建设的"刚性"；③在资金不是很充裕的情况下，可以分期更新避免一次性投入过大、周期过长，以有限的资金确保部分项目的完成，后面阶段的建设可以利用前面阶段回收的资金来完成。

而我国一方面处于城市化的加速阶段、城市人口剧增、城市用地快速扩展；另一方面处在社会经济转型期，计划经济下形成的城市空间结构与市场经济存在着矛盾与冲突，产业更新换代引起土地置换等问题，短期内要解决这些矛盾难免要加快更新速度。因此，更新过程多长应看具体更新项目延长更新过程是否有利于改造效益的提高。

四、现状的保留程度与改造后达到的程度

城市更新是对城市的再开发。改造是在已有的基础上建设，受到原有的条件制约。因此，改造需要对现状做出一定程度的保留；同时，城市更新也是城市的再发展，这就涉及更新对象未来的发展定位，即改造后要达到什么程度。所以，更新中对"度"的把握可以从两方面来理解：对现状的保留程度和改造后要达到的程度。二者是矛盾的统一体，互为作用，紧密联系，但决定因素不同：对现状的保留程度取决于更新地内部构成（如人口密度、容积率，以及有历史文化价值的物质形态等）；而改造后要达到什么程度往往取决于更新对象的外部环境（如周边的建设情况、所在的区位、土地利用的市场价值、土地的可开发程度，甚至城市的发展定位等）。

城市更新中对"度"的确定可以从宏观和微观两个层面分析。

（一）宏观上"度"的确定

基于城市空间整体认识基础上进行的城市更新，才能真正解决城市整体空间中的局部问题，否则，城市更新将始终处于"瞻前不顾后、左顾不右盼"，解决了局部问题而整体又发生冲突的局面。

1. 横向看城市空间结构

由于不同的土地利用类型有不同的劳动生产率，对交通的依赖程度也不同，市场竞争决定着资源的配置结果，最终使具有最高竞租能力的产业获得地块的使用权。区位好、地价高的地段通常配置商业用途、办公用途或综合用途以及高档豪华住宅，且建筑密集。随着距离CBD越远，区位条件越差，地价降低，土地的使用性质因为地价的递减亦发生规律性变化，土地集约利用程度呈逐渐递减趋势，由中心区向外土地利用依次是工业用地、住宅用地、农业用地。

2. 纵向看城市空间结构

纵观城市发展的历程，从最初城市的萌芽——乡村的出现到今天全球性城市的出现，城市空间可以归纳为5种基本类型：自然化空间、乡村化空间、市民化空间、城市化空间、全球化空间（表1）。

城市空间的基本类型　　　　表1

空间类型	自然化空间	乡村化空间	市民化空间	城市化空间	全球化空间
生产力水平	城市中自然山体、水体，公园、绿地。功能上起游憩、景观、生态作用。与其他类型空间结合，并存在于其中。	第一次社会分工	第二次社会分工	工业革命	全球分工
经济模式		农耕经济	商品经济	市场经济	经济全球化
功能特征		邻里生活	为日常生活服务的商业空间	为城市服务的商业、办公等空间	CBD空间（为区域或全球服务）
交通方式		步行	马车—自行车	汽车	轨道交通
典型代表		古代的聚落现代的居住区"城中村"	欧洲中世纪城镇中国古代商业街现代小城镇	城市中心区、副中心、主次干道	纽约的曼哈顿上海的陆家嘴

著名的城市理论家刘易斯·芒福德在论述城市的形成过程指出："……村庄原来那些构成因素被保存下来，并且被组合在新的城市的原始机体中；但在一些新的外来因素作用之下，这些因素又被重新组合，成为比村庄更复杂更不稳定的形式，然而这种形式却能促进进一步的过渡和发展。"● 刘易斯·芒福德论述的由村庄到城市的演变过程其实也间接地指出了城市空间的演变规律：历史上与生产

● 刘易斯·芒福德. 城市发展史——起源、演变和前景［M］. 倪文彦，宋俊岭译. 北京：中国建筑工业出版社，2005：31。

力相适应的几种空间类型以"遗传兼变异"的方式得到传承，并存在于现代城市之中。现代城市中乡村并没有消失，只不过换了表现形式，以"乡村化"空间出现并服务于与其结构功能相适应的新功能。比如，现代城市空间中的居住小区其实是一种"乡村化"空间，以步行速度为特征、注重邻里生活。与商品经济相适应的市民空间在现代城市中也依然存在，表现在与自行车的速度相适应、为日常生活提供商业服务的"市民化"空间；工业革命促进了现代意义的城市产生，在城市的中心区、副中心、主次干道表现出以汽车交通为特征的城市空间，但在支路、街区内部则表现出"市民化"空间与"乡村化"空间。信息革命的到来、全球化经济的影响下，出现了为全球或区域服务的中心城市，与此相适应的出现了"全球化"空间——CBD；但CBD空间只是城市空间的一部分，"城市化"空间、"市民化"空间、"乡村化"空间与其并存于同一个城市。

3. 城市空间的层级与连接

合理的土地利用方式是城市由内向外依次是CBD用地、商业与办公用地、工业用地、住宅用地、农业用地；理想化与其对应的空间类型是全球化空间、城市化空间、市民化空间、乡村化空间，二者共同揭示了城市空间的"层级"关系，城市的社会、经济等关系依此层级而呈规律性变化（表2）。

城市空间层级的规律   表2

空间层级	全球化空间→城市化空间→市民化空间→乡村化空间	
社会空间	空间的使用者经济收入、社会地位、受教育程度：	由高→低的趋势
经济空间	劳动生产率、集约化程度、经济活动的等级：	由高→低的趋势
物资空间	建筑密度、建筑高度、容积率：	由高→低的趋势
空间的性质	空间的开放性、公共性、辐射范围：	由强→弱的趋势
空间的尺度	与轨道、汽车相适应转向与自行车、步行相适应：	由大→小的趋势
土地利用	CBD用地→商业与办公用地→工业用地→住宅用地→农业用地	

乡村化空间、市民化空间、城市化空间、全球化空间同时存在于一个城市中并具有"层级"关系；每种类型空间有与其相适应的使用者、经济活动、开发强度、开放性及空间的尺度；也就是说层级的内在"差异"决定城市空间的连接原则：某个层级的空间只能与同层级、或相邻层级的空间连接，不能越过紧邻的层级与更高或更低层次的空间发生关系，比如说乡村化空间不能与城市化空间直接连接。自然化空间（城市中自然山体、水体，公园、绿地等）存在于城市中，可以与其他任何空间连接。

城市空间的层级和连接理论揭示的是城市空间结构的关系。城市是在已有的基础上发展建设、在城市边缘扩展的同时也进行内部更新；城市更新的原因是现状城市空间的层级出现错位（比如工厂占据良好的区位）、连接出现紊乱（比如乡村化空间在中心区与城市化空间对接），改造的目标就是理顺城市空间的层级与连接，如图4所示。

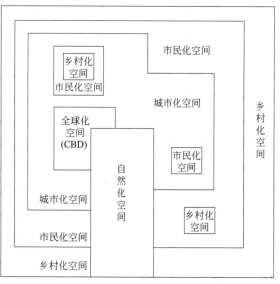

图4 城市空间的层级与连接结构

4. 城市空间结构下"度"的确定

更新中的"度"有两方面：对现状的保留程度和改造后要达到的程度，城市空间的层级和连接理论为"度"的确定提供了宏观层面的回答。根据改造对象（空间的使用者、公共性、经济活动、空间的尺度）的特征我们可以判断其所属的空间层级；依据城市空间的连接原则，改造后要达到的程度存在的区间是：低于目前周边空间层级一级与高于目前周边空间层级一级之间，才能与周边空间的连接相匹配。现状保留程度应该与其改造后的空间层级相适应，通常来说，更新地保留的建筑物及其外部空间在更新地内部不足以形成新的空间层级。因此，现状保留程度的空间形态类型不可以低于目前周边空间层级一级。

（二）微观上"度"的确定

城市空间的层级和连接是从宏观上对更新"度"的把握；针对具体的更新对象及其内部组成的改造，应该注重改造对象的独特性、经济的可行性、社会的可接受性，参照更新度的基本类型，确定合理的更新"度"。

以现状的保留程度为导向的城市更新着眼于城市历史文化的传承、居民的稳定、延长建筑及基础设施的使用年限，有利于城市的"可持续"，但往往导致改造不足；以改造后达到的程度为导向的城市更新注重于挖掘经济效益潜能、调整城市空间结构，强调的是"发展"，但常常导致改造过度。现状的保留程度与改造后达到的程度的矛盾实质是"可持续"与"发展"的矛盾。

几种常见引起更新"度"变化的改造方式，见表3所列。

"度"的基本类型　　　　　　　　　　　表3

现状的保留程度	高↓低	关键词：可持续、保护、改造不足		弱↓强	现状的保留程度
		环境清洁，立面的粉刷、附属物的清理	建筑结构不改动		
		环境的整治，立面的改造	建筑结构改动		
		建筑的调整（加建、局部拆除）	建筑空间调整、功能可能变化		
		容积率发生变化、性质可能变化	与周边相容、比较劣势为零、人口变化		
		性质、容积率、高度发生显著变化	带动周边发展、人口迁移		
		关键词：发展、再开发、改造过度			

改造是一种实践活动，经济上是否现实可行，在以市场经济为主导的环境里显得至关重要。经济上的可行性并不仅仅是投资机构在改造中要获得经济利润，还要看改造中的经济投入与获得的社会、经济、环境效益是否接近同类改造的效益，改造中的资金来源是否具有确定性。城市改造的基本目标是提高城市居民的生活质量。公众的群体利益和个别利益之间往往存在着矛盾与冲突。在市场为导向的情况下，许多改造的措施未必被当地居民所接受（比如改造中引发的拆迁问题），如果能在社会接受的情况下进行改造，那么改造获得的积极效益将进一步提高。在当代中国城市急剧发展变化，人们的期望值标准也持续变化的时期，社会的可接受性变得更加复杂，这些因素在改造时应该加以考虑。

更新"度"具有相对性，在一些人认为是合理的，在另一些人则可能认为是不合理的；在某一阶段认为是不合理的，在另一阶段则可能认为是合理的。在城市发展的不同阶段（发展期、成熟期、衰退期），更新的方法、措施不同，"度"也不同。因此，更新"度"不可能遵循某种固定的标准；相反，在确定更新"度"时必须充分考虑改造对象的独特性，理解不同改造对象的差异所在，才是确定合理"度"的关键所在。

（本文与张其邦共同完成）

——本文原载于《城市发展研究》2006年第4期

我国城市总体规划的改革探讨

近年来，有关对城市总体规划编制与审批改革的各种意见纷至沓来，有的学者甚至提出以滚动的近期建设规划取代总体规划的主张。笔者认为，城市总体规划作为制定城市发展的战略目标和对城市资源进行合理配置与宏观调控的有力手段，有着不可替代的重要地位和作用，关键在于如何创新和改革，使之更切合实际以充分发挥其作用。对此，本文提出"分层次、分类别的城市总体规划编制审批模式"，并在此基础上，提出相应的实施机制，以期促进城市总体规划的改革。

一、合理划分城市总体规划的编制内容

尽管国内规划界进行了多年探索，但城市总体规划的编制内容和方法以及审批机制一直没有发生根本性改变，城市总体规划的作用也远没有得到发挥。总体规划编制审批周期长，实施时间短，一般为单部门组织编制，公众参与程度低。特别值得一提的是，总体规划内容繁杂，缺乏分类区别对待，其中的法定性、政策性与引导性内容混为一体，体系庞大，实际难以运作，一些不必要在总体规划中明确，实际也无法明确的内容充斥其中，而这些内容又往往容易被改变，造成总体规划严肃性不强、科学性不足。同时一些应当法定的内容，却又由于缺乏严格界定而随意改变。

我国城市总体规划往往偏重于技术层面，这和国外首先重视法定性内容，其次是政策性内容，最后才是引导性内容和技术性内容的做法恰好相反。因此，必须尽快改变这种局面，将重要的核心内容简化并通过立法或准立法程序予以法定，其他部分则可通过政策性内容和引导性内容加以明确，不同性质内容的编制审批程序也应当有所区别。针对我国城市总体规划内容繁杂、主次不清的现状，笔者认为，应当按照法定性内容、政策性内容、引导性内容分别进行编制和审批。3种不同性质的内容既有区别，又存在互涵与延续的密切关系。

（一）法定性内容

在总体规划的成果中，应当将一部分刚性内容上升到法律层面。从我国的现状出发，结合相关强制性内容的规定❶，建议法定性内容还应包含以下几个方面：

（1）城市空间结构和发展方向中，必须保留的绿廊等涉及城市格局的重要生态走廊。

（2）城市规划区的明确界定，城市建设用地范围以及总量控制。

（3）城市建设用地在各区域的平衡，以及建设总量的控制方法。包括总量指标、分类别指标、年度指标、近期建设指标的原则性规定等等。

（4）三区六线的划定。确定不准建设区、非农建设区、控制发展区三大类型用地的总量控制指标和具体范围，建立城镇建设区规划控制黄线、道路交通设施规划控制红线、生态保护区规划控制绿线、水域岸线规划控制蓝线、市政公用设施规划控制黑线、历史文化保护规划控制紫线等"六线"规划控制体系。

（5）涉及国防等重要设施、涉及公共安全的问题以及城市的生命线系统。

（6）城市用地的人均指标。应区分不同类型的城市及城市发展阶段进行科学合理的控制。

（7）上一层规划对城市总体规划的强制性要求，以及为落实上一层规划强制性要求必须采取的实

---

❶ 2002年8月，建设部下发了《城市规划强制性内容暂行规定》，从市域内必须控制开发的地域、城市建设用地、城市基础设施和公共服务设施、历史文化名城保护、城市防灾工程、近期建设规划等6个方面对城市总体规划的强制性内容进行了界定。

措施。

（8）总体规划的实施主体。明确规定各专业部门是相应专项规划的主要实施主体，规划主管部门的主要任务是综合协调。

（9）下级政府必须执行的总体规划内容。

（二）政策性内容

城市总体规划作为城市公共政策的实施手段，应当重点研究公共政策的组合及其在城市土地和空间利用上的具体体现。总体规划文本应当以政策陈述为主，规划图纸和表格作为政策文本的辅助说明。

作为政府干预城市发展的手段，城市总体规划必须积极介入城市发展活动之中，引导城市空间朝着有利于实现政府政策目标的方向发展。包括通过对政府投资项目的安排以实现对非公共投资的引导。此外，通过制定积极的公共政策对市场开发行为进行引导，并为各个部门制定具体政策提供依据和框架。总体规划的编制，也并非仅仅是规划部门的工作，而是政府各部门的实际操作过程，是对政府行政和政策的预先规定。结合孙施文教授的研究，城市总体规划中的政策性内容主要包含以下几方面❶：

（1）城市人口政策。

（2）城市产业政策和产业布局政策：包括项目选址的政策规定、产业园区的用地构成规定等。

（3）城市空间政策：城市功能、城市布局结构、建设时序、大型基础设施的配套政策等等。

（4）城市建设用地政策：建设用地的权属政策和供应政策、城市用地布局中的产业、仓储、经济适用房用地的相关政策。

（5）根据近期建设规划成果制定的近期城市建设核心政策。

（6）其他相关政策：住房、交通、城市设施配套、城市环境、重点地段开发政策，以及指导有关部门为实施总体规划而制定部门政策的基本原则。

（三）引导性内容（包括市场引导和技术引导）

除法定性和政策性内容之外的其他内容，均属于引导性内容。国务院《全面推进依法行政实施纲要》中指出："凡是公民、法人和其他组织能够自主解决的，市场竞争机制能够调节的，行业组织或者机构通过自律能够解决的事项，除法律另有规定外，行政机关不要通过行政管理去解决。"但是，作为涉及城市长远发展的总体规划，应当对市场行为进行合理的引导，以确保正确的发展方向。引导性内容一般包括以下几个部分：

（1）城市特色风貌和景观控制与引导；

（2）公共空间奖励规定；

（3）一般地区开发强度的引导；

（4）一般性的技术规定；

（5）建设项目和资金筹措的市场化运作引导。

二、分层次、分类别编制审批城市总体规划的构想

人民代表大会制度是我国的基本政治制度，是实现民主的最根本途径。一个城市的人大代表，应当说对自己所在的城市最为了解、最有感情，同时也必然会最负责任。尽管我国的人民代表大会制度还有待进一步完善，但城市规划实现公众参与、民主决策的最佳方式，就是充分利用人民代表大会这一制度。因此，总体规划的法定性内容应当由地方人大审批。鉴于人大缺乏专业技术支撑，可以由规划委员会进行预审。涉及影响城市发展的重要内容必须经过法定的批准程序，并且应当提高法定内容

---

❶ 孙施文. 城市总体规划实施政策概要［J］. 城市规划汇刊，2001（1）。

的修改门槛，减少随意性。

苏则民先生在《城市规划编制体系新框架》中提出：由市人大常委会责成市政府成立城市规划委员会。笔者认为：城市规划委员会作为规划决策部门，应当与规划行政主管部门相对分离，理想的模式是作为人民代表大会的专业委员会形式，暂时做不到这一点，至少也应当由人大授权政府成立，并接受人大的监督。建议规划委员会由专业委员会、地区委员会（区级）和街道特派员组成，同时设立总体规划审查委员会，负责对严重造反总体规划事件的认定和处理。

国内不少城市在规划实践中也意识到推进城市总体规划法制化的重要性，并提出在总体规划完成编制审批后，将重要内容加以提炼，进行地方性立法的观点。如果这样，政策性内容难以针对法定性内容，而引导性内容也难以针对政策性内容和法定性内容，三者之间的关系仍然混淆不清，将来在实施中甚至可能与制定的实施方案相冲突。因此，"先干后枝"方为可取。当然，鉴于3种内容的内在联系，3种内容应当在最后的规划审批阶段才最终确定，之前还可根据实际情况进行调整。

在此基础上，笔者提出"分层次、分类别城市总体规划编制审批模式"的构想（图1）。该模式可以概括为"政府组织，专家领衔，公众参与，部门合作，地区协调，分类编制，分层审批"。

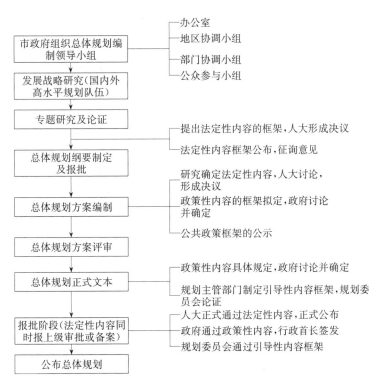

图1　城市总体规划编制审批流程

（一）不同类别内容的编制和审批

（1）法定性内容。为提高法定性内容的科学性，建议在专题研究及论证结束后，即着手确定法定性内容的框架，经人大讨论通过后形成决议，并作为总体规划纲要的内容报请批准，报批之前还应当将其公布以征询公众意见。在总体规划方案编制阶段，完善法定性内容的具体规定，经人大讨论后形成决议，同时向社会公布。最后，在城市总体规划报请批准时，人大对法定性内容正式批准并公布。

（2）政策性内容。一些较为次要且因时而变的内容则应当简化审批程序，可以由行政首长签署后执行，做到灵活性与原则性相结合。在总体规划方案编制阶段，初步确定政策性内容的框架，经政府讨论后公布。在总体规划正式文本编制阶段，完成政策性内容的具体规定。最后在总体规划报批阶段，市政府讨论通过并由行政首长签发。

（3）引导性内容。总体规划正式文本编制阶段，制定引导性内容的基本框架，并在总体规划报批阶段，由规划委员会通过，并向社会公布。城市总体规划经审批后，城市规划行政主管部门在基本框架的基础上，组织制定具体的引导性内容，同时协助相关部门制定落实总体规划的部门政策。

（二）关于城市总体规划编制方法的几点探讨

（1）城镇体系规划从总体规划中独立出来。我国将城镇体系规划纳入到总体规划中，是在区域规划严重缺失情况下的权宜之计，但并不符合规划分层的基本要求。随着区域规划工作的推进，城镇体系规划应当作为区域规划的内容而与总体规划相分离。

（2）战略规划作为总体规划大纲阶段的重要内容。鉴于城市发展战略规划还缺乏法律地位，而其重要作用又是城市总体规划必须依赖的，因此，建议将战略规划的核心内容纳入总体规划，并作为总体规划纲要阶段的重要内容。

（3）城市总体规划与专项规划相结合。专项规划中涉及城市长远发展的重要内容可以作为附件纳入总体规划之中。而专项规划则作为总体规划的下层规划，待总体规划批准后，再由相关部门组织，规划主管部门配合完成。在专项规划中应重点解决落实总体规划的部门政策等问题。

（4）加强对下层规划的指导。专项规划、详细规划等下层次的规划，都是城市总体规划实施的工具。总体规划应当严格界定下层次规划应当遵循的基本原则和内容，必须确定规划实施过程中允许调整的幅度。而下层次规划在编制过程中和规划文本中，都必须反映对总体规划原则和内容的遵循体现在哪些方面。

三、城市总体规划实施机制的探讨

前文中针对当前总体规划内容繁杂、主次不清的弊端，提出了"分层次、分类别编制审批城市总体规划"的构想。城市总体规划审批之后，如何建立有效机制以保证其顺利实施成为关键；当然，也应当建立总体规划动态调整机制，以适应快速发展阶段的需要。城市总体规划的实施，同样应根据法定性内容、政策性内容和引导性内容的不同性质，采取不同的实施方式和手段。

城市总体规划的实施机制包括实施组织机制、监督机制、反馈机制、绩效考核机制和救济机制等5个方面，以下分别进行阐述。

（一）实施组织机制

（1）法定性内容。法定性内容的实施，由市级人民代表大会负责制定与实施城市总体规划相关的地方性法规或规范性文件，并组织制定城市总体规划法定性内容的实施方案。关于总体规划实施的地方性法规或规范性文件草案由规划主管部门拟订，经规划委员会讨论通过后，由人大组织地方性立法或准立法。

（2）政策性内容。政府以法定性内容为依据，制定政策性内容的实施方案，并督促规划主管部门、相关部门和下级政府制定具体方案并实施。规划主管部门拟订关于总体规划实施的配套规范性文件，经规划委员会讨论通过后，由政府法制部门审议，报政府通过后公布。此外，规划主管部门委派地区联络人，协助下级政府制定实施总体规划的方案；委派部门联络人协助相关部门制定实施总体规划的部门政策，以及编制相关的专项规划。

（3）引导性内容。引导性内容由规划主管部门制定并组织实施。主要采取行政许可、行政指导、建设量平衡、违法查处等手段文施总体规划。对于重大建设项目以及总体规划下层规划的审议，则由规划委员会行使（图2）。

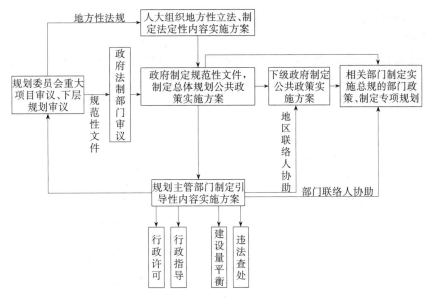

图2　城市总体规划实施组织机制

（二）实施监督机制

（1）法定性内容。城市总体规划法定性内容的实施情况由市级人民代表大会和上级委派的督察员共同负责监督，主要监督对象为同级政府。

（2）政策性内容。政策性内容实施情况由政府负责监督，主要监督对象为规划主管部门，相关部门和下级政府。上级委派的督察员也应当对规划主管部门实施政策性内容的情况进行监督。

（3）引导性内容。引导性内容的实施情况由规划主管部门进行监督，监督对象包括设计单位、施工单位和建设单位。规划主管部门可以建立一套业绩考核、历史记录查询等制度，根据相关单位在规划实施中的表现，采取限制开发许可、限制设计准入的手段，对违反城市总体规划的建设、设计和施工单位进行监督和制约。

此外，人民代表大会负责对规划委员会关于总体规划实施的工作进行全方位的监督，规划委员会则主要对规划主管部门进行政策性内容和引导性内容实施情况的监督（图3）。

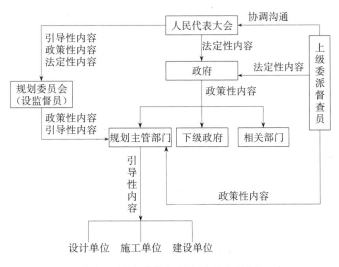

图3　城市总体规划实施监督机制

（三）实施反馈机制

反馈机制主要通过规划主管部门和规划委员会作为主要的信息接收部门，并将不同性质的内容向不同机构进行信息反馈。

规划主管部门接收到社会反馈的信息后，属于政策性内容向政府反馈，属于法定性内容通过规划委员会向人大反馈。

规划委员会接收到社会和规划主管部门反馈的信息后，属于法定性内容向人民代表大会反馈，属于政策性内容向政府反馈，属于引导性内容则与规划主管部门及时沟通（图4）。

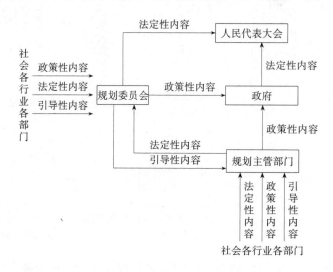

图4　城市总体规划实施反馈机制

（四）实施绩效考核机制

城市总体规划的实施情况究竟如何，只有建立有效的绩效考核机制进行评价，包括考核的指标、考核程序以及奖惩办法等等。并且这种机制应当与行政考核相结合，才可能真正促使总体规划的实施结果受到重视。特别是人大要考核地方行政领导在实施城市总体规划上的绩效（其核心是考核法定性内容），以及政府要考核规划主管部门、相关部门以及下级政府在实施城市总体规划上的绩效（其核心是考核政策性内容）。规划主管部门对引导性内容也应当逐步完善相应的绩效考核制度，其中包括内部考核和外部考核两种类型。内部考核的重点是行政许可和行政执法的相关处室；而外部考核包括建设单位、设计单位和施工单位，通过建立业绩档案，并与开发许可、设计许可挂钩，促使其自觉实施城市总体规划（图5）。

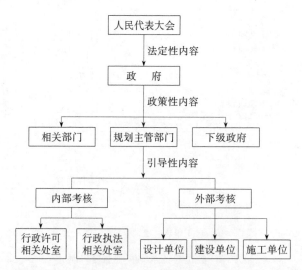

图5　城市总体规划实施绩效考核机制

考核机制的关键在于是否拥有科学的指标体系。从目前的情况来看，应当从城市总体规划实施的效益指标、基本生活质量指标以及行政不当干预总体规划实施的严重违法事件等方面进行考核。

（五）实施救济机制

为保障行政相对方的合法权利，在城市总体规划实施中，应当针对不同类别的内容，分别采取有效的救济途径。

（1）法定性内容。对城市总体规划法定性内容不服的公民、法人或其他组织，可以向市人民代表大会申诉，申诉后仍然不服的，可以向人民法院起诉，但法院只作合法性审查。

（2）政策性内容。对城市总体规划政策性内容不服的公民、法人或其他组织，可以向市人民政府申请行政复议，对复议结果仍然不服的，可以向人民代表大会申诉，也可以直接提起行政诉讼。

（3）引导性内容。对城市总体规划引导性内容不服的公民、法人或其他组织，可以向市规划委员会申斥，申诉后仍然不服的，可以向人民法院提起行政诉讼（图6）。

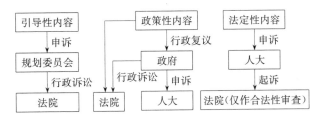

图6　城市总体规划实施救济机制

四、结语

城市总体规划的改革可谓牵一发而动全身，不仅受制于城市规划体系本身，而且也受到国家行政管理体制以及法律制度的制约，因而必然是一项复杂而艰巨的任务。尽管本文在具体构想上不一定完全切合各地的实际，然而，针对目前我国总体规划内容繁杂、主次不清的现状而提出的"分层次、分类别编制审批模式"，并在此基础上，提出了相应的实施机制，应当具有一定的现实意义，笔者希望借此引起国内同仁的关注。编制审批模式和实施机制的完善是当前城市总体规划改革的关键所在，唯有如此，科学民主的实施环境才可能逐步得以营造；唯有如此，城市规划才可能摆脱"墙上挂挂"的悲哀。

（本文是同济大学"武汉市城市总体规划实施机制和法制化研究"的部分成果，课题组成员有马武定、文超祥、刘征、刘刚、于涛方、钱欣等，本文与文超祥共同完成）

——本文原载于《城市规划》2006年第10期

我国城市总体规划的法理学思考

我们一直强调，城市总体规划一经审批即具有法律效力。然而，如何从法理学角度审视城市总体规划的本质、地位及其作用，却长期规划界和法学界所忽视，本文试图对此进行探索，以期抛砖引玉。

一、公共利益本位论：城市总体规划的法学价值观念基础

要从法理学角度深入探讨城市总体规划的性质和特点，并在此基础上研究城市总体规划的法治化途径，必须先明确一个基本的价值观念——城市总体规划是依赖何种价值观念而存在和发展的。作为城市总体规划所依赖的价值观念，应当具备3个条件：①从深度看，它必须能够深刻揭示城市总体规划赖以存在的基础；②从广度看，它必须能够全面解释城市总体规划中存在的各种现象；③从高度看，它必须具有对城市总体规划相关的法学研究和法治建设进行正确指导的价值。笔者认为，城市总体规划的基础是一定层次的公共利益和个人利益的关系，这种利益关系是对立统一、以公共利益为本位的利益关系。随着民主政治的推进，城市总体规划作为实现城市战略目标和公共利益的重要手段，已被社会广泛接受。

首先，公共利益本位论科学而深刻地揭示了城市总体规划的存在基础。公共利益本位论认为，法的基础是社会关系，而这种社会关系实际上就是一种利益关系，这种利益关系在"质"上可分为公共利益与公共利益、个人利益与个人利益、公共利益与个人利益3种；同时，利益又有"量"上的区别。不同"质"、"量"利益关系的分解和组合，决定了城市总体规划各种调整对象的划分，反之，城市总体规划实质上也是调整上述3种关系的手段。

其次，公共利益本位论科学而全面地解释了城市总体规划中的各类现象。公共利益本位论认为，公共利益与个人利益之间是一种对立、统一的关系，公共利益是矛盾的主要方面，决定着这一矛盾是否为对抗性矛盾。因此，公共利益与个人利益之间也是一种以公共利益为本位的利益关系，当个人利益与公共利益发生冲突时，个人利益始终应服从于公共利益。以此为逻辑起点，公共利益本位论回答了城市总体规划的适用范围这一涉及城市总体规划的内涵和外延及其与其他类型规划相区别的问题。

最后，公共利益本位论为完善城市总体规划相关的法规体系提供了科学指导。公共利益的主导地位理论决定了城市总体规划除了研究价值观念基础外，在具体理论上应以公共利益为主线，从规划行政主体、规划行政行为和规划行政救济3个方面完善相关制度。规划行政主体即公共利益的代表者，包括代表公共利益并对公共利益进行维护和分配的规划行政机关和其他组织；规划行政行为即行政主体维护和分配公共利益的活动；规划行政救济即审查行政主体的行政行为是否真正符合公共利益，如不符合则应采取相应补救措施的制度。公共利益本位论启示我们，城市总体规划只需将与公共利益相关的内容纳入法制化轨道，而不需要面面俱到，以免主次不分。

可见，公共利益本位论既科学地揭示了城市总体规划赖以存在的基础，又以此为逻辑起点，回答了城市总体规划的产生和发展、内涵和外延、本质和功能等问题；既为阐释城市总体规划诸现象奠定了科学的理论基础，又为指导相关法学研究和法治建设提供了正确的理论依据，因而公共利益本位论能够也应当被视为城市总体规划的基本价值观念。

二、平衡论：城市总体规划的行政法理论基础

城市总体规划的法学研究作为行政法的一个分支，不可能回避行政法的理论基础问题。欧美行政法的学术传统主要有两个源头：以戴西（A. V. Dicey）为代表的规范主义模式（the Normativist Style）和以狄骥（Duguit）为代表的功能主义模式（the Functionalist Style）。对此，笔者在《走向平衡——经济全球化背景下城市规划法比较研究》一文中进行了较为深入的探讨，本文仅作简要补充。

规范主义模式把行政法视作"控制政府权力的法"，旨在通过设置一套规则保护个人权利免遭政府侵害，因此个人权利和自由优于行政便利和行政效率，在制度安排上重行政程序和司法审查的机制设置。该模式在英美行政法学界曾长期占据主导地位，罗豪才教授称之为"控权模式"。在"控权模式"下，行政法被视作制约行政权或者行政官员的法，这就决定了行政法失衡的主要表现是行政权力被过分制约，相对方权利过分膨胀，同时对公务人员缺少积极行政的激励。

功能主义模式认为"行政法是有关行政的法，决定着行政机关的组织、权力和职责"，它将行政法视作政府有效推行社会政策、实现社会管制或提供公共服务的工具，强调法律对提高行政效率和促进公共利益而具有的管理和便捷功能，主张以行政为中心，节制司法审查和革新行政程序制度。大陆法系的法、德等国长期奉行功能主义模式，前苏联堪称该模式的代表，罗豪才教授将这种功能主义模式称之为"管理模式"。在"管理模式"下，行政法被定位为"治民之法"，行政权力过于强大，相对方权利过于弱小，从而导致行政法的失衡。一方面，行政权过于强大，行政运作领域过大，行政法授权行政主体进入许多不该管、管不好的社会领域，或者授予行政主体过多实施强制性行政的权力，而且行政法偏重于实体授权，严重缺失制约行政权的行政程序制度；另一方面，行政法赋予相对方的权利范围过小，不合理地剥夺了本应当属于自治、自主范围的权利，或者相对方权利过于弱小，权利结构不合理，不仅未能形成相互制约的机制，更无法通过行政程序与行政主体展开博弈。❶

可以说，整个欧美行政法学界，正在逐渐打破上述两种传统模式的界限而走向新的融合。如何使政府在被广泛授权的同时受到有效的节制，如何在提高行政效率和保护个人权利、在公共利益与私人利益之间维持合理的平衡等，已成为现代行政法亟须解决的问题。平衡论作为包括城市总体规划在内的城市规划行政法的理论基础，对我们有以下启示：

（1）城市总体规划法制化的研究视角和方法。"控权模式"和"管理模式"有其共同之处，在视角上都认为行政权力与公民权利没有直接的可比性，在方法上不注重行政权与公民权之间的配置关系。平衡理论认为，应当转换以法院或行政机关为研究中心的视角，直接以行政机关与公民的关系为研究的切入点，在研究方法上，应当强调行政权与公民权的配置，而以立法控制或司法审查作为一种宪政视野下的制度性保障。从调整对象的角度看，城市总体规划法规体系的调整范围应当是调整规划行政关系和监督行政关系，两者不可偏废。

（2）城市总体规划中的行政法关系分析。城市总体规划设定的行政法关系应最终实现总体上的动态平衡。在实体法关系中，强调行政权力和公民的服从义务，保证行政权力的有效运作，但要避免出现因不合理的不对等而造成相对方丧失获得救济的可能性的情况。在规划程序法律关系中，既要强调对公民正当权利（如公开、公正、及时、便利及广泛参与的权利等）的尊重，防止行政机关滥用权力，又要避免因行政程序设置过于复杂而导致行政效率降低的情况出现。在规划监督救济法律关系中，突出行政机关恒定为被告而具有应诉、举证等诸多义务，以促进依法行政和为公民提供有效的救济途径。在规划实体法律关系和程序法律关系中，行政机关和行政相对方分别为权利主体，构成"行政权—公民权"制度设计上的总体平衡。

---

❶ 罗豪才．行政法的失衡与平衡［J］．中国法学，2001（2）

三、综合性行政计划：城市总体规划的本质属性

（一）行政计划

行政计划是指行政机关为达到特定的行政目的和履行行政职能，就所面临的问题从实际出发，对有关方法、步骤或措施等所做的设计与规划。行政计划具有选择与设定行政目标、统合行政活动方式、为相对人提供导引等功能。行政计划所具有的引导国民活动、引导国家和地方公共团体的预算、立法的功能，被称为"行政计划的本质"。我国学者根据行政计划所具有的拘束效力的不同，将行政计划分为拘束性行政计划和非拘束性行政计划两种类型。拘束性行政计划是指对所涉及的对象具有拘束力的行政计划。非拘束性行政计划包括影响性计划和建议性计划两种类型。影响性计划又称诱导性计划，此类计划本身没有法律上的拘束力，但行政机关通过计划的公布，通过自身的影响力或采取津贴等辅助手段来达到促使人们的行为符合计划要求的目的。建议性计划又称资讯性计划，主要是提供预测的信息，为公众或社会提供参考的计划。

行政计划很早就作为一种国家管理社会的手段而存在，但其存在的必要性和不可替代性是在现代法制社会中，在国家行政活动的范围不断扩大和内容多元化的情况下方才日益显现的，在城市建设、环境保护、交通建设、文化教育等众多领域，很大程度上都运用了行政计划，以实现行政的前瞻性和有序性。基于行政计划而展开的计划行政，是现代行政的重要特色之一。德国、日本等西方国家基本上都将城市总体规划（或相应规划）纳入行政计划的研究范畴。

（二）德国的行政计划（公共计划）

20 世纪 70 年代以后的德国，战后因反对东德危害自由的计划经济而一度忌讳谈及的公共计划越来越受到重视，从法学角度重视对计划问题的研究开始于 1975 年后。根据联邦建筑法典，将有拘束力的城建规划作为地方法规（规章），将联邦远程道路和类似工程方面的计划确定归属于行政行为。这种学理上颇具争议的划分仅适用于长期得到公认和具有法律约束力的计划类型，对新近出现的其他计划类型则不适用。当前德国的行政计划主要有以下几种类型[1]：①具有普遍约束力的计划，包括阻止性计划和创设性计划。前者用于禁止违反计划的行为，而不是积极倡导一定的行为，一般将城镇计划归入该类；后者则规定一定的行为，如城市重建计划的附属部分。②具有影响性质的计划，既不禁止也不强制，而是旨在推动某项工作，如经济领域的促进计划、住宅现代化项目等。③具有内部约束力的计划，包括不同层次的土地计划（如联邦土地项目、州计划、地方计划、乡镇的地上使用计划）、预算案等。④具有信息性质的计划或远景计划，这类计划虽不产生约束力，但具有一定的预测功能，如中期财政计划、州发展规划、中小学发展计划、"协调行动"的预期日期、社会计划等。

德国对行政计划的程序性规定相当完善，例如，作为国家基本行政程序法的《联邦德国行政程序法》，就用了整整一节的篇幅专门对确定规划的程序进行规范，内容十分详尽，几乎和我国整部《城市规划法》的篇幅相当。[2] 关于行政计划的救济问题，联邦德国可以在行政法院提请法规审查、复查城建计划的合法性，但针对基于城建规划的土地使用计划，则不存在法律救济途径。此外，德国关于行政计划的法学研究也相当深入，为解决城市规划中的复杂矛盾奠定了基础。

（三）日本的行政计划

日本的行政计划始于第一次世界大战之后，最终形成于 1960 年，1999 年关于行政计划的规定就有 300 种之多。按内容分，日本的行政计划可分为经济计划、国土计划、防灾计划、产业计划、教育计划、开发计划等。根据行政计划对国民的法律拘束性可将其分为拘束性计划和非拘束性计划。拘束性计划是指对国民权益加以直接限制的法律确认性行政计划，根据《都市计划法》第十条、《城市再

---

[1] 平特纳. 德国普通行政法 [M]. 朱林译. 北京：中国政法大学出版社，1999：157-162。
[2] 平特纳. 德国普通行政法 [M]. 朱林译. 北京：中国政法大学出版社，1999：248-253。

开发法》第六十六条、《建筑基准法》第四十一条、《土地区划法》第七十六条等相关规定，行政机关可以根据市街村再开发事业的公告，对该事业施行地区内变更土地形态性质和建筑的行为等加以限制，这种计划一般被称为"土地区划整理事业计划""市街村再开发计划"等。非拘束性计划是指在行政组织内部作为活动基准的计划。

在日本，行政计划虽然不能提起抗告诉讼，但对依赖行政计划的长期性并付诸实施的相关人造成损害的，应予以赔偿；同时，对因行政计划内容违法而给国民造成损害的也应当予以赔偿。

（四）作为综合性行政计划的城市总体规划

城市总体规划作为一种典型的行政计划，往西方法学界已基本形成共识，在我国国内法学研究领域也已得到初步认可。但是，由于城市规划行业自身的局限性，规划界对有关城市规划法的定位问题长期没有定论，导致规划法学研究相对滞后，也没有引起法学研究者，特别是公法研究者的重视。笔者认为：城市总体规划的本质决定了其属于综合性行政计划范畴，当前我国城市总体规划涉及面极广，内容涉及拘束性行政计划和非拘束性行政计划。从城市总体规划应当承担的行政计划功能来看，其被称为"行政计划的本质"的引导国民、国家和地方公共团体的预算、立法的功能还远未实现。此外，城市总体规划中哪些内容属于拘束性行政计划，哪些内容属于非拘束性行政计划，还很不明确。虽然建设部于2002年8月下发的《城市规划强制性内容暂行规定》第六条对城市总体规划的强制性内容进行了界定，但由于缺乏相应的约束机制，在实际操作中效果并不理想。

四、城市总体规划相关法规体系的构建

2004年4月20日，国务院正式公布了《全面推进依法行政实施纲要》[1]，这是一份指导各级政府依法行政的纲领性文件，这对于从行政实体法、行政程序法和行政监督救济法等方面构建城市总体规划相关的法规体系具有重要的指导意义。城市总体规划作为地方性事务，应当在上层法律、法规的指导下，结合地方实际情况进行地方性立法，以作为规划管理的主要依据。在规划法规体系尚不健全的现状下，规划法应注重与相关法律、法规（如《行政复议法》《行政诉讼法》《行政处罚法》等）的直接衔接。目前，国内一些城市已开展了对总体规划进行相关立法的尝试。[2]

（一）行政实体法层面

《全面推进依法行政实施纲要》通过直接采取或积极推动政府职能的理性界定、行政权限的合理划分、规范行政执法主体、推动行政执法方式多元化、严格追究行政法律责任等方面的制度创新，解决行政实体法律关系中行政权过大、过强和边界不清等问题。对城市总体规划实体法而言，有如下启示[3]：

（1）凡是公民、法人和其他组织能够自主解决的、市场竞争机制能够调节的、行业组织或者机构通过自律能够解决的事项，在城市总体规划中都不应当通过强制性的手段去解决，而是应制定政策性和引导性措施，激励行政相对方积极实现行政计划的目标。

（2）城市总体规划应当适应现代政府职能的中心从行政管理转向公共服务的趋势，强化公共服务职能，逐步建立统一、公开和公正的现代公共服务体制。作为总体规划的引导性内容，将为政府实现公共服务提供保障。

[1] 袁曙宏. 建设法治政府的行动纲领——学习《全面推进依法行政实施纲要》的体会 [J]. 国家行政学院学报, 2004,（3）.
[2] 例如，为有效实施城市总体规划，加快城市规划的法制化进程，武汉市准备在地方人大的指导下，加强对总体规划立法的研究，并拟将经批准的城市总体规划的核心内容转化为《武汉市城市总体规划实施条例》，提交武汉市人大审议通过，以地方法规的形式确保城市总体规划的发展战略、空间结构、发展时序和建设标准等核心内容的权威性和延续性，进一步强化总体规划的法律地位和强制执行的约束力。可以说，将城市总体规划的核心内容通过地方立法的方式以提高城市总体规划的法律地位，可谓是一大创举，它必将对城市总体规划的编制和实施工作提出更高的要求。
[3] 罗豪才，宋功德. 链接法治政府《全面推进依法行政实施纲要》的意旨、视野与贡献 [J]. 法商研究, 2004（5）.

（3）加强政府对所属部门职能争议的协调，按照分层次、分类别的原则对城市总体规划的实施主体加以明确界定。

（4）充分发挥行政指导、行政合同及其他类型行政计划等非强制性行政行为的作用。

（5）城市总体规划作为综合性行政计划，包括拘束性行政计划和非拘束性行政计划，应当将城市总体规划的法定性内容纳入拘束性行政计划，而将引导性内容纳入非拘束性行政计划，政策性内容则根据不同的性质纳入两者均可。

（二）行政程序法层面

在城市总体规划的制定和实施过程中，应当赋予公民广泛的程序性权利，同时明确规定行政机关应当履行法定的程序性义务，如确立公开原则和信息公开制度；确立公正、公平原则和回避、说明理由制度；确立公众参与原则和听证制度；确立效率原则和时效制度等。在总体规划立法中，应当注重程序性内容，以保障公民的合法权利。城市总体规划行政程序法包括城市总体规划编制审批程序、重大调整程序、违反总体规划的查处程序、总体规划的实施程序等。程序性内容应当注重对公民权的保护。

（三）监督救济行政法层面

城市总体规划的编制、实施应当按照"谁决策，谁负责"的原则建立、健全决策责任追究制度，并大力加强人大监督，同时也应当接受人民法院依照《行政诉讼法》的规定对城市总体规划的实施进行的监督。城市规划委员会作为规划审议部门，应当与规划行政主管部门相对分离，理想的模式是其作为人民代表大会的专业委员会形式，作为城市总体规划编制审批和实施的重要监督、救济部门。城市总体规划的监督救济行政法包括考核制度、监督制度、反馈制度、救济制度等内容（图1）。

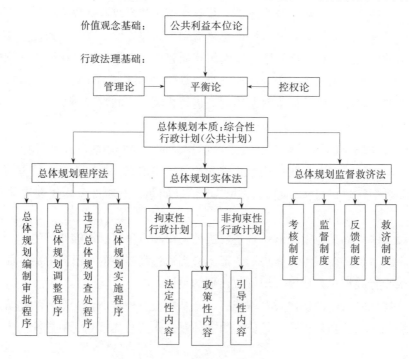

图1　城市总体规划的法理分析

五、结语

不难发现，当前对于包括城市总体规划在内的城市规划法学的探讨，仅在规划界内部少数学者中展开，而这些学者往往缺乏法学基础理论知识和基本的法学实践，致使研究很难深入。此外，规划界对于城市规划的技术性过于关注，法学研究者又缺乏必要的规划专业知识，导致研究的积极性不高。

值得欣慰的是，在与城市规划相关的环境保护、国土、房地产等领域，法学研究者已经深度介入，并形成了良好的研究氛围，这对于推动相关领域的法制化做出了重要贡献。目前，规划界对城市总体规划的法律地位尚存在较大争议，笔者认为，城市总体规划应当以综合性行政计划的定位，及早融入法学研究领域，并加强对城市总体规划编制和实施过程的法学研究。即便存在一些不准确的理解，只要我们不过于拘泥于城市总体规划技术至上的原则，法学研究者必将最终解决这些问题。

从我国城市总体规划的编制审批看，规划编制往往内容繁杂，主次不清，似乎十分全面，但在实施中却无法操作，以致难以发挥对社会经济发展和城市建设的指导作用。我国城市总体规划的重点偏于技术问题，这和国外首先重视法定性内容，其次是政策性内容，最后才是引导性内容和技术性内容的做法背道而驰。因此，必须尽快改变这种局面，将重要的内容简化，并通过立法程序予以法定化，其他部分则可通过政策性内容和引导性内容加以明确。只有将不同类别的内容通过不同的编制和审批程序确定下来，城市总体规划才能够真正发挥综合性行政计划的作用。

总之，要研究城市总体规划的法理学基础，并借此推进总体规划的法制化进程，就必须要突破专业的局限而真正融入法学研究领域。本文从分析价值观念基础和行政法理论基础着手，指出城市总体规划本质上属于综合性行政计划，并据此从实体法、程序法、监督救济法层面构建相应机制，以期推动我国城市总体规划编制审批模式和实施机制的改革。

（本文与文超祥共同完成）
——本文原载于《规划师》2007年第2期

关于"宜居城市"的一些思考

应当说"宜居城市"是一个综合性的概念，它涉及城市与人在生活的方方面面需求之间的关系。"居"涉及衣、食、住、行、工作、学习、休闲、文化娱乐、社会交往、体育健身、医疗保健等，它是人们生活的全方位需求的行为和活动。"宜居"则是对人的居住行为和活动需求的满足状态，它既涉及城市所能提供的各种设施的水平，也涉及城市的物质环境、社会环境和心理环境，还涉及人们自身的需求层次和价值观念。实际上，人类社会的发展史就是人类追求"宜居"的历史。城市规划学科和城市规划职业的诞生就体现了人类对"宜居城市"的追求，城市规划就是对"宜居城市"探索和追求的历史。"宜居城市"涉及的内容相当庞杂，本文先从"住"的角度谈谈对"宜居城市"的一些思考。

一、宜居与居住

（一）宜居：安居——"安居乐业、国泰民安"？

20世纪80年代，中国走上了改革开放和从计划经济向市场经济转型的道路，人们对住房的需求被推向了市场。在政府指导下，全国各个城市以"安居工程"为导向，建起了一大批市场化的居住小区，合肥市的"琥珀山庄"、无锡的"红梅小区"、上海的"三林苑"、北京的"恩基里"小区等成为当时建设居住小区的样板。样板小区的建设，给急需解决居住问题的中国人民带来了希望，大家为市场化所提供的解决或改善居住条件的途径而欢欣鼓舞，"安居工程"成为一条通往"安居乐业、国泰民安"理想的金光大道。

（二）宜居：康居——"我想有个家，一个称心如意的家"？

20世纪90年代后期，我国开始了"康居工程"的建设和推广，在"康居"理念指导下建起来的居住区，无论是在居住条件还是在小区环境、服务设施等方面都比"安居工程"有了显著的改善。"我想有个家，一个称心如意的家"，这是人们对康居工程理念的理解。此时"宜居"的内涵已从单纯满足居住的功能和面积的要求向满足住区环境景观、户外活动、邻里交往等多样性的生活活动需求方面转变，人们对"宜居"的追求取得了进展。在一些有创新意识的规划设计师和有头脑的房地产开发商的倡导下，近几年又出现了一批具有文化创意的居住小区，如广州番禺的"清华坊"、上海的"康桥水镇"、重庆的"中华坊"深圳的"万科第五园"等，这些楼盘以其所具有的文化意蕴和个性化的风格满足了人们更高层次上的生活需求。然而，随后出现的上海的"一城九镇"及各地涌现的以"洋名"命名的楼盘和所谓的"欧陆风"式的小区，却开始引导购房消费者向标新立异和追求时尚的风格方向发展。

（三）宜居：豪居——"我要有个可以炫耀的家"？

从北京、上海、深圳等沿海开放城市和相对发达地区刮起的"别墅"风暴席卷了我国的大江南北，房地产开发商正在全心全意地为首先富起来的人群打造着豪宅。诸如"总统级的客厅、帝王级的屋顶花园、世界顶级的湖畔景观"，"七星级的黄金别墅""贵族社区""帝豪家园"等各种令人头昏目眩的概念，正在引领着房地产市场的新潮流，正在为住宅市场制造着时尚的消费者。"我要有个可以炫耀的家"，已成为富豪们对"宜居"的理解。

（四）宜居：狂居——"必须是一个令世人瞠目的符号"？

市场的力量有时候是疯狂的。北京"银泰"推出了每平方米7万元的房价，上海的"汤臣一品"

每平方米房价高达 11 万元。上海的某个别墅售价为 1.2 亿元，不少城市的"极品豪宅"价位也都在几千万元以上。"价不惊人誓不休"和"宅不惊人死不休"，已成为某些开发商和暴富者的价值理念。市场又是无情的。某位开发商说："我们就是不为穷人盖房子。"当"狂居"成为一种被推崇的价值理念时，"宜居"的理想被扭曲。几家欢喜几家愁？

我国近 20 年来对"宜居"的追求之路，说明了不同时期、不同的人具有不同的价值观，对"宜居"概念的理解具有多义性。

二、宜居与城市

（一）居住：人们存在的一种状态和方式

居住，究竟意味着什么？人们应当怎样居住？海德格尔曾说过："人诗意地栖居于大地上。"广东番禺的"南国奥林匹克花园"在广告词中写道："设想一下日落日出挥杆面朝绿色海洋的感受吧，设想一下谈笑鸿儒的自尊感受吧，最后，再设想一下新生活与健康成功嫁接以后的感受吧。"开发商为住户们描绘了一幅非常"诗意"的生活画面，也许这就是他们认为的理想居住状态。

其实，海德格尔的话并不是在描述人们的居住状况，而是从哲学的角度解释人的存在方式。现实中不同境遇下的人具有不同的存在方式，人们在各个发展阶段的居住状态，就反映了不同境遇下人的存在方式。具有不同政治、经济、文化背景及不同价值观的人们在当代的多种居住方式和状态，也从不同的方面显现着人们当下的存在状态和方式。

人类的居住方式从远古社会的穴居和巢居走向了村落和城邦，形成了最早的城市及不同的文化形态。从"宜居"的角度讲，穴居和巢居是远古社会人类的"宜居"方式；考古发掘出来的西安"半坡村"，是已步入了原始村落定居状态的古代社会中国西部人的"宜居"形态，而城市则是现代人类社会的一种"宜居"方式。在现今的世界里，也尚存在着不同的居住形态和方式。迄今尚处于原始部落状态的民族，他们的居住形态和方式与现代城市居民的居住形态和方式是截然不同的，但对这些原始部落的民族来说，他们的居住形态也是一种宜居的方式。

（二）城市：人们存在的一种文化形态

据目前所掌握的史料记载，最早出现城市的地区是在由幼发拉底河和底格里斯河所形成的两河流域。两河流域的新石器时代始于公元前 1 万年左右。约公元前 6000 年，游牧民族开始在这里聚居。在游牧民向农人过渡的过程中，他们开始建造村舍、开垦荒地，农业和饲养业由此出现，并开始成为定居者主要的生活来源。公元前 4000 年～前 3000 年是两河流域由史前时期转向历史时期的开端，生活在两河流域南部地区的苏美尔人逐渐建起了一个又一个城邦，完成了从氏族社会到文明社会的过渡，都市生活的出现宣告了人类文明新时代的到来。苏美尔城邦群的出现标志着形成了一种前所未有的、人类文化的新形态——城市。

城市作为一种文化形态，其不同的历史发展阶段反映出了不同的文化模式。城市的出现标志着人类社会从蒙昧时代转入了文明时代。城市出现之初，人们是以自身的世界观、宇宙观（即人类对外部世界的认识）来塑造城市意象的，城市和建筑活动场所是一种天地不分、神人同在的"混象世界"。早期城市的形态反映了文明初期人类表象化与直觉化的文化模式，初具雏形的早期城市和城邦所体现的是人类最基本的生存精神。生产和生活统一于生存的需要，居住形态也是符合这种最基本的生存精神的。天、地、人处于一种大一统的状态。人们必须根据所属群体的阶层和地位，选择各种不同的"宜居"形态和方式。随着人类的理性与自我意识的初步觉醒，人类的文化模式开始转型，城市形态开始向以统治者和政治权力为中心的方向转变。

进入农业文明时期，随着物质财富的日渐增多，人类初步摆脱了求生的艰难困境，人类的物质生活与精神生活日趋分离，城市在民族性、地方性和历史性方面的社会文化特征日趋明显，但在当时的条件下，人们对精神文化方面的追求还离不开以物质生产为主的生活方式和文化模式，尚未摆脱对物质世界的依赖。传统农业文明时期，经验、常识、习俗、天然情感等构成了自然主义和经验主义的文化模式。城市和建筑是以经验主义的"营造法式"所构筑的有边界和形态特征的物象合一的"统象"世界。城市的形态是一种半自在、半自觉的表象符号，生活、生产的活动场所是一种带有感情色彩的物质环境，各色人等的居住形态和方式也是以体现半自在与半自觉的生存精神而带有情感色彩的物质环境。

工业革命根本性地改变了城市的基本内涵和城市发展的基本轨迹。工业革命后的城市已不再是传统农业社会时代的城市，而是建立在工业生产基础之上的新型城市，工业成了城市的基本属性，城市也因此和乡村形成了泾渭分明的、不同的人类居住形态。工业文明是以科学、知识等为主要内涵的理性主义的文化模式。文艺复兴使上帝走下了圣坛，启蒙思想家为寻求人的解放和人性的复归而擂响战鼓。工业和技术的发展，又使人将技术和物质抬上了圣坛，人成了技术和物质的奴隶，城市成了"居住的机器"。随着人类的"异化"，城市也走向了"异化"，各种"城市病"接踵而至，城市变得不宜居了。人们开始逃离城市，以寻找更宜居的场所；人们也开始"修理"城市，以使城市更适宜居住。在理性主义的照耀下，"宜居"成为人们关注的一大问题。近现代的历史从崇尚理性开始，走向了信奉机械美学和工具美学，建筑师与规划师成了为人类选择"宜居"、绘制未来理想蓝图的启蒙者与牧师，而按这种蓝图所建设的城市，却慢慢变成了一个缺乏人的主体地位的空壳。

后工业社会的到来，使城市从工业中心、生产中心转变为文化中心和消费中心。以大众文化为主导的城市文化形态日趋呈现出消费文化的特征。物质产品的丰富及商品生产的多样化和个性化发展，使得"选择"成为人们生活的"必需品"，而在大多数情况下，"时尚"就成了这种必需品。后现代文化是一种以消费文化、大众文化为主导的、多元化的无中心文化。人们已经不再感受世界，不再经验和反思世界，而是消费世界，我们的城市也就成了"正在被消费的城市"。目前我们城市中流行的大众化的消费文化、便是一种贴近生活原生态的文化模式。它是以现代大众传播媒介为依托，以此时此刻为关注中心、以吃喝玩乐为基本内涵的消费文化和通俗文化。消费已不再是对使用价值、实物用途的消费，而主要是对"符号"的消费，对"地位商品"的追逐成了时尚。人们在形成生活方式的风格和自我意识的确定中，把居住形态与方式变成了一种包装生活的谋划和展示自己个性与感知地位的途径。当商品和产品成为一种消费符号时，城市和作为商品的住宅及与之相关的居住形态也就成了消费和消费文化的符号。

（三）环境：人们存在的境遇条件

除了政治制度和经济发展状况等社会环境条件外，城市和人的居住形态还与当时、当地的自然地理环境及文明程度有关。

在我国，沿海和平原地区与内地山区或高原、雪山地区，在城市形态与居民的居住形态与方式上是截然不同的。上海、北京等地的居民可以住上几十层楼的高层公寓，陕西黄土高坡上的人们居住的是窑洞，离成都不远的四川西部当地的羌族居民住的是雕楼，而在内蒙古大草原上牧民们居住的是随时可以迁移的蒙古包帐篷。当然，这些地区的城市形态也是截然不同的，对各个地区的居民来说，他们各自所采取的居住形式及所构成的城市形态，是在具体的境遇条件下的"宜居"方式。我们无法、也不应当用同一的模式和标准来规范他们的"宜居"形态和建设"宜居城市"。

城市的形态与空间结构的发展变化并没有不以人们意志为转移的自身的发展规律，也没有统一的模式和标准可以遵循，而是与人类的文化发展、人们的文化模式及价值观密切相关。

三、没有规则，只有选择

居住是人存在的一种形态和方式，人们存在的境遇条件决定了人们选择什么样的居住形态和方式。城市是由人建造起来的，人们的行为方式是以价值观念为指导的，城市被建成什么样也取决于人们对城市的认知。城市的形态与空间结构的发展与各个时代、各个国家人们的文化模式有着密切的关系，城市的形态与结构折射出了人们的文化模式。文化模式在空间地域性、时间性和民族性等方面具有不同的特征，城市作为一种文化形态，在其不同的历史发展阶段反映出了不同的文化模式。由于文化模式和价值观的不同，不同的人对选择什么样的居住形式有着不同的观念并由此产生了不同的局住行为。因此，我们可以看到：不同的国家、不同的民族、不同地区里的城市居民具有不同的居住形态；即便是同一个国家、同一个民族和同一个区域里的城市居民，也会有截然不同的居住形态和居住行为。对于居住形态来说，没有规则，只有选择！

（一）人们可以选择，人们有权选择

如果说古代社会人们抵抗外界的力量比较弱小，无法自由地做出选择的话，那么在科学技术和经济高度发达的当今社会，人们对于选择具有更大的自由度。

后现代社会处于一个充满不确定性和多样文化共存的时代，多样化和可选择性是这个时代的显著特征。人们既可以选择住高层公寓，也可以选择住别墅，还可以选择住普通经济适用房。人们既可以选择在繁华的大都市里生活，也可选择在宁静、温馨的小城镇里定居，还可以选择在风景优美、生态良好的乡村里度过一生。我们没有必要让百分之一百的人口都"城市化"，我们也没有必要让百分之一百的人口都住在拥挤的大城市或都在小城镇过上"世外桃源"般的生活。"选择"是一种权利，在居住形态上政府官员和规划师不应当也不可能"为民做主"，他们要做的应当只是提供选择的可能。

（二）多样化选择，和谐共存

居住形态和方式的多样化选择，虽然没有规则，但必须要有原则，这个原则就是社会的和谐共存。

人的生存，是一种社会性生存。人类社会是一个群体性共存的大家庭，离开社会，离开群体，人们便无法独立生活。人类社会的群体性生活，应当既有个人的自由，又有共同体的互利互惠，个人的自由必须以不损害群体和其他个体的自由为原则。没有多样化，就无所谓和谐；没有和谐，多样化就会遭到毁灭。我们提倡多样化共存，不赞成霸权。先富起来的人群，他们可以选择住洋房、别墅，但他们不应当鄙视和忽视弱势群体的生存和权利。目前，我国城市中出现的富人区，以高墙深院和"重兵把守"加大贫富差距和社会分异的做法应引起注意。分异造成了隔离，最终将失去自由；而没有自由的选择，则是无法选择。社会的公平和公正，是实现多样化选择的保障。人们应当有同样的权利选择在城市或是在乡村居住，也应当有同样的权利选择在大城市居住或是在小城市居住。当开发商说"不为穷人建房"时，难道我们的政府和规划就不应当为穷人做些什么吗？政府官员和规划师需要做的不是限制选择，而是应当制定公平和公正的原则，以保障选择的自由。

（三）不求最好，只求满意

公平，并不是说人人都能得到完全相同的一份，而是人人都能得到他应当得到的那一份。"宜居城市"并不是人人都能住上最好的房子、拥有最好的环境、过上最好的生活的尽善尽美的城市，也不是按一个统一的标准而建设起来的城市，而是因地制宜，在现状的基础上有所改善、有所提高、使人们能获得更多的选择的城市，是人人都能过上令其满意的生活的城市。"宜居城市"重要的不是在于最终的目标，而是在于过程。

城市规划追求的并不是所谓的"科学性"，而应当是"合理性"。评价城市规划的标准不应当是"客观性"、"准确性"和"合规律性"原则，而应当是"公正性"、"公平性"和"合目的性"原则。城市规划不仅应当重视目标和成果的合理性与可操作性，更应当重视过程的正当性和公众性。

"宜居城市"是人们所选择的适合于自己生活并感到满意的城市，它应是具有多样化选择并和谐共存的和谐社会、和谐城市。

城市，让生活更美好！

——本文原载于《规划师》2007年第3期

城市的发展与文化模式

　　各个时代、各个国家的城市何以如此不同？城市的形态与空间结构的发展是否有规律可循？致力于研究城市的形态和空间结构的学者与规划师已对此提出了很多研究成果。本文将从文化的视角来看待这个问题，试图探讨城市的发展与文化模式之间的关系，也许能提供一点新的思路。

　　城市是由人建造起来的，人们的行为方式是以价值观念为指导的，城市将被建成什么样，也就取决于人们认为城市应该是怎么样的。所以说，城市的形态与空间结构的发展与各个时代、各个国家人们的文化模式有密切的关系。城市是文化的容器，城市也是文化的结晶体，城市的形态与结构折射了人们的文化模式所发出的光彩。

　　文化模式是指特定民族或特定时代人们普遍认同的，有内在的民族精神或时代精神、价值取向、习俗、伦理规范等构成的相对稳定的行为方式，或者说是基本的生存方式和生活样式。一个民族或国家的文化模式，与这个民族或国家在其长期的历史发展过程中他们的人民所形成的深层心理结构有关，反映了人们的社会存在的基本精神状态，是人的生存的深层维度。文化模式以内在的、不知不觉地、潜移默化的方式制约和规范着每一个个体的行为，赋予人的行为以根据和意义。

　　文化模式在空间地域性、时间性和民族性等方面具有不同的特征。城市作为一种文化形态，在其不同的历史发展阶段反映出了不同的文化模式。由于篇幅的关系，我们对此只能作一个简单的叙述和比较。

一、文明初期

（一）两河流域

　　据目前掌握的史料记载，最早出现城市的地区是在幼发拉底河和底格里斯河的两河流域。两河流域的新石器时代始于公元前1万年左右。约公元前6000年，游牧民族开始在这里聚居。在游牧民向农人过渡的过程中，他们开始建造村舍、开垦荒地，农业和饲养业由此出现，并开始成为定居者主要的生活方式。公元前4000～前3000年是两河流域由史前时期转向历史时期的开端，生活在两河流域南部地区的苏美尔人逐渐建起了一个又一个城邦，完成了从氏族社会到文明社会的过渡，由此而宣告了人类文明新时代的到来——都市生活的出现。

　　苏美尔城邦群的出现标志着一种前所未有的、人类文化的新形态——城市的出现。历史资料表明，苏美尔时代的晚期已是一个高度城市化的社会，有数百个城邦出现在两河流域南部的平原上，当时城市人口的比例要高于以后的其他任何一个时期。居住于两河流域的苏美尔人早在公元前3000年就创造出了一种文字系统。文字的发明和使用与城市的出现一起开创了人类文明的新纪元。楔形文字的发明无疑是两河流域人对世界文化最突出的贡献之一，同时也是其自身文明程度的一个重要标志。

　　两河流域文明的另一个重要方面，是宗教思想的确立和宗教在人类社会上的作用与地位的奠定。两河流域的宗教具有多神论、拟人化、泛神论的重要特征。两河流域人民对宗教的特殊认识使其生活中的所有方面面都与宗教密不可分。无时无处不在的宗教既是两河流域文明的基础，同时又是文化的动力和创造力的源泉。宗教的理念深深地影响着两河流域城邦的建设与文化和艺术的发展。

（二）古埃及

　　作为一种古老文明，古埃及在其存在的3000多年历史中所取得的文明成就是无与伦比和光辉灿烂的。它在许多方面对人类文明的贡献完全可以与两河流域的文明成就比肩而立，在人类文明史上具有崇高的地位。古埃及是最早建设城市的地区之一。早在公元前 4000 年左右，埃及进入金石并用时期，出现了铜器，生产力有了较大的增长。公元前 3500 年左右，埃及成立了两个王国——上埃及和下埃及。经过长期的战争，在公元前 3200 年左右建立了统一的美尼斯王朝，历史上称为第一王朝，并建都于尼罗河下游的孟斐斯。孟斐斯城由于附近庙宇及金字塔（即"死者之城"）的存在，持续了千年之久。十一王朝首都底比斯和十二王朝时期于公元前 2000 多年建成的卡洪城均是世人所知的历史名城。

埃及人早在公元前 5000 年就开始有了文字。公元前 2000 年前埃及人创造出了由 24 个子音符号构成的单音节符号，这些符号后来成为拼音文字的先声。埃及的宗教起源于原始社会的图腾崇拜。从自然崇拜到多神体系是埃及宗教信仰的基本发展历程。埃及的宗教观大该主要包括以下几个方面：①相信世界是由神创造的；②相信代表神的意志的"玛阿特"的存在和法老就是玛阿特的化身；③相信神对社会的保护作用，保护神的观念十分流行；④信仰来世，死亡被看成是生命从一个世界转移到另一个世界；⑤相信死者要经过冥世之主奥西里斯的法庭审判。与两河流域一样，宗教在古埃及社会生活中发挥着主导作用，无论是政治、经济、法律、文学、艺术、还是人们的日常生活都与宗教紧密相连。古埃及艺术是一种以永恒为目的的艺术。它的一切创作都是有一个以崇拜死者为核心的宗教目的。以金字塔为代表的建筑艺术是它的典型代表。古埃及人相信和依靠神的力量，以宗教的力量来进行统治，而法老就是神，因此在埃及法老时代所建造的城市是没有城墙的。

（三）古印度

四千多年前的印巴次大陆西北部，曾经存在过印度河流域的文明，这个文明与历史上曾经存在的一些古代文明一样，由于无法说明的原因而消失。现在我们虽然无法详细了解这一古代文明，但这种文明成就是比较发达的这一点是没有疑问的，因为它的主要形态是一种城市文明，这不同于后来的雅利安人的文化形态。

印度河文明的早期城市主要是通过在莫亨卓达罗（Mohenjo Daro）和哈拉巴（Harappa）两地的发掘而闻名于世。莫亨卓达罗原意为死者的遗丘，与古印度其他文化遗址相似，莫亨卓达罗分成两群。西侧稍高的是"卫城"，东侧分布着市街。哈拉巴的规模和平面与莫亨卓达罗基本相似。它的西城中央也有据于高地的城堡，设置行政中心。雅利安人入侵印度后不久，即给印度文化增添了新的色彩。约在公元前 1000 年，在一些定居点四周开始出现修筑护墙。

上古印度文化中最伟大的成就是吠陀浦文化，这是用古老的吠陀语和梵语流传的文化，主要是一些宗教颂诗，可是没有见于文字。

（四）中国

中国是世界上唯一历经 5000 年，而有着一直绵延不断的文化的文明古国。公元前 21～前 8 世纪的夏、商、西周，历史上称为"三代"，是中国从原始公社解体，由部落联盟到统一国家体制形成并逐步走向完备的时期。4000 多年前，大约相当于中国历史传说中的夏禹之父鲧作城廓的时代，中国大地上就开始出现了部落或部落联盟的城堡式聚落。据史料所载，在夏代已有建城的纪述。在河南偃师二里头发现的夏商宫殿遗址，以及从历年考古发掘的一些商城遗址来看，当时的城市都已颇具规模。约建于公元前 16 世纪的河南偃师尸乡沟早商都城——"西亳"，其已发现的东、西、北三面城垣总长达 4590m，内有宫城，二城呈环套布置，其总体布局采取以宫为中心的分区结构形式。约公元前 13 世纪所建造的晚商都城——"殷"，是一座庞大的开敞式形制的城市，未建城垣，仅宫城有道防护沟，城的范围将近 30km^2。

"三代"是我国文化史上中重要的发展阶段，是中国文明发端期。"三代"时期文化思想的基本特点是从以神为本转向以人为本，从尊命尊神转向尊礼尚德。历史学家评论为"夏道尊命，殷（商）人尊神，周人尊礼"。"三代"时期出现的《诗经》是我国第一部诗歌总集，它以艺术的形式反映了人类理性和自我意识的初步觉醒。这种从尊命、尊神向尊人、尊礼的转化，也充分反映在城市建设的变化上。西周时期（公元前 11～前 8 世纪），掀起了周代第一次的城市建设高潮，并制定出了以礼制思想为基础的营建制度，《周礼·冬官·考工记》就是记载这一营建制度的重要文献。

（五）古希腊

希腊人是第一个把人置于宇宙中心的民族。公元前 5 世纪希腊哲学家普罗太戈拉德第一个喊出了"人是万物的尺度"这一具有划时代意义的口号。希腊人以人为本的思想和在文化上取得的成就为西方文明奠定了的基础。米诺斯文明是古希腊历史上"爱琴文明"的发祥地。早在公元前 2000 多年前，克里特岛就成为地中海地区最为活跃的商路汇合之地，生活在克利特岛上的居民在与埃及、赫梯、两河流域诸民族接触和贸易过程中，受到他们文明的影响，学会了文字和新的生活方式，从而导致文明生活的初始。米诺斯人具有以人为宇宙中心的理念，因此米诺斯文明的最大特征是它的社会以王权为中心，王宫建筑群成为米诺斯社会的核心，大小城市无一不是围绕王宫而建，从而形成了一个以王宫为中心的城市文化圈。古希腊的城市中神与神化的人是共生的，这使得古希腊人对自己的城市具有一种内部的安全感。雅典，以及其他许多城市，在第一次波斯人入侵之前，都没有建设过任何严严实实的城墙。

由于以人为中心，因而从严格的宗教意义出发，古希腊宗教的"宗教性"显然较为脆弱，对社会的影响也相对较弱。希腊宗教的信仰基础可以说是与希腊神话密切相关的。古希腊宗教基本上是一种万物有灵的多神教，宗教的神人化倾向严重，早期希腊宗教中的神与其说是神，不如说是神化的人。古希腊宗教的这种神人化倾向既是希腊文化中以人为本的人文主义思想的一种体现，同时也进一步促进了希腊文化中以人为本的人文主义思想的发展。希腊神话与宗教的最大遗产是对希腊艺术和文学的巨大影响，以及对西方文艺发展的长远影响。

公元前 800～前 500 年被称为希腊历史上的"古风时期"，这时出现了一种新型的政治社会组织形态——希腊城邦，雅典城邦国则是它的典范。与世界其他地区出现过的城邦不同，希腊的城邦是一个独立行使"主权"的城市国家。希腊城邦制的实质是：公民成为国家的主人，通过公民大会、议事会和担任公职直接参与国家的管理。政治权力和宗教权力的分离，是希腊城市历史发展的一个重要的转折点，也是西方古代城市文化模式的一个终结。

● 小结：在原始文明时代，人的精神世界与物质世界都处于发育的初期，人类的精神生活与物质生活尚没有分离。作为人类避难场所的原始聚落，既是人类精神的庇护所，又是人类物质生活聚居地。初具雏形的早期城市和城邦，它们所体现的是人类最基本的生存精神。城市的出现标明人类社会从蒙昧时代转入了文明时代。文明时代初期，人类的文化模式是一种由神话、图腾、巫术等文化形态构成的物我不分的表象化、直觉化的文化模式。城市出现之初，人们是以自身的世界观、宇宙观即人类对于其外部世界的认识及其关系，来进行对城市意象的塑造的，城市和建筑活动场所是一种天地不分、神人同在的"混像世界"。原初城市的形态反映了文明初期人类的这种表象化与直觉化的文化模式。随着人类的理性与自我意识的初步觉醒，人类的文化模式也开始转型，城市的形态也由此出现向以统治者和政治权力为中心的转变。

二、传统农业文明时期

（一）中国

中国自春秋以后进入传统的农业文明时期，这一时期的中国社会有着极其鲜明的社会主题和文化主题——儒学时代。公元前 221 年，秦灭六国完成统一大业，建立了中国历史上第一个专制主义中央集权的统一帝国，实现国家和文化的大一统。秦始皇构建了大一统的政治体制，创立皇帝制度，设置"三公九卿"，实行郡县制。秦朝执行大一统的经济制度，统一收税，制定土地政策、确认土地私有，统一计量和货币。秦朝采取大一统的文化措施，推行书同文、车同轨、行同伦、地同域。汉袭秦制，并在思想文化上独尊儒术，开始了真正的儒学时代。由此，"大一统"思想，君权神授的"天人合一"

理念，"三纲五常"伦理成为长期统治中国的政治与文化主题。在相对稳定的政治文化主题的统领下，中国传统农业文明时期的城市建设，出现了世界文明史上所独有的长期兴盛不衰的繁荣局面。据史载，西汉时即有 103 个郡国城，1324 个县邑城。

从严格的意义上说，在"三代"时期所建立的城，是一种强调维护"君"的统治权威的"为君"的都邑或城堡。春秋战国之际所开始掀起的周代第二次城市建设高潮，实质上是从奴隶社会的政治城堡——都邑，向封建社会为"盛民"的、具有政治与经济双重职能的"城市"演变，所谓"筑城以卫君，造郭以守民"。这一时期进行了大量的改造旧城、营建新城，改变了以前以宫城为主体的"前朝后市、左祖右社"的城市布局，改造依附于"宫"的"后市"，发展成为城市独立的集中商业区作为外郭主体，增辟民间手工作坊区，扩大工商业及居住用地。这一时期所形成的真正意义上的"城市"，具有划时代的意义，对我国的城市发展及城市规划都产生了深远的影响。春秋及秦汉之初，是我国城市营建制度的创立时期，在此后漫长的两千多年的封建社会历程中，我国的城市建设与发展就是在改良后的营建制度的基础上一脉相承而逐步发展的。进入晚唐，因城市经济迅速发展，以往市坊分区的布局体制开始发生变革，原来集中市制及封闭型坊制，逐渐为遍布全城的新型商业网和按街巷、分地段组织聚居的坊巷制所取代。唐长安、洛阳两都城及扬州城和杭州的扩建改造，虽然都还是以宫为中心的空间结构，但分区规划的布局已反映了对营国制度在继承的基础进行变革的状况。北宋以后城市的建设进一步体现了对市坊规划体制的改革。而明清北京城则是继承并发扬了营国制度传统的极出代表。

中国在儒学时代曾创造了人类文明史上骄人的辉煌，但又在儒学时代走向没落。中国在封建时代创造了人类可以创造的一切奇迹，中国的城市建设与经济发展曾在封建社会达到了令世界瞩目的地位，我国古代的城市规划科学也走在了世界的前列。然而，我国在传统农业文明时代所形成的文化模式却没有能尽快顺轨转型，失去了成为近代文明先行者的良机。

（二）古罗马与欧洲中世纪

公元前 8～6 世纪是意大利半岛的殖民时期，在公元前 8 世纪前后埃特鲁里亚人进入亚努河和第伯河之间的地区落户，把村落联盟变成城市，从而开创了意大利半岛的城市文明。相传罗马城是在公元前 753 年由两个被一只母狼哺养大的孪生兄弟所建。建城后曾有七位"王"先后当朝，称为王政时期。当时罗马有氏族 300 个，共同组成被称为"罗马公民公社"的共同体。公元前 509 年爆发的罗马人起义推翻了王权统治，罗马历史上的王政时期就此结束，罗马作为国家的历史在这以后开始。

罗马共和国，虽然与城邦制的雅典一样属于奴隶制经济，但雅典是奴隶制下的以工商经济为主要特色的城邦国家，而罗马则是以农业为基础的奴隶经济。最初的罗马文明在很大程度上受到希腊文明的影响，在后来的发展过程中其文化领域也较多地借鉴了希腊文化的样式。和雅典文化相比，罗马的民主制没有雅典民主制那么健全和出色，它也没有像马其顿王国那样受到希腊文明更大的影响。在不断向外扩张的过程中，古罗马一方面把光辉灿烂的希腊文明扩散到其所征服之处，另一方面古罗马的文化也在这个过程中不断地重塑自己，最后终于以帝国制取代了共和制。

古罗马早期的城市均建于山岩或高地之上，并以宗教思想为指导城市地区的划分来反映天体模式。中轴代表世界轴线，地区分块反应宇宙模式，而分块的居住区代表了人对世界的认识。在罗马共和国的最后 100 年中，由于国家的统一、领土扩散和财富的集中，城市建设得到很大的发展。罗马帝国时期，国家的建设更趋繁荣。除建造大量剧场、斗兽场、浴场以外，还为皇帝们营造宣扬帝功的纪念物，如广场、凯旋门、纪功柱、陵墓等等。建有极其众多的公共设施几乎是罗马国家所有城市的特点。城市的公共生活铸造了罗马精神，形成了自由民生活的精神支柱。公元 1 世纪末由建筑师维特鲁威所写的《建筑十书》，是对古罗马的城市建设规划与建筑经验的全面总结的经典文献。

随着公元 476 年西罗马帝国的覆灭，欧洲社会进入了中世纪。相对于希腊—罗马的文明和文化而言，中世纪的欧洲社会是一种倒退，尚未步入文明的日耳曼蛮族的胜利使达到相当高度的希腊—罗马文明中的城市生活遭到了毁灭性的打击。在被称为"黑暗的中世纪"（公元 5～11 世纪）的时代，城市建设几乎停止。罗马时代的大城市多数荒废，有的变为封建国家的行政中心、教会中心或军事据点而不再是手工业和商业的经济中心，仅有的一些建筑活动大多数是城堡和教堂建筑。同时，基督教教会在中世纪的统治地位使得自希腊文明以来形成的理性思想遭到了扼杀，人们精神生活为宗教思想所笼罩，宗教所具有的阴暗面和对于人的思想的束缚使社会进步缓慢。

公元 8～11 世纪，是欧洲封建制度形成的年代。该时期是建造城堡的年代，外族的袭击和暴民的动乱导致建造城堡之风盛行，教会势力和地方封建领主是城堡建造的发起者，成千上万的庄园和星罗棋布的城堡是中世纪欧洲封建割据和各自为政的标志。公元 1000 年前后，基督教基本完成对整个西欧的皈依，成为西欧唯一的具有权威影响力的宗教。社会朝着稳定方向发展。欧洲文明的中心由地中海转移到莱茵河河谷和北大西洋沿岸，一场被称为欧洲"第一次农业革命"在这里开始。中世纪的转折点随即到来。

11 世纪末出现的十字军运动是西欧历史上的一个重要转折点，欧洲开始摆脱中世纪早期的社会停滞和封闭状态。欧洲在 12 世纪进入了被称为"美丽的中世纪"的新时代。这个时期欧洲城市的复兴步伐加快，古罗马时期建立起来的城市，如罗马、比萨、佛罗伦萨、威尼斯、热那亚、米兰、那波利、巴黎、马赛、里昂、美因兹、伦敦、约克、根特、科隆等相继恢复了中心城市的地位。城市发展出现了质的飞跃，城市变为商业活动的中心。商业促进了经济的发展和社会的繁荣，意大利的繁荣和随后的文艺复兴也由此开始。

公元 395 年罗马帝国分裂为东、西两个，在东部建立了拜占庭帝国，建都君士坦丁堡。直到 1453 年君士坦丁堡落入土耳其奥斯曼人之手，拜占庭帝国才算最终寿终正寝。拜占庭自与西罗马分道扬镳以来，因其地理位置与东方的密切联系和交流，在文明发展上走了一条独立发展的道路。与后来发展起来的欧洲文明相比，拜占庭的文明具有相当的独特性。拜占庭的政治制度完全是东方式的君主神权制，集世俗和宗教权于一人。帝国内存在着强大的王权，存在着官僚机构，城市仍旧统治农村，继续保持相当发达的商品经济。和一切欧洲中世纪国家一样，拜占庭时期最重要的也是宗教建筑。拜占庭的存在使得基督教的一个主要教派——东正教得以发展和存留。拜占庭东正教文化在斯拉夫民族中的广泛传播，使得斯拉夫人在东正教的影响下放弃了原先的多神崇拜而全面接受了一神教教义。拜占庭的文化艺术在很长一段时期一直是中世纪欧洲文化艺术的最高形式，欧洲出现的罗马式建筑艺术和哥特式建筑艺术都受到拜占庭的影响。

拜占庭文明的存在对于西方文明而言是一个插曲，但又是一个十分重要的插曲。在文化领域，拜占庭是古希腊文明的保存者，古典文化遗产在拜占庭得到了最完美的保存。大批拜占庭学者在拜占庭灭亡前夕携带大量古典作品来到意大利，为意大利人文主义者了解古典文明的内容提供了动力和物质基础。可以说，拜占庭为文艺复兴的到来做出了自己的贡献。

对于以西欧为主体的西方社会而言，中世纪应该被看成是一个极其重要的社会发展阶段，是欧洲大陆历史的真正起始点，被称为欧洲大陆的文明于中世纪逐渐在那里兴起并成为人们生活的主导形式。

● 小结：进入农业文明时期，随着物质财富的日渐增多，人类初步摆脱了求生的艰难困境，人类的物质生活与精神生活也日趋分离。城市在民族性、地方性和历史性方面的社会文化特征日趋明显。但在当时的条件下，在精神文化方面的追求还离不开农业时代以物质生产为主的生产和文化模式，人类的精神世界的发展尚未摆脱对物质世界的依赖。传统农业文明时期，由经验、常识、习俗、天然情感等构成了自然主义和经验主义的文化模式。城市和建筑是以经验主义的"营造法式"所构筑的有边界和形态特征的物象合一的"统像世界"。城市的形态是一种半自在、半自觉的表象符号，生活、生产的活动场所是一种带有感情色彩的物质环境。

三、近现代工业文明时期

（一）文艺复兴时期

公元 15～17 世纪，是欧洲社会的转型时期，即由中世纪向近现代过渡的时期，欧洲社会经历了迄今为止最为重大的历史变革。在这期间，中世纪的一切，包括它的制度、宗教、经济、思想、社会、文学、艺术等均遭到挑战，它所确立的权威和标准受到蔑视。旧有的思想观念和社会形态解体，一种全新的、具有现代精神的思想观念和社会形态形成。欧洲从此开始便步入了近现代。而欧洲社会的这一切变革，都是与一场被称为"文艺复兴"的运动紧密相连。

文艺复兴发端于意大利，波及整个欧洲。就其实质而言，文艺复兴是一次新兴市民阶层和资产阶级思想解放与要求自我意识的运动。人文主义、个人主义和世俗主义是文艺复兴的三大思想支柱。人文主义者采取各种形式宣扬人生的伟大，歌颂人生的价值和提倡人的尊严。他们大声疾呼在世俗世界里主宰世界和人生的是人，而不是虚幻的上帝和神灵。人文主义的思想家们大力鼓吹人的意志自由和个性自由的发展，并把这种观点作为同教会禁欲主义作斗争的手段。人文主义十分明显地要求现实生涯和尘世的享乐，反对教会所宣扬的"来世"和"天堂"的幸福。针对教会的蒙昧主义，人文主义大力宣扬知识的作用和人的全面发展。个人主义观念的提出实际上是"人本位"思想的另一种表述。个人主义提倡高度重视个人自由和个人意志，强调自我支配和不受外来约束的个人。个人主义思想创立了与资本主义经济制度相适应的道德观念：社会应该让个人有最大限度的自由和责任去选择他的目标和达到这个目标的手段，并付之行动。个人主义也为人人平等的思想的进一步提出奠定了基础。世俗主义把幸福看成是人的最高目的，而要实现幸福的目的，必须发挥人的主观能动性，给自己并给社会带来利益。世俗主义促进了积极的处世哲学的产生。

文艺复兴使欧洲的社会与经济发生了极大的变化，促进了资本主义因素的成长和发展。原有中世纪的城市结构已不能适应新生活的需要，一大批城市被进行改造。改造后的城市突破了中世纪城市宗教内容的束缚，教堂建筑退居次要地位，大型的世俗性建筑构成了城市的主要景观。这一时期城市建设的主要力量，集中在市中心与广场的建设。许多反映文艺复兴面向生活的新精神和有重要历史价值的广场被建了起来。如佛罗伦萨的安农齐阿广场，威尼斯的圣马可广场，罗马的市政广场，圣彼得大教堂广场以及罗马纳伏那广场都是典型的代表。文艺复兴的思想大解放，使阿尔帕蒂、费拉锐特、斯卡莫齐等一些有创新思想的建筑师用理想的原则来考虑城市的建设，提出了众多的理想城市方案，成为文艺复兴时代留给后人的一大笔城市规划的精神遗产。

由于法国和西班牙的入侵以及罗马教廷设立"宗教裁判所"的迫害，文艺复兴在意大利夭折。欧洲的经济中心由地中海转到了大西洋沿岸，由意大利转向了法国、德国、西班牙和英国。北方国家的人文主义者不同于意大利的人文主义者，他们主要从希腊—罗马古典主义中寻找开展运动的思想武器，而主要是从原始基督教中寻找开展运动的思想武器。于是，人文主义也从世俗特征变为对宗教的思考和基督教人文主义。这些国家的建筑和城市建设也明显地反映了古典主义占绝对统治地位的状况。

（二）宗教改革与启蒙运动

公元 16 世纪出现的由路德兴起的宗教改革运动包含着一种未来的力量和希望，它使信仰自由和思想自由的彻底实现成为西方各国进步人民所为之奋斗不懈的目标。宗教改革运动可以说是文艺复兴运动的继续，是一场涉及人的思想的运动。宗教改革运动的出现是文艺复兴以来第一场直接针对宗教的运动，是对权威统治西欧 1000 年的宗教权威的挑战，其结果是彻底摧毁了西方社会宗教的大一统局面，直接导致了西方基督教体系自东西罗马分立以来的再次分裂。宗教改革使西方社会具有深远影响力的宗教出现了多样化、多极化的倾向，它表明任何不同的思想都可以有自己的位置。从此，实行宗教宽容和宗教自由成为西方信仰生活的主旋律，宗教因素在西方政治生活中的影响第一次被降到一个次要地位。宗教改革是近代文化历史的产物，它所支持的已不再是中世纪的文明，而是资本主义。

公元17～18世纪，发生在欧洲历时近100年的启蒙运动，是欧洲社会继文艺复兴以来的又一次思想革命，由文艺复兴奠定的人文主义传统在这一运动中得到了进一步弘扬与升华。启蒙运动涉及了广泛的领域，在批判宗教迷信和专制统治的过程中启蒙运动形成了两个主要的理论：自然神论和主权在民说。启蒙思想家们坚持以理性审视一切、判断一切，他们崇尚科学知识，坚信人的理性能够借助于"科学方法"去探究把握自然法则。启蒙运动的主调是自由、平等，其中心议题是人的价值、人的理性和人的尊严。启蒙运动坚持信仰自由、思想宽容和言论自由，"思想自由"是启蒙思想家高举的一面旗帜，也是启蒙运动的留下的最宝贵的遗产之一。对理性思想的高扬，使启蒙运动实现了西方思想和文化向现代的转换，经历了启蒙运动洗礼的欧洲实际上已经步入了现代社会。

（三）科学技术和工业革命

刘易斯·芒福德认为，城市的起源与人类社会一系列异乎寻常的技术发展是同时代的。他指出："根据现有的文献记载，谷物的栽培、犁的发明使用、制陶转轮、帆船、纺织机、炼钢术、抽象数学、天文观测、历法、文字记载以及能以明确表达思想的其他各种手段的永恒形式，等等，大体上都是在这一时期产生的，也就是公元前3000年，前推后移不多的几个世纪。目前已知的最古老的城市遗址，除杰里科城以外，大部分都起始于这样一个时期。"然而，城市发展历程中革命性的转折点也是在人类新一轮技术革命发生之后产生的，这个科学技术革命就是发生于18～19世纪的工业革命。

英国兰开夏的纺织工人哈格里弗斯于1767年发明的珍妮纺纱机，吹响了工业革命的号角。随后，从事理发业和假发制作的阿克莱特于1769年发明了水力纺纱机。1776年第一台实用型瓦特蒸汽机在布鲁姆菲尔德煤矿开始实际使用，开创了蒸汽机的时代。蒸汽机的发明直接导致了现代大工业的兴起和交通运输的革命。1807年，美国的富尔顿完成了蒸汽轮船"克勒蒙特"号首次航行。1814年，史蒂文森建造了第一台可以实际运行的铁路蒸汽机车，开辟了陆上运输的新纪元。19世纪40年代中期以后，欧洲出现了铁路建设的热潮，1870年欧洲铁路总长已达104000km。到19世纪末，世界铁路总里程已发展到65万km。蒸汽动力技术的产生、完善化和工业推广应用，进一步推动了整个工业生产机械化的进程，同时也促进了燃料工业、机械制造工业、钢铁冶炼工业、采矿业以及运输业等有关工业部门的发展，并在这些工业部门引起了一连串的技术革命。恩格斯说："自从蒸汽和新的工具机把旧的工场手工业变成大工业以后，在资产阶级领导下造成的生产力，就以前闻所未闻的速度和前所未闻的规模发展起来了。"

工业革命根本性地改变了城市的基本内涵和城市发展的基本轨迹，工业革命后的城市已经不再是传统农业社会时代的城市，而是建立在工业生产基础上的新型城市。工业成为城市的基本属性并以此和乡村构成泾渭分明的不同的人类居住方式。

1857年贝塞麦发明转炉炼钢法以及1868年西门子—马丁"平炉炼钢法"的问世，标志着钢铁时代的到来。1860年法国人雷诺制造出第一台可以实际应用并可大量制造的内燃机。德国人戴姆勒于1883年成功地制造出了汽油发动机，并于1885年把一台单缸汽油发动机装在自行车上，制成了第一部摩托车，1886年他又制造出了第一部样子很像四轮马车的汽车。与此同时，另一位德国发明家本茨也在1885年独立地制造了最早的一部三轮汽车。钢铁与汽车时代的到来使城市的面貌发生了根本性的改变，原有的城市道路格局已经完全不适应"装着轮子的铁皮盒子"的奔跑，于是城市更新与改造成为欧洲城市的当务之急。1666年伦敦的改建规划和奥斯曼的巴黎改建规划就是两个十分典型的例子。

用电力代替直接使用蒸汽动力，是近代技术史上的第二次动力革命。1866年德国科学家维尔纳·西门子研制成功第一台自激式发电机，1879年美国著名发明家爱迪生发明电灯。至此，人类步入了电气化的时代。电的重要意义不仅在于它可以传输能量，而且在于它可以传递信息。电从它开始踏上近代技术舞台的时候起，就同时显示了它为现代社会充当动脉和神经的双重职能。19世纪电气技术的兴起一方面引起了动力革命，另一方面引起了通信革命。1876年美国人贝尔和格雷两人在同一天向美国专利局提出了关于发明电话的专利申请。1895年意大利人马可尼与俄国的波波夫也几乎在同时发明了无线电通信。

科学技术与工业革命给城市带来的发展变化是极其巨大的，它不仅引起了大量新兴工业城市的产生，掀起了城市化的高潮，而且造成城市在区域上的群体空间布局与城市自身的空间结构的根本变化。

这是一个"知识就是力量"的时代，这是一个人类智慧与力量突飞猛进的时代。凭借科学技术与知识的力量，人们改变着以往的一切。从培根到笛卡儿再到莱布尼茨，形成了人类认识世界的机械论宇宙观，认为从天体到人类社会，整个世界都是一部天然构成的非常精巧的机器。这个世界是那么井然有序地按自然规律在运转着，只要掌握了科学知识和技术力量，人们就已经拿到了发动世界前进的金钥匙。人不仅可以了解过去、认知现在、还能预测未来。在人的思想大解放和科学与技术大发展的激励下，产生了为追求更为理想的人类生活而提出和设计的更新的理想城市方案。其中有英国人霍华德的"田园城市"，法国人戛涅的"工业城市"、西班牙建筑师马塔的"带形城市"，以及勒柯布西耶的巴黎新城规划。还有一些如桑•伊利亚等人所提出的"科技城市"和"畅想城市"的方案，令人神往。

由培根和洛克开创的实证主义与分析主义的方法论，对城市规划的技术与理论也产生了深远的影响。结构主义和功能主义盛行，佩利的"邻里单位"和英国伦敦的"卫星城规划"及法国巴黎的"新城规划"对二战以后的城市规划发生了巨大的影响。1933年在雅典召开的世界建筑师大会上所发表的"雅典宪章"，为城市定义四大功能的理念，是对这一时期城市规划理论的总结。

● 小结：工业文明是以科学、知识等为主要内涵的理性主义的文化模式。文艺复兴使上帝走下了圣坛，启蒙思想家为寻求人的解放和人性的复归擂响战鼓。工业和技术的发展，又使人把技术、物质抬上了圣坛，人成了技术和物质的奴隶。工具理性和技术至上的观念，日渐成为指导城市建设的主流思想，城市成了"居住的机器"，城市形态所反映出来的是一种主体与客体相分离的二元化的"表象世界"。近现代的历史从崇尚理性开始，走向了信奉机械美学和工具美学，建筑师与规划师成了为人类绘制未来理想蓝图的启蒙者与"牧师"。而按这种蓝图所建设的城市，却慢慢变成了一个缺乏人的主体地位的躯体。

四、后现代城市文化现象

丹尼尔•贝尔于1962年发表《后工业社会：1958年的美国及其未来的预测》，随后他又于1973年发表《后工业社会来临——对社会预测的一项探索》，揭开了应对后工业文明时期来临的序幕。阿尔文•托夫勒在1970年发表《未来的震荡》并于1980年出版《第三次浪潮》，约翰•奈斯比特也于1982年发表《大趋势》。此后，一大批未来学家与社会学家也都纷纷发表论著和文章，相继指出"信息社会"的到来。尽管不同的学者对正在发生的事态有"后工业社会"、"信息社会"、"智业社会"的到来，和"第三次浪潮""第四产业""第五次革命"等不同的称呼和定性，但所有的一切都表明：一个新时代的到来，已经是公认的不争事实。

（一）新技术革命与城市的变迁

1942年世界上第一座核反应堆建成；1946年电子计算机诞生；1957年第一颗人造卫星上天；这些新技术标志着人类进入了核子时代、自动化时代和宇航时代。接着，试管婴儿、克隆技术、基因工程、因特网、宽带……，各种新技术、新发现、新发明接踵而至，人类已进入了"技术爆炸"的高科技时代。

高科技时代与信息社会的到来使我们的城市发生了巨大的变化。城市日趋国际化，城市空间结构区域化，出现"国际化城市""世界城市"和"城市化延绵带"等巨型城市以及大都市圈、城市群和城市带。城市在区域性合作加强的同时，城市之间的竞争也日趋明显。城市的空间布局和空间结构，已经打破原有的"金字塔"式结构而变为"网络式城市"。城市之间的联系已不存在地域和疆域的障碍，"地球变小"，世界已变为"地球村"。城市正在从"有形的地域性城市"变为"无形的空间性城市"以及"虚拟城市"、"数字城市"。

在信息社会和网络城市中，土地的使用价值及地价与区位关系的敏感度已日趋降低。一方面，中心地段的土地并不意味着更高的产出效益，城市中各种活动的收益主要取决于网络上的信息资源产生的效益，而不仅仅是具体的空间区位，城市不同区位的土地成本差异趋于缩小。另一方面，土地区位效应的弱化使不同地段土地的需求强度的差异趋于缩小。由于各个土地使用主体（商业、工业、行政办公、现代服务业、居住等）对于区位差异的效益敏感度普遍降低，使土地区位与土地使用方式呈现弱的相关关系，原有的城市土地使用的空间模式出现模糊化和混合使用的趋向。

城市郊区化现象明显，城市居民大迁移。随着居住空间的外迁，生产空间也紧跟其后。据统计，美国休斯敦约有70％的办公空间在郊外，英国伦敦也达到50％，大型的购物中心纷纷在郊区落户，城市中心出现"空心化"现象。

城市中汽车横行，汽车已经成为一种生活方式，进入了所谓的"后汽车时代"。各种为汽车而设的设施：汽车旅馆、汽车电影院、汽车银行、汽车快餐、汽车超市等等，名目繁多。霍华德曾为我们描绘的"花园中的城市"已变成了"高速公路与停车场包围中的城市"。

（二）经济发展与城市的演化

1. 全球经济一体化趋向

各类区域性和国际性的经济合作与发展组织不断出现，国家和城市的开放与市场化程度不断提高，全球贸易资本和生产布局出现了根本性的改变。各种跨国公司遍布世界各地，对全球的经济和生产起着组织与引导的作用。发达国家在把自己变为全球的信息和金融中心的同时，正在把消耗大量自然资源和能源的制造产业转移到发展中国家，由此引起了发展中国家的城市新一波的工业化和产业结构调整的浪潮。包括中国在内的发展中国家的城市，雨后春笋般出现的工业园区和高新技术园区正在大量蚕食城市周边的农村土地，"城中村"现象成为新的城市景观。

科学技术从来没有像今天这样，以巨大的威力、以人们难以想象的速度，深刻地影响着人类经济和社会的发展。滚滚而来的信息化与全球化浪潮，正在把我们带进一个崭新的知识经济时代。

2. 知识经济时代

世界经济合作与发展组织于1996年发布了一系列的报告，在它的报告文件中首次正式使用了"知识经济"这个新概念。世界经济合作与发展组织认为，知识经济的主要特征有以下几个方面：

（1）科学和技术的研究开发日益成为知识经济的重要基础；

（2）信息和通信技术在知识经济的发展过程中处于中心的地位；

（3）服务业在知识经济中扮演了主要角色；

（4）人力的素质和技能成为知识经济实现的先决条件。

知识经济的浪潮正在使城市社会由工业社会转变为智业社会。它将对城市的经济与社会形态带来全方位的变化。

（1）经济动力的变化。推动城市经济发展的要素正在由劳动力要素向资本要素再到信息要素的转变。

（2）产业内容的变化。随着城市的产业由农业变为工业再变为智业的发展历程，产业的产品也由"生长出来的"，转变为"制造出来的"，再转变为"研究和开发出来的"。

（3）效率标准的变化。对生产效率的考核，由以劳动生产率为标准向以知识生产率为标准的转变。生产的效率和产品的价值取决于知识的技术转化度、产品的更新度和产品所包含的信息量。

（4）管理重点的变化。对于生产管理的重点，已由注重于生产过程、产量和劳动力生产力的管理，转变为注重于产品的研究、开发、营销，以及对员工的培训。

（5）生产方式的变化。生产方式由传统的标准化、专业化、社会化的大批量、单一型生产和追求高效率，向非标准化的小批量、多品种、个性化生产和追求高效益的转换。

（6）劳动力结构的变化。在工业经济时代，直接从事生产的工人占到了80%以上；而在知识经济时代，直接从事生产的工人将不足20%，知识生产与营销的人员将占80%以上。

（7）社会主体的变化。知识阶层正在取代产业工人阶层成为城市社会的主体，构成城市的主流社会。

（8）分配方式的变化。劳动报酬的分配正在由岗位工资制、劳动时间工资制向业绩付酬制转变，专利和知识产权已成为知识技术的成分入股分红。

知识经济与智业社会对城市的建设与发展也带来了很大的冲击。科技研发和孵化基地、高科技园区、大学城等等的知识密集型的城市地块和单元正在成为城市的新宠儿。城市的基础设施和地下管网系统，正在经历着信息化的改造。城市政府也正极力使自己由管理型政府向服务型政府转型。在由人口大城市向科技大城市转换的过程中，高科技人才正成为各个城市争夺的对象，城市之间的竞争已成为对于人才的竞争。

生产和生活活动组织的变化对城市空间结构与布局也发生了巨大的影响。工厂设在什么地方，设在哪个城市的"工业区"，已经不十分重要了。企业的选址，已从考虑原料地、市场、生产协作配套等因素，转变为主要取决于交通条件、知识技术人才的储备情况、投资环境、信息流通的程度，以及城市的环境质量与生活质量。知识经济正在推动城市产业结构的调整，由此也引起了城市空间结构和用地结构的调整，引起城市用地资源配置的调整。城市生产用地的集约化、生活和休闲用地的多样化，以及交通用地的立体化日趋明显。

（三）社会生活变化与城市的变革

1. 社会生活变化的影响

科技革命带来了社会生活内容与方式的巨大变化。现代的城市家庭正在实现家务自动化与生活电子化。网上购物、网络学校和远程教育、电子银行、电子钱包、网上医院、电脑炒股，以及有线家庭影院等等的电子生活方式，已经蔚然成风。由此，使原来居住区建设中的公共建筑，如社区商店、学校、门诊所、银行、邮局、电影院等等的基本设施，开始由实体性社区向虚拟社区转化。

城市居民的工作时间缩短，业余时间增多，休闲方式向多样化方向发展。一个被称为是"休闲社会"或"消费社会"的时代正在到来。城市中各种新的娱乐和服务业应运而生，各类新建筑不断出现。

2. 现代城市生活变革

现代城市时尚多样化、个性化的消费。你可以在地摊上淘便宜货，也可以在步行街悠闲地消费，可以在超市和购物中心疯狂购物，也可以在精品屋精心挑选如意之物，由于太忙你也可以采取邮购或网上购物。你可以选择在家里看碟片、当发烧友，也可以到电影院看进口大片，或亲临刘德华的演唱会去体味在场的感受。你可以上音乐厅和歌剧院轻松一番，你也可以去足球场当疯狂球迷，还可以奔赴高尔夫球场潇洒挥杆。

弹性工作时间制悄然兴起，城市白领阶层开始在家上班。城市中出现了SOHO建筑、卫星办公区、远程工作中心和度假式办公室。城市家庭构成的多元化，出现了如丁克族、单身贵族、AA制等新的家庭形式，引起了住宅的解构与重组。城市人际关系中生产关系的重要性已被休闲、娱乐关系所取代。

城市居民在生活私密性提高的同时，要求更多的社会交往活动。社区里建起了各种会所和俱乐部，每天清晨公园里聚集了大量的居民进行集体晨练，休闲的时间自发地组织"大家唱"，各种广场音乐会、邻里社区竞技比赛使大家感到其乐融融。社区生活的基本元素，正在由饮食、求学和就医变为户外休闲、社会交往、旅游度假、健身美容和终身教育。

（四）全球文化交融及价值观念的变化与城市发展

信息社会的来临促进了全球文化的大交融。将一切信息转化为数据是现在与未来文化语言的最大特征。数字化的生存方式，已经使语言的地方障碍和文化交流的空间距离失去意义。通过数字化处理和传播，各个不同的国家、不同民族的不同文化可以进行远距离的瞬时交流。利用同步卫星转播，全世界的球迷可以同时观看世界杯的足球比赛、同时为奥运会的竞技呐喊呼叫、同时观赏奥斯卡奖颁奖典礼上明星们的风采。跨国界的文化交流和传播活动已经使文化全球化成为事实。

我们已经进入了一个全民文化的时代。全民能共享文化，全民能共创文化。你可以通过网络看电影、读小说、了解新闻、听音乐、聊天、查资料……；你也可以在电脑上绘画、谱曲，通过网络发表小说、制作电影、开个人演唱会……

文化的生产、传播、消费的高速度，造成了文化的大流动、大生产和高消费。现在已不是"三十年河东，三十年河西"了，而是"今天才河东，明天已河西"，"流行排行榜"几乎可以天天变脸。巴黎时装发布会上模特儿的穿戴，很快就可以在上海的街上看到；某部电影的首映式刚刚开完，盗版的碟片就已出现在市场上。"超女"刚登上领奖台，各种"梦想××"便接踵而至、花样百出。

世界的文化圈，已经从同种文化向同时文化转向。文化的民族性、地方性逐渐消融，而文化的时间性正在突现。审美观、价值取向的国界差异正被填平，而不同年龄之间的"代沟"日趋扩大。"流行"和"时尚"引领着消费倾向，"传统"与"风俗"正在消亡。城市中各种现代主义、后现代主义、折中主义、解构主义、超现实主义大行其道，"希腊式""罗马风格""古典文艺复兴""欧陆风"等等建筑舶来品盛行。

文化的发展历程已经从精英文化为主导走向了大众文化，现在又从大众文化开始走向分众文化。20 年前，全中国的 10 亿人民共同观看一个"中央台"的"春节联欢晚会"；现在，我们与可以通过交互式有线电视点播自己个性化的节目。我们甚至可以通过因特网自己制作个人爱好的专版化日报。文化的分层化日趋明显，人们根据自己的价值观与文化喜好挑选下班后的娱乐场所，参加各自的俱乐部活动，购买适合于自己的品牌货。要想了解一个人的阶层归属，已不是看他在哪儿上班，而是看他下班后在哪儿消费、娱乐。

文化转型与价值观念的变化也将给城市的发展带来新的趋向。随着经济的发展和社会的进步，人们的生态意识、环境意识和资源意识不断增强，可持续发展的理念正在获得越来越多的人的认可。我们正在从农业文明走向工业文明从而走向更高的生态文明。人们对城市的评价标准，从以人口规模的大小改变式对"GDP"的考核，现在已经开始转向追求文化含金量的高低和生态环境的优劣。

五、后现代与后现代城市文化

（一）后现代城市文化的历史足迹

（1）1870 年英国画家查普曼（John Watkins Chapman）在他举行的个人画展中，首次提出了"后现代"油画的口号。他用"后现代"表示超越当时的"前卫"画派——法国的印象派——的一种批判和创造精神。

（2）1934 年，西班牙诗人费德里科·德奥尼斯（Federlco de Oniz）在《美洲西班牙语系西班牙诗人文集》一书中，进一步明确地使用了"后现代"的概念来表示从 1905 到 1914 年所出现的欧洲文化。

（3）1939 年，阿诺德·J. 汤因比使用"后现代时期"这一语汇，用以描述自 1914 年以来的时期。

（4）最早使用"后现代建筑"术语的是约瑟夫·哈德纳特（Joseph Hudnut），1945 年在名为《建筑报告》一书中，用"后现代建筑"指当时近在眼前的未来那种工厂预制、批量生产的建筑。

（5）1959 年，C. 赖特·米尔斯在其著作《社会学的想象》中，使用"一种后现代时期"来描述一种新的"第四纪元"，他认为这一纪元是继"现代时期"而来，并以现代时期的启蒙理想的毁灭为其特征。

（6）1965 年，莱斯利·菲德勒用"后现代主义"一词来描述 20 世纪 60 年代的某些"反正统文化"。

（7）1966～1967 年，尼古拉斯·佩夫斯纳用"后现代风格"来描述建筑中一种新型的表现主义和极致主义以及一种新的"折中主义"及"形式与功能的对立"。

（8）1971 年，伊哈布·哈桑用"后现代主义"来描述对现代主义原则所进行的多重形式的审美、文学、技术与哲学的解构，以及"内在的不确定性"的增长。

（9）查尔斯·詹克斯 1975 年使用"后现代"这一术语，描述一种背离建筑中的现代运动的方向，1977 年在其出版的《后现代建筑语言》一书中他描述了建筑的一种新的多义性风格及符码。1978 年《后现代建筑语言》第二版问世，詹克斯正式提出"后现代建筑"的"双重编码理论"。

（10）1977 年，罗伯特·斯特恩把"文脉主义"、"引喻主义"和"东方主义"描述为后现代主义的 3 种原则。

（11）1979 年，让-弗朗索瓦·利奥塔出版《后现代境况》一书，把"后现代"描述为对现代性的元叙事的解构。

（12）1980 年，罗伯特·斯特恩在其"后现代的两种类型"中，区分了"决裂型的"后现代主义与"传统型的"后现代主义，前者主张与西方人文主义决裂，后者则主张回归人文主义传统。

（13）1983 年，弗雷德里克·杰姆逊使用"后现代主义"一词，抨击后现代主义建筑是资本文化的组成部分，并将一种鲍德里亚式现代讽喻观念投射到后现代建筑的拼凑模仿上。

（二）后现代的概念

一般地说，作为历史范畴的"后现代"，同"现代"的时间分界是在 20 世纪的 60 年代。资本主义社会到了 20 世纪以后发生了根本性的总危机。这个总危机是由于资本主义社会内部政治、经济、文化和社会生活各个领域内各主要关系所发生的根本变化引起的，资本主义社会从第二次世界大战以后便进入了新的历史阶段。20 世纪 60 年代一方面是西方政治经济和文化发展的顶峰时期，另一方面又是其深重危机面临总爆发的关键年代。因此，大部分学者认为，20 世纪 60 年代由于资本主义现代性高度发展而产生了一系列典型的后现代事件的西方当代社会，可以看作进入了一个新的社会历史阶段，即"后现代"历史阶段。

作为一个社会范畴的"后现代"，"后现代社会"是信息和科学技术膨胀泛滥的新时代。我们已经看到了这种"后现代社会"的种种迹象：靠高科技的力量符号化、信息化、复制化的人为文化因素愈来愈压倒自然的因素，各种事物之间的差异的界限不断模糊化，因果性和规律性为偶然性和机遇性所取代，休闲和消费活动优先于生产活动，娱乐和游戏正在取代规则化和组织化的活动，生活形式日益多元化，社会风险性日趋增高，原来传统社会中以一夫一妻为基础的社会基本单位"家庭"正在逐步瓦解和松解，公民个人自由被极端化，各种社会组织也逐渐失去其稳定性，各种组织原则正不断地受到批判。

作为一个文化范畴，后现代主义所表示的，是对现代文化和以往传统文化的批判精神以及重建人类文化的新原则。信息时代的到来使人们措手不及，在人们还来不及理解和了悟的时候，"后现代"的各种表征出现在人类生活的各个方面，正在改变人类整个社会结构，改变人类生存的整个社会文化环境和文化世界，深刻地影响着人们的价值心理和价值观念的变化。

（三）后工业社会的到来

后工业社会的到来，使城市从工业中心、生产中心转变为文化中心和消费中心。以大众文化为主导的城市文化形态，日趋呈现消费文化的特征。物质产品的丰富以及商品生产的多样化和个性化发展，市场上物品的五花八门，使得"选择"成为人们生活的"必需品"，而在大多数的情况下，"时尚"就成了这种必需品。大众文化所遵循的就是追求时尚的原则。

从工业时代登上舞台的大众文化，在后工业时代已走到了舞台的中心，对城市文化形态起到了控制的主导作用。这使得我们的城市正在变得"时尚"起来。原来属于好莱坞影城和迪士尼乐园里的东西，被搬到了城市的街头，而后在"向拉斯维加斯学习"的口号之下，又被普及到了世界各地。"真实的实在转化为各种影像；时间碎化为一系列永恒的当下片断"，弗雷德里克·杰姆逊所指出的这个后现代文化的特征，已开始成为后现代的城市文化特征。城市，作为现实生活的场所已被影像化了，而所谓的"文脉"也仅是一系列历史碎片的"拼图"。

由于信息的爆炸和泛滥，现在的世界是一个虚拟与现实并存的世界，一个不真实的和被制作出来的世界。高科技的力量正在把世界"统一"成为语言形式的世界、符号的世界。作为商品文化和大众文化最重要标识的形象化，即形象脱离了它的内容，成为一种独立存在的因素，已成为城市的文化的普遍性特征。模仿、复制、批量生产以及翻新和重塑，使得城市景观到处似曾相识。另一方面，精神意蕴的平面化，以形式上的华美、离奇和紧张、刺激来取得效果，使得城市景观影像化。我们的城市已被弄得支离破碎，文化失序与风格的杂烩混合已成为基本的空间特征。从摩尔的新奥尔良意大利广场到上海浦东陆家嘴的"高层建筑动物园"，我们所看到的是一副副城市景观的MTV。从这些城市景观所反映出来的非深度、非完整性与零散化的趋向，以及多元共生性和思维的否定性等特征，都已呈现出后现代的现象与特征。

后现代文化的特色是一种以消费文化、大众文化为主导的多元化的无中心文化。人们已经不再感受世界，不再经验和反思世界，而是消费世界。我们的城市也就成了"正在被消费的城市"。目前在我们的城市中流行的大众化的消费文化，是一种贴近生活原生态的文化模式。它是以现代大众传播媒介为依托，以此时此刻为关切中心，以吃喝玩乐为基本内涵的消费文化和通俗文化。消费已不再是对使用价值、实物用途的消费，而主要的是对"符号"的消费，对"地位商品"的追逐成了时尚。消费文化并不是魔鬼，对符号的消费体现了人们对文化所应具有的意义的追求。人们在生活方式的风格化和自我意识的确定中，把生活方式变成了一种包装生活的谋划和对自己个性的展示与地位的感知的途径。当商品和产品已成为符号的消费时，城市与城市文化也就成了消费的符号和消费文化的符码。

● 小结：进入信息社会，脱胎换骨式的文化转型，以前所未有的方式把我们抛离了所有可知的社会秩序和轨道，使我们陷入了大量尚未理解的事件。后现代城市的形象已初步呈现出主体与客体正在同时被消解的梦幻般的"影像世界"的端倪。后现代的城市消费文化现象，既是在文化转型过程中各种文化精神和价值观念的碰撞现象，又反映了城市居民面对基本生活方式改变的无所适从的噪动感。

通过对城市发展与文化模式之间关系的简要考察，笔者认为城市的发展所遵循的并不是自然的客观规律，而是社会发展的规律；城市的形态与城市空间结构的发展变化并没有不以人们意志为转移的自身的发展规律，而是与人类的文化发展和人们的文化模式以及价值观有着密切相关的关系。城市规划作为一门学科并不是自然科学，也不是应用科学，而应当是社会工程学。城市规划追求的并不是所谓的"科学性"，而应当是"合理性"；评价城市规划的标准不应当是"客观性"、"准确性"和"合规律性"原则，而应当是"公正性"、"公平性"和"合目的性"原则。城市规划不仅应当重视目标和成果的合理性与可操作性，更应当重视过程的正当性和公众性。

——本文原载于《中国城市规划学会2007年年会论文集》

"社会公平视角下的城市规划"之议

目前规划界有几个动向，一个是社会学、经济学等相关领域的学者有一个空间转向，他们从1990年代以来特别关注空间建设的问题；规划界目前也有一些转向的问题，即价值转向、制度转向和角色转向。

前一阵看到有一些文章写到，城市规划主要是空间规划，如果我们丢掉这个饭碗，我们就会失去话语权。什么叫话语权？如果搞空间规划，你就有话语权了？从历史上看，真正的规划话语权并不在我们规划师手上，而是在领导手上。所以话语权不是规划师的问题，这是个制度问题。规划的领域在不断拓展，社会学、经济学，包括社会公平等等价值的问题都进来了。如果规划师不拓展视野，就可能成为离群的白天鹅，孤独地死去。所以规划的理念要改变。霍华德等人原本也不是规划师，他们进入了规划领域，成了我们现代城市规划的鼻祖，所以规划本来就是很多人参与的。

第二是体制转向问题。1986年我从国外回来，曾写了一篇文章叫《陈旧落后的规划观念必须改变》发表在《城市规划》杂志，提出规划应该从原来的指令性规划向契约性规划转向。我认为《城市规划法》中没有公众参与的明确规定是制度缺失。城市规划从编制到评审再到审批，一直到国务院，都是政府在参与。虽然有一个公示的规定，但只是事后公示，是规划做完了以后对老百姓的宣传。在规划的编制和审批的过程中，老百姓真正参与的可能性很小，所以我们必须在制度设计上就加上这一条，因为公众参与是老百姓的权利。

另外就是角色的转向。20世纪80年代我在国外参与做社区规划时，感觉自己就像"文化大革命"当中的赤脚医生一样。规划师下到基层跟老百姓一起商量做规划，各种利益阶层的人都可以充分表达他们的意见。现在规划师所做的，那是听老板、开发商跟你怎么讲你就怎么做，但真正的业主也就是最后买房子的业主并没有在场，没有办法发表意见。实际上规划师是一个桥梁，是一个协调员，表达不同意见，听取不同意见，最后向政府反映，进行上下沟通，这个是我们的角色转换。如果我们在这几方面都做一些工作的话，我想我们的规划在公平性、公正性方面会做得更好一点。

——本文原载于《城市规划》2007年第11期，题目有改动

更新时与更新期

——影响城市更新效益的时间因素探讨

城市更新中过早对建筑物或街区进行改造，从建筑的寿命、生态成本来看，改造的经济、环境效益不高，同时也可能存在社会问题；如果改造的时机选择得太晚，建筑物或街区应有的效益没有很好的实现，对于资源价值高的城市中心区而言是一种隐性的土地资源浪费。具体的改造项目什么时候开始改造，更新效益最高？

更新时即更新对象开始改造并取得更新效益最高的时间段。

人们承认整个城市更新的长期性、艰巨性，但对具体项目却常常要在短时间内给予解决。对于千差万别的改造项目，及其背后的经济、社会等问题是否是短时间内可以完成？留心国外的城市更新可以发现，国外有的街区改造时间跨度持续时间几十年，而我国顶多两三年，国内外的反差值得思考。

更新期即项目立项（项目建议书获得批准）到项目竣工验收的时间段。

一、更新时

（一）更新的标志

城市的物理形态一旦形成以后，在空间上是以静态的形式存在，但作为使用者的人以及经济效益却是动态的，这些动态要素的变化反映了城市空间的发展与衰退。在城市空间衰退的过程中往往会出现：人口数量的减少或质量的降低，以及租金的降低等现象。

1. 人口的变化

由于积极因素和消极因素的作用，城市空间不断的发生变化，逐渐形成对人有吸引力、或排斥力的新空间。对于有能力迁居的人来说，或迁往更好的环境、或离开有排斥力的恶劣环境，留下的空间可能出现两种情况：一种是人口数量的绝对减少；另一种是更低收入人群向内迁居，这时人口数量不一定减少，甚至增多，但是人口的质量（如文化程度、经济收入等）是降低的。在城市化的初期和后期城市总人口变化不大，人口数量的减少是比较常见的；城市化加速期，城市人口的急剧增长，迁居留下的空间很快被其他人替代，人口数量绝对降低比较少，主要体现在人口质量的降低。

2. 租金的降低

城市空间衰退在租金上往往表现出租金数目的绝对降低。比如在改革开放前期，我国城市中工厂占有空间的经济效益可以通过生产成品的数量和价格来体现，改革开放后、有些工厂在市场竞争中被淘汰、厂房成了闲置厂房，在租金上来说是绝对降低的；在城市快速发展的阶段，城市空间有时表现出相对衰退。比如，我国城市化进程中有些城市空间进行"退二进三"、"土地置换"的调整、经济效益得到提高、而没有调整的城市空间在租金绝对数目上是不变，但是同周边调整过的城市空间比较，租金数目在相对来说却是降低。

人口数量的减少或质量的降低，以及租金的降低等现象是城市更新的信号。

（二）更新时的影响因素

影响更新有多种因素，不同的因素决定不同的更新时机，有的甚至是制约更新时机的"瓶颈"，主要体现在以下四个方面：

1. 物理形态的自然老化

城市空间及其组成部分建筑都是由一定材料建造而成，材料的物理性质决定了它们的寿命。在当代社会，建筑的物理性能对更新的决定意义越来越小，大多数的建筑远在其自然破坏之前就已经更新或拆除重建，但物理形态的自然老化而决定更新时的因素依然存在，比如说具有历史文化价值的旧城区。物理形态对更新时的制约，可以说是最低程度的制约。

2. 人们需求观念的变化

社会经济的发展，人的需求准则在改变。建筑及其组成的街区可能出现功能性过时和形象过时。功能性过时可能是建筑本身的原因，建筑的功能或设施不能适应当前及未来使用者的标准和要求（比如我国20世纪80年代建设的低标准住宅）；功能性过时也可能是由于区域的原因而引起的，因建筑所以依托的外部环境而产生不足。例如街道狭窄难以满足现代交通和可达性需求能力。

形象过时是对建筑及其组成的街区形象感知的结果。形象过时可能是泛泛的，也可能是针对某种特殊的功能而产生的。例如与早期街区形象相关联的空气污染、噪声、杂乱无章等特征，以现代的标准显然是落后了；而一座建筑对于使用者（比如宾馆）来说，当不再传递着一种适当的形象时也是一种过时，就需要进行立面改造。

通常来说，观念的变化引起的更新先于物理形态自然老化引起的更新。

3. 城市空间结构的调整

城市发展的不同阶段都存在着城市空间结构的调整，只是微调和大调的问题。在城市化初期和后期，城市人口变化缓慢、产业结构趋于稳定，城市空间大的结构也趋于稳定，城市改造主要是对局部的空间进行调整；在城市发展的高速期，人口的聚集、城市经济结构的调整和城市功能变化引起的城市空间结构调整。当前我国城市空间正发生急剧的变化，城市工业布局由原来位于城市内部占主导地位转变为向郊区扩散占主导地位，第三产业的发展、新服务业向城市中心区聚集，新建的居住区分布在城市的各处，这必然引起街区及其组成部分建筑的更新。

在城市快速发展期，城市空间结构的调整成为决定更新时的主导因素。

4. 土地使用的机会成本

建筑物建成以后，便决定了的房地产价值，通常可以用建筑物的租金来表示。随着城市经济社会的发展，土地资本还具有其潜在的价值量，即转换使用方式后的收益率及资本化的土地价值，这就是土地使用的机会成本。再开发是对土地使用的机会成本的反应，其时机取决于既定的建筑物价值和潜在的地块价值之间的相对变化关系。学者研究表明：最佳的城市再开发时机是，当再开发后的土地地租与再开发前的土地地租之差等于再开发成本时。

土地使用的机会成本与城市空间结构调整是紧密联系的，土地使用的机会成本促进城市空间的结构调整；反过来，城市空间结构调整不断改变着某些土地用途的机会成本，给城市再开发带来适宜的时机。

（三）更新时的确定

1. 常规发展城市的更新时

在城市发展缓慢的阶段，自然老化和观念的变化对更新时起决定作用；在城市发展高速期，城市空间结构的调整、土地使用的机会成本成为决定更新时的主导因素。不同的影响因素有着不同的更新时，如果几次更新的目的能在一次再造中给予解决也大大的提高更新效益。比如，我国20世纪50年代的建成区因为物理形态的自然老化而需要更新，现在也是我国城市空间结构调整的时间段，两个因素引起的更新如果在一次改造中完成，就可以避免二次更新。遗憾的是，我们常常看到在20世纪80年代，甚至是20世纪90年代由于居民、单位的自发更新，或者是开发商看到土地的机会成本而进行城市再开发，在随后的城市空间结构调整地调整中有些不得不拆除，建设与毁弃的速度是惊人的！

这也解释了当代中国城市更新低效益的现象，同时也说明了不同因素引起的更新时如果时间相距太近，显然更新效益不高。每次更新都是对街区、或建筑使用年限的一段时间延续，如果在其使用年限未到之前就进行更新，无疑是经济的浪费、生态成本的过渡消费。

通过以上分析可以看出：如果不同因素引起的更新时如果能够具有"同时性"，则更新效益最佳（图1）。

2. 重大节事为城市更新提供一个契机

在城市的发展过程中，重大节事（体育竞赛、博览会、文化庆典等）对城市发展起着极其重要的推动作用。一个城市在获得重大节事的主办权后，往往会进行较大规模的超前规划和建设，常常涉及大型公共设施、交通网络、城市开放空间、城市旧区等方面的一系列建设活动。而举办重大节事的地方政府也将调动各方面资源，

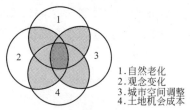

图 1　更新影响因素的交集

1. 自然老化
2. 观念变化
3. 城市空间调整
4. 土地机会成本

使得在常规的政策手段下不可能实施的一些大型城市项目得以建成，也使得公共或私人的各投资建设建设项目在时间上得到了同步。这些重大节事作用在时间和空间上的凝聚点相对集中，城市更新的目标明确，而且要短时间内实现，这为城市更新提供一个契机，改变了常规发展城市的更新时。

重大节事对城市更新时的影响主要体现在 3 个方面：首先，重大节事促进了城市非常规的发展，对城市空间的"质"和"量"上提出新的需求，城市建设的目标提高，改造的范围扩大，原来不需要改造的也列入改造范畴，也就是说，有些改造对象的更新时提前到来；其次，重大节事中城市更新的旗舰项目，可以带动周边更大范围的发展，加快地区开发复兴的步伐，特别是重大节事场所的就近地区具有更新的可能性，也就是改造时机到来；最后，重大节事往往集中在一个较为短暂的时段，建设规模巨大，节事过后要考虑场所的后续利用问题，也就是要主动考虑"二次更新"的时机问题。

二、更新期

当前我国城市更新中，对建筑空间"量"的需求多于对"质"的需求掩盖了许多问题，隐藏的问题或多或少正暴露在我们面前。这些问题可能引发新一轮的更新，反过来影响了我国城市的发展和城市化的进程。随着我国经济增长方式从粗放型向集约式的转变，城市更新应作出相应的转型，更新过程是影响城市更新"粗放型"或"集约化"的一个重要因素。

（一）国内外更新期对比

西方发达国家的城市更新经历了大规模推到式重建的激进式更新，转向以多元参与、社区邻里规划为主要特征的小规模渐进式更新，更新期经历了一个由短到长的转变。比如伦敦金雀码头（1985～2010 年）；德国的斯图加特车站区复兴工程（占地约 100hm^2、1993～2020 年）等等。与西方发达国家相比，我国的城市更新无论是规模上要大得多，速度上要快得多。

我国的城市改造更新期比外国短：首先，城市的发展阶段不同。西方发达国家经历了城市化，城市处于稳定饱和期，城市更新在吸取以往急剧式更新经验教训的基础上，更加注重全面的"效益优先"；而我国处于城市化的加速阶段，原有的建筑空间、基础设施容量远远满足不了增长的需要，在这种情况下城市更新也难免"速度优先"。其次，经济环境的不同。西方发达国家长期受市场经济的影响，城市空间的形成、发展、更新受价值规律支配，有着较稳定的城市社会经济空间结构；而我国原有的城市空间发展有着明显的计划的烙印，改革开放以后，计划经济下形成的城市空间结构与市场经济所需求的空间结构存在着矛盾与冲突，短期内要解决这矛盾难免要加快更新速度。最后，公众参与的程度不同。西方在 20 世纪 70 年代以后，城市更新重点从大规模的重建转向社区环境的综合整治、社区经济的复兴以及居民参与下的社区邻里自建。这种"自下而上"的方式在更新决策、实施上都影响着更新期；改革开放以来我国城市更新主要是采取"自上而下"的方式，有时领导任期内的"政绩"行为也加快了城市更新的速度，缩短了更新期。而我国的公众参与刚刚起步，在深度和广度上很难制约城市更新中的非理性行为。

以上因素直接或间接影响着更新期。我国更新期较短是有理由的，但不能因此而判断更新期是合理的；西方发达国家更新期较长的同时更新效益也更高，其中是否有必然的联系？

（二）阶段性更新与分期更新

1. 阶段性更新

当对某个具体项目进行更新时，人们有意无意的追求改造的终极状态；其实不然，更新是阶段性的更新，目标是阶段性的目标。纽约中央公园经历了150年的发展历程，公园与城市同步发展，随着城市的阶段性发展，公园针对不同时期的衰落作出相应的更新措施。对于纽约中央公园这类具有较长发展历程的城市空间，人们在回顾、总结经验时，很自然的会发现"阶段性更新"对保持中央公园的活力不衰的起着重要作用。

从城市发展的角度看，有时改造对象现状与改造后目标的差距过大，为了目标的实现，改造主体依据改造对象的现状、资金来源、城市的发展阶段等因素延长更新期，主要表现在阶段性更新和分期更新。阶段性更新是"同一空间在不同时期"有着发展，逐步达到改造目标，比如说改造改造后的目标与现状的差距是10，第一次（T1）改造达到了3，第二次（T2）改造达到了7，第三次（T3）达到了改造目标10（图2）。

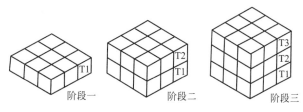

图 2　阶段性更新示意

阶段性更新是以改造的时间轴来划分，强调改造现状到目标实现过程的"阶段性"。

2. 分期更新

分期更新是以改造对象的空间来划分的，强调不同时间段对不同对象的改造，改造的空间和时间界限比较清晰。

旧金山的叶巴·贝那中心（占地 35.2hm²），从1953年首次被确定为城市再开发区开始，先建设莫斯科内会议中心和福利住宅，然后建设旧金山现代艺术博物馆，再建设索尼娱乐中心，目前仍在建设和完善当中。历时50年逐渐从贫民窟转变成为以文化设施和公共空间为主的新城市中心区。旧城改造的复杂性使大多数项目不可能一蹴而就，更新期长客观上有利于改造效益的提高，主要体现在：①城市中一些不确定因素逐渐明确清晰起来，有利于对用地功能和空间关系的确定，避免盲目性；②有助于检验各个阶段的建设成果，在随后的项目选择上有"弹性"，避免一次性建设的"刚性"；③在资金不是很充裕的情况下，分期更新避免一次性投入过大、周期过长、减少风险，以有限的资金确保部分项目的完成，后面的阶段可以利用前面阶段回收的资金来完成。每一阶段、每一部分的改造比一次性的整体式改造趋近于合理，经过累积效应，城市更新的效益也得到提高。

分期更新是"不同时期不同空间"达到了改造目标，比如说某个街区从空间上分 A、B、C 三个地块实施（改造后的目标是10），那么第1次 A 地块改造达到目标10，第2次 B 地块改造达到目标10，第3次 C 地块改造达到目标10（图3）。

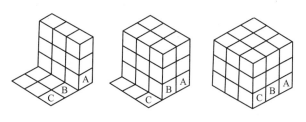

图 3　分期更新示意

即：阶段性更新是从时间来"分化"改造的"度"；分期更新从空间的划分来减小改造的"度"，导致更新期的延长。

（三）更新期的影响因素

1. 改造对象本身的性质

对城市空间进行更新，必然会引起改造对象"量"的变化，主要体现在物质形态的物理变化、人口构成的变化，以及负载在物质形态与人们活动中的城市历史文化。"量"的变化大小影响着改造的方式，进而影响着更新期的长短。

改造实现某个目标，既可以采用拆除重建式也可以是小规模渐进式更新。拆除重建式主要关注改造后发展目标，在方法上规划设计、拆除、建设统一实施，整个过程以刚性为主。在既定的社会、经济条件下，拆除重建式改造往往有时间限制的，如果到了预期的时间没有建设完成，不仅仅浪费土地潜在的收益，同时也影响城市景观。小规模渐进式适用于对现状保留为主的改造，改造中尽可能的利用现状，在方法上并不需要统一建设，而是据现状特征、结合未来发展的需要作局部更新，在改造在时间上具有弹性。

改造前后的差异越大、改造中受到的现状的制约越少；改造目标目标明确、问题的集中解决，缩短更新期有利于改造效益的提高；反之亦然。比如说历史街区通常是采用小规模改造，延长更新期，有利于城市文脉的延续；而对于废弃的工厂、或没有历史文化价值却占有着良好区位的低容积率街区，采用拆除重建方式也是可行之道。

2. 改造对象的外部条件

具体的改造总是与外部条件紧密相连，即可能是客观的城市发展阶段，也可能是主观上人观念的改变。西方发达国家经历了城市化，大多数城市已基本上完成了城市骨架的建设，改造主要是对城市空间的巩固、充实、提高；而我国处于城市化加速速期，相应的城市空间结构的调整要适应社会经济发展的变化。在某个时间段，一个城市可能有许多地方需要改造，但是受到条件限制，往往只对其中一部分改造，过了一段时间对剩下的部分进行改造。未改造的部分本身的性质并没有改变，也就是说，决定更新期的内部因素是不变的；但是，改造的外部条件（比如更新观念、决策者的意愿、社会经济状况）发生改变，可能引起更新期的变化。比如上海苏州河的传统工业区在 20 世纪 90 年代主要是开发房地产，2001 年改造为以设计和休闲产业相结合的文化集聚地。改造方式从原来的推倒式重建转向小规模更新，改造的更新期原来短期、急剧式转向渐进式的。

重大节事也是影响更新期的一个重要因素。在城市非常规发展的情况下，有时改造结束的时间点是先确定的，从而"反向"决定更新期和更新时间。比如重庆举办亚太城市峰会，改造结束的时间点是确定的，在这种情况下，原来该改造没改造的、潜在的改造对象都列入了改造的范畴，也就是说改造对象更新期缩短，更新时间也提前。

（四）更新期的判断标准

1. 是否有利于改造目标的实现

城市的发展充满了不确定性，我们不可能准确地预测未来，对未来以确定性的现状来判断未免失去许多机遇。在城市快速发展期"跨越式"发展有许多积极的意义，可以避免开发强度太低和定位太低可能导致的更新；但是"跨越式"发展有时也带来负面效应。比如，广州的"珠江新城"过高估计发展的可能性，结果不得不重新规划。对于不可预测的未来，更新过程时间长具有一定的适应性。对于改造前后差异太大的"跨越式"发展可以实行阶段性更新，强调改造现状到目标实现过程的过渡性，可实现的阶段性更新也为进一步发展提供基础。比如重庆的南滨路在改造过程中并没有"一步到位"实现目标，而是先发展餐饮、酒吧聚集人气，然后逐步引进居住、休闲业。最后形成以总部经济、会展经济、水岸经济和楼宇经济支撑的游憩商业区。广州"珠江新城"不成功的一个重要原因是因为更新过程缺少"过渡性"，导致被动的"二次更新"；而重庆南滨路的改造中主动引入"二次更新"，虽然延长了更新过程的时间段，但有利于目标的实现。

2. 是否有利于问题长期有效的解决

对于不同的改造地区，应采取不同的改造方法；在不同的城市发展阶段，对城市问题的解决方式也是不相同。在我国这种城市发展的快速阶段，渐进式与激进式的改造方式并没有优劣之分，对不同城市地区都各有疗效。更新过程的长短应依据具体的问题、看是否有利于问题长期有效的解决。比如说城中村问题，改造要解决的实质是外来劳务人员的居住城市中失地农民的收入问题。城市中社会、经济问题的长期性也决定了改造城市的长期性。因此，改造中要避免"一年内要铲除几个城中村"的做法，而是应该制定阶段性更新计划，逐步消除同周边的比较劣势，构筑"和谐城市"。改造虽然没有很高的速度与时效，更新过程也较长，但有利于问题长期有效的解决。

3. 是否有利于改造效益的提高

西方发达国家的城市更新经历了由短到长的转变这固然与城市发展阶段、经济环境、公众参与有关，但是更新过程长，客观上有利于改造效益的提高。对我国来说，城市更新即存在速度问题，也存在效益问题。如果片面的追求速度，导致更新效益不高，反过来制约着城市化进程。改造的关键是针对具体的改造对象，依据各城市的不同发展阶段和经济基础确定不同的改造标准和实施步骤；对改造对象可以采取保护、保留或改造，也可以采取拆除重建。针对具体的更新项目，更新过程多长应看延长更新过程的时间是否有利于改造效益的提高。

（本文与张其邦共同完成）

——本文原载于《2008 中国城市规划年会论文集》

文化决定空间
——消费社会语境下的城市文化精神

每个城市都有自己的灵魂，每个城市都有自己的精神，而这样的灵魂或精神就是由我们通常所说的"城市文化底蕴"所决定的。我们所见的形态和特色各异的城市，都是其各自"文化底蕴"物化的显现，是文化在视觉上的全方位显现。所谓的"城市文化底蕴"并不是一朝一夕就能形成的，它既与城市的自然地理、气候等自然环境条件有关，更与城市的发展历史、与在城市里生活居住的人们的生产、生活方式，以及由此形成的社会关系和价值观念直接相关。

城市是人类存在与生存的一种文化形态。因其所在地区的自然环境条件、发展历史和居于其内的人们的文化模式差异而形成了各自的文化精神。然而，城市的文化精神也并非是固化不变的，历史的发展和地区间、国家间的交往使城市的文化和文化精神也在不断地发生着变异。

一、消费社会的文化语景

随着信息社会的来临，席卷世界各地的全球化风暴从经济领域开始，浸漫到政治、文化等各个领域。全球化既有经济的内涵，又有政治和文化的内涵；它既是一种经济现象，又是一种政治现象、文化现象。全球化、市场化、大众化正在改变传统的城市文化模式。在全球化背景下，世界各地各异的城市文化和城市文化精神，正逐渐从其产生的特定的历史、地理和文化语景中游离出来，被解构和重组；一些发达国家和强势群体的文化特质正在直接进入其他不同地域的城市文化语景，被作为新的特质基因植入发展中国家和弱势群体。一个全球性的、新的文化网络正在形成，而这样的全球文化网络正是以消费主义为特征、以消费社会为其统一语景的。

有那么一个电影，名为《上帝也疯狂》。影片说的是在世界某地生活着一群无忧无虑、和睦相处的土著人。有一天，突然从天上掉下一个"可口可乐"的空瓶子（是从天上飞过的飞机上被人喝完以后扔出窗外的）。开始，这个前所未见又毫无用处的"上帝的废弃物"，在土著人群里被随意掷抛、易手。接着有一个聪明人创造出了它的第一个"使用价值"，随着使用价值的出现，它成了"抢手货"。最后，因为它的"唯一性"，它成了权力、身份和地位的象征。由此而引起的争夺，给原本平静、和谐的土著人社会带来了前所未有的麻烦。于是这个聪明人决心把"上帝的废弃物"还给"上帝"。然而，这个"上帝的废弃物"已深深地影响和改变了原有的文化模式，成为无法退还的"礼物"了。

作为权力、身份和地位的象征——"可乐瓶子"的"符号化"，揭示了由于全球化的入侵和冲击而使我们正在面对的消费社会的文化精神。在消费社会里，"需求瞄准的不是物，而是价值。需求的满足首先具有附着这些价值的意义"❶。作为文化表层结构的物质文化，正在通过它的"符号化"，表达出受其深层文化结构支配的文化意义。在我们正步入其中的消费社会，作为人类文化在视觉上的全方位显现的城市形态，也正以其视觉形象的"符号化"揭示出由其深层的文化结构所支配的城市文化精神。城市文化物质形态的"符号化"，就是当前消费社会的文化语景。

二、文化架构上的不同已日益成为理解现代城市的重要方式

符号化需求和符号化消费已成为当今社会的一种文化特征。里斯曼指出："今天最需求的，既不

---

❶ 让·波德里亚. 消费社会 [M]. 刘成富，等译. 南京：南京大学出版社，2001。

是机器，也不是财富，更不是作品，而是一种个性。"❶ 消费社会的基本特征，体现在人们的需求并不是对某一物品的需求而是对"差异"的需求。因为"在作为使用价值的物品面前人人平等，但在作为符号和差异的那些深刻等级化了的物品面前没有丝毫平等可言"❷。

唯一性、差异化和个性化，已成为人们普遍的价值观念，成为消费社会文化精神的重要支柱。对于人们居住于其中的城市而言，如何使自己的城市具有与其他城市相异的、个性化的城市形象，已成为共识。而如何提炼城市文化精神的文化内涵，使其成为表征城市文化精神个性化的符号，则是城市规划师和建筑师们施展才能的天地。于是，地方文化所强调的自身的身份、自身的根，以及自己的文化模式和价值观正在被重新发现和重视。

全球化的过程本质上是一个内在的、充满矛盾的过程：它既有一体化的趋势，又有分裂化的倾向；既有单一化，又有多样化；既是集中化，又是分散化；既是国际化，又是本土化。❸ 当全球化的消费主义在借助文化传播进行渗透时，当抄袭和模仿正在世界的物质生产领域肆虐时，各个国家、城市的制度、法规，以及传统价值观、习俗和生活方式等地方性因素起到了主要的抵制作用，从而使得不同国家的不同城市，仍然能保有它们反映各自地方文化精神的城市形态和形象。在全球经济一体化的大背景下，世界各地的城市面貌和形态并没有被一体化，城市文化和城市空间形态的本土化反而显示出了日益重要的意义。文化架构上的不同已日益成为理解现代城市的重要方式。

三、城市人、城市文化精神与城市空间

不同的城市文化具有各自的主要功能及不同的核心价值，而不同的文化精神又决定了不同的城市空间，使城市具有各自的城市形态和城市形象。

在全球化消费主义语景下，我国城市也在悄然发生着一些变异，传统中国城市的文化精神与西方消费主义的结合正在创造出一种具有显著地方特色的新文化城市景观。杨东平先生在其所著的《城市季风》一书中指出，可以从 5 个方面去认识城市文化：①城市的历史传统和社会发展；②城市的制度组织和社会结构；③城市的文化建设和文化产品；④城市的人口构成和文化素质；⑤市民的生活方式和生活质量。❹ 我们可以按照这样的线索来看一下几个典型的城市，认知城市文化精神与城市空间的关系。

北京：这是一个古老而年轻、保守而激进、大雅而大俗的城市。北京被认为是中国"最大气"的城市，而这种大气的骨子里透露出来的是一种"贵族气"。"坦坦荡荡，大大方方；巍巍峨峨，正正堂堂；雄雄赳赳，磅磅礴礴；轰轰烈烈，炜炜煌煌"。这是郭沫若在中华人民共和国建国十周年前夕写的《颂北京》中的句子，恰当地表达了北京正在追寻的这个历经 640 余年、三代"天朝大国"的古都的皇家之气。如果说上海是以其拥有中国大陆之最的高楼来表达其处于中国经济中心的巅峰的话，那么北京则是以其建筑的宏大巨制来表达其政治中心之辉煌。为"国庆十周年"献礼的人民大会堂等"十大建筑"，以其巨大的尺度令世人瞩目。自 20 世纪 90 年代以来，上海浦东的快速"长高"，早已打破了当年堪称"东方第一高楼"的 24 层楼的"国际饭店"所保持的记录，金茂大厦、上海环球金融中心这些拔地而起的摩天巨楼不仅令天下高楼尽折腰，更显示了上海争当"世界城市"的雄心。与上海比高？这是拥有"国宝"故宫的北京所不允许的，也是一种无奈的"保守"。自古以来，汉、唐长安，元大都，明、清北京，以及传说中的"阿房宫"，现存的"紫禁城"，都是以首屈一指的宏大规模，领跑于世界国都和皇宫之前列的。面对"世界大都市"的挑战，北京何以相对？被称为"北京四大怪"的首都大剧场、"鸟巢""水立方""央视大楼"，以及王府井大街的东方广场等建筑，既宏大，

❶ 让·波德里亚. 消费社会 [M]. 刘成富，等译. 南京：南京大学出版社，2001.
❷ 同上.
❸ 赖纳·特茨拉夫主编. 全球化压力卡的山界文化 [M]. 吴志成，等译. 南昌：江西人民出版社，2001.
❹ 杨东平. 城市季风 [M]. 北京：东方出版社，1994.

又"后现代"，既有皇家的贵族气派，又引领世界新潮。大雅而大俗，"光荣和梦想"俱有！

上海：在北京已成为元大都之后的第 14 年，即公元 1291 年，上海正式设县。直到明末清初，上海县城仍是仅有 10 条小巷的"蕞尔小邑"。上海的发迹是从 1843 年开埠，并伴随着成为众多列强租界的半殖民地的屈辱史开始的。"华屋连苑，高厦入云，灯火辉煌，城开不夜"，上海的畸形繁荣和增长，蕴育发展出了中国前所未有的一种新文明。研究过上海近代史的美国学者罗兹·墨菲曾说过："上海是两种文明的会合，但是两者中间哪一种都不占优势的地方"。约有一半的老上海市民居于其中的"石库门"，就是东、西两种文明会合，但哪一种都不占优势在建筑形式上体现的最好例子。它既像"院落"，又似洋楼；既非"平房"，又非"公寓"。"石库门"在追求经济合理性和功能合理性的同时，也为传统的生活方式和家庭温情的寄托留有了空间。而住在石库门房子里的新兴"中产阶级"，大多衣食有着，但求稳定，他们依靠自己的努力和勤勉在慢慢往上爬的现实生活中所形成的各种品质和观念，构成了被现代人称为"小资情调"的上海人最基本的生活态度和文化精神。上海人做梦往往首先做的是富翁梦，而非贵族梦。继 18 世纪 60 年代上海成为中国最大的贸易港口和经济中心城市之后，19 世纪 20～30 年代，上海又一度取代北京成为文人云集的文化中心。新中国成立以后，上海的商贸中心地位是其他城市无法望其项背的，上海的"大白兔"奶糖和奶油蛋糕打遍全国市场无敌手。然而，改革开放的政策却使中国的经济重心南移，上海陨落了。"80 年代说广东话，90 年代说闽南话"，新世纪之初该说什么话？"老子先前也阔过"，这是鲁迅小说中的人物阿 Q 常放在嘴边的话。当然上海人要的并不是嘴上功夫，他们做梦时也在想方设法寻回曾经的辉煌。在上海菜馆里，你每每可以看到贴着发黄的 19 世纪二三十年代的"老照片"，以示它的"正宗"。怀旧已是上海最重要的旅游资源，追寻"小资"已成为上海新的文化情结。"上海新天地"适时地出现，它的成功之处，就是搭到了上海文化精神的脉搏，圆了上海人的"怀旧"梦。它是一处上海人可以在这里找到"老上海味"，外地人可以在这里找到"外国味"，外国人可以在这里找到"中国味"的地方。有一位网民在博客上如此发表感慨："我经过多少年的奋斗，终于可以像上海的小资们一样，坐在新天地里喝上一杯咖啡啦"！上海"一城九镇"的"德国城""意大利城""荷兰城""泰晤士小镇"等的建设则又从另一个侧面，表达了上海试图展示其再一次敞开大门、融入世界、"东山再起"的心怀。然而抄袭、模仿式的"洋人街"，没有像"洋泾浜"式的怀旧的"新天地"那么成功，因为它们毕竟缺少"老上海"的文化底蕴。

杭州：曾因皇帝逃亡南下而成为偏安一隅的南宋京都的杭州，其所具有的是遗老遗少和风流雅士们的文化精神。莫干山、钱塘江和西湖是上天赐予的造化，而"花港观鱼""雷峰夕照""三潭印月""断桥残雪"等美景则是文人们的精工之作。在山泉叮咚、烟柳画桥的深处，杭州人品茶赏月、谈情说爱。他们守着天堂般的美景，过着神仙似的日子，钟情于没完没了的好时光。杭州人绝不出头，他们知道"枪打出头鸟"，韬光养晦是他们的独到之处。在杭州，你看不到北京那种恢宏巨制，你也无法容忍"与天公试比高"的摩天之作。于是杭州被认为是"最女性化的城市"。建于柳浪闻莺边的"西湖天地"，"犹抱琵琶半遮面"地体现着一种朦胧美。杭州人不喜欢在大街上喝茶、吃饭，喝茶必进亭、堂、楼、阁，你无法在西子湖畔找到"大排档"那样的去处来个狼吞虎咽，杭州人认为那样不雅。于是到杭州新天地，你必得进门入室，"躲进小楼成一统，管它春夏与秋冬"，不像上海新天地可以在露天散座。杭州人绝不死追一头，"湖滨印象"的"洋化"又处处透露出骨子里的迂夫子气。到杭州一游，几天之后，人也会变得斯文不少。

深圳：改革开放的大潮，使深圳在二三十年间从千来人的小渔村变成了千万人口规模的现代化大都市。这样的巨变，固然是中央政府建特区的特殊政策使然，但也与深圳人的奋斗和拼搏精神分不开。在"时间就是金钱"的口号下、忙碌的深圳人创造了令人惊叹的"深圳速度"。全面开放的理念，冲破藩篱、走向世界的信心，敢想敢做、超越现代的期待，快节奏的生活，"敢挣也敢花"的价值观，使得在深圳这个"边缘都市"的大地上，出现了以传统中国文化为主体的"内地"城市中见所未见的景观。被叫作"市民中心"的市政府办公楼，一改警卫森严、使人望而生畏的封闭式高楼深院，呈现出一派开放、活泼、亲民、和善的氛围。"华侨城"所建的社区中心，为拼搏了一天而拖着疲倦身子回家的深圳人，在进家门之前有一个可以喝咖啡、聊天、找回美好生活感觉的地方。这样的空间所表达的文化精神难道不是特区精神的所在么？

成都：成都地处四川盆地的中心，历史上是被称为"天府之国"的蜀国都城。四川优越的自然条件一方面培育了四川人的一些优良性格，但另一方面，四川人的小农意识也因此远较其他地方为甚。"小富即安"，成都人有着"工资不高，钱可不多，只要清闲，心满意足"的良好心态。成都人爱玩、爱休闲。每逢双休日，他们就会带上家人、约上朋友，开着"驼儿车"（借着奥托汽车的"托"字谐音，成都人戏称为"驼儿"）去郊外的"农家乐"度上两天假，既花费不大，又十分惬意。广东人玩的就是心跳，成都人玩的则是风雅。成都多出文人、才子，特以怪才而著名。成都人心情好的时候都爱"吼"上几声，因而成都人被称为"玩友"，大多都能"玩"几句川剧。成都人的风雅使得成都人喜爱古玩，不管是真古董还是假古董，只要看着像那么回事就行。新近拆了重建的文殊院和无中生有的"锦里"，真还讨成都人的喜欢。广东人和成都人都爱喝茶，但广东人喝的是功夫茶，重品鉴，成都人喝的是雅茶，重在气氛，不在内容；广东人喝的是多事茶，成都人喝的是闲茶。❶ 在成都会展中心新建的五星级宾馆里，也少不了要拿出整整一层上千平方米的面积来弄上一个大茶馆，让成都人边嗑瓜子边看变脸和吐火。"忙里偷闲，吃饭茶去，闷中寻乐，拿支烟来"，成都的"安逸"文化，可以说是到了家的。

重庆："山高路不平，口吃两江水"的重庆城和重庆人，虽与成都同处四川盆地，但成都是盆的中心，而重庆则已是盆的沿口了。重庆人没有成都人那么雅，重庆人也许更多地秉承了"两湖填四川"时湖南和湖北人带给他们的豪爽之气。重庆人的性格和重庆城的文化精神隐藏着全生态的大山大水的底蕴，这明显地表现在其重袍哥文化上。"鬼门关外莫言远，四海之内皆兄弟"，近现代重庆人以袍哥为荣耀。袍哥本来是一种反清秘密会党，与南方云贵黔湘的哥老会同属一家。袍哥虽然是一种帮会，但显然与上海青、红帮的流氓帮会性质有别。"关了巫山峡，袍哥是一家"，袍哥讲的是纪律分明，服的是讲义气的关圣。合群、抱团、讲"兄弟伙"义气、喜欢热闹，是重庆人典型的性格。林语堂先生曾说："吃是一种民族文化，吃反映的是民族性格。"素未谋面的陌生人可以围着桌子在同一只火锅里捞东西吃，是重庆人合群、喜欢热闹的性格的最好写照。据说前几年重庆也曾打算在嘉陵江边建一个"重庆新天地"，把"上海新天地"移植过来，但方案总是难以实现。最终出现在嘉陵江边的，是一个结合地形、附岩爬山的"洪崖洞"，这真是一个活脱脱地展现了"全生态"式重庆人生活方式的地方。而"新天地"之所以无法生根，是因为这里缺乏"小资"的土壤。

武汉：武汉古为楚国之地，楚文化为武汉的城市文化打上了厚厚的一层底色。楚文化的最大特点是动静相生、博大精深。所谓"天上九头鸟，地下湖北佬"，说明了武汉人的精明能干和城府之深。武汉的夏天分外闷热，被称为沿长江的"三大火炉"之一。火辣的气候也铸就了武汉人粗放的性格。武汉人常说："没有杀不死的猪"，武汉人的粗犷比不上北方人，但他们逞能、不服输的劲绝不比北方人的粗犷逊色。"九省通衢"的便利交通和居中的地理位置，造就了武汉人善于经商的头脑，历史上汉口就是明代的四大商业中心之一。20世纪80年代，电视剧"汉正街"使汉正街这条又窄又乱的小街成为全国商贩关注的焦点，天天人车鼎沸、被挤得水泄不通。最近，在上海因开发"新天地"而大获成功的开发商也到武汉搞了个"武汉新天地"，虽然设计师和开发商在结合武汉的气候特点方面动了脑筋，然而他们忽视了武汉在文化精神方面的特点，该项目没能获得预期的效果。武汉是一个最具"平民化"特点的城市，汉正街成功的秘密在于它大众化的商品和极其低廉的价格。有人说："没

---

❶ 北京泛亚太经济研究所．人文中国［M］．北京：中国社会出版社，1996。

钱的时候武汉是个好地方"。确实，在汉正街里"水货"多，所谓的"名牌"，只要你有胆量大砍大杀，价格可以低得令人难以置信。所以，在武汉以低消费而享受现代生活是很容易的。一个朋友告诉我，在夏天的晚上，"武汉新天地"也人满为患，但大部分人是到这里来享受免费的室外空调和看大屏幕电视的，电视剧一完，人也即走空了。一些商家因无法将就武汉人低消费的平民化生活方式，纷纷撤离而去。而汉正街经过一代、二代、三代的扩建，商场越建越大，路愈建愈宽，然而最红火的始终还是原汁原味的第一代老汉正街。

厦门：小岛厦门。近十多年来笔者所工作和居住的城市，虽然正在实现从海岛型城市向海湾型城市的跨越式发展，但厦门人和厦门城市文化的"温和性"，却依然如故。福建的自然地理可概括为"八山、一水、一分田"，崇山峻岭几乎将福建与大陆的其他部分完全相隔，自古以来讨海谋生是地处福建东南这个海岛城市上的居民的主要生活方式。一条船、一家人，这些饱受大风大浪颠簸、经常与狂风暴雨搏斗的渔港居民，十分懂得对温暖的家庭生活的珍惜。厦门人把这个不大的海岛看作是自己放大的家园来经营，于是这个城市就被公认为"最温馨的城市"。处于四面环海的小岛人，也像处于四面环山的四川盆地中央的成都人一样爱喝茶、爱休闲。一壶茶、三五人，可以悠闲地坐上半天，大摆"乌龙阵"。19 世纪中叶的开埠通商，使厦门人也学会了以平和之心对待外来者，他们把茶椅、茶碗搬到马路边、骑楼下，有见过路者则随便打个招呼，便可以亲热地坐在一起喝上二盏。厦门筼筜湖北侧，最近开设了咖啡吧一条街。这里的景象既与上海新天地的摆到弄堂里的室外天地不同，也与"西湖天地"隐入室内的"居士"天地不同，这里更像是在自家的后花园，虽然实际地处马路的人行道上，也铺装以木地板和围以低矮的木制种植箱而给人以"在家"的感觉。温馨的家始终是厦门人的文化追求。

　　——本文原载于《规划师》2008 年第 11 期

传统城市规划法律制度的发展回顾

建立健全的城市规划法律制度，是实践科学发展观、建设和谐社会的重要保障。而探讨当代中国城市规划法律制度的改革途径，离不开对我国的历史有一个清晰的认识，然而这方面的研究尚未得到足够的重视，有的还停留在零散阶段，远未形成完整的体系，鲜明的"管理模式"❶也并不适应时代的发展之需，但传统中也不乏值得借鉴的因素，至少可以让今人清醒地认识我国的发展历程。从整体上看，传统规划法律制度❷的"管理模式"源远流长，但儒家"中庸"的"文化基因"以及鲜明的礼治传统，义实际成为人们所提倡的建立"平衡模式"的城市规划法律制度深层次的思想根源。

一、传统城市规划法律制度的发展历程

夏商时期的中国尚处于典型的奴隶制社会，法律制度刚刚起源。最早关于城市建设的法律可上溯至殷商，如《韩非子·内储说》中所提到的："殷之法，弃灰于道者，断其手。"此外，《尚书·序》记有"咎单作明居"，咎单是商汤的司空官，前人解释"明居"是"明居民之法也"，即属于丈量土地、划分居住区域及安置百姓的法规❸，这也是城市规划领域成文法的最早记载。

鉴于制度变迁是一个渐变的过程，笔者根据城市规划法律制度的总体特征进行了初步的分期研究。在传统法律制度中，"礼"一直扮演着至关重要的角色，因而可以按照"礼"的地位和作用将传统城市规划法律制度的发展历程大致划分为"以礼代法"、"礼法相参"和"礼入于法"等3个时期。在这个漫长的过程中，城市规划法律制度的"集团本位"得以形成并逐渐巩固。可以说，作为"管理模式"的外在制度表现和作为"平衡模式"的思想根源都在历史进程中不断得到强化。这一点，正是需要深刻理解的关键所在。

（一）以礼代法（西周及春秋时期）

周是一个建立在部落征服基础上的同姓及异性联盟的血缘政权，周初依据"宗法制"原则"封邦建国"。"宗法"是以血缘为纽带调整家族内部关系、维护家长族长权威和世袭特权的行为规范，它是氏族社会末期父系族长制直接演变而来的。西周在克商之前，就已初步具备了这个制度，取得政权以后，它就和整个国家的政治法律制度巧妙地结合在一起。形成了独具特色的"宗法制度"。

西周的城市规划法律制度与"宗法制"密切相关，其主要的法律形式为习惯法，即援引礼制的有关原则来判定是非，决定相应的处理形式，或者"遵从先例"。其中，最有代表性的莫过于《周礼》，由于该书的"冬官司工"一章早已失传，仅"考工记"一篇存世，难窥全貌。但就现有的史料而言，该书针对各级城邑的规模、道路等级、建筑物的规格、装饰，乃至门和城墙的高度等等，都作出了详尽的规定。除考工记外，《周礼》中还有不少关于城市建设制度的规定。从整体上而言，礼并不等同于现代意义的"法"，但却具有一定的法律性质，是一种综合性行为规范，这种规范在当时城市规划领域发挥了主导作用。至于成文法，仅散见于帝王发布的

---

❶ 关于"控权模式"、"管理模式"和"平衡模式"的内涵，可参见：文超祥. 走向平衡——经济全球化背景下城市规划法比较研究［J］. 城市规划，2003（5）。

❷ 本文仅探讨清末修律运动之前的传统城市规划法律制度，关于清末至建国之前的规划法律制度，可参见：何流、文超祥. 论近代中国城市规划法律制度的转型［J］. 城市规划，2007（3）。

❸ 钱大群主编. 中国法制史教程［M］. 南京：南京大学出版社，1987：21。

一些单行性法律规范中。可以说，这是一个以"礼"为核心的年代。即便东周末年"礼崩乐坏"，但从整个制度层面而言。春秋时期诸侯争霸，各种思想文化不断交融，除秦国发展了法家思想并最终一统中华外，其他诸侯国都维系着以礼为核心的状况。西周时期较为完备的"以礼代法"的城市规划法律制度，尽管并不适应后来社会经济发展的要求，但由于西周的"宗法制"为儒家所推崇，其中的一些基本原则在不同的朝代都或多或少有所体现，特别在一些具有复古倾向的时期，其影响更为明显。

（二）礼法相参（秦至唐初）

春秋末年已经开始了成文法的进程，到战国时期各诸侯国都先后制定了成文法，特别是公元前 5 世纪末魏相李悝制定的《法经》具有划时代的意义。鉴于秦是法家的主流地域，研究秦国及秦朝的相关制度显得至关重要。秦是一个长期根植于中国西北的古老民族，自商鞅变法以来形成了法家治国的局面。春秋末年，礼法分离，凡公布的法律称为"法"，而商鞅以《法经》为基础，将法典的基本形式改称为"律"，因袭至清末，因而秦朝成为中国法律发展的分野时期。

秦朝的残暴统治在农民起义的浪潮中覆灭了，汉初吸取前车之鉴，采取一些有利于社会经济发展的政策，法律方面也体现了"轻刑"的特点。汉武帝"罢黜百家，独尊儒术"，儒家的礼法思想又在新的历史时期得到了发扬。即"儒法合流，德主刑辅"，礼律结合和三纲五常的尊卑思想不仅是道德准则，也成为立法的基本原则，中华法系在这一阶段逐渐形成。

魏两晋南北朝的法律制度在社会大动荡中更替和演进，该时期已经开始了"以礼入法"的渐进过程。总的看来，尽管成文法大量出现，而"礼"却仍然与"法"并行，并没有完全融入"法"中，因而仍属于"礼法相参"阶段。

（三）礼入于法（唐初至清末）

汉代以来统治者提出的"德主刑辅"口号，在唐初得到了全面发扬。《唐律疏议》开篇就说："德礼为政教之本，刑罚为政教之用，犹昏晓阳秋相须而成也。"在社会生活中"礼"的作用十分突出。只不过其重要内容都融入法律之中并作为法的衡量标准，通过法律来实现礼制的要求，也就是后人所说的："唐律一准于礼。"五代和魏晋南北朝一样，是一个动荡的时期，王朝更换频繁，战乱不断，当然也伴随着大量的城市建设活动，但由于社会不稳定和国力不强等原因，难以开展大规模的城市建设，往往是小范围的城市改造和战后恢复建设，相关的城市规划法律制度也体现了这一特色。辽、金、西夏和整个元朝时期，立法过程就是不断吸收、继承唐宋为代表的汉族法律文化传统的过程，也是从"民族异法"向民族统一适用法律过渡的过程。蒙古人入主中原之后，由于受民族习惯影响，在法律上以习惯法和判例法为主，并未形成统一的法典。从法律进化的角度而言，似乎这一时期有倒退的倾向。总的说来，元朝的法律制度乏善可陈，只有土地、房地产的买卖制度相对较为完善，尽管这是五代以来确定的法律制度，但《元典章》却规定了严格的手续。明清时期社会经济持续发展，但整体上维系着唐朝建立的基本制度。

总的看来，礼的思想已经融入法律制度之中，在法律实施中不断地影响中国人的思想意识。

二、传统城市规划法律制度举要

（一）城市土地制度

我国古代受均田制的深刻影响，包括住宅用地在内的土地都实行国家按照一定标准统一分配的制度，直到两宋时期，均田制才逐步得以废除。在这种背景下，城市建设完成后往往都划分一定的区域供平民自由"占射"，但不同朝代均有较为严格的用地标准。古代农耕经济下的城市与乡村的土地管理制度并没有严格的区别，城市土地制度基本是从农村演化而来的。直到近代，随着西方列强的入侵，租界的发展才真正促进了城市土地制度的变革。

1. 住宅用地标准

汉初《张家山汉墓竹简》的《田律》中，按照 20 级爵作为分配住宅数量的标准。❶ 这也是现存可考的关于住宅用地的最早法律规范，虽然没有直接规定用地标准，但由于住宅数量及规模已经确定，实际上间接制约了住宅用地的占用。魏晋南北朝时期的法律规范存留至今的虽然不多，但在这一时期发现了根据人口数量分配住宅用地的明文规定❷，到了唐代才出现宅基地标准的明确规定，《通典》❸《唐六典》及《册府元龟》均有类似记载。虽然更早的《北周令》《北魏令》以及《隋开皇令》也有住宅用地标准，但在法律上将城市与乡村进行区分，则还是首次，尽管尚不能确切考证与乡村的住宅用地标准究竟有何区别。

2. 城市土地征收

有学者认为，土地征收是近代租界发展的产物，然而后唐明宗长兴二年（公元 931 年）的敕文中就已经出现了政府征收土地的法律。对于土地所有人没有能力建造的空闲土地，国家根据商业价值进行分级，确定相应的征收价格，临街土地政府将予以征收，也允许出售。征收中还体现了尊重市场经济和兼顾公平的原则。❹

3. 土地交易制度

古代土地交易往往受到严格限制，汉初法律规定，对于宅基地一般只能购买相邻的土地："欲益买宅，不比其宅者，勿许。"而已经分配到宅基地的，如果送人或出售，则国家不再分配："受田宅，予人若卖宅，不得更受"。五代时期开始，城市土地交易开始活跃，相关法律制度也逐步建立。该时期的买卖、典质、倚当（债权人长期占有债务人土地，以土地的收入抵销债务）等 3 种土地交易的卖方亲属和邻居都具有同等条件下的优先购买权，订立契约必须有"牙人"（即买卖的居间人）和邻居作证，并经官府验证确实没有欺诈行为后加盖官印，并缴纳契税。该制度确切的实施时间难以考证，但至少在后周广顺（公元 952 年）的法令里已经相当严密。❺

土地交易制度在元朝得到长足的发展，它不限制私有土地的买卖和兼并。据《元典章》记载，土地买卖须经过询问亲邻、经官给具、签押文契、印契税契、过割赋税等固定手续。❻ 据此，出卖宅地等不动产，要先列出名称、数量、坐落、四至等清单，标明价格后交给亲邻，如果亲邻不买，经签字画押后才允许卖给他人。❼ 此外，买卖过程必须申请官府的许可。❽

在土地交易中体现了减少争执的"息讼"思想，特别是优先购买权的设定，与西方法律文化中追求"正义"的思想形成了鲜明的对比。

（二）城市住宅制度

1. 住宅建造规格

西周不同等级的住宅，都有建造规格的明确规定。如《礼记·礼器》记载："天子之堂九尺，诸

---

❶ 张家山汉墓竹简·二年律令释文注释 [M]. 北京：文物出版社，2001：177。"宅之大方卅步。彻候受百五宅，关内候九五宅……官大夫七宅，大夫五宅……庶人一宅，司寇，隐官半宅。"

❷ 仁井田陞. 唐令拾遗 [M]. 长春：长春出版社，1989：559。如《北魏令》："诸民有新居者，三口给地一亩，以为居室。奴婢五口给一亩。"尽管没有城市与乡村的明确区分，但从法律规范的表述上分析，后代住宅用地标准多受其影响。

❸ [唐] 杜佑撰. 通典 [M]. 北京：中华书局，1988：30。"大唐开元二十五年（公元 737 年）令，应给园宅地者，良口三口以下给一亩，每三口加一亩。贱口五口给一亩，每五口加一亩，并不入永业，口分之限。其京城及州县郭下园宅，不在此例。"

❹ 王溥. 五代会要 [M]. 上海：上海古籍出版社，1978：412-413。"如是临街堪盖店处田地，每一间破明间七椽，其每间地价，宜委河南府估价收买。除堪盖店外，其余若是连店田地，每亩宜定价钱七千，更以次五千（更以次三千）。……，诸色人置到旧地等，并限三个月内修筑盖造……"同月敕文还补充规定，对于确属依靠种植为生的农户，则在同等情况下给予较高的征收价格："京城坊市人户菜园，许人收买……。如贫穷之人，买得菜园，自卖菜供衣食者，即等第添价直。"

❺ 叶孝信主编. 中国法制史 [M]. 上海：复旦大学出版社，2002：196。

❻ 同上，第 276 页。

❼ 同上，第 276 页。"诸典卖田宅及已典就卖，先须立限，取问有服房亲（先亲后疏），次及邻人，次见典主。若不愿者，限三日批退；愿者限五日批价，若酬价不平，并违限者，任便交易。"

❽ 同上，第 276 页。"凡典卖田宅，先行经官给具，然后立契，依例投税，随时推收。"

侯七尺，大夫五尺，士三尺，天子诸侯台门。"❶ 如果"违制"，就要受到严厉的制裁。这种思想到春秋战国时期仍然有显著影响，《国语·晋语》记载了"赵文子为室张老谓应从礼"❷ 的故事，说的是赵文子由于在檐椽上作了雕饰，以至于大夫张老前往拜会时，因担心受到赵文子的连累而没有进门就回去了，这充分体现了礼制的森严。随着唐代"礼入于法"的完成，住宅制度趋于完善。除《唐律》外，《营缮令》等行政法规或单行法规都有相关的规范记载。❸ 宋以后各朝基本沿袭唐代的住宅制度，如明朝颁行的《明会典》，按照等级对官民宅第的修建作了详尽规定，此外，还通过单行法令的形式进行补充。

2. 居住管理制度

坊里制是古代中国重要的居住管理制度，早在春秋时期，管仲就认为分类居住有利于管理，有利于专业发展。❹ 分类居住思想成为坊里制的思想基础之一。坊里制的另一基础应当是严密的户籍制度，从《张家山汉墓竹简》来看，早期的户籍包含了"民宅园户籍"等多项内容，并进行严格的管理，当发生纠纷时，以"券书"为准。❺ 关于坊里制的最早法律规范也出现在汉代，《张家山汉墓竹简》的《户律》有详尽规定。❻ 隋代开始，坊里制发展成熟，宋代吕大防在《长安题图记》有精辟的描述。❼

（三）城市建设制度

周世宗于显德三年六月（公元955年）颁发诏书："其京城内街道阔五十步者，许两边人户各于五步之内取便种树、掘井、修盖凉棚。其三十步以下至二十五步者，各与三步，其次有差。"❽ 这一诏书还根据道路等级要求退后一定距离，在退后的范围之内，允许进行一些低强度的开发，并可以种树以改善环境。也可以说是早期道路似今之红线后退的法律规定。❾

汉初开始，城市公共设施的建设和维护纳入了地方官员的职责范围，并对失职者予以一定的经济制裁。《张家山汉墓竹简》的《杂律》中有相关规定："乡部主邑中道，田主田道。道有陷败不可行者，罚其啬夫、吏主者黄金各二两。"❿ 唐代关于城市公共设施建设和维护的规定更加全面，其影响直至清末。如《大明律》和《大清律》都有类似规定。⓫

与西方发达国家不同，中国没有经历工业革命，加上古代城市河系发达，水体有较强的自净能力，而生活粪便也有人专门收集作为农业肥料，因而城市公共卫生问题并不十分突出。国家对城市公共卫生的管理主要体现在保护城市水系及水源、禁止乱排污水以及疏通河道以利于污水排放等方面。

---

❶ 李国豪主编. 建苑拾英（第一辑）[M]. 上海：同济大学出版社，1989：154。

❷ 同上，第594页。

❸ 同上，第166页。如："凡王公以下屋舍，不得施重栱藻井。三品以下堂舍，不得过五间九架，厦两头门屋不得过三间五架"（住宅规格）。"非常参官不得造轴心舍，施悬鱼、瓦兽、乳梁装饰"（住宅装饰）。"王公以下及庶人第宅，皆不得造楼阁临人家。庶人所造房屋，不得过三间四架，不得辄施装饰。……非三品以上及坊内三绝，不合辄向街开门"（规划要求）。

❹ 同上，第252页。"昔圣王之处士也，使就闲燕；处工，就官府；处商，就市井；处农，就田野。"管仲所谓的圣王，主要是西周时期的统治者。

❺ 张家山汉墓竹简·二年律令释文注释[M]. 北京：文物出版社，2001：177。

❻ 同上，第177页。"自五大夫以下，比地为伍，以辨口为信，居处相察，出入相司。有为盗贼及亡者，辄谒吏、典。田典更挟里门籥（锁），以时开；伏闭门，止行及作田者，其穀酒及乘置乘傅，以节使，救水火，追盗贼，皆得行，哺从律，罚金二两（户律）"。

❼ 董鉴泓主编. 中国城市建设史[M]. 北京：中国建筑工业出版社，1987：35。"隋氏创都……闾巷皆中绳墨，坊有墉，墉有门……而朝廷、宫市、民居不复相参……，唐人蒙之以为制，更数百年而不能改，其功亦岂小哉。"

❽ 王溥. 五代会要[M]. 上海：上海古籍出版社，1978：414。

❾ 黄天其，文超祥. 后周世宗城市建设思想探研[J]. 规划师，2002（11）

❿ 张家山汉墓竹简·二年律令释文注释[M]. 北京：文物出版社，2001：167。

⓫ 张友渔等主编. 中华律令集成（清卷）[M]. 长春：吉林人民出版社，1991：889-890。"凡桥梁、道路，府州县佐二官员提调，于农隙之时，常加点视修理。务要坚完平坦，若损坏失于修理阻碍经行者，提调官吏笞三十。"

中唐以后，社会经济迅速发展，城市公共卫生逐渐纳入城市管理，《唐律》中便有相关的规定。❶

（四）建筑审批及违法建设查处制度

从史料记载来看，建设工程需要办理一定的手续并申请官方凭证是肯定的，具体程序如何一时难以考证。汉律和唐律中都有非法兴造的罪名，《唐律》卷十六"擅兴"中规定了兴建工程必须上报："诸有所兴造，应言上而不言上，应待报而不待报，各计庸，坐赃论减一等"。就是说应当报请批准的工程没有上报的，按照工程量的大小以受赃罪论处。❷ 但这些法律主要针对官方建筑，私有建筑的审批则与土地管理制度联系在一起。

违法占地的法律规范最早见于《张家山汉墓竹简》的《田律》之中，❸《唐律》的《杂律》中也有"侵巷街阡陌"的条款，❹ 这与汉律基本相同，但重点已经转移到了城市道路方面。该制度一直延至清末，除量刑轻重有所差别之外，基本上没有大的变化。中唐以后，坊里制度开始逐步瓦解，出现了占街盖房，掘土建屋，乃至占用规划道路用地以事农桑的现象，对此，国家多次以诏书或敕的形式予以制止，如唐代宗广德元年八月（公元763年）的敕文。❺ 后唐明宗长兴二年（公元931年）六月八日颁布敕文，对违法占地建设进行了禁止。❻ 这恐怕是目前发现的最早关于违法建设处理的法律规范。

三、传统城市规划法律制度的思想基础及启示

中华法系下的传统城市规划法律制度，自然有着与两方全然不同的历史传统。从"平衡模式"的思想基础来看，主要体现在中庸思想的文化认同、集团本位日益强化和发达的公法文化传统等3个方面。

（一）中庸思想的文化认同

"平衡模式"的最深层思想基础，就反映在中庸思想的文化认同方面。所谓中庸，"喜怒哀乐之未发，谓之中；发而皆中节，谓之和；中也者，天下之大本也；和也者，天下之达道也。致中和，天地位焉，万物育焉。""以性情言之，则曰中和；以德行言之，则曰中庸。"中国古代主流的儒家思想取道中庸的文化传统，是"平衡模式"的深层次思维模式的根源。正如"控权模式"更能体现西方法治文化传统一样，"平衡模式"与中国文化传统很容易形成心照不宣的默契，受到近乎本能的认同。中庸思想通过礼制融入法律制度之中，对中国人的影响可以说是无处不在，这也为"平衡模式"在城市规划法律制度中的运用提供了广泛认同的文化基础。"平衡模式"一旦与中庸精神实现了血脉相通，文化传统无所不在的渗透能力便在无形之中促成了"平衡模式"在中国的主导地位。"平衡模式"在不自觉中受到中庸思维模式的影响，在行政法的价值诉求、机制设计与制度安排上则应当体现温和、宽容、兼顾各方，不偏不倚。当然，这并不代表要将"平衡模式"与中庸思想混为一谈。就行政法的制度安排而言，要在公益与私益的基础上实现权力与权利配制的适度，顾此失彼、或枉或纵都不是理

---

❶ 曹漫之主编. 唐律疏议译注［M］. 长春：吉林人民出版社，1989. "其穿垣，出秽污者，杖六十；出水者，勿论。主司不禁，予同罪。"

❷ 同上，《唐律疏议》对此作了详细说明，如对于非法兴造也进行了界定："非法兴造，谓法令无文；虽则有文，非时兴造，亦是. 若作池亭、宾馆之属……"至于虚报建筑材料以及人工的，同样将被治罪："即料请财物及人功多少违实者，笞五十。若事已费损，各并计所违赃，庸重者，坐赃论减一等。"

❸ 张家山汉墓竹简·二年律令释文注释［M］. 北京：文物出版社，2001：166. "盗侵巷衖（说文：邑中之道也），谷巷（疑为溪水旁小巷）、树巷及狼（墾）食之，罚金二两。"

❹ 曹漫之主编. 唐律疏议译注［M］. 长春：吉林人民出版社，1989. "诸侵巷、街、阡、陌者，杖七十。若种植、垦食者，笞五十。各令复故。虽种植，无所妨废者，不坐。"

❺ 王溥. 唐会要［M］. 北京：中华书局，1998：1573. "如闻诸军及诸府，皆于道路开凿营种，衢路隘窄，行李有妨，苟徇所私，颇乖法理，宜令诸道诸使，及州府长吏，即差官巡检，各依旧法，不得辄有耕种，并所在桥路，亦令随要修葺。"

❻ 王溥. 五代会要［M］. 上海：上海古籍出版社，1978：412. "其诸坊巷道两边，常须通得车牛，如有小小街巷，亦须通得车马来往，此外并不得辄有侵占。应诸街坊通车牛外，即日后或有越众迥然出头，牵盖舍屋棚阁等，并须画时毁折。"

想的模式。承认公益与私益之间、行政权与相对方权利的差异，但应当是和而不同。显然，尽管在传统社会现实生活中，"管理模式"源远流长，但"平衡模式"具有深层次的文化传统根源，在当今和谐社会成为时代主题的背景下，传统文化更是成为"平衡模式"具有超乎寻常的亲和力的重要内在原因。

传统城市规划法律制度的最大特点，就是礼制的传统贯穿始终。虽然"法"的成分逐渐扩大，但"礼"的思想一直根植人心，其中部分内容也转化为了"法"。因此，法律制度的重点在于调整内部秩序，在礼治思想的深刻影响下，"无讼"观念也深入人心。"无讼"价值观念下产生的调解和调判在中国历史上发挥了积极的作用，可以说是中国法律文化的优秀遗产，在制订城市规划法律制度时应当充分加以利用，为当今"和谐"社会的创建开辟新的途径。城市规划中的一些民间纠纷，往往十分注重以调解的方式加以解决，这当然也与古人崇尚"无讼"的境界相关。但即使在法治日益完善的今天，这种理念仍然具有强大的生命力，如果善加引导，必然能够发展出切合中国实际的法律制度。

（二）集团本位的日益强化

在远古时代，无论东西方，集团本位都具有普遍性。❶从法律文化角度来理解，可以说这是世界法律的集团本位时代。然而，中西法律本位从相同的起点开始，走上了日益分离的道路。❷在中国，封建国家政治体系中处于重要的基础地位的"家"，通过汉儒以此为基础并吸收了法家的国家本位思想，成功创设了新的家族本位与国家本位相结合的理论，在传统中国的政治舞台上成为主角，并主宰中国政治法律长达2000余年。表现在城市规划法律制度领域，就是鲜明的"礼治"特色。直到清末，随着西方法律文化的东渐才受到根本的冲击和动摇。

传统城市规划法律制度在近代西方法律文化的冲击下发生了巨大的变化。作为基础之一的家族制度逐渐丧失了原来在古代法律中占有的重要地位，只有观念和意识的残存仍然在相当长的时间内继续对国人产生影响。而国家本位却随着民族观念的兴起和战争因素的推动，实际上不断得到强化。在民国政府的城市规划法律中，国家主义高高凌驾于各种个人主义之上。当然，所谓的国家主义不外是独裁者以国家名义行专政之实。尽管如此，长期的国家主义和集团本位对其后的城市规划法律制度产生的影响可以说是十分深远的。

传统城市规划作为国家进行行政管理的手段，其法律制度具明显的"管理模式"传统，对公民权的忽视和"国家利益的至上性"已经成为法律的"本土资源"而深深地根植于中国人的价值观念中，这也是当今探讨城市规划法律制度变革不可回避的历史背景。集团本位作为一种实质上的义务本位法，公民权是微不足道的，其精神实质应当予以彻底否定，但集团本位对于连接权利与义务以及城市规划法律"平衡模式"的构建而言，未尝不具有一些积极意义。

（三）发达的公法文化传统

关于公法与私法的划分，目前法学界还存在一定的争议，笔者采用张中秋先生的划分方法。❸公法传统最关键的社会原因是国家权力和观念的高度发达。如韩非子所说："夫立法令者，以废私也，法令行而私道废矣。私者，所以乱法也。"（《韩非子·诡使》）"能去私曲就公法者，则民安而国治；能去私行行公法者，则兵强而敌弱。"（《韩非子·有度》）中国虽然拥有从古代就相当发达的文明，却并没有形成私法体系。因而"权利本位"所依赖的基础并不存在。此外，中国没有经历"民法时

---

❶　[德] 马克思·韦伯. 经济与社会（下）[M]. 北京：商务出版社，1999：5。

❷　张中秋. 中西法律文化比较研究 [M]. 南京：南京大学出版社，1999：37。张中秋认为，中国法律本位发展道路为：氏族（部族）—宗族（家族）—国家（社会），其特点是日益集团化；而西方的法律本位则经历了"氏族—个人—上帝（氏族）—个人"这一发展轨迹。其特点是日益非集团化，也就是"个人本位"化。

❸　同上，第79页。公法调整的主要是国家及国家与个人之间的关系，而私法则主要是调整公民个人之间的关系。公法规定的权利义务是通过国家强制力量来保证实施的，公法领域的法律主体的双方（国家及国家与个人）在地位上是不平等的；……私法从本质上说完全是民事性的，因此法律主体的双方（公民与公民或公民与法人）处于平等的地位。

代"的洗礼，是从"刑法时代"直接向"行政法时代"过渡。在传统城市规划法律制度方面，也基本上是民事法律规范和行政法律规范的刑事化，大量的涉及规划方面的争议和纠纷是通过民间自行处理的方式解决的。

18世纪以来，西方法律文化凭借其强大的工商文明和武力，迅速渗入其他国家，最后发展到为世界上绝大多数国家模仿，似乎西方法律文化是唯一优秀的法律文化，西方法律模式也是普遍适用的模式。实际上，事实无数次证明，尽管西方法律文化是构成现代法制的主流文化，但并非完美无缺，其模式也并非可以普遍适用。

城市规划法律制度的刑事性并不表明中国古代文化就一定落后于西方，它从一个侧面反映这种文化的公法性和国家本位。这既是中国古代社会的特性，也是社会保持有序发展的条件。与西方法律文化中的私法传统形成巨大的反差是历史形成的客观文化差异，在当今城市规划法律制度的探索中，只有尊重并充分利用这种自身的特性，才可能创设适合国情的制度。例如，传统城市规划法律制度忽视实施性对当代产生的负面影响，尽管相关的法律制度为数不少，但实施效果却并不理想，统治者追求"令行禁止"，而违反法律的行为却层出不穷，不论是土地制度，抑或是住宅规格，均体现了这一特色。城市规划法律制度要得到真正有效地实施，不能停留在理想的说教上，也不能偏重于城市规划编制审批和立法活动，而要深入分析法律制度涉及的各方的利益关系，从而建构有效的实施机制。

公法为主流的法律制度中，成文法占据主导地位，判例法一般不作为法律渊源。而我国传统城市规划法律制度中的判例法却占有相当成分，从秦"廷行事"、汉"决事比"和"春秋决狱"，至汉晋"故事"，一直发展到唐宋以后的"例"，北宋中期以来，用例之风盛行。到明清又有了突出的发展。遵从本朝先例甚至是前朝旧例，可以说是司法实践中经常采用的处理方式。这一点与英、美法系国家的法律传统有相似之处，在当今资本主义两大法系相互融合的时代，许多大陆法系国家也逐步合理地采用了判例法。判例法虽然不如成文法精确和严谨，但不可否认，在处理个案中确实有更合理、更通情的优点。在社会经济高速发展的中国，城市规划中涌现的错综复杂的现象远非现有的成文法所能解决，立法的速度也难以跟上社会经济的发展。城市规划是一项综合性极强的工作，规划法规如果片面追求法律条文的严谨性和精确性，则必然以丧失对具体事件处理的合理性和公平性为代价。因此，适当采用判例法可有助于城市规划法律制度的完善。❶

今天，当人们重点关注于经济全球化背景下城市规划法的发展方向时，也同样应当以平和的心态看待我国的历史。传统城市规划法律制度的精华与糟粕并存，只有深入分析并结合国情加以扬弃才是正确的做法。反之。割裂历史而指望全盘移植西方法律制度乃至法律文化以实现所谓的"国际接轨"，其结果只能是为此付出沉重的代价。

（本文与文超祥共同完成）

——本文原载于《城市规划学刊》2009年第2期

---

❶ 文超祥. 中国古代城市建设法律制度初探 [J]. 规划师，2002（5）。

风貌特色：城市价值的一种显现

一、城市何以要有特色

现今"雷人"成了一种时尚，规划设计必"出奇"才能制胜，建筑必设计成"地标"才被看好。似乎不这样，方案就不能"雷人"，城市就没有特色。一个好的城市应当有风貌特色，应当能吸引人；但有"雷人"的建筑、"雷人"的景观的城市，不一定是一个好的城市、一个宜居的城市。例如，巴西利亚规划确实很"雷人"，也很有特色，但按这样的规划建起来的城市却并不宜居，并不能算是一个好的城市。

城市景观是人们通过视觉所看到的城市各构成要素的外部形态特征，是由街道、广场、建筑群、小区、桥梁等物体所共同构成的视觉图像，是城市中局部和片段的外观。城市景观提供的是一种视觉信息，是城市的视觉形象。一个城市的景观如何、景观规划与设计的成败，除了依赖自然景观条件以外，在很大程度上还取决于规划师与建筑师的设计理念（主义）、审美观、艺术修养、设计技巧与设计手法。城市景观可以因景观设计的创意而很出色，使城市富有特色，也可以因模仿、抄袭、克隆而使城市显得平庸和俗气。

城市景观具有一定的时代性，每个城市所在国家和地方受当时主流文化的主导，以及因官方文化、精英文化和大众文化的不同而形成不同的城市价值观，从而形成不同的城市景观，体现出不同的时代特征。城市景观是以视觉图像为主的城市局部或片段的知觉形象，而城市风貌特色则是以多方位的感性特征为基础对城市进行总体形象把握的联觉形象。城市景观可以反映和显现城市风貌特色，但城市景观不等于城市风貌特色。

城市风貌是对某个城市而言具有深层文化意义的城市形态特征，而这种形态特征可以由城市中的各种景观集综合地反映出来，也可以在某些局部景观上突出地反映出来。城市风貌与城市特色两者都以城市景观所具有的感性形态特征为基础，但城市风貌侧重的是作为文化载体的城市的文化特征；而城市特色所侧重的是作为审美对象的城市的审美特征。城市特色也可以说是某个城市所独具的个性化和典型意义的城市风貌，因此也可以把它称为城市特色风貌或城市风貌特色。

人们常说，城市是一本打开的教科书，它记录了人类文明的历史、经济的发展、社会的变迁及人类五花八门的生活方式。城市风貌特色则是城市在其历史的发展过程中，由各种自然地理环境、社会与经济因素及居民的生活方式积淀而形成的城市既成环境的文化特征。城市风貌特色作为整体性的艺术符号，它呈现给人们的城市艺术形象传达了人类社会生活的本质和意义，承载着深层次的文化内涵，城市风貌特色是以特征化的城市形态与形象所显现的城市的文化价值。这就是城市风貌特色所具有的美学意义。

人类是一种社会性的动物，人所生活的世界，并不是纯自然的世界，而是经过人类认识和改造了的自然世界，是经过"人化"了的世界。城市就是人类社会在其发展过程中所产生的典型的"人化"了的世界。人们在"人化"和社会化自然界的同时，也"人化"与社会化了自身，使自己成为社会的人，成为现实世界的人。这种"人化"了的自然界及由人所创造出来的一切，即人类生活的文化环境，就是人类社会化生存的必要条件。人从出生的那一刻起，就无时无刻不处于这样的文化环境之中，它构成了人的物质世界，也造就了人的精神世界。

人类的文化是一种社会性的需要，是一种群体生活、社会化生活的需要，而不是本能的需要。人类在群体的社会生活中，结成了一定的劳动关系和生活关系，而这样的关系必须靠文化来维系，必须要进行物质性的传承，必须要有制度化的保障，必须要进行经验的传授和思想的交流。离开了文化这一人类创造出来的社会化存在的工具，人类就无法在社会中生活。文化所包含的内容并不是人的本能所能具有的，而是一种习得性的、需要社会的教育和传播才能得到的属于人类社会本质性的东西。

刘易斯·芒福德指出："城市通过它的许多储存设施（建筑物、保管库、档案、纪念性建筑、石碑、书籍），能够把它复杂的文化一代一代地往下传，因为它不但集中了传递和扩大这一遗产所需的物质手段，而且也集中了人的智慧和力量。这一点一直是城市给我们的最大的贡献。"❶ 文明发展的前提是文明的保存。人类只有将自己置于已有的文明成果基础之上进行有效的创造，才能使人类社会与文明获得进步与发展。城市的一大功能就是作为文化发展与进步的基因库，城市中所积淀的人类物质文化、制度文化与精神文化的历史成果，都是后人进行文化传承、更新与创造的基础。城市作为文化的基因库，对于人类文明的发展与文化的进步具有特别重要的意义。以各种象征形式及人类形式传播一种文化的代表性内容的功能，是城市的一大特征；而这种功能的一个主要方面就是以城市风貌特色为传播载体和手段的。没有特色的城市或失去特色的城市，在传播文化这一至极性的城市功能和价值上就失去了重要的根基。

凯文·林奇认为："一个好的聚落应该具有如下能力：能够增强一个文化的延续、持续其种族的生存、增加时间与空间的关联、允许或激发个体的成长等，这是一种基于持续性、通过开放和相互之间的联系上的发展。"❷ 城市的风貌特色是一种隐藏在城市的形态和各种城市景观之下的城市的生命力。一个有风貌特色的城市，因具有高度的可感知性，对居住于其中的城市居民能产生对该城市的亲切感、安全感、归属感和自豪感，激发和产生凝聚力与向心力，使城市的文化遗产（包括物质性的和非物质性的）得以保护和传承，在空间和时间上得以保持连续性。同时，因为具有相对稳定的与各种条件相宜的特色文化环境，城市居民也将"安居乐业"、全面地发展。

一个有风貌特色的城市，具有在认知上的清晰度，能增进来访者对该城市认知的理解力，产生对该城市的期待感、好奇感、兴奋感、认同感和迷恋感，因而使该城市具有很强的亲和力、吸引力和感染力。这也是城市风貌特色的魅力所在。

城市风貌特色是城市的灵性，它使城市具有旺盛的生命力，使其得以延续、发展并发挥其传播文化的基本功能。

二、关于城市风貌特色的几个议题

（一）保护、传承与培育

城市风貌特色与诸多因素有关，其中包括自然因素（区域的地理、水文、气候、资源条件等）、人工因素、历史因素、文化因素、社会生活因素等。城市风貌特色是在城市发展过程中形成的多因素的历史积淀。其中有一些因素可以人为地改变，有些因素（如地理、气候、区域、历史等）是难以改变的。

城市在其长期的历史发展过程中由于自然因素与历史、文化的因素长期相依相融作用而形成了一些独特的文化生活环境（如城市生态环境、居住群落形态、城市肌理、城市空间结构的基本格局等）。这些独特的文化生活环境对于形成该地独特的风土人情和风俗习惯起着决定性的作用，是形成该城市风貌特色的基质性因素，也是保持人们对该城市记忆的感性对象性要素。对于这些基质性风貌特质的保护与传承是该城市发展的基础，是维护该城市在空间与时间上的连续性的保障。这些独特的城市风貌特质只能"保育"而无法设计，它只能在城市建设与发展过程中逐渐被人所认识，"因势利导"地

---

❶ 刘易斯·芒福德. 城市发展史 [M]. 倪文彦，宋峻岭译. 北京：中国建筑工业出版社，1989.
❷ 凯文·林奇. 城市形态 [M]. 林庆怡，陈朝晖，邓华译. 北京：华夏出版社，2001.

予以加强和提升。独特的城市风貌特质如果被忽视，或因有意地改变某些因素而被淡化和削弱，会使城市失去原有的生命力和魅力。

对我国江浙一带的江南水乡城镇而言，河网水系就是形成城市风貌特色的基质性因素，前街后河、枕水而居的空间结构和居住群落形态是这些城镇魅力的根基。可是在 20 世纪 60～70 年代，围湖造田、填河建路曾一度使有 2000 多年历史的苏州城失去了原有的特色河网结构，值得庆幸的是，"文革"后经抢救和恢复使其重获魅力。

人类的文明和文化是一个累进的积淀过程，城市的风貌特色也是历史文化积淀的结果，时代的变迁、社会的进步、文化的发展，必然也会给城市的风貌带来变异。城市的特色风貌在其传承的过程中也会加上新时代的因素，产生一些新的文化特征。规划师和建筑师应当做的就是：在形成新城市景观的同时，挖掘出能传承、弘扬和拓展城市原有风貌特色，并具有个性化和典型文化意义的城市风貌特质，加以培育、提升、强化和放大，突显城市风貌特色。最近，苏州在其新城区的金鸡湖畔所建的李公堤特色风貌街，既使人感到面目一新，又延续了苏州原有的城市风貌特色。

（二）仿真与假古董

这些年来，那种拆了真古董而大建假古董的劣行已成众矢之的而被大加讨伐。对保护历史文化遗产而言，我们应当认真地奉行"原真性"的原则，严格地。"去伪存真"。然而从彰显城市风貌特色的文化特征性的需要来看，有时也可采用一些显现传统风貌特质的"仿真"之作。这样的。"仿真"并不是为了冒充"古董"，混迹于文化遗产之列，而是为了强化人们对该城市风貌特色认知的感知度。我们痛斥那些对大肆破坏历史文化遗产毫不痛心、却热衷于建假古董的做法，但笔者认为不能因此而不加区别地一刀切地反对"仿真"。

圆明园是否要按原样重建？这是个极有争议的课题。新建一个"假古董"式的圆明园，对保护历史文化遗产而言毫无意义。何况，即使是"原真"的圆明园，也并不是北京古城风貌特色的基质性特征景观。因此，新建这样的"假古董"在这两个方面都没有意义，也许只在旅游业上会有吸引力。同样，在我国的很多城市中，为了发展旅游业、吸引游客，纷纷建起了各"汉城""唐城"和"宋城"，以及各色"仿古街"，这些旅游景点或商业街往往与该城市的地方特色文化没有多大的关联，建在哪里都可以，缺乏深层次的文化底蕴，因此对彰显该城市的风貌特色无法起到什么作用。

在历史的进程中，由于天灾（如地震、台风等）或自然损毁及不可抗拒的事故（如战争、火灾）等原因，使某些极具代表性的风貌景观遭遇损毁甚至消失。后人为了使这些景物中具有的深层次文化底蕴的地方特色文化得以传承，修复、制作一些具有原有文化韵味的仿古、仿真作品是值得认可的。例如，位于四川西部的少数民族聚居的一些羌寨，在"5·12"汶川大地震中遭受了毁灭性的破坏，震后重建的规划建设方案为重现羌寨的特色风貌、复原羌族特色的文化生活环境，进行"仿真"性的设计，这是应当提倡的。又如，南京秦淮可、夫子庙一带的传统特色风貌是当地长期的历史文化积淀的具体体现，具有典型地方文化的代表性意义。历史的变迁和城市的不断更新建设，使秦淮河、"乌衣巷"等特色风貌景观已难觅踪影。近些年来经过不断的努力，南京市"仿真"了原有的"秦淮风情"，成为展现南京城市风貌特色的重要场所，深受好评。再如，成都在武侯祠旁所建的"锦里"，尽管是全新之作，但展现了成都市民的风土人情，在典型化的街巷生活景观和建筑形态的背后，隐含着深层次的文化底蕴，使"到此一游"的人能强烈地感知成都的风貌特征，对成都的特色文化起到了传播作用，是构成成都风貌特色的基质之点，应当说也是一个成功之作。

（三）强化、弘扬与克隆、抄袭

一个城市的风貌特色是植根于这个城市所在地区的自然、历史和社会、文化环境的基础之上的。同一个国家、地区和民族的城市，会有基本相同或类似的城市风貌，因为它们有相同或类似的文化根基，但这些城市也可以具有各自的城市特色。世界上没有完全相同的两个城市，因为不可能有两个地方有完全相同的自然、地理、历史和社会文化环境。那么为什么我们会感到一些城市十分雷同和"千城一面"，没有特色呢？

如果我们在一些城市中感觉到文化特征的相同性（城市风貌的共性）在强度上压倒了审美特征的个性化和典型化的差异性，那么我们更多地是感到了它们的雷同。而如果一个城市中所具有的特色城市景观达到了一定的量，或是该方面个性化的典型风貌特征达到了一定的强度，我们就会很容易地把它与其他在文化根基上类似的城市区别开来，这样的城市我们就会感到很有特色。因此，在一些基本相近或类似的文化环境条件的城市中，规划师和建筑师就应当善于去发现和挖掘与众不同的、具有个性化特征的文化特质，发现与其他城市在形态特征上的差异性，并加以强化与弘扬，培育成该城市的特色。

福建省的泰宁县在其县城新一轮的发展建设中，挖掘出了地方民居中以"徽派"建筑为基调，但又有自己地方性特征的建筑文化基质，并将之弘扬、应用到不同功能的几乎所有类型的建筑上，增加感受的信息量强度。经过多年的努力，建成连街成片的景观风貌，形成了具有明显特征的城市风貌特色。

城市特色可以传承、培育和弘扬，但无法抄袭和克隆。因为离开了它的特殊环境和文化根基，个性化的特征就成了无本之木，失去了生命力。在一些城市里，房地产住宅开发建设"欧陆风"盛行，它们大量抄袭和克隆了西方的建筑形式，使城市原有的风貌特色大为减弱，到处是似曾相识的景观。上海按"一城九镇"的思路所建的"德国城""泰晤小镇"等新城，是一种"舶来品"，它们所展示的是其原有国度的城市文化风貌。这样抄袭和克隆而来的风貌，是与上海郊区的地方特色风貌风马牛不相及的，作为以居住功能为主的城市社区，离开了植根于地方文化的生活环境就会显得毫无生气，因而也不可能承担传播地方特有文化的功能，形成城市的风貌特色，而只能作为一种类似于主题公园的旅游资源让人观赏异国风光和摄影采风。

（四）符号化与模式化

人类文化的一大特征，就是能使用符号来传达意义、交流思想和感情作为城市文化价值显现的形式和文化传播的手段，城市风貌特色往往也是通过符号化的感性形态与形象来达到传达文化意义的目的。规划师和建筑师就是要善于发现和提炼隐藏于感性形态之后的文化意义，用符号化的建筑和景观语言，让人们与特定的文化情景相联系，感知城市的风貌特色，并据此解读该城市独特的城市文化。

周庄、乌镇、西塘、同里、角直等是我国具有代表性的江南水乡城镇。这些城镇中一些带有特征性的景观风貌已成为水乡城镇风貌特色的基质性符号，成为典型的水乡城镇的意象要素。但是随着近些年来的旅游开发，这些符号却被演变成了一种模式化的运作，到处模仿和抄袭反而失去了它原有的文化内涵，仅仅只剩下了形式上的外壳。更有甚者，一些原本非典型性的物象也被作为模式化的符号而大肆推销，导致"伪币"大有取代"真币"之势。例如，周庄出了一个"方山蹄膀"，于是所有的江南水乡城镇在旅游开发时都卖起了蹄膀；不知哪个城里先挂起了红灯笼，于是乎红灯笼便染遍了大江南北。当反映地方特色的亚文化在为商业化而生产时，它的特色就会褪色、变异而失去原有的魅力。当"旅游经济"把地方文化特色变成"模式化"而到处传播、"克隆"时，文化的"本土性"也将"寿终正寝"了。

三、结语

传承城市文化，保护、弘扬和突显城市风貌特色，是规划师和建筑师的历史责任。如果能让每个城市都因其保有个性化的风貌特色而彰显其城市价值，那么规划师和建筑师也彰显了自身的历史价值。

——本文原载于《规划师》2009年第12期

2010～2016 年

从泻湖公园看国外生态恢复

一、案例简介

2008年美国景观设计协会（ASLA）专业设计奖——综合设计类荣誉奖颁发给了美国圣巴巴拉市的泻湖公园，这让位于加州大学圣巴巴拉分校滨海区域的一处生态湿地聚焦了来自全世界的目光，也唤起了人们对生态湿地恢复性建设的重视。

这个项目在有限的财政预算中，集美学、功能和可持续性于一体，向人们呈现出一个精彩的湿地公园设计方案。设计师创造了一个生态而具有活力的空间，这里美丽的景色让学生们流连忘返，鸟儿也在这里找到了自己的归宿。我们看到了这片湿地给未来所能创造的巨大潜质，同时也让我们认识到作为景观设计师所扮演的角色是独一无二的。

图1　泻湖公园区位
资料来源：google earth

（一）项目区位背景

该场地位于加州大学圣巴巴拉分校南部的泻湖东侧，南侧为海滨，西侧是一处已经建好的学生宿舍（Manzanita village），北侧则与圣巴巴拉分校校园相连（图1）。场地的一部分曾经是一个布满砾石的停车场（图2）。

图2　施工前的泻湖公园——布满沙砾的停车场
资料来源：http://garden.m6699.com

鉴于军方在二战期间为建设军事基地，移除了该区域的表层土壤，使其寸草不生，校方将这块退化了的湿地批为建设用地。2002年，工人们在这片区域修建学生宿舍时，发现了象征湿地的本土植物——黏草（tarweed），项目被迫停止。专家通过分析认为：这是一块退化了的湿地；黏草能够生长在这样狭小而环境差的地方，原因之一就是排水不畅。同时遥感图像和相邻的区域分析也都说明了这块区域是能够支持当地河岸植物群落的重建的。因此，加利福尼亚河岸保护协会要求加利福尼亚大学在湿地周围，建设一个能保护这块区域的缓冲地带。

（二）项目的概念与目标

由于该场地正好位于学生公寓、泻湖与海岸三者之间的衔接地带，整个方案在美感上应有很高的要求，同时作为湿地公园又应该保持自然生态的形式，此外也需要考虑人的行为，防止对植物环境的破坏。

具体目标为：①创造一个不仅为生物，也为人所喜爱的环境，满足功能和美感的要求；②管理雨天来自附近宿舍楼和草坪的地表径流，最大程度减少对海岸水质的污染；③恢复土地原有的湿地结构，创造可以完成自我维持的植物生态循环系统。

为了使上述目标圆满完成，湿地公园方案设计采取了多学科的、不同学术背景的团队合作，包括景观设计师、土木工程师、建筑师和生态学家在内的多名专家。他们从各自的角度提出观点，保证了设计优化和目标达成。

（三）设计手法

1. 创造能够引导生态循环和人流的路径

苏珊·范·安塔（Susan Van Atta）是美国景观设计师协会会员，范·安塔景观设计公司（Van Atta Associates, Inc.）总裁兼首席设计师。多年来，公司一直在圣巴巴拉地区坚持原生态的景观恢复和重建工作。如卡平特里亚盐沼的生态恢复以及包括本案例在内的一些结合公共空间的湿地恢复项目。

在设计过程中，范·安塔注意到湿地位于学生宿舍楼与海岸之间的区位。考虑到湿地所需的交通功能，她引导出一条循环的路径，以适应人们会从任意一个方向穿过这里的行为。同时，范·安塔和她的团队研究了学生穿越这片区域的路径，以及该如何沿海岸布局景观节点。他们基于此设计出这片区域的"期望路径"，即学生们已经习惯了的路径。木栈道所形成的环形路网，将宿舍、泻湖、海滨联系在一起，一方面减少了交通对于穿越栖息地的需求，另一方面也最大程度满足了人们观景的需要。在道路铺地材料的选择上，所采用的木质栈道易于收和降解，同时其良好的渗水性能让雨水自然渗透到土壤中，减少地表污水径流（图3）。

图3　泻湖公园道路流线
资料来源：http://garden.m6699.com

图4　春季池塘（vernal pool）
资料来源：http://garden.m6699.com

2. 参照加利福尼亚本土的湿地结构和类型进行恢复建设

范·安塔设计的湿地类型包括：恢复湿地（wetlands），一整年都是湿润的；春季沼泽（vernal marshes），全年大部分保持湿润；春季池塘（vernal pool），一种很小的水塘，一年中只有很短的时间是湿润的，这是一种重要且稀有的加州栖息地（图4）。为了保持景观的延续性，她用粗糙的灌木丛将其包围，以防止人们破坏。

她还将整个用地进行分类，并增加表层土壤和来自本地种子库的乡土植物来重建健康的生态环境。她以遵从栖息地及其所在区域的自然生态结构为场地恢复出发点，地形的起伏设计基本则按照原有的地形地貌，避免过多的土方量改造。

3. 管理来自附近宿舍屋顶和草坪的径流，保护土壤免受污染

范·安塔认为，排水方案应完全遵从场所自然的流动形式。她在设计中采用了一个双重运输系统，通过自然的水路引导较小的径流到泻湖，而较大的径流则被引导到地下，避免对生态沼泽和湿地网络带来污染（图5）。

图5　污水处理路径
资料来源：http://garden.m6699.com

雨水对生态环境的污染很大。大量的雨水不仅会冲刷和侵蚀土壤，使土壤肥力大幅度下降，同时还会携带来自建筑物的污染物质，使土壤受到富营养化等威胁。而范·安塔采取的这种分级处理方式，使较小的径流直接通过湿地进行净化，降低了处理污水的成本。

有关质检机构对此项目的监控显示：生态湿地收集了所有的雨水，同时降低了原来湿地内沉积的过多营养物质。这些沉积的富营养物质主要来源于海鸥、巨蜥的粪便和庭院草坪上的化肥。最初的检测表明，30天的时间内，湿地内硝酸盐含量降低了90％，磷含量降低85％。这些沉积物都被湿地内的植物吸收，从而变为了肥料，解决了湿地系统内土地富营养化的问题。

4. 在植物种植规划中采用本土已有的植物群落，并在道路边界种植观赏性较高的植物，达到功能与美化的统一

在这里，生态学家和景观设计师产生了分歧。在植物配置设计上，范·安塔倾向于在满足环境功能的前提下尽量做到美观。她所设计的植物数量比当地自然群落中的要多一些，同时在土地的边界处考虑种植观赏性较高的植物。而生态学家却认为需将本地种子库的乡土植物苗进行繁殖，并用多种方式进行栽培，侧重以先前发现的黏草作为基础植物。

虽然生态学家从生态学的角度提出了自己的思考，但是作为一处自然环境与人工环境交界的地带，不得不将人的因素考虑进来。场地植物的多样化，有利于人们认识自然，对自然生境产生美的认识，从而加强对自然环境的保护意识（图6、图7）。

图6　设计中主要运用了本土植物

资料来源：http://garden.m6699.com

图7　边界植物观赏性高

资料来源：http://garden.m6699.com

5. 将修剪的植物作为肥料循环利用，并在1～2年内实现生态系统的自我持续

设计师强调整个湿地属于一个小型的自然循环系统，应当促进其系统内部的循环，而不是去破坏和阻碍它。例如，植物被剪掉的部分可以作为肥料用在别的地方。

植物的生长、种植和杂草的控制，在建设初期需要日常的维护，灌溉只在最开始的一两个生长季节进行，旨在保护一些敏感植物。而大约两年过后，当大部分的植物能够自我生存，就不再需要喷雾灌溉了。

图8　植物隔离带

资料来源：http://garden.m6699.com

6. 在保护价值较高的缓冲地带用带刺的灌木，避免人的接近和破坏

生态恢复地区是允许人进入的，项目建设的一个目标就是避免在这个场地建栅栏。可以说，对人们活动的考虑成为项目的一个成功点。而在保护价值较高的地方，设计师有意采用了带刺的绿色植物创造的阻隔带，让人们远离那些敏感的生态地区（图8）。

二、项目设计的概念与设计手法评析

这个项目向外界传达的最重要的概念就是：遵从自然，恰当地处理了人与自然的关系。它提出了

一个新的概念，生态恢复并不是生态隔离。过去我们认为，让场地恢复到历史上自然的过程就是安全隔离并任其自然发展，然而这在城市化加速的背景下既不现实也难以长久。

范·安塔在设计时提出，让场地的美观并重于它的生态功能。这就意味着，设计结合自然并高于自然。同时也让我们怀疑过去的生态设计所营造的人与自然相隔离的状态，而带给我们类似荒原般的印象，人迹罕至，而缺乏生气。

在设计手法上，设计遵从场地本来的信息：对于场地的处理，范·安塔尽量保证了原有的地形。路径的设置遵循了人们过去习惯的路径，这样一方面避免了过多的人为活动对湿地的破坏，另一方面，新建的场地并没有影响到人们的正常活动，人们依然可以在这个场地上骑自行车、散步，并且它的美景给人们带来极佳的体验。在细节上，设计师通过在道路的边界种植观赏性较高的植物，提高了场地的观赏价值知人气。而在需要保护的区域，设计师用带刺的植物进行阻隔，以保持景观的连续性。这些细节的处理使场地的设计概念更好地被实现。

（本文与施索共同完成）

——本文原载于《国际城市规划》2010年第3期

对文化遗产保护与城市保护的一些思考

人类在其漫长的发展历史中，创造了灿烂的历史和文化遗产，而人类所创造的众多物质和精神财富的样式，几乎都可以在城市中找到。城市中的一切，就是人类文化的方方面面，是人类现实性生存的依存物。城市是人类文明的结晶，是人类文化和科学技术的历史积淀的物化物，是在一定的地域范围内聚集了各种不同形态文化特质的承载体。它是一部用石头写成的人类文明史，体现着人类文化与科学技术进步的历史。由于大量的人类文化遗产主要留存于城市，因此对世界文化遗产的保护主要也是对城市遗产的保护。而这些城市中的遗产，又是现今人们现实生活环境不可分割的有机组成部分，因此对城市遗产的保护，也就必然是对作为现代人的生活场境的现实城市的保护。我们不能把对城市历史文化遗产的保护与对现实城市的保护割裂开来，不能把对文化遗产的保护与现实生活环境的保护分割开来。

如果说城市是一个"容器"❶，那它不仅是各种物质财富的容器，更是各种精神财富的容器。文明发展的前提是文明的保存。人类只有将自己置于已有的文明成果的基础之上进行有效地创造，才能使人类社会与文明获得进步与发展。城市的一大功能就是作为文化发展与进步的基因库。城市中所积淀的人类物质文化、制度文化与精神文化的历史成果，都是后人进行文化传承、更新与创造的基础。城市作为文化的基因库，对于人类文明的发展与文化的进步具有特别重要的意义。

作为20世纪人类认识世界的重大成果之一的"可持续发展"理念的确立，是人类文明史上的一个重要的里程碑。"可持续发展"的观念，不仅应体现在物质资源和自然资源的永续利用与可持续发展上，更重要的应体现在人类精神文明与文化知识的可持续发展上。在即将到来的未来社会中，城市中所蕴藏的文化遗产与艺术瑰宝，将为人类的物质文明与精神文明的新创造提供文化资源，而这将是未来城市最基本的功能。

一、文化遗产保护与城市环境保护

城市的发展是一个过程，我们现今的大部分城市都是历史城市发展的结果，并且将在此基础上继续建设和发展。现存的城市环境是大自然与现代人的祖先共同馈赠给我们的遗产。我们的祖先在与大自然共生共存的同时，通过对城市环境的营造，体现了对美好的现实生活的价值追求，城市文化遗产则是这种价值追求的见证物。城市环境是城市价值实现的基础和目的物。它既是人类历史生活的传承物，又是我们追求美好现实生活的依存物。因此对文化遗产的保护与对城市环境的保护，是当代人对美好现实生活的价值追求的共同体现，也是城市价值实现的两个不可分割的基本条件。

（一）作为遗产的自然环境保护

作为人类赖以生存的生活环境重要构成部分的自然环境，是城市遗产的背景物，它与文化遗产一样是人类共同的宝贵遗产。不同的自然环境条件下所形成的城市遗产，具有鲜明的地域性特征，形成了各个城市独具的城市遗产特色。城市遗产的特色与诸多因素有关，其中包括自然因素（区域的地理、水文、气候、资源条件等）、人工因素、历史因素、文化因素、社会生活因素等等，城市遗产的特色是在历史与发展过程中形成的多因素的历史积淀。

由于不同的自然地理条件和环境资源，不同自然环境特色的城市得以形成，如山地城市、滨海城

---

❶ 刘易斯·芒福德．城市发展史——起源、演变和前景［M］．倪文彦，宋峻岭译．北京：中国建筑工业出版社，1989.

市、滨河城市、高原城市、雪地城市、热带城市、平原城市、沙漠城市等等。具有自然环境特色的城市，除了使其形成特有的自然景观外，还为特色人文景观的营造提供了不可忽视的因素。因此，对文化遗产的保护应当因地制宜，并且十分注意对自然环境的保护。

　　建于陡峭山崖之上的圣马力诺、摩纳哥的蒙地卡罗以及卢森堡等城市，它们十分注意对山体和自然地形的保护，形成了鲜明的城市遗产特色。法国的尼斯、美国的迈阿密、泰国的布奇岛等地处海滨，对海岸、沙滩及生态绿地进行了精心保护，城市与自然环境相得益彰是这些城市具有诱人魅力的重要因素（图1）。

图1　泰国布奇岛宾馆隐于树丛中以保护自然环境
资料来源：作者拍摄

图2　周庄河道交通阻塞
资料来源：作者拍摄

　　我国著名的周庄、同里、甪直、乌镇、西塘、南浔等江南水乡名镇，"人到姑苏见，千家尽枕河"，依河成街、街河同构是它们被列入历史文化名镇的最根本特征。可是近些年来过度商业化的旅游开发已使这里的河街船尾相接、人满为患，既破坏了宁静水乡的诗情画意，河网水系环境的保护现状也令人担忧（图2）。江南水乡的河网水系，不仅是历史的环境，而且还是现代水乡城镇居民的现实生活环境，对河网水系的保护既是一种历史的责任，也是现实生活的要求，我们绝不能为了短期的旅游开发利益而丢失了水乡名镇的根基。

　　（二）遗产保护与社会文化环境

　　城市是人们生活居住的地方，城市生活方方面面所形成的特色景观，是构成文化遗产特色的极为重要的方面。风俗习惯、民俗文化、节庆活动、民间特色技艺等非物质文化遗产的保护已引起了全世界的高度重视。

　　城市文化遗产是与城市社会深层次的社会结构及文化结构密不可分的，物质或非物质文化遗产的具体形态和形式是社会结构与文化结构的表征和显现。对城市文化遗产的保护，必须同时重视对作为城市整体社会文化环境的社会结构与文化结构的维系和保护。皮之不存，毛将焉否？然而当我们掀起轰轰烈烈的文化遗产申报运动之时，却忽视了文化遗产与社会结构及文化结构的关系，忽视了对整体社会文化环境的保护，使我们的保护工作面临毛皮脱离的危机。

　　中国的城市化正在以令世界瞩目的速度狂飙突进，在新区建设与旧城改造和更新同时并进的过程中形成了城市居民的大迁徙。不少历史街区在更新改造之后原住居民人去楼空，取而代之的是与原有历史环境毫无关系的陌生人，这些历史街区的深层次的社会结构与文化结构已遭破坏，原有的富有人情趣味的世俗生活和街巷俚语的嬉闹欢笑的情景不再，剩下的仅是僵死的徒有虚名的物质形态收藏品。历史街区的保护应与文物建筑的保护不同，它不是要绝对地保护某些特定的建筑，而是要从整体上保护城镇建设的特色。❶ 1964 年 5 月通过的《保护和修复文物建筑及历史地段的国际宪章》（《威尼斯宪章》）指出："任何地方，凡传统的环境还存在，就必须保护。"但如果传统的社会文化环境已不复存在，保护单纯的物质形态的非文物建筑的价值就大为降低。

---

　　❶　张松．历史城市保护学导论［M］．上海：上海科学技术出版社，2001。

"上海新天地"对 20 世纪三四十年代所建的上海"石库门"里弄住宅进行改造、开发利用，并为上海新、老市民及外来旅游者开辟了一个"怀旧"和体验"小资"的天地，不失为商业性开发利用城市遗产的一个典型案例。于是在这个成功经验的启发之下，"新天地"的开发模式充分发酵，被全国各地效仿、克隆。但只要我们认真看一下"上海新天地"就会发现，它已经不是记载着原有"石库门"历史信息的传统住区，而是专门为迎合消费需求而精心设计和营造的商业地产。传统的社会文化环境和街巷市民生活的原生态场景已难觅踪影，呈现在我们眼前的是时尚的现代消费场所和情迷于此的"小资"。在这里，"石库门"的建筑形式，重要的并不是"保护价值"，而是商业价值。当然，我并无对开发商成功开发商业地产，且营造了一个符合市场导向的消费空间有批评之意，我想说的是，如果把"上海新天地"作为一个历史文化遗产保护的典范模式来推广的话，将是一种误导。

（三）遗产保护与历史环境

历史上形成的城市格局和规划特点，与能够见证某种文明、某种有意义的发展或历史事件的城市或乡村环境，是与人类文明史有关的特征性的历史环境。❶ 对这些历史环境的保护是文化遗产保护极其重要的内容。

不同时代、不同地域、不同国家和民族的城市所呈现的城市格局，是各种不同的文明与文化的代表，集中反映了不同文化的时代性、地域性和民族性的特征。

我国首都北京，自公元 1272 年由当时统一中国的元朝统治者将其定为京都后，连续 640 余年作为元、明、清三代的都城。而北京自元朝始的都城建设，却打破了中国自古以来都城以东西向布局为特征的传统格局，实现了"坐北朝南"的转变。北京自被定都为金中都之后，元朝统治者进行了两次大规模的建设；明朝初期对北京城第三次大规模的规划重建，则形成了大致保存至今的城市格局。北京的城市格局既具有中国古代城市的共性特征，更是都城的典型代表，其空间布局和形态，充分体现了自周而始的中国"礼制"文化的规则：均衡、对称、威仪、尊卑有序、等级森严。❷ 以永定门为起点，景山后的鼓楼为终点形成了长约 8km 的南北中轴线，沿此主轴对称布局了祖社、里坊、郊坛，并构建了棋盘式的道路网，这样的城市格局典型地反映了中国封建社会森严的等级制度和强烈对比与分层的社会生活。北京的城市格局作为反映中国传统历史环境的典型代表，是一份极其珍贵的文化遗产，对它进行保护的重要意义不言而喻。由此我们可以深深地体会到，当初梁思成先生为北京城墙的拆毁而号啕大哭的切肤之痛。

位于亚得里亚海滨的克罗地亚名城杜布罗夫尼克，由于其至今仍完整地保留着始于中世纪建城时的城市格局和肌理，被列入世界文化遗产名录而广受关注。早在公元 10 世纪，杜布罗夫尼克就有一个完整的发展规划，从 12 世纪至 17 世纪下半叶，不断进行加固修建的城墙至今完好、并维护着其中世纪时

图 3　杜布罗夫尼克：保护完整的城市肌理
资料来源：作者拍摄

代的城市风貌的完整无损。到杜布罗夫尼克游览，你可以强烈地感受到中世纪罗马时期城市的历史环境和时代特征。中世纪历史环境的整体性保护，是杜布罗夫尼克给世界文化遗产的主要贡献（图 3）。

二、城市保护与城市更新

对原有旧城区的改造与更新是我国城市现代化所面对的一大课题，如何处理好"保护与发展"、"保护与更新"的矛盾，始终是无法避免的难题。笔者有幸去英国访问考察，感受颇深，他们的一些经验值得借鉴。

❶　王瑞珠. 国外历史环境的保护和规划［M］. 台北：淑馨出版社，1993。
❷　杨东平. 城市季风［M］. 北京：东方出版社，1994。

利物浦是英国著名的港口城市，随着城市现代化的发展，原有的老港区和一些仓库已经不适应现代化的需要而被废弃。近些年来英国对原港池周边的仓库建筑进行了保护性更新改造与利用，建成拥有众多特色酒吧、啤酒屋的休闲区，吸引了大量的市民和旅游者前来休闲、观光和消费，生意十分红火。原有的老仓库建筑并没有被推倒重建，而只是进行了结构加固和内部空间的装修更新，维持了原有的建筑立面和外部形态及港池环境；但内部空间的改造适应了时尚的休闲、娱乐功能，商业文化气息浓烈，深受消费者青睐（图4）。这样的保护性柔性化更新，既保护了原有建筑的风貌特色、传承了历史文脉，保留了人们对利物浦作为重要港口城市的历史记忆，又对原有建筑注入了新的时尚功能，使原有衰败的地区获得生机和复兴，取得了良好的社会和经济效益。

图4　保护性更新的利物浦老港区
资料来源：作者拍摄

图5　曼彻斯特：火车站老建筑风貌依旧
资料来源：作者拍摄

曼彻斯特是享有盛誉的英国工业革命的发祥地，也是世界上最早修建铁路的城市之一。曼彻斯特老火车站已成为历史，失去原有的功能，但该地区作为英国工业革命和铁路发展史的历史见证，具有无可替代的地位。尽管周边地区已被改造为高楼林立的"新区"，但火车站的老货场楼却风貌依旧。这座占地面积颇大的老建筑，内部已被更新为大型的购物心和文化娱乐场所，活动和交往空间丰富多彩、引人入胜；同时外部立面仍保持着原有的历史风貌，唤醒人们对历史的记忆，不失为"保护与更新"并重的范例（图5）。

伦敦的道克兰地区已成为崭新的金融中心，这里高楼林立，是伦敦这个世界大都会的CBD，可以说是寸土寸金的"起级现代化"地区。然而当你漫步其间，你会惊奇地发现在摩天楼群旁却匍匐着一组有明显历史印记的低层建筑，它们占据着最佳的景观地段、依水而居。这是一些利用原有建筑改造而成的风味餐馆、酒吧、咖啡厅、精品屋等商业服务设施，从建筑形态和立面保留的砖墙上你可以读到该地区的历史，更全面地认识伦敦的过去和现在（图6）。"土地诚宝贵，地价确也高"，但人们保护历史遗产和珍惜与积极利用现有资源的态度和价值观念更加珍贵。

图6　道克兰CBD摩天楼群下的历史建筑
资料来源：作者拍摄

遗憾的是，对历史建筑物的珍惜与积极利用在我国尚没有形成普遍的社会认识，在进行旧城改造和更新时，对于历史性建筑我们往往是毫不吝啬地一拆了之。大拆大建的旧城改造，不仅仅是拆毁了历史文化遗产和传统风貌，更是一种极大的资源浪费和损毁。

城市中大量建筑物的价值（包括物质价值和非物质价值），并不是一般的废钢铁、废纸之类的废旧物资所可以比拟的。对"旧城"中历史遗存的积极更新和利用，应当成为实现资源节约和可持续发展、建设"两型社会"的重要内容。

三、原真性与改善利用

历史文化遗产保护的原真性要求，是保护的基本价值观，去伪才能存真，打假才能保真。在保护历史文化遗产原真性的前提下进行改善和利用，是保护的积极价值观。

真伪有别、保护与改善利用相结合是世界上对文化遗产保护的普遍做法。牛津是英国著名的具有传统历史风貌的名镇，它的古城堡历经时间的侵蚀已变得破败，当地的政府对古城堡进行修缮和利用，采取的是"保旧以旧，补新则新"的原则，使其真伪有别，既保证了原有历史遗产的原真性，又使其能与现代的社会生活相融合，在保存了真实的历史信息的同时做到了以积极利用来实现最佳的传承（图7）。

图7 牛津古城堡的新老有别
资料来源：作者拍摄

在我国，那种拆了真古董而大建假古董、以假乱真的做法，虽早已引起了有识之士的非议，但不少地方政府却仍乐此不疲。打着"弘扬民族文化"旗号的各色"汉城"、"唐城"、"宋城"以及仿古街，在各地风起云涌。这种以假乱真、今作古用的浪潮，迷失了历史遗产保护的正确方向，愧对历史和祖先。

位于曼彻斯特的英国工业革命博物馆，其原址是一个火车的机务段设施与厂房。该博物馆完全保留了原有场所的历史原真性，把有关工业革命历史的展品放在保持本色风貌的老厂房建筑内展出，原汁原味，既体现了对历史建筑的尊重，又使当代人在参观时能身处历史的氛围之中，获得情景俱佳的效果（图8）。

图8 英国工业革命博物馆
资料来源：作者拍摄

图9 厦门文化艺术中心
资料来源：作者拍摄

厦门最近建了一个博物馆、科技馆、图书馆和文化艺术馆四馆合一的文化中心。选址于此原本是以保留厦门工程机械厂的老厂房作为创意，以求达到对建筑遗产进行充分利用，成为可持续发展的范例。然而几个亿的投资，最后建成的仅是一个利用了原有的用地和保持大空间尺度的建筑综合体，建筑以崭新的现代或后现代的风格展现于世，原有工业建筑的风貌与特征荡然无存（图9）。这样的保护与利用，事与愿违，啼笑皆非。

四、历史性与现代性

人类的生存与发展是一个过程，城市的存在与发展也是一个过程。对历史的尊重和传承，是为了现在的生存和未来的发展。过往的现代性，变成了现在的历史性；而现在的现代性，也必将成为未来的历史性。历史性和现代性的共存，本身就是一种现实性的生存。我们对于历史文化名城及历史文化的保护并不排斥城市的现代化，但对于保护区内的建设以及项目的性质和形态必须注意对保护区的历史形象完整性的维持。

新加坡是一个十分现代化的城市和国家，处处可以见到非常现代的建筑和城市景观，然而这其中有一个被保护得很好的历史街区——牛车水。虽然周边地区早已是气象万千，但牛车水以它形象的"纯"的完整性，保留着华人街区的历史特色，而与整个城市的现代化形象特征相得益彰（图10）。

图 10　新加坡牛车水历史街区
资料来源：作者拍摄

图 11　丽江古城的"洋文化"
资料来源：作者拍摄

　　云南的丽江是我国著名的历史文化名城，已被列入世界历史文化遗产名录。丽江古城以其整体的形象反映出我国南方少数民族的建筑文化特色，其完整保留下来的城市格局和肌理，使它成为我国历史文化名城中不可多得的瑰宝。近些年来丽江的城市现代化建设注意了内外有别，即在古城外的新区进行现代化的建设，而对历史名城的老城区采取严格保护的措施，收到了很好的保护效果。丽江成功入选世界文化遗产名录，吸引了大量的旅游者慕名前来观光，已成为我国最火爆的旅游城市之一。以纳西民族的生活风俗和东巴文化、茶马古道等为主题的特色文化旅游是丽江游有别于其他旅游城市的最大卖点，丽江旅游的产业集群也是围绕着古代驿站的历史和民族文化体验为根基，以及由此而衍生出来休闲、娱乐、风味餐饮、购物、度假等旅游产品组合而成。在众多的旅游产品中，时尚的娱乐和休闲也必不可少地被植入其中以适应现代旅游市场的需求。但是一些带有明显"洋文化"和"后现代"特征的产品形态将破坏民族历史文化的整体特色环境，值得引起重视（图 11）。

五、文化特色与多样性

　　随着世界经济的一体化和世界文化的交流与相融，城市文化的多样性特征越来越明显。现代的城市中，除了具有本地区、本民族所特有的文化特征以外，几乎所有的城市都不可避免还会有外来文化的某些特征，文化的多样性是城市的现代性或后现代性的明显特征之一。在城市保护的问题上，我们既要保护好城市的地方性与民族性的文化特色，也应当注意对于城市文化的多样性的保护。

　　西班牙在历史上曾经历了无数次外部民族的侵入与统治，腓尼基人、希腊人、迦太基人、克尔特人、罗马人、阿拉伯人曾先后来到伊比利亚半岛，使西班牙这块土地上经历了多种文化的渗入与融合。西班牙的历史使它成为一个展示世界上多种文化的国度，西班牙政府对这些不同的文化遗存都给予了很好的保护和发展空间，因而体验和观摩多种不同文化特征的"文化游"成为西班牙旅游的一大亮点。在西班牙的城市中，你可以看到基督教、天主教、犹太教和穆斯林等不同宗教的建筑相融共存，你也可以看到具有不同文化背景的城市居民的生活起居和风俗习惯。

　　地处福建沿海的泉州是古代海上丝绸之路的名城，自古至今的商贸和文化交流使泉州拥有众多的文化遗迹，包括佛教、道教、基督教、天主教、伊斯兰教、摩尼教在内的各类宗教建筑和墓地，已被列为历史文物加以精心保护，宗教游因此也成为泉州旅游的一大特色。在泉州，至今还保有阿拉伯村居住着中东地区阿拉伯民族的后裔，保留着他们民族的生活方式和风俗习惯。

　　世界历史是人类共同的历史，世界文化遗产是人类共同的遗产，对文化遗产的保护与传承是人类共同的责任。正如地球的存在本身，需要对生态多样性和生物多样性的保护，人类的存在和发展，也必须对世界文化的多样性进行共同的保护和传承。只有文化多样性的可持续发展，才能保证城市的可持续发展、人类社会的可持续发展。对人类文化多样性的保护，决定着人类生存与发展的共同命运。

　　　　　　　　——本文原载于《国际城市规划》2010 年第 6 期

风险社会的城市规划

一、风险社会

进入 21 世纪以来，我们越来越感到我们正处于一个令人忧心的风险时代。国际上，风云突起，从"911"开始，阿富汗、伊拉克、利比亚战争接踵而来，人的生存权利和国家主权不断遭到践踏；SARS、疯牛病、毒黄瓜等事件使我们处于面临各类病毒攻击的恐慌之中；"房地美、房利美"、美国、欧盟债务危机使人们一夜之间倾家荡产；"厄尔尼诺"、臭氧层空洞、冰山溶化、海平面上升、福岛核污染都使我们深感将遭灭顶之灾……在中国，毒水饺、毒牛奶、塑化剂、瘦肉精、染色馒头、地沟油、让我们惊呼"我们还能吃什么？"，"楼倒倒"、"楼歪歪"、"沪福高铁"撞车、桥梁垮塌、"强拆"、"康菲"漏油等使我们频感几乎已无安全的立足之地；"造假门"；"郭美美"、"卢美美"将使我们疑问"还能相信谁？"……

（一）从工业社会到风险社会

我们所处的时代，是从工业社会向风险社会转型的新的时代。德国当代著名的社会学家乌尔里希·贝克（Ulrich Beck）所提出的风险社会理论对我们面对的新的社会现实进行反思，给我们以极大的启示。他于 1986 年首次出版《风险社会——迈向一种新的现代性》，此后他发表与出版了大量有关风险社会理论方面的著述。

贝克指出："各种风险其实是与人的各项决定紧密相连的，也就是说，是与文明进程和不断发展的现代化紧密相连的。这意味着，自然和传统无疑不再具备控制人的力量，而是处于人的行动和人的决定的支配之下。夸张地说，风险概念是个指明自然终结和传统终结的概念。或者换句话说，在自然和传统失去它们的无限效力并依赖于人的决定的地方，才谈得上风险。""风险与早期的危险相对，是与现代化的威胁力量以及现代化引致的怀疑的全球化相关的一些后果。"❶

以上所列举的我们所面对的各种危机，确实都是人的行动和决定所造成的，并且在这些事件的背后，我们都看到了高科技和现代化、全球化的阴影。

但是，对于现代化和全球化带来的后果，我们并不是无能为力的，我们应当积极面对并有所行动以战胜危机。

贝克认为："危险适用于任何时期。人们认为，种种危险都不是人力造成的，都不取决于人的决定，而是由自然灾害造成的集体命运或者神的惩罚等等，并且认为这样的危险是不可改变的。与此相反，风险概念表明了人们创造了一种文明，以便使自己的决定将会造成的不可预见的后果具备可预见性，从而控制不可控制的事情，通过有意采取的预防性行动以及相应的制度化的措施战胜种种副作用。""风险可以被界定为系统地处理现代化自身引致的危险和不安全感的方式。"

为积极面对风险社会隐存的风险危机，我们有必要首先认知风险社会的风险特点及有关风险的基本特征。

（二）风险社会的风险特点

（1）全球性。风险社会的风险及其后果，已经超出了在之前各社会阶段的风险发生并影响局限于某个地域的特征，已变得无地域限制而具有世界性或全球性。如前面所列举的"恐怖主义"活动、

---

❶ 刘少杰等. 当代国外社会学理论［M］. 北京：中国人民大学出版社，2009：246-268。

SARS、疯牛病等各类现代疾病、席卷全球的金融危机、由现代化生产和生活所造成的臭氧层空洞、冰山溶化、海平面上升及福岛核污染等高科技带来的高风险，都具有全球性的后果。全球化所造就的"地球村"和"世界城市"正在造就"世界公民"，而地球上任何一个地方的城市所遭受的灾难，都可能殃及到处流动的"世界公民"。正如贝克所言："人人都会遭受风险之害，人人也都认为自己是受害者。"

（2）非直接感知性。风险社会的风险所带来的后果往往是隐秘的，有时是间接的，或在时间和空间上有很大的跨度，使受害人无法直接感知。例如臭氧层空洞、核污染等，其危害的后果可延至几十年、上百年。就我们的城市建设来说，城市规划的失误或建造者所埋下隐患，会殃及几代人。因此，风险社会的受害者往往不再是生产者和始作俑者，而是消费者或与此毫无关系的人，他们可能生活在远离这些危险源头的地方。

（3）不可计算性。诸如核风险、化学产品风险、基因工程风险、生态灾难风险等等，风险社会风险的全球性与非直接感知性，以及灾难破坏程度和后果延续的难以预测，使得对风险的经济计算无法操作或毫无意义。在城市建设上，有人针对生态环境的破坏，提出所谓"绿色GDP"的概念，其实也只能是一个很难计算的"概念"而已。

（4）无明确的责任主体。风险的无地域性限制及非直接感知性以及其危害的难以计算，使得风险社会的风险表现出事故与责任主体之间的因果关系难以明确，根本无法查明谁该负责，并使得责任赔偿无法认定，成为"有组织的不负责任"的无头公案。现代社会中，这样的事件数不胜数。

（三）风险的基本特征

（1）可能性与潜在性。风险社会的风险，并不是指已发生的损害，而是一种对不可预见的后果的预感，但风险确实有毁灭的危险。例如，现今的世界随时有爆发"核战"的风险，而"核战"的后果无可置疑将是毁灭性的。而风险正是针对安全和毁灭之间的一个特定的中间阶段的特性的表述。

（2）现代化的内生否定性。现代社会的风险是社会的"现代化"自身带来的，高速度、高增长、高集聚、高能耗、高消费……，危险几乎成为日常消费习惯中不可缺少的伴生物，风险无处不在。随着经济和文化的全球化，高风险也正成为一种"不由自主的负流通"，成为不确定的全球风险，浪迹天涯。

（3）时间的因果倒置性。未来决定现在。风险是对尚未发生的危害的预感，因此风险的概念就促使我们现在应当采取行动以"防患于未然"。风险的感知，使过去、现在和未来的关系发生了逆转。过去已经不再是决定现在的主要力量，作为今天经验和行为的归因的地位已被未来所取代，人们正在为应对未来的风险作出自己的选择。可怕的未来对今天投下的危险阴影越多，由今天揭示出的风险引发的冲击力也就越大。

（4）认知与感知的超现实结构性。风险只有被清楚地意识到，才能说它们构成了实在的威胁，因此它们既是隐匿的，又是实在的。要认知与感知风险，涉及包括文化价值、符号和科学论证等各种因素。风险知识与一个社会的文化和社会知识结构紧密相连。

（5）与文化的关联性。人们对风险的感知度直接或间接地与文化定义以及可容忍的或不能容忍的生活标准有关。例如，对食品和药物的成分含量标准，我国与发达国家就有较多的差别；对城市建设以及生产和日常生活中的环境保护的要求，我国的要求显然也低得多。这里涉及的，很大程度上与一个国家的传统文化、价值观念以及社会发展阶段和科技的发展水平密切相关。它们既不是单纯的事实主张，也不是唯一的"量化的"评价主张，它是可以同时用涉及多方面的关系进行解释的陈述。

（6）人为的不确定性。风险社会的风险问题已经脱离了可以预测的"科学"范畴，而变得日益"政治化"。因为，现代化社会所带来的风险，是人的行动和决定所造成的，它们是决策的"残留物"。我们很难预测各种"政治家"及"利益者"们会作出什么样的决策和行动。有时候我们越是想要通过有关部门或有关人员的帮助来预测未来、战胜风险，它就越发变得无法控制，许多限制和控制风险的努力最后转化成更大的不确定性和危险。

（7）"知"与"不知"的混合性。一方面，科技知识让我们知晓我们正在面临的风险；另一方面，在高科技突飞猛进的同时它们也成为新风险的来源，并且因我们对此知之甚少而显得无能为力。新的科技知识和成果，使我们能在新的领域里进行活动和享受高科技带来的种种便利，但它们同时也使我们在不确定的背景下作决定而使风险问题突出。这似乎成为一种矛盾，面对风险，我们既不能无所作为又不能反应过度。

（8）自然与文化的混合性。风险是一种"人为的混合物"。有时候，风险由自然的因素引发并与人为因素混合而放大使危害难以估量。例如，地震所引发的"福岛核污染"事件、历年的"厄尔尼诺"现象等等。我们对大自然的改造和文化的工业化，使世界成为一个人为的混合世界，失去了自然与文化之间的二元性；我们已分不清自然现象与人为现象之间的差别，并混淆了现实与非现实的存在，使得风险成为一种"真实的虚拟"而更难以捉摸。

风险既是有威胁的未来，更是当前需要行动的实在，它们已成为影响当前行为的一个参数。对于从事于城市规划工作的我们而言，我们将何以应对？

二、风险意识与城市规划

（一）古代城市规划的风险意识

可以说，城市规划的诞生之初就具有抵御风险的意识。在中国古代就有夏代"筑城以卫君，造廓以守民"的说法。即建造城市就是为了防御野兽或外敌的侵袭，保护君王的财产和安全。一方面是抵御自然界给予的危害，另一方面则是预防人类社会自身引起的人为攻击和"造反"的风险。故《管子》言："凡立国都，非于大山之下，必于广川之上。高毋近阜而水用足，低毋近水而沟防省。""因天材，就地利，故城廓不必中规矩，道路不必中准绳。"❶城市规划就是指导城市因势利导，防御风险，造就地利。

而《度地篇》则写道："故圣人之处国者，必与不倾之地，而择地形之肥饶者，乡山，左右经水若笔，内为落渠之泻，因大川而注注焉，乃以其天材，地之所生，利养其人，以育六畜。天下之人，皆归其德而惠其义。"认为施政者应选择宜居之地建造城市，即能以天材地利养育众生，使人们安居乐业而感其恩德，就能避免人患之灾而失去统治权。

凯文·林奇也指出"对城市建造者而言，以下这些是城市建造者永久的动机：稳定和秩序、控制人民和展示权力、融和与隔离、高效率的经济功能、控制资源的能力等。"❷

（二）工业化、现代化、城市化与城市病

近、现代城市规划的发展则更是与工业化、现代化、城市化所带来的人口密集、住房短缺、交通拥堵、环境污染等各种城市病直接相关。

为应对工业化、现代化已显现的社会风险，现代城市规划应运而生。对于工业革命以来高速发展的城市化所带来的大量城市问题，城市规划已作为缓解社会矛盾、医治城市病的重要手段和技术工具，引起世界各国的高度重视，功能理性主义的物质形态规划成为 20 世纪 60 年代以前城市规划和建设的主流，指导了各国的建设和战后重建。

（三）规划范式的转变

从 19 世纪末到 20 世纪中叶，西方发达国家现代城市规划法律制度的逐步建立，使城市规划从技术过程走向政治过程。

20 世纪 50 年代开始，一些社会学家对城市规划的物质空间决定论倾向提出了批评："由于他们

---

❶ 董鉴泓. 城市规划历史与理论研究［M］. 上海：同济大学出版社，1999。
❷ ［美］凯文·林奇. 城市形态［M］. 北京：华夏出版社，2001：25。

将城镇规划限定于物质化的概念中，规划师就只会用物质空间（和美学）的视角看待城镇和城镇问题。因此他们不关注社会层面的内容；他们的规划理论使他们脱离了真正的社会问题。"学者们也对终极蓝图式的规划提出了批判。"每一个规划在实施的过程都很容易遭遇不可预见的事件。作为公共政策的一个实施手段，规划必须拥有承受这些变化的能力。"❶

为了回应对现代主义城市规划的责难，城市规划在 60 年代走出了两条不同的发展路线。一条是基于科学理性主义的系统规划和理性过程规划，试图让规划摆脱"艺术"的阴影走向"科学"，它们所要解决的问题是方法论意义的，即："规划应当怎么做？"另一条是基于现实批判主义的，所要解决的问题是本体论和认识论意义的，即："规划究竟是什么？规划的本质与功能是什么？"

第二种路线认识到规划是政治过程，是社会运动，是公共政策，代表公共利益，需要公共决策。美国规划理论学者诺顿·朗提出（1959）："规划就是政策，在一个民主国家，无论如何，政策就构成了政治。问题不是规划是否会反映政治，而是它将反映谁的政治。规划人员试图实施的是何种价值观，以及何人的价值观？……事实上规划就是政治过程。"

20 世纪 60 年代发生于西方发达国家的城市抗议活动要求正义、公平、民主、参与政治决策。

旧城改造更新中所呈现的利益冲突的政治博弈，使人们清楚地认识到城市规划的"公共政策"属性。城市规划既是"政府行为"，又是社会运动，它应当是一种制度性的"安全阀"起到协调利益，提供对话、协商的"社会互动"平台的作用。这样的认识是对原有的基于物质形态规划和城市设计的技术工具理性手段的根本性颠覆，构筑了城市规划的价值理性，并使城市规划从精英主义走向了大众主义，使对城市规划的评判与选择从美学标准、功能标准走向了价值标准、政治标准。

第一条路线最终走向式微。第二条路线成了 20 世纪 70 年代以来后现代城市规划的前奏曲和序幕，引发了城市规划范式的转型。

20 世纪下半叶以来，席卷全球的经济危机、人口爆炸危机、资源能源危机、环境危机以及道德信仰危机，引发了对现代化的全面反思。风险社会理论的出现，表明了对"传统"现代性的彻底反思，体现了一种心态、思维模式和文化范畴，继承了现代主义对现实社会的批判及自我否定与突破的精神，对新时代的到来做出了反映。

（四）城市规划的风险性

推动城市发展变化的是多种力量的组合，其中既有自然和环境条件的因素，更多的是各种人为的因素，可以说每个城市的发展变化都存在不确定性。处于快速城市化发展建设阶段的我国城市，其发展变化在很大程度上取决于人为的政治、经济和文化因素，城市建设状况更多地显露出了决策的"残留物"的痕迹。一任领导一种"主义"，一任领导一套决策，"一年一小变，三年一大变"，"规划没有变化快"，往往会给城市留下很多遗憾、隐藏不小风险。

由于存在太多的不确定性因素，城市的发展预测与规划是一种灰色系统，也是一种"知"与"不知"的混合物。由于任期和政绩的需要，使得当权者往往是在不确定的背景下作决策，使风险问题突出。如厦门城市道路交通建设上的"新加坡"和"BRT"，成为后任者的"烫手山芋"；不少沿海城市的填海造地和人工岛的建设则更是埋下了难以预测的隐患问题。最近有关部门为了确保基本农田的数量、控制因大量良田被侵蚀而将导致粮食短缺的风险，而让城市建筑上山或增高的决策，这会带来怎样的后果，也令人担忧。这些人为的不确定性，可能会使许多限制和控制风险的努力转化成更大的不确定性和危险。

我们知道，城市规划设计是一种存在多种甚至无数种选择的选择过程。如果问题只有一个答案，就无所谓"风险"，正因为城市规划存在不确定性、具有可供选择的无数个方案，因此"选择"就成了一种"风险"。一方面，规划目标是价值的表达，而价值表达在客观上是不可验证的。我们说规划

---

❶ ［英］尼格尔·泰勒.1945 年后西方城市规划理论的流变［M］.北京：中国建筑工业出版社，2006。

要代表公众的利益，但在现代任何社会中，公众都是由各种不同的群体所构成的，他们持有不同有时甚至是不相容的利益倾向。因此，不存在评价规划项目的普适性价值取向标准。这样，规划目标的选择首先就是存在不确定性的风险性选择。另一方面，即使同样的规划目标也可能存在多样的表达，即同样的目标也可以有不同的方案。那么，对不同方案的选择又成为一种风险性选择。因此，城市规划方案的评审和选择，既是一种目标性价值标准的评判，又是一种路径性技术标准的选择，存在着双重的不确定性风险。

风险催生城市规划；城市规划隐藏风险。

三、风险社会城市规划的职能：对风险的预设和抵御

（一）风险社会的城市规划

面对现实世界的五大危机，为抵御现代化和全球化带来的风险，20世纪60年代末以来出现了各种对社会发展未来前景进行研究和预测的思潮，其中社会历史学派和生态学派的研究令人注目。其后，联合国环境与发展委员会于1987年发表《我们共同的未来》的联合声明，提出"可持续发展"的概念。于是，掀起了一股全球性的对发展"生态城市""低碳城市""绿色城市"的呼声和研究。我国党和政府也随即提出了建设"资源节约型与环境友好型的社会"，以及"和谐城市""和谐社会"的理念。

风险社会的到来，也对我们的城市规划工作提出了新的挑战，城市规划必须有新的思维模式和新的概念，城市规划新的转型势在必行：风险城市规划。

本人认为风险城市规划的内容应当可以包括风险规划（风险预设）、风险决策和风险预后3个方面。

风险规划或风险预设，是指城市规划的编制应使自己的预案将会造成的不可预见的后果具备可预见性，从而控制不可控制的事情。在城市规划方案中，应当包括通过有意采取的预防性行动以及相应的制度化的措施，以战胜种种由于规划的实施所带来的副作用。

风险决策，即对方案的选择决策。评审方案时，在多项可供选择的方案上所要选取的并不是"效益最大"的方案，而应是"风险最小或最可控"的方案，即把风险降低到可控的最小范围的方案，使风险可"Hold"住。在风险社会，对城市规划方案的评价应是风险的价值评价："风险意识"含金量的多少，应是城市规划质量的一个关键指标。

如果说具有社会批判和反思意识的"社会知识分子"是"社会的良心"，那么具有风险意识的规划师应当是"人类的良心"。因为，不管是"做大蛋糕"，还是公平地"切分蛋糕"，首先应当要求的是这个蛋糕是没有毒的，是有益健康，而不会引起呕吐的。

风险预后应对：规划的修编、调整＋行动规划。城市规划是一种过程，表现出阶段性、渐进性、机会性和实用性的特征。对选取和实施中的规划方案应当根据时态及各种环境的变化，适时地进行检讨、评估、修编和调整，以应对已被认知到的风险后果。

规划实施的成效，是构成规划风险的一个方面。由"征地""强拆"引起的纠纷和群体事件频频爆发，说明规划隐含的社会风险不容轻视。公共选择规划理论认为，作为一种制度安排的城市规划的成效关键是要减少交易成本和外部成本，因此城市规划的实现需要所有利益相关者的合作行动。弗里德曼指出："有关规划实践，已经是规划编制有余，而规划实施却不足了——当前，有待于创建一个全社会接纳规划的氛围。实施的问题是一个关键的问题。""行动规划模型的新方法把行动与规划融合成了一个统一的操作。"

只有动员全社会的力量来推动规划的实施并有效地抵御风险，城市规划才真正谈得上是"公众的"并体现"公共政策"的属性。

（二）关于厦漳泉同城化的风险研究

"厦漳泉同城化"已成为当前实现"海峡西岸经济区"国家战略的重要方面而备受关注。本人认

为，厦、漳、泉的同城化，不仅应当做好"同城化"的"建设规划"，而且还应当做好"同城化"的"风险规划"。应当对厦漳泉同城化可能带来的风险进行研究和预设。

据有关报道：浙江省的某个地带，规划建设的高速铁路与高速公路仅相距8m，然而双方部门却都认为"符合规划"！真可谓"有组织的不负责任"！在高度密集的城市化地带，由决策的"残留物"所带来的将是大量潜在的"风险陷阱"，应当引起极度重视。

有关厦漳泉的同城化风险规划或风险研究，可以包括：

（1）避免连绵式发展的空间结构。

（2）人口与用地规模的控制。

（3）环境容量控制：能源、水、建筑、交通……

（4）生态风险评估。

（5）交通结构与布局风险评估。

等等。

面对已经到来的风险社会，"风险规划"将是一场全球性和全社会的行动与社会性机制。我们应当有所行动。

本文原载于《海峡城市》2013年第1期

论比例原则在城乡规划实施中的制度意义

近年来，城乡规划领域的纠纷急剧增长。根据 2004 年以来全国法院司法统计资料，包括城乡规划在内的城市建设和资源类案件在所有行政案件中，始终排在前两位，占案件总数的 40%，最高人民院行政庭副庭长杨临萍曾指出，2008 年全国法院审理的行政案件中，排在前 3 位的是：规划、土地、拆迁行政案件。❶ 河南省法院系统的调研也表明，城乡规划行政许可和行政处罚实践中的矛盾日益突出。❷ 值得关注的是，在为数众多的规划纠纷中，有不少行政案件的判决结果和法院援引的依据，都涉及行政法领域的一个重要原则——比例原则。比例原则在司法领域可能产生的导向性作用，对于促进城乡规划制度建设既具有积极意义，同时也带来一系列挑战。

一、比例原则的起源和发展

比例原则滥觞于德国 19 世纪的警察法时代，当时实际上是指必要性原则，也称为最小侵害原则。指为实现特定目标，已经不存在别的对公民权利损害更小的措施能够相同同有效地实现目标。后来，均衡性原则（狭义比例原则）得到普遍认可，根据均衡性原则，是否对公民权利的损害达到最小已经不能完全符合利益多元化时代问题解决的要求，而需要提供一套更为复杂并且多元的利益衡量工具，从而有助于整体推动社会福祉。❸

比例原则被奉为西方公法之"皇冠原则"，一般认为包含适当性、必要性和均衡性等 3 个具体原则，具有实体和程序两个方面的内涵。行政法领域的比例原则一般是指，行政机关达成行政目的，要选择适当的手段进行，若遇有多种手段可以选择时，应选择对人民侵害最小的手段，且手段与目的之间要有一定的比例关系，即因采行该手段所造成的侵害，不得逾越所要达成的目的而获致的利益。例如，在强制执行措施的强度，不但要与客体的性质和大小相适应（实体比例），且要与程序的严格程度成比例关系。客体越严重和广大，执行措施也就可以越强大；而执行措施越强大，有关的手段就应当越严格。再如，行政处罚应当在目的和手段之间进行权衡，采取的手段要有助于达成目的。制度设计的"失衡"将导致权力滥用和公民权利受到侵害，或者导致制度失效。

1982 年 6 月 4 日，普鲁上高等行政法院通过了一个"十字架山"案，❹ 以行政法院判决的方式正式承认了比例原则。此外，德国国家行政法院曾以一个飞机场开放计划可能花费的资金与有关市镇可

---

❶ 司法统计资料来源于《最高人民法院公报》2005—2009 年的第（3）期相关数据。见：陈越峰. 公报案例对下级法院同类判决的客观影响 [J]. 中国法学，2011（5）：176-191。

❷ 河南省法院系统的调研，2004 年后行政案件开始大幅度增长。其中 2004 年 188 件，2005 年 147 件，2006 年有 112 件。而以往每年只有二、三十件，在不断增长的案件中，与城市规划有关的案件居多数，从调查情况看，起诉城市规划建设许可的，占 83%，起诉规划行政处罚的，占 11%，起诉农村建筑规划许可、规划不作为的，占 6%。从案件形成的原因看，主要是原告认为有关规划许可，特别是建筑规划许可影响自己的间距、采光、通风、消防等权益，此类案件占行政规划案件的 81%。原告认为用地规划许可侵犯原告的土地使用权、或者因行政规划变更引起侵权、产生安全隐患的，如污染、地震、电磁波辐射等，此类案件约占行政规划案件的 19%。参见：宋雅芳等著，行政规划的法治化——理念与制度 [M]. 北京：法律出版社，2009：301。

❸ 蒋红珍. 论比例原则——政府规制工具选择的司法评价 [M]. 北京：法律出版社，2010。

❹ 柏林市有一座"十字架山"，该山上建有一个胜利纪念碑，柏林警方为了使全市市民仰首即可看见此令人鼓舞的纪念碑，遂以警察有"促进社会福祉"之权力与职责，公布一条"建筑命令"，规定今后该山区附近居民建筑房屋的高度，要有一定的限制，不能阻碍柏林市民眺望纪念碑的视线。原告不服，诉讼就此展开。最后普鲁士高等行政法院《依据普鲁士邦法总则》第 10 条第 17 款第 2 句的规定，即警察机关为了维护公共安宁、安全与秩序，必须为必要之处置作出判决，对警察机关援引为促进福祉而限制某地段内建筑物许可高度的一个警察命令无效。参见：姜昕著，比例原则研究——一个宪政的视角 [M]. 北京：法律出版社，2008：17。

能提供的资金之间不成比例为由而宣告该计划违法。一个干线道路计划因对附近精神机构病人的危害而被撤销。❶ 而在 1971 年的一项判决中，德国最高行政法院运用均衡原则审查一项市政建设工程计划，判定其中修建一条公路的收益高于因此而征用拆除的 90 所民房的价值，因而，拒绝了当地居民诉请撤销此项工程计划的要求。❷

进入 21 世纪以来，比例原则在我国行政法领域已经引起了广泛重视，并且在立法和司法实践中逐步得到体现。在立法方面，《行政处罚法》第 4 条规定："设定和实施行政处罚必须以事实为根据，与违法行为的事实、性质、情节以及社会危害程度相当"。而最近发布的《行政强制法》第 5 条也规定："行政强制的设定和实施，应当适当。采用非强制性手段可以达到行政管理目的的，不得设定和实施行政强制。"这些重要法律都一定程度体现了比例原则的精神。值得注意的是，比例原则在我国行政诉讼中的应用，不仅最早发生在城乡规划领域，而且目前也相对集中于该领域。在日益上升的城乡规划纠纷中，法院援引比例原则作为判决依据的案件为数不少，下文将结合城乡规划实施进行深入探讨。

二、比例原则对于保护公民权利和公共利益的启示

比例原则体现了对公民权利的关注，然而，在处于快速发展阶段的中国而言，不仅要保护合法的公民权益，同时也要有效防范公民权利的滥用，从而导致公共利益受到侵害。两者之间如何维持一种动态的"均衡"，正是城乡规划制度设计的关键所在。

（一）公民权利

在法院维持规划主管部门的行政许可的案例中，有一类基于比例原则作出的判决值得思考。例如赵某诉某市规划和国土资源局行政许可案❸和肖兰等诉上海市普陀区规划局行政许可案。❹ 这类案例的特点是，利益相关人认为规划行政许可侵害了自身的合法权益并要求撤销或改变行政许可。事实上法院和规划行政机关也都承认，行政许可对相关人确实产生了一定的影响，有时甚至是较为明显的影响，但是，仍然符合城乡规划技术规范确定的最低标准，法院据此维持规划许可。

法院的判决依据可以表述如下："建设新的建筑物，有时对已建建筑会产生明显影响，由于土地稀缺，新建楼房必然对已建房屋的通风，采光产生一定的影响，国家不能、也不会因这种影响的存在而不发展，或减缓城市建设。制定规范的目的就是允许影响的存在，又限定其程度。"❺ 因此，在行政诉讼（行政复议也一样），只要规划行政机关的行政许可符合技术规范的最低标准，理论上就可以在法院胜诉。

对于这一类型的行政许可案件，往往还涉及另外一个重要问题，即规划部门的自由裁量权如何控制。从理论上说，只要满足技术规范的最低标准，规划部门的审批就不会败诉。而这种理解也会为违法建设者所利用，因为同样的道理，只要违法建设满足技术规范的最低标准，违法建设者就可能援引上述在比例原则指导下的判决作为"权利"诉求的依据，谋求以行政罚款的方式解决违法建设问题，而且其目的往往很可能得以实现。

❶ 许玉镇. 比例原则的法理研究［M］. 北京：中国社会科学出版社，2009。
❷ 王桂源. 法国行政法中的均衡原则［J］. 法学研究，1994（3）
❸ 原告赵某为某市某花园的业主，2004 年 4 月 14 日，某市政公司向被告某市规划局申请建设培训中心的规划许可，被告经过有关程序进行审查，于同月 15 日颁发了《建设工程规划许可证》。原告认为该培训中心与自己居住的房屋相邻，将会影响自己的日照及采光，于是向法院提起行政诉讼，请求撤销被告颁发的《建设工程规划许可证》。一审法院认为，被告依法履行了行政审批的职责，某培训中心符合《某市城市规划管理技术规定》中有关建筑间距的规定，判决维持被告《建设工程规划许可证》。原告不服，并提起上诉。二审法院认为，日照间距应按照各地区规划主管部门的规定执行，原规划许可符合法律，予以维持，上诉人主张的通风、采光权可通过民事诉讼另行解决。参见：朱昊主编. 建设法规案例与评析［M］. 北京：机械工业出版社，2007：20-23。
❹ 此类案例还有不少，可参见：陈越锋. 公报案例对下级法院同类判决的客观影响［J］. 中国法学，2011（5）：176-191。
❺ 陈越锋. 公报案例对下级法院同类判决的客观影响［J］中国法学，2011（5）：176-191

人们应当认识到这一点，日照等强制性技术规范，只是现有生活条件下的一种最低标准，为此，人们是否可以考虑一种满足正常生活水平的"健康标准"，在此基础上依据比例原则的精神妥善处理相关争议。为此笔者建议按照比例原则的精神，建构相应的纠纷处理制度。可先在技术规范的最低标准的基础上，根据自然条件和社会经济发展水平的差异，确定一种满足正常生活水平的"健康标准"，并按照以下原则进行处理。

1. 不能满足最低标准时

规划行政机关不得作出行政许可，否则视为违法。利益相关人具有否决行政许可的权利。如果是既成事实。则只能通过协商补偿的方式解决纠纷。❶

2. 满足最低标准，但不能满足健康标准

利益相关人具有异议权，但规划行政机关可以作出行政许可。利益相关人可以按照标准获得一定补偿。

3. 满足健康标准

除非存在合法的相关约定，否则不得提出所谓的"权益诉求"。

（二）公共利益

1. 公益诉讼

西方国家的司法实践中，关于公共利益的诉讼较为普遍。❷ 当政府的规划可能危害公共利益时，通过赋予代表某些公共利益的社会团体行使诉讼权利，从而实现对公共利益的维护。而与此同时，公益诉讼制度还可以制约对公民权的滥用。例如，我国不断完善城市拆迁相关制度，公民权利越来越受到重视。然而，也有少数人利用制度上的缺陷，成为所谓的"钉子户"获取不合理的赔偿。他们抗拒拆迁行为的"成功"，实际上也让社会付出了公共利益的代价。❸ 在这种情况下，代表公共利益的团体就可以通过公益诉讼，对抗不正当的诉求。

2. 行政强制

行政强制措施是行政机关为了预防、制止或控制危害社会的行为发生，依法采取的对有关对象的人身、财产和行为自由加以暂时性限制，使其保持在一定状态的手段。其目的主要在于预防制止或控制危害社会的行为发生。在地方立法实践中，鉴于违法建设的严峻局面，各地都在谋求执法力度的加强，如相对集中执法权、强制执行，程序上的保证（如送达），等等。《城乡规划法》第六十八条对于采取查封施工现场、强制拆除等措施的制度保障，可以说体现了规划行政执法的现实需要。

从完善行政强制制度的需要来看，加强即时强制和执行罚的制度研究，在当下具有一定的现实意

---

❶　如果由于规划主管部门的审批失误（本文不探讨责任追究问题），造成没有满足国家强制性规范，比如，日照时间略少于技术规范，受影响的住户数量不多，而且建筑物已经建成，如果拆除造成较大的社会经济影响。这种情况下，是否一定采取拆除方式（实际上由于涉及多方的利益而难以实施）。能否考虑同等居住条件的房屋价格与受影响后住房价格的差价对受到影响的住户进行补偿。如果拆除造成的直接经济损失为 1000 万元，而差价仅仅为 100 万元，此时就可以考虑依据比例原则的基本精神予以解决。然而现实中这类纠纷由于缺乏具体的操作标准难以妥善化解，往往不是受影响的权利人漫天要价，就是在行政权干预下而损害公民权利。其原因在于缺乏相对规范的制度手段和相对公正的第三方评判机制。

❷　2004 年，德国克尔市与法国斯特拉斯堡之间的莱茵河终于架起了一座壮观的步行桥，结束了德法两国过境安检的历史，从此人们可以自由自在地步行于两国。可是，由于这个步行桥曾经发生了一起轰轰烈烈的行政案件。弗莱堡市政府负责步行桥的计划（相当于建设规划许可批准行为），经过四年的规划和全面听证后，颁布了建步行桥的计划（规划）。但是有部分市民持反对意见，他们认为建步行桥将改变周围居民的生活和生态环境，尤其是桥的附近是自然保护区，是候鸟多年的栖息地，每年秋季，候鸟就如期飞到这里过冬，在往回飞的过程中，吊桥上密集的钢丝会影响候鸟迁徙，甚至鸟会误撞钢丝而身亡。这是一个公共利益问题，这种公民普遍具有的利益不能构成启动一个行政诉讼的根据，也是普通公民不可以对步行桥规划提起行政诉讼。但是根据德国《行政法院法》的规定，其公共利益代表社团可以提起行政诉讼。最终，一个鸟类保护协会对上述规划提起行政复议。复议机关经过考察，论证了建桥不会对候鸟返回产生威胁，认为"候鸟不会那么傻"。鸟类保护协会不服，向弗兼堡行政法院提起行政诉讼。请求撤销该建桥计划。基于与复议裁决同样的理由，行政法院判决鸟类协会败诉。参见：宋雅芳等著. 行政规划的法治化——理念与制度[M]. 北京：法律出版社，2009：312-313.

❸　肖岳. 林翠路贯通受阻 "最牛钉子户"——一住户两年不搬海淀区政府称其索要 580 万元补偿款［N］. 京华时报，2009-03-28.

义。即时强制是指国家行政机关在遇到重大灾害或事故，以及其他严重影响国家、社会、集体或公民利益的紧急情况下，依照法定职权直接采取的强制措施。而执行罚是指行政相对人违反规定不履行已经生效的行政处罚而受到的处罚。德国有完善的执行罚制度，就可以清晰地认识这一点。❶ 执行罚作为实现公共利益的有效手段，对于城乡规划制度建设具有重要的借鉴意义。

三、比例原则对于违法建设查处制度的借鉴

违法建设，无疑是城市发展中面临的一大顽症，比例原则强调了在行政过程中对于公民权的保护和对于行政权的制约，这体现了法治社会的要求。然而，比例原则对现有的违法建设查处制度也提出了严峻的挑战。在法院依据比例原则改变规划部门对违法建设的行政处罚的案例中，较有代表性的包括汇丰实业有限公司诉哈尔滨市规划局案；❷ 华达商厦诉某市规划局行政处罚案；❸ 以及武汉市凤凰公司诉武汉市规划局行政处罚案❹等等。随着城市建设进程的加速，这类案件行政诉讼中十分普遍。

在司法审查过程中，法院一般都基于比例原则的精神，认为规划行政机关"限期拆除"的行政处罚过于严厉，导致相对人的权益受到不合理的侵害，因而是"显示公正"的。据此，法院变更了规划部门的行政处罚，将部分建筑物的拆除改变为处以罚款。这固然体现了现代法治对于行政权的控制，也保护了法院所认为的"相对人的合法权益"。然而，这些未被拆除而通过以罚款而合法化的违法建筑物，究竟是否应当认定为"合法权益"呢？笔者认为值得商榷。如果一定要认定为"合法权益"，那么，我国现行的城乡规划行政处罚制度就必须深刻反省并做出重大调整。否则，以比例原则为依据的上述判决将成为违法建设滋生的一个不容忽视的因素。因为，只要从违法行为的成本收益角度进行分析，就不难得出结论，采取罚款方式必将给违法者带来巨大的获利空间。

笔者认为，根据比例原则的基本精神，可以从过罚相当、没收制度以及预防制度等 3 个方面着手，进一步完善或改革现有的违法建设行政处罚制度。

（一）过罚相当

违法建设之所以难以控制，正是因为大量的违法行为没有受到相应的处罚。当违法行为能够带来巨大利益，而制裁只是小概率且成本极小之时，选择违法更为现实。只要进行成本分析，就不难发现，违法建设难以控制存在内在的经济根源。一般而言，违法行为的严重程度并没有绝对的界限，从轻微到严重之间是一条连续波段的"光谱"。而规划法确定的处罚方式（工程造价 10% 以下的罚款，与拆除或没收），却存在一条明显的"利益阶梯"，在巨额利益的驱动下，相对人必然会极力争取罚款

---

❶ 萨克森州首府德累斯顿的一个具体案件：违反建筑法建造一所家庭住宅，行政机关发出停止施工命令。业主没有服从停止施工命令，建筑业监督机关采取强制执行措施，最终业主被处以 1.5 万马克的执行罚。参见：全国人大常委会法制工作委员会、德国技术合作公司，行政强制的理论与实践 [M]. 北京：法律出版社，2001：31。

❷ 湛中乐. 行政法上的比例原则及其司法运用——汇丰实业发展有限公司诉哈尔滨城市规划局案例 [J]. 行政法学研究，2003（1）：69-76。

❸ 某市规划局为华达公司颁发工程规划许可，同意其沿江大道的 2 层楼房改为 3 层。华达公司申请建 2 层未果，一年后，该公司建成 5 层楼房，命名为华达商厦。规划局以商厦所处的沿江大道为历史名街，而商厦 4~5 层对历史建筑武陵阁产生遮挡。为协调建筑风貌，限该公司 60 日内拆除 4~5 层。华达公司申请复议，请求减少拆除面积，未获同意，遂诉至法院。法院认为，华达商厦只有部分遮挡武陵阁，全部拆除超出了必要限度，造成不应有损失。根据比例原则，变更为，拆除遮挡部分，其余处以罚款。参见：顾越利、李小勇. 法学案例教程 [M] 北京：中共中央党校出版社，2006：131-132。

❹ 武汉市规划局为凤凰公司颁发建设工程规划许可证，批准其临长江大街的楼房由两层加建为 4 层。其后，凤凰公司申请增建 4 层未获批准。一年后，凤凰公司建成 8 层凤凰大厦。市规划局认为超过批准范围部分属违法建设并下达行政处罚决定书。认为，凤凰大厦 5~8 层遮挡了长江大街的典型景观天主教教堂尖顶，严重影响了长江大街景观。根据城市规划法第四十条的规定，限凤凰公司 60 日内拆除大厦 5~8 层。凤凰公司请求规划局减少拆除面积未果，遂诉至法院。法院在确认凤凰大厦只有一部分遮挡教堂尖顶的事实后认为，凤凰大厦 5~8 层属于违法建设，规划部门有权责令凤凰公司采取补救措施，但必须同时兼顾行政目标和相对人权益，在实现行政目标的前提下应尽量减少对相对人权益的损害。以露出教堂尖顶为标准，可以拆除 5~8 层遮挡教堂尖顶部分。规划局要求全部拆除 5~8 层明显超出遮挡范围，使凤凰公司遭受过大损失，处罚显失公正。根据《行政诉讼法》第 54 条，《城市规划法》第 40 条规定，法院判决将处罚决定变更为：拆除凤凰大厦 5~8 层的一部分，对违法建设行为处以相应罚款。参见：肖金明. 行政处罚制度研究 [M]. 济南：山东大学出版社，2004：77。

了事。而对于规划机关而言，强制拆除的执行成本及存在的对抗风险，也使其倾向于采用罚款的方式。

我国《行政处罚法》确定了过罚相当原则："设定和实施行政处罚必须以事实为根据，与违法行为的事实、性质和情节以及社会危害程度相当。"过罚相当要求处罚的种类适当和处罚的力度适当。例如，在违法建设行政处罚中，采取罚款与拆除（或没收）应当存在与违法程度相应的基本均衡，从而使所有的违法行为都受到相应的制裁。然而，目前的实际情况却与过罚相当原则相背离。

1. 惩罚力度不足成为违法建设诱因

法院将规划局的拆除违法建设的行政处罚变更为拆除有影响部分，而其他部分则保留，采用罚款的方式予以处罚。实际上，这里面忽视了一个重要的衡量标准。那就是，行政处罚的目的是要让违法者受到一定的制裁。人们不难分析，采取罚款的方式对违法者而言，具有巨大的获利空间，因而实际上是一种激励，是其求之不得的。

社会主义市场经济改革带来了房地产业的繁荣。违法建设可能产生的经济利益迅速提升。违法建设行政处罚的方式主要包括罚款和拆除两种，而罚款比例基本都在工程造价的20%以内，只有上海市将比例提升到20%～100%。在计划经济时代按照工程造价课以处罚有其合理性，而在市场经济的商品化时代，决定房屋价值的因素远非工程造价所能包括。即便上海按照工程造价100%处罚，违法建设方仍可能存在盈利的空间。笔者曾经对广东省的两个城市（广州和韶关，分别代表发达和欠发达地区）进行过分析，其研究结果表明，总体趋势是，违法建设方的经济能力越来越强，违法造成的影响越来越低，而收益却越来越高。此外，违法建设被拆除的可能性越来越小。罚款与拆除（或没收）之间出现"利益阶梯"，而且相去越来越悬殊。

2. 惩罚力度过大造成难以实施

与前面的情况相反，有些行政处罚的措施和手段显然与比例原则相违背，由于惩罚力度过大，在现实中实际得到执行的概率并不高。例如《城乡规划法》第三十九条规定的："规划条件未纳入国有土地使用权出让合同的，该国有土地使用权出让合同无效；对未取得建设用地规划许可证的建设单位批准用地的，由县级以上人民政府撤销有关批准文件；占用土地的，应当及时退回；给当事人造成损失的，应当依法给予赔偿。"尽管与《城市规划法》相比，这一条的规定显得有所弱化。但是，同样作为政府组成部门，而且是实现垂直管理的国土部门正式批准使用的土地，由于没有取得建设用地规划许可证就一定要退回土地，这不仅不符合历史眼光（在城乡规划制度没有得到十分严格执行的地方，有些土地已经批准使用多年，并且地面建设活动基本完成，责任追究十分困难），也因为受到多方阻力而难以实施。一些地区在解决这类问题时，如果与现行城乡规划没有根本冲突，可以考虑以周边地块平均开发强度为基准，通过制定规范性文件的形式进行规定并有条件地补办建设用地规划许可证。虽然并非最佳选择，但却是一种现实的选择。再如，违法建设如果被强制拆除，按照规定，违法建设方还要承担强制执行的拆除费用。地方实践也表明，这一貌似严厉的手段基本上没有得到有效执行。

3. 关于违法程度界定标准"技术性"的思考

从《城市规划法》到《城乡规划法》，对于违法建设的严重程度，以及相应的行政处罚的严厉程度，都是以是否严重违反城市规划作为唯一的界定标准的。这种做法固然有一定道理，但是，由于是否严重违反城市规划既有一定技术性，同时还有较大的模糊性。尽管各地公布了一些操作性的规定，但在实际中进行界定的难度仍然很大，而规划行政机关的自由裁量也有很大的空间。实际上，在行政执法和司法裁判领域，违法行为的主观恶意和行为的社会危害性才是界定违法行为的严重程度并进行行政处罚的最重要依据。而是否严重违反城市规划，或者是否可以采取改正措施等标准，只是反映一种"技术标准"，而不是"法律标准"。应该说，用法律标准界定违法行为的严重程度，更具有合理性，同时也便于实际操作。当然，"是否严重影响城市规划"也是界定违法行为的社会危害性的重要因素之一。

例如，前面分析的几个关于法院更改规划主管部门的行政处罚的案件中，无一例外的是，违法建设方明知规划部门不予批准而强行进行建设，只是在建设过程中的监管不力而形成了违法既成事实。在实施违法行为时，违法者对"是否严重影响城市规划"并没有明确的认识，而是在利益的驱动下，寄希望于将来以罚款方式实现合法化。如果他们的目的最终得以实现，那么，其主观恶意并没有得到相应惩罚，反而获得了利益报酬，实际上成为一种"违法激励"。

再如，一条即将兴建的城市道路一侧的两个违法建设项目，前者在申请规划许可后，因放线失误而造成轻微超过道路红线（例如 0.5～1.0m），而后者则是在没有取得规划许可的情况下，为谋取经济利益而进行的违法抢建，且拒不执行规划主管部门的停工通知并造成违法事实。如果仅仅从"是否严重影响城市规划"作为界定标准，则前者将处以拆除，而后者将以罚款方式实现违法建设的合理化，这显然不尽合理。

4. 比例原则指导下的违法建设行政处罚

要彻底改变当前违法建设的严峻局面，就应当根据比例原则的精神，使处罚种类和处罚力度与违法行为的严重程度构成相应的、基本连续的"比例关系"，同时消除罚款与拆除（或没收）这两类行政处罚之间由于"断裂点"而形成明显的"利益阶梯"。

为此笔者建议，一方面应当有效减少拆除（或没收）等手段造成相对方的损失，政府应当适当承担部分责任（如果全面分析违法建设产生的原因，那么不难发现，政府部门在履行应尽的职责，包括宣传、监管或处理等方面，都对违法建设的产生或多或少地负有一定责任，完全由违法建设方承担责任显然不合理，而且将容易产生激烈对抗）；另一方面，应当加大罚款的力度，使违法建设都必须付出相应的代价。通过这种类似"削高填低"的做法，实现违法行为的严重性与处罚的程度之间的"比例关系"（图 1）。

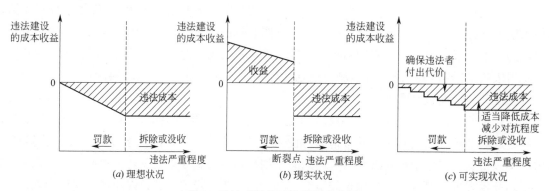

图 1　违法建设行政处罚制度分析

（二）没收制度

《城乡规划法》将原来的"没收违法建筑物"修改为"没收实物或违法所得"，这应该说是一种进步，因为在操作中具有了更大的灵活性。然而这一制度付诸实践还存在不少困难，其原因在于相关配套制度的欠缺。特别是没收与罚款之间的"利益台阶"并没有因此而消除。而违法行为严重性的自由裁量空间相当之大，最终往往导致倾向罚款的方式，这又给违法建设留下盈利空间。违法动机因此激增，违法者用于"攻关"的欲望和手段也大大增强，公务人员面临的压力和风险同步增大。

1. 关于违法所得的学术探讨

关于违法所得的界定，行政法学界进行过广泛的探讨，主要有以下 4 种不同的见解❶：①包括成本和利润在内的全部总收入。这种主张的理由包括：必须严厉打击违法行为，体现过罚相当原则；行

---

❶　解志勇．行政法治主义及其任务［M］．北京：中国法治出版社，2011：87-89。

为人实施违法行为后，只有承担责任的义务而无获取利益的权利，不存在合理支付问题，核算成本的难度系数大。②扣除成本的利润部分。认为成本是相对人的原有财产，是当事人通过合法途径获得的财产，不应列为违法所得。③以主观故意或过失作为评判标准。违法主体存在主观故意，则违法所得包括成本和利润。如果只是过失，则仅计算利润。这种观点由于概念不统一，一般不被认可。④不以违法所得为依据，而是给违法所得一个基数，由执法机关视具体情节自由裁量。简便、易行、效率高。但如果存在较大的获利空间，则势必出现"甘愿收罚而违法"的情况。

2. 城乡规划领域的实践

关于没收违法建设如何计算违法收入的问题，各地都感到无所适从。2010 年 9 月 30 日，长春市规划局向吉林省住房和城乡建设厅呈送了《关于对违法建设进行行政处罚计算违法收入的请示》（长规字〔2010〕35 号），提出了 3 种不同的计算方式：①违法建筑的销售价格；②有相应资质的房地产评估公司评估的价格；③销售价格与工程成本之差。该请示经过吉林省住房和城乡建设厅、国家住房和城乡建设部和全国人大法制工作委员会等部门的研究，最终有了明确的意见。从住房和城乡建设部行文的表述来看，主管部门仍然在强调提高违法建设的违法成本。笔者担心，这一文件的颁布，并不能改善当前违法建设行政处罚中的"利益阶梯"。规划执法方和违法建设方仍然存在博弈的共同利益取向——罚款。最近，国家住房和城乡建设部下发了《关于规范城乡规划行政处罚裁量权的指导意见》，根据违法建设的严重程度对相应的行政处罚方式进行了界定，对于无法采取改正措施消除对规划实施影响的情形，只能采取拆除或没收的方式，这应该说是重大的制度改革，也反映了加大处罚力度的倾向。

3. 没收违法所得的执行标准

对于违法建设的行政处罚，必须坚持的原则是："不能容许违法所得的存在，即任何人不能通过自身的邪恶获利。"除非规划行政部门自身过错造成的违法行为，其他违法建设行为都不能通过罚款的形式合法化。特别是对于通过招拍挂形式取得的土地，其本身附带了一定的强制性指标。土地使用权获得者通过支付一定的价款的形式获得开发权利，这种权利与其支付的价款以及当时的社会经济状况具有相关性，既不能侵害开发者的应得权益，也不能扩大其开发权利。此外，对开发权利的变更还存在对招牌挂制度本身公正性的挑战，同时也存在增加环境容量或规避社会责任的可能。前者典型例子是提高容积率，而后者虽然不被关注，实际上也是不合法的。例如，有关部门对容积率下限的规定，也就反映了这一认识。

违法所得应当有明确的标准和操作规程，可以国家制定原则、各省（市、自治区）视实际情况制定具体办法。由于违法投入的成本还可能涉及第三方的权益，如果全部没收可能会导致较多纠纷的产生（假设当事人无法支付建设费用，则产生债权债务纠纷。理论上，应由建筑物拍卖予以偿还。但也可以理解为，违法建设行为本身的违法性，其投入的成本就是实现违法行为的过程，根据相关法律，可以没收。这里面又存在一个是否有主观恶意的判断，法律关系十分复杂）。但是，如果成本完全扣除，则违法人并未因违法行为受到制裁，即最不利的状态也是"不赔不赚"，难以对违法动机起到威慑作用。因此，笔者建议，没收扣除成本后的违法收入（这与国家主管部门的意见有不同之处），同时根据违法建设的主观恶意和行为的社危害性处以罚款。

（三）预防制度

根据比例原则，预防性处罚优于制裁性处罚。前者在于预防违法行为的再次发生或延续，如没收施工工具、机械等；后者则让违法行为额外承受损失。我国《城乡规划法》第六十条对执法部门进行了一定的约束，可以说对预防违法建设有一定的积极意义。但是，在城乡规划实施的实践中，不能及时发现违法建设行为，或者疏忽、或者默许违法建设的现象仍然普遍存在。对此，必须建立更为严厉的约束机制和处罚手段。违法建设的预防以及前期查处制度的健全十分关键，必须在赋予有关部门充分的执法检查和制止违法行为的权力的同时，建立对疏于履行职责的行政机关及其工作人员追究责任制度。

四、结论

比例原则作为西方公法中的"皇冠原则"，强调目标与手段的"相称"。这与中国传统文化中的"和"的思想有着深层次的精神相通，所以较容易为国人所认同，立法和司法的实践也印证了这一事实。然而，比例原则指导下的司法审判倾向，同时也提醒人们深刻理解这一原则在行政法领域产生或即将产生的重大变革。如何将比例原则更好地运用到城乡规划实施制度的建设之中，的确是亟待解决的现实问题。

在城乡规划实施的制度设计中，应当促使公民权与行政权之间的"平衡"。既要充分保护公民权益，也要创造正常行使行政权力的良好环境，从而保障公共权益不受到非法侵害。以比例原则为指导，将经济分析方法引入制度设计之中，一方面，应当构建"公益诉讼"制度，完善行政强制制度；另一方面，也应当力图构建合情合理的纠纷处理标准，有效化解城乡规划实施中的各种矛盾。

目前，我国的违法建设行政处罚制度既有惩罚力度不足，从而成为违法建设诱因的弊端，同时又有惩罚力度过大，造成难以实施的尴尬局面。比例原则对违法建设行政处罚制度的完善具有指导意义：①必须尽快建立与违法行为的社会危害性"成比例"的行政处罚制度，使得惩罚力度和强制手段对违法行为具有足够的威慑力，同时，也必须具有实际操作意义；②没收制度的完善是体现比例原则的重要途径；③预防制度是有效制止违法建设滋生的最重要手段，而这一点恰恰被我们所普遍忽视；④目前对于违法严重程度界定的"技术性"标准，不仅因为具有较大模糊性而导致自由裁量的空间过大，而且也完全忽视了"主观恶意"和"社会危害性"这两个最为重要的因素。因此，"法律标准"取代"技术标准"不仅具有必要性，而且具有迫切性。

城乡规划作为司法领域应用比例原则的"先行先试区"和"集中应用区"，不仅为制度建设带来了新的机遇，同时也对现有制度提出严峻的挑战。积极面对行政法治化的这一基本趋势并研究相应的对策，是完善城乡规划实施制度的必然选择。

（本文与文超祥共同完成）

——本文原载于《城市规划学刊》2013 年，第 3 期

新型城镇化与城市规划教育改革管见

城市规划涉及的知识日益拓展，但现在要求搞大专业，我们的专业课时越来越少，不得不把许多必修课压缩或改成选修课，这是目前教学所面临的难题。

另外，我们规划所面对的社会、责任、工作也在改变。以前我们对"规划界"的定义就是规划圈里的人，即搞规划管理、规划设计、规划教育的，实际上现在规划界大得多，包括政府、企业、市民都在参与规划，好多部门都在做规划。这个"规划界"是我借用哈贝马斯的"生活界"的一个概念，即是一个人所面对的社会背景是什么。我们面对的社会背景因素很多，所以属于规划界的方方面面也很多，不同的环境、不同的需求、不同的人，这是一个需要扩大的概念。

"规划场"，即我们是在一个"场"上进行着斗争，我们面对各种不同性质的规划院，有市场竞争；另外还有不同的单位、不同的人，是一种价值观的博弈，是一种"场"，要涉及的面、涉及的领域确实是非常广，要掌握的知识非常多。规划师可比喻为乐队总指挥，就是你面对不同的专业人士、不同的声音、不同的价值观，你要协调，形成一个很好的交响乐，形成一个城市规划，把它落实好、实施好。

我觉得我们中国很大的问题在管理上，而管理问题最根本的是一个价值观问题。我们大学里面以前比较重视对知识和技能的培养，但对价值观念着力较少。我们规划师原来以为自己是价值中立的，实际上规划是不可能中立的。我们今后更多的是面对社区开发，面对中小城市、乡镇开发，面对各种各样的价值观念，在学校里需要加强这方面的教育和培养。

除了专业教师以外，我们在厦大聘了很多兼职教授，他们讲课的主要内容是规划实务，就是规划怎么去做。但是现在我们面对的规划类型太多，不可能在学校里边教完，这些当院长、当总工的兼职教授就会让同学知道今后你要面对什么及如何应对。另外就是规划评析的课，用例子来告诉学生什么是好的规划。以前是从美学，后来从空间、形态，现在是从价值观念来看，什么是好的规划。教学需要往这个方面去扩展、去延伸。

——本文原载于《城市规划》2014 年，第 1 期（题目有修改）

走向协同规划·规划师的应对之我见

规划师的职能有一个协同的作用，就是平衡协调。城市规划是一种公共政策，是一个政治过程，面对各种不同的利益，规划就是一个平台，树一个靶子，让大家来讨论，来说话，最后取得共识。以前我们认为规划部门就代表公共利益，实际上不一定。公共利益没有一个固定的东西，它实际上是在各方利益磨合的基础上产生的，所以必须方方面面都来参加规划的讨论，提出不同意见，最后经过磨合、对话达成共识，这个共识就是公共利益。大家都来遵守，都能够得到好处，这就是公共利益。协同就是为了实现公共利益这个目标。

厦门每年做一次总体规划检讨，规划实施中到底还有一些什么问题，出现了什么新问题，需要做什么样的工作？自己去找题目，这叫自选动作。我们规划师现在要主动出击，主动找市场，主动做这个工作。

我曾是厦门市规划委员会的秘书长，规划委员会实际上就是一个协调平台，政府各个部门，各路专家，各方面的代表，各方利益，各种不同的观点，在平台上碰撞，最后达成一个共识。城市规划不是一个规划局的事，是很多部门都在做，都在管，规划委员会正是一个协同的机构。

另外一个协同机构是规划协会。首先是市场的协调，用市场规则去协调好不同的规划团队，协调不同利益。另外各个部门所做的是交叉性的工作，也可以进行一些协调，相互沟通，协商合作，共享一些东西。协同规划，我觉得一个是靠政府，另外还得有非政府组织。非政府机构可能更好做疏通，能发挥越来越大的作用。

规划归根到底并不是一个纯技术工作，而大量的是社会工作。要有一个"赤脚规划师"的概念，像"赤脚医生"一样走家串户，规划师应该了解社会，与公众进行沟通、对话，起到一个桥梁和朋友这样的作用，规划师转向社会工作者的角色会越来越明显。

——本文原载于《城市规划》2014年第2期（题目有改动）

搞城市规划为什么这么难?

前一阵在微信朋友圈里看到一篇"那些搞城市规划的人到底是谁?"的文章,圈里有许多人点赞、评论或转发,看来此文使不少"搞城市规划的人"深有感触。其实此文应当主要是写给那些不搞城市规划的人看的,我不知道究竟有多少"局外"人看了此文或有兴趣看此文。但为了把问题更说透一些,使"搞"和"不搞"城市规划的人都能很好地理解城市规划究竟是怎么一回事,有必要对此作一些补充,也顺便"吐一下槽"。作为一个早已退休离场的人,应该闭嘴了,但却一时冲动,忍不住又跑来出来吼一嗓子。

一、谁在搞规划? 是谁的规划?

以前大家对城市规划的认识基本上认为城市规划主要是"那些搞城市规划的人"的事,即上文内所提的城市规划师、学科里的规划人(或被称为"学者"和教师)、政府城市规划管理部门里的人们这样三种人所组成的"规划圈"。

本人是一个既搞过城市规划设计,又当过教师,也当过城市规划官员的人,三者身份兼而有之。几十年下来本人对城市规划的理解也在与时俱进而不断加深。我在 2014 年的中国城市规划学会年会上曾提出过"规划界"的概念:规划界是城市规划得以存在的社会环境和体制环境,它决定了城市规划的生产、立法(制度化)、释述(解读)、执行、实施、修改等整个过程的运转。规划界包括:规划理论、思想、知识,规划技术与方法,规划体制,规划制度、法律、规范、技术规定,规划市场主体(政府、开发商、企事业单位、市民等),规划审批主体(市领导、专家、人大、政府部门等),职业规划师、规划场竞争者、协作者,建设部门,新闻媒体、中介、评论、市民、互联网,各种"潜规则"及意识形态、价值观等等。

一个城市规划项目在其被"规划师"设计之前,首先要走过立项到委托设计的阶段。在改革开放以前这完全是"政府行为",即在政府的体制内完成立项和"下达"设计任务给政府机构下属的设计单位。在改革开放以后,就分为"政府行为"和"市场行为"。规划设计项目既有政府立项、委托的,也有市场主体包括政府、开发商、企事业单位、市民等经过招投标、设计竞赛等市场竞争手段选择设计单位或直接委托。这里,在城市规划的生产之初就涉及许多政府部门、单位、业主和利益相关者。在这个从立项到委托设计的过程中,因涉及许多方面的因素有时会使其最终委托的设计要求和内容与原始的起因之时大不一样,而以设计任务书的形式出现的委托书实际上已经掺进了各个相关方面的"设计思想"。在这个过程中已有一些"隐形"的"非规划师"的"规划师们"参与其中了。

再看规划设计阶段。似乎这阶段应当基本是规划师的事,其实不然。规划师要从事规划设计首先要具备必要的规划理论和知识,以某种规划思想或理论(五花八门各种各样的"主义")为指导,并掌握和应用规划技术与方法。因此他们必须经过一定的专业教育和职业培训,更进一步的还要通过注册规划师的执业许可考试。因此规划学科各门知识的教师和研究的学者们早已是埋藏深处影响其规划设计方案的"隐形规划师"。不仅如此,规划师在进行规划设计时还必须遵循国家和地方政府所制定的各项法律(如城乡规划法、土地法、环境保护法等)、法规、规范和技术规定。因此这些法律、法规等的制定部门和人员也都早已隐形地参与其中了。

我国现在的城乡规划设计要求"政府主导(当然还有市场主导)、专家领衔、公众参与",从中我们可以看出"规划师"们所扮演的角色。说起政府主导,有句话说"规划,规划,纸上画画,墙上挂挂，不如领导一句话"，不用多说。但对于公众参与，似乎大部分人都没有感觉。其实在我国，公众参与的方式有时会很极端。例如在作城市更新（我国以前称旧城改造）方案时，政府说"拆哪"，地产商说"圈哪"，拆迁户说"钱呢"。结果往往是急需改造的高危房更新无望，因为代价太大；而刚建不久才用上几年的房子被拆了，因为此地"性价比高"。更有规划方案中或在实施过程中，城市主干道出现"遛弯"成"九拐十八弯"或"断头路"的，皆因"钉子户太牛"。现在的一些领导和地产商信风水大师胜过规划师，道路的走向、房屋朝向、门朝哪开，甚至政府搬迁、新市中心选址，城市主轴线，规划师说了都不算。

当然，在规划设计的过程中规划师还要进行调查研究、听取和吸收方方面面的不同意见，经过 n 次汇报、修改后，经领导或开发商认可终算定稿提交评审和审批。此时的"方案"也许早就被修改得面目全非，规划师们已不能信心十足地说这是自己的"创意"了。有时这个阶段几经反复会十分漫长，如城市总体规划设计会一搞就是好几年，规划师会被弄得不知所措、无所适从。所以有人会说规划师们只是"忍者神龟"的"绘图匠"而已。

接下来的规划审批过程更使规划师们"英雄气短"，因为有更多的各路豪杰粉墨登场。规划方案评审会上各路专家、学者和部门代表及领导和开发商会按各自的规划理念、理论、价值观（包括各种各样的权力主义、增长主义、盈利主义、理性主义、科学主义、实用主义、大众主义等等）来对方案评头论足，最终或是某主义占上风，或以"折中主义"而取得平衡，很多情况下，方案设计方还得被告知需综合各方意见作补充修改、调整。有些"法定规划"还得报上级政府主管部门或人大审批。如城市总体规划得召开部门联席会议听取意见和进行协调，或由人大和政协进行审议。这些部门有各自的部门利益或规定，代表们也有各自代表的群体利益，经过协调和协商，3～5 年后审批下来已时过境迁，又得修改、调整。

经审批后的各类规划在实施的过程中又会遇到各种各样的条件和情境变化而无法按原样实施是很"正常的"，这里就不多说了。至此，我们很难说最后实施和实现的是谁的规划。

我们"搞规划"时，实际上所面对的是一个"规划场"：是规划界中的相关人员在参与城市规划的生产、制度化及阐述与执行、实施的过程中所发生的相互斗争与合作关系的网络。相关的制度、体制、理论、知识、技术、方法及潜规则等价值体系则是规划场得以建立和运作的"游戏规则"，即"规划场的逻辑"。规划场中各方力量的冲突（争斗）与不平衡性成为规划场运转的原动力，规划场呈现为一种动态的规划界关系结构特征。

而规划师则是在规划场上"走钢丝"的"艺术家"。他们既要在规划场上争斗，遵守"场"的游戏规则，实现力的平衡，又要展现自己的创造性才能，有漂亮的和美的形态动作，能吸引观众的眼球而"出彩"；他们既要服务于"产品"的购买者和消费者，服从市场规律的工具理性，又得遵循"科学性"原则守住自己的技术理性和职业道德的伦理理性，还得实现社会公平与公共利益的价值理性。你说他们容易吗？

二、城乡规划的教书匠和学者们怎么啦？

城乡规划学科如今就如前一阵大受指责的"封闭式小区"一样早已被拆了"围墙"，城乡规划显得好像已失去了边界。你看看那些"搞规划"的团队以及人员可以说五花八门什么人都有；如今所搞的规划也早已不是传统的"总体规划""控制性详细规划"和"修建性详细规划"这些大家早已熟悉的名头了，各种各样见所未见、闻所未闻的规划不断涌现，早已突破了法律法规的框框。在规划的"类型"学上，规划同仁们确实是有创新精神的，我们难道能说他们"表面上泛泛而谈什么都懂，骨子里循规蹈矩非常传统"吗？他们早已"一不小心"身不由己地被卷入了如火如荼的中国城市建设的漩流之中，在其中"摸着石头过河"。

我国设置有"城乡规划"专业的大专院校已从改革开放前的"老八校"发展为 200 来所，早已打破了"工程技术"和"工科"的界限,所教的"专业"和"专业基础"课程不下三四十门,教师们普遍还感到学时太少、讲不深、教不完。再加上不断冒出来的新型规划和各种各样的什么"现代主义""后现代主义""新城市主义""未来主义""新自由主义""生态社会主义""新马克思主义"以及令人眼花缭乱的"绿色城市""绿心城市""拼贴城市""生态城市""海绵城市""弹性城市""智慧城市"等等。况且进入信息时代,知识爆炸,教师和学生几乎站在同一起跑线上,怎么使学生上课时不打瞌睡、不玩手机,使课程有"新意",教书匠只得边学边教,边教边学,费尽心机,唯恐被市场和社会所淘汰。

为了跟上时代,搞好"产、学、研结合"不脱离社会生产实践,也为了养家糊口,不时得"打打野鸭子",接点"横向课题"的设计项目来做,使教书匠们变原来的"隐形"规划界人身份而浮出水面,成为规划场上赤裸的角斗士。

为了适应千变万化的市场需求,目前规划设计单位大多也是以设计能力的高低来取舍应聘者的,因此育人者不得不在本科和研究生阶段让学生能成为具有必备的设计武功和"绘图匠"基本功的市场竞争者。当大家都在众口讨伐"城市规划什么都是,就什么都不是"的时候,当规划学科既不断扩大边界吸收、融入其他学科知识的时候,其自己的"金钟罩""铁布衫"也自然被不断破功,被旁门不断侵入,于是"快题设计"就成了守住"空间规划设计"这一最后世袭领地的看家本领了。现在各学校的城乡规划专业教育也并没有能"自主",他们必须符合以"老八校"为主力的专业指导委员会对课程体系的要求,并通过"专业教学评估",否则你将进不了被视为该专业领域的"优秀学校俱乐部"的门。教书也难啊!

学者们本来也尽可以"躲进小楼成一统,管它春夏与秋冬"地过上安稳日子的。不过"鬼子"早已"悄悄地进村了",规划评审会,需要"专家领衔",于是学者(包括院士)们也被一次次地请出山、混迹江湖,市场已放不下一张安静的书桌了。学科变得没有边界,年会已可开成万人大会,各色人等七嘴八舌,学者们不得不断地拓展视野寻找新课题、新话题,以适应"新常态",近几年的年会主题就反映了这与时俱进的努力。然而话题一泛,就变得有了"水分"而乏了,犹如进了大型超市各种货物目不暇顾,在各类货架前来回晃荡,不免产生审美疲劳。硕士、博士们面对大厅里嘈杂的大合唱秀不出自己的功夫,也只得去寻找包厢以自娱自乐了。

三、政府部门里的规划人是"端盘子"的吗?

我国在改革开放以前城市规划基本上完全属于政府行为,从规划设计到管理直至实施,都由政府包干。改革以后,设计市场放开了,实施主体也出现了多元化。重大的城市规划文件,如城市总体规划、城市发展战略规划等涉及城市发展的重大战略决策问题,自然是由市政府直接掌控主导的。然而在控制性详细规划层面以及以下层面的规划设计,实际上是由规划局掌控主导的,规划设计文件也是由规划局作为政府的主管职能部门拟定设计任务书,进行设计招投标或委托设计、组织规划方案评审,最后进行批复和实施管理。因此各项指标的确定并不是由设计单位"设计出来"的,规划局有很大的发言权和定夺权。当然规划局要按照批准的"控规指标"来作为管理依据,但他们并不是"端盘子"的,他们参与甚至是主导了菜单的制定与菜肴的炒制。这也经常被认为规划局既当运动员又当裁判员而大受指责的诟病。

城市建设与规划实施主体的多元化(包括政府、企事业单位、开发商、个体法人及市民等),土地及房屋建筑等物业的开发、经营、管理的市场化,在规划的实施中会出现各种在规划设计时所预想不到的变化,引起各方的利益冲突,因此规划调整和控制指标的修改也是"常态"。而规划局作为规划实施的行政管理部门实际上充当了对土地资源配置和空间的合理利用的市场监管者作用,因此政府部门里的规划人又当起了裁判。面对动态变化和利益权衡,他们手中握有一定的"自由裁量权",既被一些人视为"财神",也被一些人骂作"煞星",有时他们也会被不服裁判者告上法庭、对簿公堂。

他们往往处在各种利益矛盾和博弈者争斗的旋涡之中，身不由己，腹背受敌，甚至躺着也中枪代人受过成为"背锅侠"（你懂的）。于是不少城市又弄了个城市规划委员会来把关，不过规划部门的意见还是十分关键的。君不见，有多少规划局里的人被纪检"请了进去"。由此，该职业也被视作"高危"行业，局里的规划人不得不小心谨慎。

其实，城市规划是个大概念，既是一个学科，也是一项事业、一个职业，还是一个政府职能，它涉及的面相当广泛，参与者无数；城市规划从立项、设计、审批直至实施和管理是一个涉及许多部门和各种领域及各色人等的系统工程。每个在城市里生存、生活和从事各种活动的人都需要空间和场所，因此每个人都与城市规划密切相关，每个人也都有权参与城市规划，他们实际上也在或是显性或是隐性地参与其中。城市规划就是一个各种利益者在上面博弈的"规划场"，是一个对话协调平台的制度设计与机制。林子大了什么鸟都有，嘈杂的各类叫声正是它们的存在性体现。

呜呼，规划之难，难于上青天！然而城市规划之戏文还得有人唱！

2016 年 6 月 22 日

（本文在网络上发表时署名"规划界老炮儿"）

——本文原发布于"厦门市城市规划学会微信公众号"

附　　录

附录 A　一个规划工作者之路

我的规划工作者之路是随着国家改革开放的步伐而"摸着石头过河"的。近 20 年来,我一直在思考和探索城市规划改革的问题。当我于 1986 年 10 月结束在斯洛文尼亚 2 年的访问学者生活回到重庆建筑工程学院讲台的时候,我意识到国内"经典"的城市规划和教学的内容与教学方法必须改革。因为城市规划不仅仅是要安排空间、用地和项目,它最根本的是要"设计"人们的生活。而我们所培养的规划专业的学生,恰恰最缺乏的是对生活的理解,我们最不清楚的是老百姓的生活和他们的需求。1973~1978 年间,我在重庆市建委规划处工作,参加了重庆市各区的总体规划和一些居住区的详细规划。虽然我们也进行现场踏勘、调查研究、收集资料,但我们所调查和接触的对象都是政府各部门、各企事业单位,我们几乎不与普通市民接触,不了解他们的需求和想法。而我在斯洛文尼亚所参与的几项规划工作,则是要深入到社区的居民中去,了解他们的需求和想法,与他们一起讨论规划所涉及的问题。这样的规划是完全不同于我在国内所做的"自上而下"、由规划师来"指点江山"的规划,而是一种建立在居民的公众参与基础之上的"社会契约"型的规划。这是市民们"自己的规划",这样的规划就具有可操作性和自觉性的约束力。而规划师则完全是服务型的"赤脚规划师",他们是市民的朋友和良师,是各个方面的代言人和沟通的桥梁。1988 年我写了一篇 6000 余字的文章《陈旧落后的规划观念必须改变》,投给《城市规划》杂志,可是当它被发表时却成为只剩下 600 字左右的一则短文。干巴巴的几句话自然引不起多少重视。1990 年我在《城市规划》发表《城市规划设计的特点与城市规划教育》,阐述了对城市规划工作特点的认识。同时,我在任教的重庆建筑工程学院建筑系探索性地把"城市规划原理"课程改为"城市学基础",以拓展城市规划专业学生的知识面。1990 年,结合与加拿大麦吉尔大学合作的科研课题"中国四川城乡结合部的住宅规划与设计",我着手组建了"重庆建筑工程学院人居环境研究所"并任第一任所长,以期以更广的视野来研究城市的居住与环境问题。

1991 年,《城市规划汇刊》发表我的《我国城市规划工作所面临的挑战》,文中我提出了城市规划应当在五个方面进行改革。当时,我感到在我国之所以城市规划难免"墙上挂挂"的命运,是由于规划与管理脱节,搞规划设计的人不懂管理,而搞规划管理的却不懂规划。我决心身体力行,弃教从政,看看能否把"规划"与"管理"结合起来。1992 年,我被建设部借调到海南三亚市组建三亚市城市规划局,并任第一任局长。面对滚滚而来的房地产高潮和集中批地的繁忙工作量,我在三亚市规划局试探性地推行了窗口接待制和计算机信息库。当我于 1994 年调到厦门市规划局工作后,我继续在厦门探索和推行窗口接待制与电脑局域网审批。1997 年,《城市规划》刊登我以《走向集约型的城市规划与建设》为名的一组三篇文章,文中总结了我从事城市规划管理几年来的一些感受和思考。1998 年,我在《规划师》上发表"新时期规划师的职责与作用",再次提出 10 多年前我就想阐述的我对规划师的作用的观点。遗憾的是这篇文章又被砍成了一篇短文。2002 年,我又撰写了《走向面向管理的城市设计》刊于《城市规划》2002 年第 9 期。有位规划界的高层管理人士说:"没有搞过管理的规划师不能算真正的规划师。"这个话是有道理的。当我于 2002 年辞去已干了 10 年的规划局的行政工作重新回到大学讲台的时候,我深深地感到规划管理的经历使我对城市规划有了更深刻的理解。这是一个由"自在"的规划师变为"自由"、"自为"的规划人的过程。于是便有了 2005 年发表于《城市规划学刊》的《城市规划本质的回归》一文。

当母校成为"百岁"老人之际,我也迈过了"花甲"之年。然而作为一个由母校培养出来的规划人，似乎才刚刚学会走路。我并不是一个成功者，但我是一个幸运者。我幸运的是因为我所走过的那几步已使我开始变得成熟起来了。当一个注册规划师并不难，然而要真正理解城市规划意味着什么，明白城市规划的真谛，却不那么容易。我虽然不能自信地说自己已做到了，但至少我可以说我比走出母校大门之时懂的多了一些。有关城市规划的东西，更多的应当是在工作实践中学的。城市规划既不是自然科学，也不是应用科学，而是社会工程学。城市规划所面对的是一场社会博弈。我想这对于尚在学校课堂里学习的同学们来说，应当有所准备。

马武定

《同济大学建筑与城市规划学院杰出校友第 1 辑》

附录 B　忆同济学习生活往事

我是 1964 年进入同济大学城市规划专业本科学习的。当时学校推行军事化生活，每天早上都要进行"紧急集合"和操练。我是班团支部的军体委员和民兵连长，每天我一般都需比同学们起得早，待校广播的起床军号声一响，我即吹响口哨号召同学们集合出操。同学们需很快叠好被子打成背包到西北楼前的操场集合，进行队列操练。有几位动作较慢的同学经常受批评，后来他们想了个办法，把备用的被子预先打成背包，每天放在床头，也有的用冬天穿的棉袄扎成个背包，一起床后背起就走，成为"先进分子"，有时还可以比别人晚起宝贵的几分钟。后来我们又开始清晨长跑，吹口哨集合后，我就带着同学们跑出校门到五角场再返回，来回估计得有 5km。除了少数中途掉队的，大部分同学都能坚持跑完，这也锻炼了大家的体力和毅力。1965 年国庆前，我们搞了个"跑到北京去"的活动，全班 30 个同学分 3 个组，每组 10 人，各组要在国庆节前把每个同学每天跑步的里程累积起来，完成上海到北京约 1500km 的数量。同学们都十分积极，有的除了早上以外，下午课后、晚自习后也都去跑，一天跑 3 次，有的同学身体不好，组里其他同学就帮他补跑，完成指标，体现了友爱和互助。当时的"军事化"生活还包括集体集合吃饭，每天上午上完第四节课就在教学楼前集合，然后一起唱着"军歌"排队前去食堂吃饭，我们最爱唱和唱得最有劲的歌是"说打就打"。"说打就打"是我班的"保留节目"，凡是系里聚会搞"拉歌"活动，我们班最拿手的就是唱"说打就打"。

当时学校的"晚自习"都是在自己班级的专用教室，每天都还点名，上海本市的同学星期天回家，晚上也得赶回来上晚自习。为活跃学习气氛，我班组织几个人搞了个"小广播"，每天晚自习前十分钟"广播"新闻。有一个外号叫"小钢炮"的江苏籍同学，"广播"时家乡口音很重，大家经常学他的话取笑。"正式"广播完后，还有几分钟，可以让同学"自由广播"，发表想告诉大家的事或新闻。这成为同学们互动和交流的一个很受欢迎的平台。

二年级时，我们的课程设计是"饮食店"设计。设计前期要去调研实习一周，指导教师顾如珍老师带我们组去控江路的一家饮食店。店里不知道我们这些大学生会干什么，就叫我们当服务员给顾客倒开水和送擦脸擦手的毛巾。我们每天很早就起床，店还没开门就赶到那里，开门后每来一个顾客，我们马上就送上热毛巾和开水。来吃早点的大部分都是常客，他们以前从来没得到过这样的"贵宾礼遇"，有的感动得连连与我们握手、道谢，在意见簿上留言"新来的年轻服务员服务态度极好"。于是这家店比往常的生意好了许多。设计后期上图板绘图阶段，同学们为自己饮食店的名称煞费苦心，有的取"稻香村"、"千里香"、"知味阁"、"远怀楼"等以示风雅，有的叫"好吃来"、"都来吃"、"馋死你"等以博一笑，有的到最后都没想出妙招的，干脆就叫"××路饮食店"。同学们相互观摩、议论，笑声一片。

1968 年，我班作为"五七公社"教学改革的成员，在上海市建筑公司 207 队大连路工地劳动、学习和生活。当时搞"教学改革"探索"自教自学"，班上的同学可分别选择某一课程的部分内容先行自学，然后再给全班同学上课讲授。我给大家讲的是"建筑结构"课的"排架计算"，尽管自己学得也是十分吃力、似懂非懂，结果还得到了教这门课的沈勤斋老师的好评。为迎接党的"九大"召开，我们发起绣一幅大型的"颗颗红心向太阳"丝绣画像送北京献礼。全班 5 人一组、分 6 组，有的负责采购买丝线，有的负责配色，有的穿针引线，每天 24 小时不间断地轮班赶制，207 队的工人也纷纷要求到每个组参加绣像。值深夜班组的是最辛苦的，有的同学为了能多绣上几针就不去叫醒下一班的同学继续绣，等到天亮下一班同学醒了才发现已掉班了，就要求加班补上，后来有的就干脆不去睡觉在旁边等着换班。经 2 个多月的日夜奋战，毛主席像绣成了，作为同济大学的献礼作品被送到北京，同学们放假 2 天，庆祝一番并美美地睡上一觉。这段时间同学们的心是最齐的。

1969 年中央"一号通令"下达后，我们与建筑公司的工人们一起去安徽贵池县的山村进行"小三线"建设。当时这个地区山沟里的村庄非常贫穷落后，不通公路，我们去时才修了一条简易的土路，村民们没见过汽车和陌生人，我们进村时汽车后面跟了一长队看稀奇的老乡和小孩。我们就在山脚下安营扎寨，开始建设"85 钢厂"。劳动之余，我们也到村民家串门，我们发现当地有不少很有特点的"徽式民居"。于是我班决定成立教材改革编写小组，并由 8 个人分 2 个组，每组 4 人，分赴贵池县和青阳县的各村落进行调查、测绘、收集素材。我负责带一个组，以在贵池县调查为主，也曾去了青阳县的一些村子。在一个多月的时间里，我们背着背包进行徒步田野调查，吃住在村民家里，深深感受了中国农村的贫穷落后与生产、生活之艰辛。后终因当时的形势和条件所限，设想中的教材无法成书，其后毕业分配匆匆回上海、离校各奔东西，所集资料也不知所终。"五·七"公社那段在工地和山区农村的劳动与学习生活经历，竟成为毕业后"接受再教育"的前奏和热身，现在每当参加校庆和老同学聚会时，总是美好回忆的话题之一。

1978 年我回到母校攻读硕士研究生。当时作为"文革"后的第一届研究生人数很少，城市规划研究生只有我和张庭伟 2 人，同济全校才 83 人，建筑系是 13 人，其间有 3 人先后去国外，毕业时我系只有 10 人。当时我们全系的研究生是在一起上课的，建筑系也对我们"精心喂养"，金经昌、李德华、罗小未、董鉴泓、陶松龄、戴复东、邓述平、徐循初、陈秉钊等十多位先生轮流给我们上课，讲授他们研究的最新成果，各位先生的精湛学术和身行言教，使我们终身受益。当时学校也把我们这批研究生当作宝贝，给予了很多"特殊"待遇。如我们戴的校徽与教师一样是红色的，到图书馆阅览和借书也可与教师一样入书库自选。记得当时国内电视机是稀有物品，全校也只有两三台电视机放在公共阶梯大教室让同学们共同观看，而我们研究生住的宿舍楼也专辟了一间活动室放了电视机。当时正值连播日本电视剧《姿三四郎》，每晚我们的活动室人满为患，气氛极为热烈。吃饭时我们会习惯于到食堂固定的地方就座，这样几乎每天全校不同专业的研究生都会在食堂聚会，相互说笑，热闹非凡，引来本科生们不少羡慕的眼光。当时学校图书馆刚买了一批"文革"后首次解禁的世界名画的书籍和画册，可谓"稀世珍宝"，这些书画也只对我们建筑系的研究生开放阅览。那时学校对教室和学生宿舍是实行"灯火管制"的，晚上要定时熄灯，而我们研究生的教室和宿舍则可例外，不会熄灯，以利"开夜车"。

1979 年金、李、董、陶等几位先生到北戴河去参加同济、清华、重建工三校编写的城市规划教材讨论会，我和张庭伟也跟随去北戴河，并参与了北戴河的旅游规划。这个规划是根据当时中央领导人的意见，把原党中央在夏天到北戴河开会、工作及休假的场所拿出来向大众开放、搞旅游，这可以说是开了"文革"后拨乱反正搞风景旅游规划的先河，当时也没有什么可资参照的范例。先生们反复与我们讨论规划的内容和规划理念与构思，最后取得了被认可的较为满意的成果。此后我们还在导师们的指导下先后参与了九华山风景旅游及改造规划、杭州湖滨地区规划、江苏宜兴善卷洞规划、苏州市总体规划等。记得在九华山实地调研时，当地的干部因为我们对他们看来是破破烂烂的旧房子感兴趣甚为不解，得知我们意欲保护和保留这些"风貌建筑"时，笑我们是"城里的书呆子"，问我们愿不愿到这里来住。做苏州规划时，金先生也曾为保护苏州的风貌特色而向当地的领导据理力争，弄得面红耳赤。

建筑系的研究生做课程设计是在同一教室里画图，当时还是"丁字尺与三角板"的时代，相互交流与帮助是常事。虽然基本是清一色的上海人，由于都是在"文革"前和"文革"中被分到各地工作，因此画图时也常成为交流各地趣闻的机会。我当时用重庆话给他们演绎了甚为流行的传奇故事

"一只绣花鞋"，一连讲了好几天，深受欢迎。我们年龄都已不小，大都已结婚成家会做菜，有时我们会搞个聚餐，显示一下各自的看家本领。同学之间关系都很融洽。

写毕业论文前，我和张庭伟到北京、天津、黑龙江、吉林、辽宁、山东、江苏、浙江、广东、四川等地调研和收集资料，拍了不少照片，回校后不到 2 个月就写成了论文，成为首批申请硕士论文答辩者。其他专业的研究生同学都用惊奇的口气对我们讲，我们在学校每天排队上计算机、煞费苦心写论文快半年了，都还没弄好，你们的专业真好，到外面游山玩水转一圈，回来论文这么快就出来了，下辈子我们真该学城市规划！其实，专业不同，下功夫的地方也是不同的。当时的计算机还是很"笨"的，无法像现在这样可用于画图，他们可以用计算机算论文数据、打图表，而我们就得自己画插图，我们的论文是在白脱纸上自己用小钢笔一个字一个字地用楷书写就，然后再晒成"蓝图"，装订而成的，这也让我折腾了几个星期的时间，抄得手直发麻。

在同济的学习生活，前后共计 9 年，至今还历历在目。作为同济城市规划学人，这是无悔的选择，也是值得自豪的。

城市规划专业 64 级（69 届）本科、78 级研究生

马武定

2012 年 9 月

作者参与的规划设计项目

1. 重庆市南桐矿区城市总体规划　　　　　　　　（1974 年）
2. 重庆市江北区城市总体规划　　　　　　　　　（1975 年）
3. 重庆市南岸区城市总体规划　　　　　　　　　（1976 年）
4. 重庆市市中区城市总体规划　　　　　　　　　（1977 年）
5. 重庆市沙坪坝区城市总体规划　　　　　　　　（1978 年）
6. 北戴河风景区旅游规划　　　　　　　　　　　（1979 年）
7. 重庆市城市总体规划　　　　　　　　　　　　（1980 年）
8. 杭州湖滨地区规划　　　　　　　　　　　　　（1980 年）
9. 九华山风景区规划　　　　　　　　　　　　　（1980 年）
10. 苏州市城市总体规划修编建议规划方案　　　　（1980 年）
11. 江苏宜兴善卷洞规划设计　　　　　　　　　　（1981 年）
12. 四川省宜宾市城市总体规划　　　　　　　　　（1982 年）
13. 贵州省遵义市城市总体规划　　　　　　　　　（1982 年）
14. 四川省蓬安县城城市总体规划　　　　　　　　（1983 年）
15. 四川省忠县县城城市总体规划　　　　　　　　（1884 年）
16. 重庆市长寿县城城市总体规划　　　　　　　　（1987 年）
17. 四川省万县县城城市总体规划　　　　　　　　（1987 年）
18. 甘肃省天水市解放路、青年路街区规划设计　　（1988 年）
19. 重庆市九龙坡区城市总体规划　　　　　　　　（1989 年）
20. 四川武隆县城城市总体规划　　　　　　　　　（1990 年）
21. 重庆市南岸区上新街片区规划设计　　　　　　（1990 年）
22. 重庆市南岸区弹子石片区规划设计　　　　　　（1991 年）
23. 吉林农业大学校园规划　　　　　　　　　　　（1991 年）
24. 海南三亚亚龙湾规划设计　　　　　　　　　　（1992 年）
25. 三亚市城市总体规划　　　　　　　　　　　　（1993 年）
26. 厦门市城市总体规划　　　　　　　　　　　　（1995 年）
27. 厦门市瑞景新村修建性详细规划　　　　　　　（1996 年）
28. 鼓浪屿历史风貌建筑保护规划　　　　　　　　（2001 年）
29. 海口市城市总体规划纲要（2003-2020）　　　　（2003 年）
30. 海口市新埠岛规划　　　　　　　　　　　　　（2004 年）
31. 海口市司马岛规划　　　　　　　　　　　　　（2005 年）
32. 湖北省枣阳县城总体规划　　　　　　　　　　（2006 年）
33. 三亚市城市总体规划（1995-2010）重大调整　　（2006 年）
34. 湖北省鄂州市红莲湖地区城市设计　　　　　　（2006 年）
35. 苏州市吴江新区城市设计　　　　　　　　　　（2007 年）
36. 武汉两汉四岸滨水区城市设计　　　　　　　　（2008 年）

37. 三亚城乡统筹概念规划 (2008 年)

38. 福建省古田镇总体规划 (2008 年)

39. 海南省五指山市城市风貌规划 (2009 年)

40. 海南省临高县景观规划 (2009 年)

41. 安徽省巢湖北岸概念规划及城市设计 (2010 年)

42. 福建省龙岩市解放路城市设计 (2010 年)

43. 海南万宁兴隆旅游度假区总体规划 (2010 年)

44. 广东省韶关市城市风貌规划 (2014 年)

45. 海南省演丰镇旅游发展规划 (2015 年)